에듀윌과 함께 시작하면,
당신도 합격할 수 있습니다!

식품을 전공하고
실전에도 경력을 쌓고 싶은 대학생

취미로 시작해
요리로 미래를 꿈꾸는 직장인

은퇴 후 제2의 인생을 위해
모두 잠든 시간에 책을 펴는 미래의 사장님

누구나 합격할 수 있습니다.
시작하겠다는 '다짐' 하나면 충분합니다.

마지막 페이지를 덮으면

**에듀윌과 함께
합격의 길이 시작됩니다.**

에듀윌로 합격한
찐! 합격스토리

이○나 합격생

에듀윌 덕분에, 조리기능사 필기가 쉬워졌어요!

저는 실기는 자신 있었는데, 필기가 너무 힘들었어요. 공부할 시간까지 없어서 더 막막했는데 1주끝장(초단기끝장)으로 4일 만에 합격했어요! 우선 이 책은 나오는 부분만, 표 위주로 구성되어 있고 테마가 끝난 후에는 바로 문제가 나와서 공부하기 편했어요. 어려운 테마에는 QR 코드를 찍으면 나오는 짧은 토막강의가 있는데, 저에게는 이 강의가 정말 도움이 많이 되었어요. 쉽게 외울 수 있는 방법도 알려주시고, 이해가 안 되는 부분은 원리를 잘 설명해 주셔서 토막강의가 있는 테마는 책으로 따로 공부하지 않고 이동하면서 강의만 반복적으로 들었어요. 시험 당일에는 휴대폰으로 모의고사 3회만 계속 보았는데 여기에서 비슷한 문제가 많이 나왔어요! 덕분에 생각지도 못한 고득점으로 합격했네요! 에듀윌에 정말 감사드려요~

이○민 합격생

제과 · 제빵기능사 합격의 지름길, 에듀윌

한 번에, 일주일이라는 단기간에 합격했어요. 시간 여유가 없는 직장인에게는 단기간 합격이 제일 중요하죠! 생소한 단어들도 많고, 양도 많아서 막막했지만 단원마다 정리되어 있는 '핵심 키워드'와 '합격팁'으로 집중적으로 공부할 수 있었습니다. 이해하기 어려운 부분은 에듀윌에서 무료로 제공해 주는 동영상 강의로 해결했어요. 개념 정리뿐만 아니라 기출문제를 통한 복습, 무료특강 그리고 '핵심집중노트'까지, 그 중에 '핵심집중노트'는 시험 보기 전에 꼭 보세요! 핵심집중노트 딱 3번만 정독하시면 무조건 합격이에요! 여러분도 합격의 지름길, 에듀윌로 시작하세요.

김○정 합격생

에듀윌 필기끝장 한 권으로 단기 합격!

조리학과 전공이 아니라서 관련된 지식이 아예 없는 상태였습니다. 제과·제빵 학원을 다니면서도 이론이 어렵고 막막했는데, 에듀윌 강의를 보면서 개념을 정리하고 기출문제를 풀면서 틀린 문제는 오답정리하면서 이해할 수 있었습니다. 책 안에 중간 중간에 있는 인생명언으로 긍정적인 에너지를 얻어 공부에 더 집중할 수 있었습니다. 간편하게 들고 다니기 편한 핵심집중노트로 시험보기 직전에 머릿속 내용들을 정리할 수 있어서 좋은 결과로 합격을 했던 것 같습니다. 일을 다니면서 공부 시간이 많이 부족하고 짧았지만 에듀윌 책은 초보 입문자들도 쉽게 이해하기 편하게 정리가 잘되어 있어서 제과·제빵기능사 필기를 빠르게 합격할 수 있었습니다. 감사합니다! 제과·제빵을 처음 공부하시는 분께 에듀윌 문제집 강력 추천입니다.^^

다음 합격의 주인공은 당신입니다!

언제 어디서든 실력점검!
CBT 모의고사 5회분

CBT 모의고사 빠른 입장

PC 버전

- 1회 | https://eduwill.kr/qshf
- 2회 | https://eduwill.kr/ishf
- 3회 | https://eduwill.kr/bshf
- 4회 | https://eduwill.kr/Gshf
- 5회 | https://eduwill.kr/Hshf

모바일 버전

1회 ▶ 2회 ▶ 3회 ▶ 4회 ▶ 5회

QR 코드를 통해 쉽고 빠르게 응시 – 채점 – 분석하기!

STEP 1	STEP 2	STEP 3	STEP 4
QR 코드 스캔	로그인 또는 회원가입	응시 & 채점 & 분석	이전 화면으로 이동(<) ▶ 채점 결과 클릭 ▶ 해설보기

1주 & 2주 단기합격 플래너

★표시는 테마별 중요도를 의미합니다

차례		공부한 날	1주 플랜	2주 플랜
핵심테마 01	개인위생 ★	월 일	1일	1일
핵심테마 02	식품위생 ★★	월 일		
핵심테마 03	식품 살균과 소독 ★★	월 일		
핵심테마 04	식품첨가물과 유해물질 ★★★	월 일		
핵심테마 05	주방 위생관리 ★	월 일		
핵심테마 06	식품위생관계법규 ★★★	월 일		
핵심테마 07	감염병 ★★★	월 일		2일
핵심테마 08	식중독 ★★★	월 일		
핵심테마 09	식품 관련 기생충 ★★★	월 일		
핵심테마 10	안전관리 ★★	월 일	2일	3일
핵심테마 11	공중보건 ★★★	월 일		
핵심테마 12	환경보건 ★★★	월 일		
핵심테마 13	수질(물) ★★	월 일		
핵심테마 14	산업보건관리 ★★★	월 일		
핵심테마 15	영양소 ★★	월 일		4일
핵심테마 16	식품 성분 – 수분 ★★	월 일		
핵심테마 17	식품 성분 – 탄수화물 ★★	월 일		
핵심테마 18	식품 성분 – 단백질 ★★★	월 일		
핵심테마 19	식품 성분 – 지질 ★★	월 일	3일	
핵심테마 20	식품 성분 – 비타민&무기질 ★★	월 일		
핵심테마 21	식품의 색 ★★★	월 일		
핵심테마 22	식품의 맛과 냄새 ★★	월 일		
핵심테마 23	조리의 정의 및 기본 조리방법 ★★	월 일		5일
핵심테마 24	조리기구의 종류와 용도 ★	월 일		
핵심테마 25	조리장의 시설 및 관리 ★	월 일		
핵심테마 26	농산물의 조리/가공/저장 ★★★	월 일		
핵심테마 27	축산물의 조리/가공/저장 ★★	월 일		6일
핵심테마 28	수산물의 조리/가공/저장 ★★★	월 일		
핵심테마 29	유지 및 유지가공품 ★★★	월 일	4일	
핵심테마 30	시장조사 및 구매관리 ★	월 일		
핵심테마 31	검수관리 및 재고관리 ★	월 일		7일
핵심테마 32	원가관리 ★★	월 일		
핵심테마 33	계산식 정리 ★★★	월 일		
핵심테마 34	한식 개요 ★★	월 일		
핵심테마 35	한식 – 주식 조리 ★	월 일		8일
핵심테마 36	한식 – 반찬류 조리 ★	월 일		
핵심테마 37	양식 – 기초조리 ★	월 일		
핵심테마 38	양식 – 조식 조리 ★★	월 일		
핵심테마 39	양식 – 스톡 조리(소스, 수프) ★★★	월 일		9일
핵심테마 40	양식 – 전채 요리(샐러드, 샌드위치) ★★	월 일	5일	
핵심테마 41	양식 – 주요리(육류, 파스타) ★★★	월 일		
핵심테마 42	중식 – 기초조리 ★★★	월 일		
핵심테마 43	중식 – 육수, 소스 ★★	월 일		
핵심테마 44	중식 – 주식(밥, 면) ★★	월 일		10일
핵심테마 45	중식 – 주요리(조림, 볶음, 튀김) ★★★	월 일		
핵심테마 46	중식 – 절임&무침, 냉채, 후식 ★★	월 일		
핵심테마 47	일식 개요 ★★	월 일		
핵심테마 48	일식 – 주식(면, 밥, 롤, 초밥) ★★★	월 일		11일
핵심테마 49	일식 – 주요리(국물, 찜, 조림) ★★	월 일	6일	
핵심테마 50	일식 – 부요리(구이, 초회, 무침) ★★	월 일		
핵심테마 51	복어 – 재료 및 양념장 ★★★	월 일		
핵심테마 52	복어 – 껍질초회, 회 조리 ★★	월 일		12일
핵심테마 53	복어 – 죽, 튀김 조리 ★	월 일		
기출복원 모의고사 01회 한식		월 일		13일
기출복원 모의고사 02회 양식		월 일		
기출복원 모의고사 03회 중식		월 일	7일	
기출복원 모의고사 04회 일식		월 일		14일
기출복원 모의고사 05회 복어		월 일		

에듀윌 조리기능사

한식·양식·중식·일식·복어

필기 5종목 통합 1주끝장

조리기능사, 간편하게 공부하고 합격하자!

현대 사회의 경제 성장과 산업의 발전으로 식생활에 대한 관심이 날로 증대되고 이에 따라 조리 산업의 발전과 함께 조리에 대한 전문지식을 갖춘 조리전문가가 꾸준히 필요한 실정입니다. 본 교재는 이러한 변화에 맞추어 조리기능사 시험에 필요한 내용들을 집필하였고 많이 출제되는 내용들을 테마별로 구성하여 조리기능사를 준비하는 학생들이 좀 더 쉽게 공부할 수 있도록 하였습니다.

첫째, 출제기준과 최신 기출문제를 분석하여 공부하기 편리한 테마별로 묶어서 학습을 좀 더 효율적으로 하고 학습시간을 단축할 수 있도록 하였습니다.

둘째, 어려운 테마에는 토막강의를 구성하여 이론을 쉽게 암기하는 법을 알려주고 내용의 이해도를 높였습니다.

조리기능사 시험을 준비하는 학생들이 최소한의 시간으로 효율적으로 학습할 수 있기를 기대하며 이 책이 많은 수험생을 합격의 길로 안내하는 지침서가 되길 희망합니다.

저자ㅣ이유나

- 고려대학교 일반대학원 식품영양학 석사, 박사 졸업
- 서울연희실용전문학교 호텔조리학과 외래교수
- 전) 서정대학교 식품영양학과 강사
- 고려대학교 보건환경융합과학부 강사
- 전) 서울연희실용전문학교 호텔조리학과 전임교수 역임
- 수원시장 표창장 수상(수원시 위생시책 및 위생문화 발전 공로)

검수ㅣ김현지

- 경기대학교 일반대학원 외식조리학과 석사
- 조선이공대학교 식품영양학과 외래교수
- 전) 리미드직업전문학교 호텔조리학과 전임교수 역임
- 서울연희실용전문학교 호텔조리학과 외래교수
- 조선팰리스 강남 조리부 근무
- 대한민국 조리기능장

검수ㅣ윤한결

- 고려대학교 일반대학원 식품공학과 석사
- 종로산업정보학교 조리교사
- 전) 아워홈 식품연구원
- 상명대학교 외식영양학과 학사
- 대한민국 조리기능장

구성과 특징

테마 단위의 짧은 호흡으로 학습하라

1 빈출 키워드만 담은
53개 핵심테마

2 핵심테마별 **토막강의**
QR로 바로 연결

3 보조단 보충 설명으로
이해도 상승

4 테마별 **필수문제**로
학습 점검

문제풀이로 실력을 점검하라

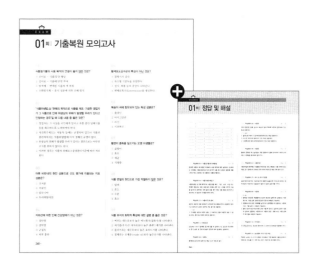

기출복원 모의고사

• 전 문항 핵심테마와 연결
• 해설/오답풀이 수록

언제, 어디서든 간편하게!
MOBILE & PC 학습팩

CBT 교재풀이&성적분석

| 이용 방법

앞광고(플래너 앞페이지)의
회차별 QR 코드 스캔 >
로그인&회원가입 > 문제풀이&채점&성적분석

암기노트(PDF)

| 다운로드 방법

에듀윌 도서몰(book.eduwill.net) > 학습자료실 >
'조리기능사' 검색

시험 안내

시행 기관

한국산업인력공단(http://www.q-net.or.kr)

시험 응시 절차

필기 원서접수	• 사진(6개월 이내에 촬영한 3.5cm×4.5cm, 120×160픽셀의 JPG 파일) 첨부
	• 응시료: 14,500원
	• 시험장소 본인 선택(선착순)

필기 시험	• 수험표, 신분증, 필기구 지참
	• CBT형(시험 종료 즉시 합격 여부 발표)/시험시간 60분

필기 합격자 발표

실기 원서접수	• 사진(6개월 이내에 촬영한 3.5cm×4.5cm, 120×160픽셀의 JPG 파일) 첨부
	• 응시료: 한식 26,900원, 양식 29,600원, 중식 28,500원, 일식 30,800원, 복어 35,100원
	• 시험장소 본인 선택(선착순)

실기 시험	• 위생복, 필수 준비물 지참
	• 작업형/시험시간 70분 내외(과제별로 상이)

최종 합격자 발표

자격증 발급	[인터넷] 공인인증 등을 통해 발급, 택배 가능
	[방문 수령] 신분 확인서류 필요

CONTENT 차례

시작하는 방법은
말을 멈추고
즉시 행동하는 것이다.

– 월트 디즈니(Walt Disney)

위생

01 개인위생

1 위생관리

1. 정의
① 넓은 의미: 지역사회의 주민에서 학교의 아동까지를 대상으로 하는 보건관리
② 좁은 의미: 산업사업장에서 노동자를 대상으로 실시하는 건강관리(특히 환경을 대상으로 하는 보건 서비스)

2. 필요성
① 식중독으로 인한 위생사고의 예방
② 위생 관련 「식품위생법」 및 행정처분의 강화
③ 안전한 먹거리로 식품의 가치 상승
④ 청결한 이미지로 점포 이미지 상승 및 개선
⑤ 고객만족도 상승(매출 증진 효과 기대)
⑥ 대외적 브랜드 이미지 관리

2 개인위생

1. 정의
개인과 관련된 건강의 유지 및 증진(규칙적인 생활, 적절한 영양, 심신 단련 등을 기본으로 하고 신체의 청결, 손 씻기 등을 포함)

2. 개인위생관리 수칙
① 용모

수염	항상 짧게 자르고 매일 면도를 함
손톱	짧게 깎고, 매니큐어나 광택제를 칠하거나 인조손톱을 부착하지 않음
화장	진한 화장을 하거나 향수를 뿌리지 않음
두발	위생모 안으로 정리해 넣으며, 긴 머리는 단정하게 묶음

② 복장

유니폼	세탁된 청결한 유니폼을 착용함 • 상의: 소매 끝이 외부로 노출되지 않도록 함 • 하의: 바지는 줄을 세우고 긴바지를 착용함
명찰	잘 보이도록 왼쪽 가슴 정중앙에 부착함
앞치마	• 더러워지면 바로 교체함 • 조리용, 서빙용, 세척용 등 용도에 따라 구분하여 사용함
안전화	전용 위생화를 착용하고 출입 시 소독발판에 항상 소독함(슬리퍼 착용 금지)
위생모	모발이 위생모 밖으로 노출되지 않도록 정확히 착용함
마스크	전체 조리 과정에서 착용함

개인위생 복장의 종류와 기능
• 위생모: 머리카락이나 비듬 등으로 인한 오염 방지
• 식품위생복: 조리종사자의 신체 보호, 음식물의 오염 방지
• 앞치마: 조리종사자의 옷과 신체 보호
• 안전화: 미끄럼 사고 방지, 조리실 내부의 위생 유지
• 마스크: 바이러스, 세균 등의 침입 방지

③ 도구

장신구	화려한 귀걸이, 목걸이, 시계, 반지 등을 착용하지 않음
개인 물품	조리장 내에 지갑, 휴대전화 등 개인 물품의 반입을 금지함

3. 건강진단 「식품위생법」 제40조, 「식품위생법 시행규칙」 제49조

① 식품 또는 식품첨가물(화학적 합성품 또는 기구 등의 살균·소독제 제외)을 채취·
   제조·가공·조리·저장·운반 또는 판매하는 일에 직접 종사하는 영업자 및 종업원은
   건강진단 검진주기마다 건강진단을 받아야 함
② 완전 포장된 식품 또는 식품첨가물을 운반하거나 판매하는 영업종사자는 건강진단
   대상자에서 제외됨
③ 건강진단을 받은 결과 타인에게 위해를 끼칠 우려가 있는 질병이 있다고 인정된 자는
   그 영업에 종사하지 못함
④ 영업자는 건강진단을 받지 않은 자나 건강진단 결과 타인에게 위해를 끼칠 우려가
   있는 질병이 있는 자를 그 영업에 종사시키지 못함

건강진단 검진주기
직전 건강진단 검진을 받은 날 기준
으로 매 1년마다 1회 이상

4. 식품영업에 종사하지 못하는 질병의 종류 「식품위생법 시행규칙」 제50조

① 콜레라, 장티푸스, 파라티푸스, 세균성이질, 장출혈성대장균감염증, A형간염(「감염
   병의 예방 및 관리에 관한 법률 시행규칙」 제33조 관련 질병)
② 결핵(비감염성인 경우 제외)
③ 피부병 또는 그 밖의 고름형성(화농성) 질환
④ 후천성면역결핍증(「감염병의 예방 및 관리에 관한 법률」 제19조에 따라 성병에 관한
   건강진단을 받아야 하는 영업에 종사하는 사람만 해당)

5. 손 씻기

① 음식을 조리하기 전이나 용변 후에 반드시 손을 씻어야 함
② 비누로 세척 후 다시 한 번 역성비누(양성비누)를 사용하여 씻도록 함(단, 역성비누
   는 보통비누와 함께 사용하면 살균 효과가 떨어지므로 혼합해서 사용하지 않음)
③ 반드시 흐르는 물에 손과 팔뚝까지 씻어야 함
④ 왼 손바닥으로 오른 손등을 닦고 오른 손바닥으로 왼 손등을 닦음
⑤ 손깍지를 끼고 손바닥을 서로 비비면서 양손의 바닥까지 깨끗이 닦음
⑥ 손톱 밑 부분을 손바닥에 문지르고, 손가락 사이를 비벼 씻고 비눗기를 완전히 씻어냄

비누와 역성비누
• 비누: 먼지와 균을 씻어 흘러내려
  보내는 세척 효과가 있으나 살균력
  이 약함
• 역성비누(양성비누): 살균 작용은
  있으나 오염물을 제거하는 세척
  력은 약함

01 난이도 하

식품위생관리의 필요성이 아닌 것은?

① 질병의 치료 효과

② 식중독으로 인한 위생사고 예방

③ 안전한 먹거리로 식품의 가치 상승

④ 청결한 이미지로 점포의 이미지 상승

| 해설 |
식품의 위생관리로 질병의 치료 효과를 기대하기는 어렵다.

02 난이도 중

조리종사자의 개인위생관리로 옳지 않은 것은?

① 손톱은 짧게 깎고 매니큐어는 칠하지 않는다.

② 진한 화장은 피하고 향수는 사용하지 않는다.

③ 조리장에서 물청소를 할 때에는 슬리퍼를 착용한다.

④ 조리장에서는 위생모를 착용하고 모발이 위생모 밖
   으로 노출되지 않도록 한다.

| 해설 |
조리장에서는 안전을 위해 항상 안전화를 착용하여야 한다.

03 난이도 하

**식품영업에 종사하는 영업자나 종업원의 건강진단 검진주
기는?**

① 6개월

② 1년

③ 2년

④ 3년

| 해설 |
식품영업에 종사하는 영업자나 종업원은 직전 건강진단 검진을 받은
날을 기준으로 매 1년마다 1회 이상 건강진단을 받아야 한다.

04 난이도 중

**다음 중 건강진단을 필수로 받아야 하는 식품영업자가 아닌
것은?**

① 식품제조업자

② 식품가공업자

③ 식품첨가물 제조업자

④ 완전 포장된 식품의 배달업자

| 해설 |
완전 포장된 식품 또는 식품첨가물을 운반하거나 판매하는 영업종사자는
건강진단 대상자에서 제외된다.

05 난이도 중

**「식품위생법」상 식품영업에 종사하지 못하는 질병에 해당
하지 않는 것은?**

① 장티푸스

② 세균성이질

③ 비감염성 결핵

④ 장출혈성대장균감염증

| 해설 |
결핵은 비감염성인 경우 식품영업에 종사할 수 있다.

06 난이도 하

조리종사자의 손을 씻는 방법으로 올바르지 않은 것은?

① 손톱 밑 부분까지 깨끗하게 씻는다.

② 반드시 흐르는 물에 팔뚝까지 씻는다.

③ 손깍지를 끼고 손바닥까지 깨끗이 씻는다.

④ 역성비누와 보통비누를 혼합해서 사용한다.

| 해설 |
역성비누는 보통비누와 혼합해서 사용하거나 다른 유기물이 존재할 경우
살균력이 떨어지므로 혼합해서 사용하지 않는다.

02 | 식품위생

1 식품위생

1. 정의

① 「식품위생법」의 정의: 식품위생은 식품, 식품첨가물, 기구 또는 용기·포장을 대상 (의약으로 섭취하는 것은 제외)으로 하는 음식에 관한 위생을 말함
② 세계보건기구(WHO)의 정의: 식품위생은 식품의 재배, 생산, 제조로부터 최종적으로 사람이 섭취하기까지의 모든 단계에 걸친 식품의 안전성, 건전성 및 완전무결성을 확보하기 위해 필요한 모든 수단을 말함

2. 목적

① 식품으로 인한 위생상의 위해 방지(안전성)
② 식품영양의 질적 향상 도모(영양 향상)
③ 식품에 관한 올바른 정보 제공
④ 국민 건강의 보호유와 증진에 이바지

2 미생물(식품 관련)

1. 미생물의 분류

유용(Beneficial) 미생물	식품의 발효나 양조에 이용되어 좋은 성분이나 증생제를 생산함
병원성(Pathogenic) 미생물	사람에게 질병을 일으키는 미생물로 감염형 및 독소형이 있음
부패(Spoilage) 미생물	식품에 작용하여 부패를 일으켜 식품의 맛이나 품질을 변화시킴

증생제

장내 미생물의 균형을 개선하고 사람에게 유익하게 작용하는 유산균 등

2. 미생물의 종류 및 특징

세균(Bacteria), 곰팡이(Mold), 효모(Yeast), 바이러스(Virus), 리케차(Rickettsia), 스피로헤타(Spirochaeta) 등이 있음

① 미생물의 최저 수분활성도: (보통) 세균 0.91 > 효모 0.88 > 곰팡이 0.65~0.80 > 내삼투압성 효모 0.60
② 미생물의 크기: 곰팡이 > 효모 > 스피로헤타 > 세균 > 리케차 > 바이러스
③ 식품위생 오염 지표균

대장균	• 식품(분변)의 오염 지표균 • 최적 생육 온도 35~37℃ • 가열, 건조, 동결에 대해 저항성이 약함
장구균	• 냉동식품의 오염 지표균 • 냉동 온도에서도 생존 가능 • 가열, 건조, 동결에 대해 저항성이 강함

미생물의 수분활성도(Aw)

• 미생물이 이용 가능한 자유수를 나타내는 지표
• 수분활성도(Aw)가 높을수록 많은 수분을 필요로 함

3. 미생물의 생육 조건

온도	미생물의 생육에 가장 큰 영향을 미치는 요인으로 0℃ 이하 또는 80℃ 이상에서는 대부분의 미생물 생장이 불가능함 • 저온균: 증식온도가 15~20℃인 균으로 주로 식품의 부패를 일으킴 • 중온균: 증식온도가 25~37℃인 균으로 대부분의 세균과 병원균(대장균 등) • 고온균: 증식온도가 50~60℃인 균으로 온천수 등에서 서식하는 균
수분	미생물의 몸체를 구성하고 생리 기능을 조절하는 성분
영양소	질소, 탄수화물(에너지원), 무기질과 비타민 등의 영양 성분
산소	• 호기성 미생물: 에너지를 얻기 위해 산소를 필요로 하는 미생물(곰팡이, 효모, 호기성 세균 등) • 혐기성 미생물: 에너지를 얻기 위해 산소를 필요로 하지 않는 미생물
수소이온농도(pH)	• 곰팡이: pH 2.0~9.0에서 생육이 활발 • 효모: pH 2.0~8.5에서 생육이 활발 • 세균: pH 6.5~7.5(중성 또는 약알칼리성)에서 생육이 활발

미생물 증식의 3대 조건
• 온도
• 수분
• 영양소

혐기성의 종류
• 통성혐기성: 주로 산소 호흡을 하지만 산소가 없는 환경에서도 증식할 수 있는 미생물
• 편성혐기성: 산소가 없는 곳에서만 생존할 수 있는 미생물

3 미생물에 의한 식품의 변질과 보존

1. 식품의 변질

식품이 미생물, 산화, 온도 및 수분 등에 의해 성분이 변화되어 영양소가 파괴되거나 향미 및 질감 등이 저하되는 것

부패 (Putrefaction)	단백질 식품이 미생물의 작용으로 분해되어 악취와 유해물질을 생성하는 현상 예 어패류의 부패
산패 (Rancidity)	지질 성분이 호기성 상태에서 햇빛이나 금속 등에 의해 분해되는 현상 예 식용유의 산패
변패 (Deterioration)	비단백질성 식품(탄수화물, 지방)이 미생물에 의해 변질되는 현상 예 과일의 변패
발효 (Fermentation)	식품이 미생물의 분해 작용으로 인체에 유익하게 변화하는 현상, 식품은 발효를 통해 알코올 및 각종 유기산을 생성함 예 된장, 요구르트 등

식품 변질의 원인
• 온도
• 수분
• 효소

발효식품의 종류
• 세균, 효모 이용: 김치, 요구르트, 치즈, 식빵 등
• 곰팡이 이용: 간장, 된장, 치즈 등

2. 식품의 초기부패 판정

① 관능검사: 후각, 미각, 촉각, 시각 등을 이용
② 일반세균수: 식품 1g당 10^7~10^8 CFU일 때 초기부패로 판정(안전한계 10^5)
③ 휘발성 염기질소(VBN): 어육의 신선도 지표로 식품 100g당 30~40mg%일 때 초기부패로 판정(신선육 10~20mg%, 부패육 50mg% 이상)
④ 수소이온농도(pH): pH 6.0~6.2일 때 초기부패로 판정
⑤ 트리메틸아민(TMA): 어류의 신선도 지표로 식품 100g당 3~4mg%일 때 초기부패로 판정(신선육 3mg% 이하, 부패육 10mg% 이상)
⑥ 히스타민: 식품 1g당 4~10mg% 이상일 때 초기부패로 판정, 식품의 히스타민 함량이 낮을수록 신선함

부패 시 생성되는 물질
황화수소, 암모니아, 인돌, 아민 등

3. 식품의 변질 방지

건조법	• 미생물의 증식에 필요한 수분을 제거하는 방법(수분활성도 0.6 이하) • 냉동건조(한천, 건조두부, 당면), 일광건조, 열풍건조, 분무건조 등
냉각법	주로 육류, 과일, 채소 등에 사용하여 미생물이 증식할 수 없는 온도로 보관하는 방법 • 냉장법: 0~4℃에서 저장 • 냉동법: −60~−40℃에서 급속동결하여 −20℃에서 저장 • 움저장법: 10℃ 정도에서 저장
가열살균법	• 식품을 가열하여 미생물을 제거하는 방법 • 주로 우유나 통조림 등에 사용 • 저온살균법(LTLT), 고온단시간살균법(HTST), 고온장시간살균법(HTLT), 초고온 순간살균법(UHT)으로 구분
조사살균법	자외선이나 방사선을 활용하여 미생물을 제거하는 방법 • 자외선 조사: 식품의 표면 살균, 분말식품 등에 사용(파장 2,537Å) • 방사선 조사: 양파, 감자 등 싹이 나는 식품 등에 사용
염장법	재료양의 10% 이상 소금을 첨가하여 미생물의 증식을 억제하는 방법으로 주로 채소, 육류, 해산물 등에 사용 • 물간법: 소금물에 담가 두는 방법 • 마른간법: 소금을 직접 뿌려두는 방법 • 압착염장법: 물간법 + 무거운 것으로 가압하는 방법 • 염수주사법: 염수를 주사한 후 일반 염장법으로 저장하는 방법
당장법	• 50% 이상의 설탕을 첨가하여 삼투압을 높여서 미생물의 증식을 억제하는 방법 • 주로 잼, 젤리, 마멀레이드 등에 사용
산저장법	• 초산, 젖산, 구연산을 이용하여 pH를 4.5 이하로 낮추어 미생물의 증식을 억제 하는 방법 • 주로 장아찌나 피클 등에 사용
훈연법	• 수지가 적은 목재를 불완전 연소시켜 발생한 연기 성분 중 페놀류는 식품 표면에 막을 형성하여 보존성을 높임 • 주로 햄, 베이컨 등에 사용
밀봉법	• 포장재에 식품을 넣고 산소나 수분을 제거하여 미생물의 침입을 막고 증식 을 억제하여 보존하는 방법 • 레토르트 파우치, 진공포장 등에 사용
CA저장법 (가스저장법)	• 저장고 속의 산소, 질소, 이산화탄소 등 기체의 농도를 조절하여 식품의 호흡 작용을 억제시켜 숙성을 방지하고 호기성 미생물의 증식을 막아 보존하는 방법 • 주로 과일, 채소에 사용

훈연에 적합한 목재

참나무, 벚나무, 떡갈나무

01 난이도 하

냉동 온도에서도 생존 가능하여 냉동식품의 오염 지표균이 되는 것은?

① 대장균
② 장구균
③ 살모넬라균
④ 캠필로박터균

| 해설 |

장구균은 가열, 건조, 동결에 저항성이 강하여 냉동 온도에서도 생육이 가능하여 냉동식품 오염의 판단 지표로 사용된다.

02 난이도 하

생육에 가장 많은 수분을 필요로 하는 미생물은?

① 세균
② 효모
③ 곰팡이
④ 내삼투압성 효모

| 해설 |

미생물의 수분활성도는 '(보통) 세균 0.91 > 효모 0.88 > 곰팡이 0.65~0.80 > 내삼투압성 효모 0.60' 순이다.

03 난이도 중

다음 중 대장균의 최적 생육 온도의 범위는?

① 0~10℃
② 15~20℃
③ 30~40℃
④ 50~60℃

| 해설 |

대장균은 중온균으로 35~37℃ 사이에서 가장 활발히 증식한다.

04 난이도 하

다음 중 미생물을 이용하여 제조한 식품이 아닌 것은?

① 김치
② 요구르트
③ 계란찜
④ 치즈

| 해설 |

계란찜은 열을 가하면 변성되어 응고하는 단백질의 응고성을 이용한 식품이다.

05 난이도 중

어육의 초기부패를 판정하는 휘발성 염기질소(VBN)의 범위는?

① 0~5mg%
② 5~10mg%
③ 15~25mg%
④ 30~40mg%

| 해설 |

어육의 휘발성 염기질소(VBN)의 양이 30~40mg%일 때 초기부패로 판정한다.

06 난이도 중

과일의 호흡 작용을 억제시켜 미생물의 증식을 막고 보존성을 높이는 보관법은?

① 건조법
② 훈연법
③ CA저장법
④ 조사살균법

| 해설 |

CA저장법(가스저장법)은 과일이나 채소의 호흡 작용을 억제시켜 숙성을 방지하고 미생물의 증식을 막아 보존성을 높이는 방법이다.

03 | 식품 살균과 소독

1 용어의 정의

방부	미생물의 증식을 억제시켜 식품의 변질이나 발효를 예방하는 방법
소독	병원성 미생물을 약화시키거나 사멸시켜 감염력을 줄이는 방법
살균	모든 형태의 미생물을 완전히 사멸시키는 방법[포자(아포)는 사멸되지 않음]
멸균	모든 형태의 미생물을 포자(아포)까지 완전히 사멸시켜 무균상태로 만드는 방법

소독력의 크기

멸균 > 살균 > 소독 > 방부

2 물리적 살균 및 소독법

1. 비가열적 방법

일광소독	• 햇빛을 이용하여 살균하는 방법 • 주로 행주나 도마 소독에 사용
자외선법 (자외선 조사)	• 2,500~2,800Å에서 살균하는 방법(가장 효과가 큰 파장: 2,537Å) • 조사대상물에 변화를 거의 주지 않고 잔류 효과가 거의 없음 • 침투성이 없어 물, 공기, 도마, 칼 등의 표면 살균에 한정됨 • 단백질과 공존 시 효과가 떨어짐
방사선법 (방사선 조사)	• 코발트60(^{60}Co), 세슘137(^{137}Cs) 등의 방사선을 이용하여 살균하는 방법 • 침투력이 뛰어나 주로 싹이 나는 채소의 발아를 억제하기 위해 사용함
여과법	• 미생물이 통과하기 어려운 미세한 여과막을 사용하여 세균을 걸러내는 방법 • 가열 살균에 불완전한 의약품, 혈청 배지, 백신에 사용 • 식품 성분의 변화가 적지만 세균보다 작은 크기의 바이러스는 제거되지 않음

2. 가열적 방법

① 습열법

열탕소독법 (자비소독법)	• 끓는 물에서 30분간 가열하여 소독하는 방법 • 식기류, 행주 등의 소독에 사용
고압증기멸균법	• 고압증기멸균기(Autoclave)를 이용하여 121℃에서 20분간 멸균하는 방법 • 미생물의 포자까지 사멸 가능 • 미생물 배지, 통조림 등에 사용
간헐멸균법	• 100℃ 증기나 끓는 물에서 30분간 소독을 1일 1회씩 총 3일 동안 반복하여 멸균하는 방법 • 미생물의 포자까지 사멸 가능

미생물의 포자(아포)까지 사멸 가능한 방법

• 고압증기멸균법
• 간헐멸균법
• 소각법
• 건열멸균법

② 건열법

소각법	• 병원체를 태워버리는 방법으로 환경오염의 위험이 있음 • 미생물의 포자까지 사멸 가능
화염멸균법	금속이나 유리 등 불에 타지 않는 재질의 제품을 불꽃에 20초 정도 접촉하여 살균하는 방법
건열멸균법	• 건열멸균기(Dry sterilizer)로 160~180℃에서 30분에서 1시간 동안 가열하는 방법 • 주로 건조한 제품(거즈, 솜, 주사바늘 등) 소독에 사용 • 미생물의 포자까지 사멸 가능
저온살균법(LTLT)	• 61~65℃에서 30분간 가열하는 방법 • 우유 소독에 사용
고온단시간살균법 (HTST)	• 70~75℃에서 15~30초간 가열하는 방법 • 우유 소독에 사용
초고온순간살균법 (UHT)	• 130~140℃에서 1~2초간 가열하는 방법 • 우유 소독에 사용
고온장시간살균법 (HTLT)	• 95~120℃에서 30분에서 1시간 동안 가열하는 방법 • 통조림 소독에 사용

3 소독제(화학적 소독 및 살균법)

1. 소독제의 구비 조건

① 살균력 및 침투력이 강해야 함
② 인체에 무독·무해해야 함
③ 용해가 쉽고 안전해야 함
④ 부식성·표백성이 없어야 함
⑤ 경제적이며 사용법이 용이해야 함

2. 소독제의 종류 및 특징

염소(Cl₂), 차아염소산나트륨	• 수돗물의 소독에 사용 • 과일, 채소, 음용수 등 먹는 제품에 사용 가능
역성비누 (양성비누)	• 양이온의 살균 작용으로 균이 제거됨 • 독성이 없어서 손 소독, 야채, 과일의 세척, 식기 소독에 이용
승홍수(0.1%)	• 단백질과 결합하여 살균 작용을 함 • 금속 부식성이 있음 • 손 소독에 이용
석탄산(3%) (페놀)	• 소독력을 나타내는 기준 물질 • 금속 부식성이 있음 • 오물 소독에 이용
크레졸(3%)	• 석탄산에 비해 소독력이 2배 이상 강함 • 손 또는 오물 소독에 이용
과산화수소(3%)	• 피부에 자극이 적음 • 상처나 피부 소독에 이용(구내염에 사용 가능)
에틸알코올(70%)	• 70% 알코올이 가장 살균력이 강함 • 손, 금속 등 광범위한 소독에 이용 • 유기물이나 물기가 있을 경우 살균력과 소독력이 감소
생석회	• 가장 경제적임 • 변소 소독에 적합한 소독제

금속 제품에 사용 금지인 소독제

염소, 승홍수(금속 부식성이 있음), 석탄산

손 소독에 사용 가능한 소독제

역성비누, 승홍수, 크레졸, 에틸알코올

석탄산 계수

(구하고자 하는)소독제의 희석배수 ÷ 석탄산의 희석배수

01 난이도 중

다음 중 소독력이 커 미생물의 포자까지 사멸 가능한 소독 방법은?

① 살균
② 소독
③ 방부
④ 멸균

| 해설 |
소독력의 크기는 '멸균 > 살균 > 소독 > 방부'의 순이며 멸균의 경우 미생물의 포자(아포)까지 사멸 가능하다.

02 난이도 중

감자나 양파 등 싹이 나는 채소의 살균 방법으로 가장 적합한 것은?

① 방사선법
② 자외선법
③ 화염멸균법
④ 원적외선살균법

| 해설 |
방사선법은 침투력이 뛰어나 주로 싹이 나는 채소의 발아 억제용으로 사용한다.

03 난이도 상

우유의 소독 방법 중 고온단시간살균법(HTST)의 온도와 시간을 바르게 연결한 것은?

① 50~55℃, 10초간
② 60~65℃, 15초간
③ 70~75℃, 20초간
④ 80~100℃, 30초간

| 해설 |
고온단시간살균법(HTST)은 70~75℃에서 15~30초간 가열하는 방법이다.

04 난이도 하

소독제가 구비해야 할 조건으로 적합하지 않은 것은?

① 인체에 무해해야 한다.
② 표백성이 있어야 한다.
③ 살균력과 침투력이 강해야 한다.
④ 경제적이며 사용이 용이해야 한다.

| 해설 |
소독제의 경우 부식성과 표백성이 없어야 한다.

05 난이도 중

다음 중 독성이 없어서 손 소독이나 조리기구 소독에 이용하는 소독약은?

① 승홍
② 크레졸
③ 역성비누
④ 과산화수소

| 해설 |
역성비누(양성비누)의 경우 독성이 없어서 손 소독, 야채, 과일 및 식기 소독에 이용한다.

06 난이도 중

다음 중 손 소독에 사용 가능한 소독제가 아닌 것은?

① 승홍수
② 석탄산
③ 크레졸
④ 역성비누

| 해설 |
손 소독에 사용 가능한 소독제에는 승홍수, 크레졸, 역성비누(양성비누), 에틸알코올 등이 있으며 석탄산은 오물 소독에 사용한다.

04 | 식품첨가물과 유해물질

1 식품첨가물

1. 정의

식품을 제조·가공·조리 또는 보존하는 과정에서 감미, 착색, 표백 또는 산화 방지 등을 목적으로 식품에 사용되는 물질(기구·용기·포장을 살균·소독하는 데 사용되어 간접적으로 식품으로 옮아갈 수 있는 물질을 포함)

2. 기본 요건

① 인체에 해를 끼칠 우려가 없이 안전해야 함
② 체내에 축적되지 않아야 함
③ 소량만으로도 효과를 충분히 나타내야 함
④ 독성이 없거나 극히 적어야 함
⑤ 가격이 경제적이어야 함
⑥ 식품의 외관을 좋게 해야 함
⑦ 화학적 검사를 통해 식품 속의 첨가물을 확인할 수 있어야 함

3. 사용 목적

① 변질 및 변패 방지
② 기호도 및 관능 충족
③ 품질 및 보존성 향상
④ 영양 강화

4. 식품첨가물의 사용 목적 및 종류

① 식품살균제(소독제)
  • 사용 목적: 식품 속의 병원균, 부패균 제거
  • 종류별 사용 용도

차아염소산나트륨	음료수 및 식기 소독, 과일 소독(금속 용기와 접촉 금지)
표백분	음료수 및 식기 소독

② 보존료
  • 사용 목적: 미생물의 발육 억제, 신선도 유지, 부패 방지, 영양가 보호
  • 종류별 사용 식품

데히드로초산	버터, 마가린, 치즈	프로피온산	빵, 과자, 치즈
안식향산	간장, 과일류, 채소류	소르빈산	식육, 어육, 잼류, 된장

식품의 변질·부패를 방지하는 식품첨가물
• 식품살균제(소독제)
• 보존료
• 산화방지제(항산화제)

사용이 금지된 유해보존료
붕산, 승홍, 불소화합물, 포름알데히드

③ 산화방지제(항산화제)
- 사용 목적: 식품 중의 유지 성분에 의한 산패 방지(변색, 이미, 이취 방지 목적)
- 종류

천연항산화제	비타민 C, 비타민 E
합성항산화제	BHT(디부틸히드록시톨루엔), 몰식자산프로필, BHA(부틸히드록시아니솔), 에리소르빈산

④ 발색제
- 사용 목적: 발색제 자체에는 색을 함유하고 있지 않지만 식품 중의 성분과 결합하여 색을 나타내거나 고정함
- 종류: 아질산나트륨, 질산나트륨, 질산칼륨(소시지, 햄 등 식육제품에 사용), 황산 제1철, 소명반(채소 및 과일 변색 방지)

⑤ 표백제
- 사용 목적: 제조나 가공 중 변색된 식품을 탈색하거나 갈변, 착색 등을 예방
- 종류: 과산화수소, 차아염소산나트륨, 아황산나트륨, 메타중아황산칼륨 등

⑥ 조미료
- 사용 목적: 식품 맛의 향상
- 종류: 이노신산나트륨, 글루타민산나트륨(MSG), 알라닌, 글리신, 호박산나트륨, 구연산나트륨 등

⑦ 감미료
- 사용 목적: 식품에 단맛(감미) 부여
- 종류: 아스파탐, 자일리톨, 스테비오사이드, 사카린나트륨, 만니톨 등

⑧ 착색료
- 사용 목적: 제조 과정 중 변색된 식품의 색 복원(단무지, 주스, 고춧가루 등 식품 고유의 색이 있는 경우 사용 금지)
- 종류(식용타르색소): 식용색소 녹색 제3호, 식용색소 적색 제2호, 식용색소 청색 제1호 등

⑨ 산미료
- 사용 목적: 식품에 신맛이나 상쾌한 자극 부여
- 종류: 구연산, 빙초산, 주석산, 사과산, 젖산, 인산, 초산 등

⑩ 산도조절제
- 사용 목적: 식품의 산도를 적절한 범위로 조정
- 종류: 호박산

⑪ 착향료
- 사용 목적: 식품 본래의 향을 강화 및 제거하거나 좋은 향을 부여
- 종류: 에스테르류, 알코올류, 계피, 멘톨 등

⑫ 피막제
- 사용 목적: 호흡 작용을 하는 식물성 식품의 표면에 피막을 형성하여 호흡 억제, 신선도 유지
- 종류: 초산비닐수지, 몰포린지방산염

⑬ 유화제
- 사용 목적: 잘 섞이지 않는 두 가지 성분의 물질을 혼합시켜 유지

기호성 향상과 관능 만족을 위한 식품 첨가물
- 발색제
- 조미료
- 착색료
- 착향료
- 표백제
- 감미료
- 산미료

사용이 금지된 유해표백제
롱갈리트, 삼염화질소, 형광표백제

사용이 금지된 유해감미료
둘신, 페릴라틴, 에틸렌글리콜, 시클라메이트

사용이 금지된 유해착색료
아우라민, 수단, 로다민 B, 파라니트로아닐린

식품의 품질 유지와 개량을 위한 식품첨가물
- 피막제
- 유화제
- 품질개량제
- 밀가루개량제
- 이형제
- 호료(증점제, 안정제)

- 종류: 대두인지질, 카제인나트륨, 레시틴, 지방산에스테르 등
⑭ 품질개량제
- 사용 목적: 식품의 결착력, 식감을 향상시키고 팽창성, 탄력성을 높임
- 종류: 인산염류
⑮ 밀가루개량제
- 사용 목적: 밀가루의 제과·제빵 효율의 향상 등(밀가루 숙성 지연, 표백시간 단축)
- 종류: 과산화벤조일, 브롬산칼륨, 과황산암모늄
⑯ 이형제
- 사용 목적: 제빵 시 빵틀이나 기계로부터 빵을 잘 분리되도록 함
- 종류: 유동파라핀
⑰ 호료(증점제, 안정제)
- 사용 목적: 식품 점착성 증가, 식품 형태의 유지나 식품 성분의 안정성 확보
- 종류: 알긴산나트륨, 한천, 젤라틴, 카제인, 전분 등
⑱ 소포제
- 사용 목적: 식품의 제조나 가공 과정 중 발생하는 거품을 제거
- 종류: 규소수지
⑲ 껌기초제
- 사용 목적: 껌 제조 시 점탄성을 부여하기 위해 사용
- 종류: 초산비닐수지, 에스테르검
⑳ 강화제
- 사용 목적: 영양 성분 보충
- 종류: 비타민류, 아미노산류, 무기질(철제, 칼슘제)

식품의 제조나 가공에 사용되는 식품첨가물

소포제, 껌기초제

초산비닐수지

피막제, 껌기초제로 사용되는 첨가물

2 유해물질(식품 관련)

엔-니트로사민(N-nitrosamine)	육류의 발색제를 사용하여 생성된 아질산염과 2급 아민의 결합 반응으로 생성되는 발암물질
다환방향족 탄화수소 (Polycyclic Aromatic Hydrocarbon, 벤조피렌)	유기물질을 고온으로 가열할 때 단백질이나 지방의 분해로 생성되는 발암물질(육류를 훈연하거나 고온 조리 시 다량 발생할 수 있음)
메탄올(메틸알코올)	과실주와 같이 에탄올 발효 과정 시 생성되는 물질로 실명, 시신경염증, 구토, 사망 등을 일으킴
아크릴아미드	전분이 많은 식품(감자, 곡류 등)을 가열하는 중 아미노산과 당의 결합반응으로 생성되는 발암물질
헤테로고리아민	• 육류나 생선과 같은 변이원성 단백질 식품을 200℃ 이상의 고온으로 가열할 때 생성되는 발암물질 • 단백질의 아미노산이 변화한 것으로 돌연변이 및 발암성 물질을 포함
트랜스지방산	불포화지방산인 식물성 지방을 가공할 때 수소(H)가 첨가되면서 포화지방산(마가린, 쇼트닝 등)으로 변형되는 과정에서 생성
에틸카바메이트	발효식품(간장, 된장 등), 알코올성 음료(와인, 청주 등)에서 발견
벤젠	비타민 C와 안식향산나트륨(보존료)이 식품 중에 미량 함유된 구리, 철 등 금속 이온의 촉매로 작용하여 생성
아크롤레인	식용유를 발연점 이상으로 가열할 때 발생하는 발암물질

마가린

- 버터의 대용품
- 경화유, 식물성 기름 등을 혼합하여 만듦
- 대부분의 성분은 식물성이지만 경화과정을 통해 고체로 만드는 과정에서 동물성 지방의 특징을 갖는 포화지방산과 트랜스지방산이 다량 생성됨

01 난이도 중

다음 중 과일에 사용 가능한 소독제로 적합한 것은?

① 차아염소산나트륨
② 붕산
③ 표백분
④ 페릴라틴

| 해설 |

차아염소산나트륨은 음료 및 식기나 과일 소독에 사용할 수 있는 소독제이다. 표백분은 음료나 식기 등에만 소독제로 쓰일 수 있다.

02 난이도 하

과실주에서 발생할 수 있는 독성 성분으로 중독 시 실명을 유발할 수 있는 물질은?

① 아크릴아미드
② 벤젠
③ 아크롤레인
④ 메탄올

| 해설 |

메탄올은 과실주와 같은 에탄올 발효 과정에서 생성되는 물질로, 과량으로 중독될 경우 시신경의 염증 및 실명을 유발할 수 있다.

03 난이도 상

간장의 보존성을 높이기 위해 사용하는 식품첨가물은?

① 레시틴
② 호박산나트륨
③ 안식향산
④ 과산화벤조일

| 해설 |

안식향산은 보존료로 주로 간장의 보존성을 높이기 위해 사용한다.
① 레시틴은 유화제, ② 호박산나트륨은 조미료, ④ 과산화벤조일은 밀가루의 개량제로 사용한다.

04 난이도 상

다음 중 사용 가능한 감미료는?

① 둘신
② 페릴라틴
③ 에틸렌글리콜
④ 사카린나트륨

| 해설 |

사카린나트륨은 사용이 허가된 감미료이다. 사용이 금지된 유해감미료에는 둘신, 페릴라틴, 에틸렌글리콜, 시클라메이트 등이 있다.

05 난이도 중

식품의 제조, 가공 과정 중에 발생하는 거품을 제거하기 위해 사용하는 식품첨가물은?

① 인산염
② 껌기초제
③ 규소수지
④ 과산화수소

| 해설 |

규소수지는 식품의 제조 과정 중에 발생하는 거품을 제거하기 위해 사용하는 소포제이다.

06 난이도 중

육류 또는 식육제품의 제조 과정 중 첨가되는 발색제로 인해 발생하는 발암물질은?

① 메탄올
② 헤테로고리아민
③ 다환방향족 탄화수소(벤조피렌)
④ 엔−니트로사민(N−nitrosamine)

| 해설 |

육류의 발색제를 사용하여 생성된 아질산염과 2급 아민의 결합반응으로 발암물질인 엔−니트로사민(N−nitrosamine)이 생성된다.

05 | 주방 위생관리

1 작업환경 위생관리

1. 주방 내 위생관리 사항

① 주방 도구는 비독성이면서 세제와 소독약품에 변하지 않는 재질을 사용해야 함
② 주방 작업 종료 후에는 매일 깨끗이 청소하고 소독해야 함
③ 위생담당자는 장비, 용기에 대한 위생점검을 실시하고 위생점검일지를 작성해야 함
④ 주방의 입구에는 소독발판을 비치해야 함
⑤ 관리자는 주방의 방충·방서 및 소독을 꾸준히 하여 해충 위해요소를 제거해야 함
⑥ 작업장은 오염원이 되는 쓰레기장이나 화장실과 떨어진 깨끗한 곳에 위치해야 함
⑦ 작업장 출입구 및 작업장 내의 각 구획마다 조리안전화를 소독하기 위한 발판 소독조를 설치해야 함

2. 주방 조리기구 및 시설의 위생관리

칼, 도마	• 사용 후 중성세제를 사용하여 깨끗하게 씻고 건조하여 소독기에 보관 • 열탕소독, 일광소독을 권장하며 1일 1회 이상 살균·소독
행주	• 사용 후 삶거나(열탕소독) 염소 등의 약품을 사용하여 살균·소독 • 완전히 건조하여 사용
식기	• 중성세제를 사용하여 세척 • 정해진 장소에 수납하여 보관
나무재질 조리도구	썩지 않도록 세척 후 완전히 건조시켜 사용
고무장갑	• 세제를 사용하여 충분히 씻어내고 전용 소독기에 넣어 보관 • 용도별로 구분하여 다용도로 사용하지 않음
작업대	• 스테인리스 스틸(Stainless Steel) 제품을 사용하고 청소·세척이 용이해야 함 • 세정대는 식재료용과 기물 세척용으로 나누어 사용

2 식품안전관리인증기준(HACCP)

1. 정의

식품안전관리인증기준(HACCP; Hazard Analysis and Critical Control Point)이란 식품의 원재료 생산에서부터 최종 소비자가 섭취하기 전까지의 각 단계에서 생물학적, 화학적, 물리적 위해요소가 혼입되거나, 식품 등이 오염되는 것을 방지하기 위한 위생관리 시스템을 말함

HACCP 인증마크

• 도축장, 집유장, 농장

• 그 밖의 HACCP 적용 작업장·업소

2. 절차

준비단계 5절차	수행단계 7원칙
• 절차1: HACCP팀 구성 • 절차2: 제품설명서 작성 • 절차3: 제품의 용도 확인 • 절차4: 공정흐름도 작성 • 절차5: 공정흐름도 현장 확인	• 원칙1: 위해요소 분석 • 원칙2: 중요관리점(CCP) 결정 • 원칙3: 중요관리점(CCP) 한계기준 설정 • 원칙4: 중요관리점(CCP) 모니터링 체계 확립 • 원칙5: 개선조치방법 수립 • 원칙6: 검증절차 및 방법 수립 • 원칙7: 문서화, 기록유지방법 설정

3. HACCP 대상식품 「식품위생법 시행규칙」 제62조

① 수산가공식품류의 어육가공품류 중 어묵·어육소시지

② 기타수산물가공품 중 냉동 어류·연체류·조미가공품

③ 냉동식품 중 피자류·만두류·면류

④ 과자류, 빵류 또는 떡류 중 과자·캔디류·빵류·떡류

⑤ 빙과류 중 빙과

⑥ 음료류(다류 및 커피류는 제외)

⑦ 레토르트 식품

⑧ 절임류 또는 조림류의 김치류 중 김치(배추를 주원료로 하여 절임, 양념 혼합과정 등을 거쳐 이를 발효시킨 것이나 발효시키지 않은 것 또는 이를 가공한 것에 한함)

⑨ 코코아가공품 또는 초콜릿류 중 초콜릿류

⑩ 면류 중 유탕면 또는 생면·숙면·건면

⑪ 특수용도식품

⑫ 즉석섭취·편의식품류 중 즉석섭취식품(순대 포함)

⑬ 식품제조·가공업의 영업소 중 전년도 총매출액이 100억 원 이상인 영업소에서 제조·가공하는 식품

3 교차오염

1. 정의

오염된 식품이나 조리기구의 균이 오염되지 않은 식재료 및 기구에 혼입되거나 종사자의 접촉으로 인해 오염된 미생물이 비오염구역에 유입되는 것

2. 교차오염을 방지하기 위한 방안

① 손씻기의 생활화(작업 전, 화장실 다녀온 뒤, 작업의 변경 시 손씻기 필수)

② 작업장 출입구와 통로에 소독발판 등의 위생시설을 설치하여, 교차오염 방지를 위해 장화 세척조는 작업장 내가 아닌 퇴실구에 설치

③ 제품의 운반은 바닥, 벽, 기타 기계 등에 접촉하지 않도록 하고 보관 또는 운반 시 적정 온도를 유지함

④ 칼, 도마 및 앞치마와 장갑은 반드시 용도별로 구분하여 사용(육류용, 채소용 등)

⑤ 냉장·냉동고는 최대한 자주 세척·살균하며, 식자재와 직접 닿는 내부 표면은 매일 세척하는 것을 권장함

⑥ 일반구역과 청결작업구역을 구분하여 전처리, 조리 및 기구세척 등은 각각의 별도 구역에서 작업함

⑦ 조리작업은 바닥으로부터 60cm 이상 떨어진 높이에서 실시하여 바닥의 오염물이 식품에 튀지 않도록 함

⑧ 전처리된 식품과 전처리가 되지 않은 식품을 구분하여 보관함(전처리된 식품을 위에, 전처리되지 않은 식품을 아래에 보관하며 뚜껑을 반드시 덮어 보관함)

⑨ 조리작업장은 '식재료의 전처리 → 조리 → 분배 → 저장 → 배식'의 순으로 흐름이 연결되어야만 교차오염을 줄일 수 있음

01 난이도 하

다음 중 주방의 위생관리 방법으로 적절하지 <u>않은</u> 것은?

① 입구에는 소독발판을 설치한다.

② 주방은 일주일에 한 번 깨끗이 청소한다.

③ 조리도구는 독성이 없는 재질을 사용한다.

④ 위생관리자는 주방의 방충·방서관리를 한다.

| 해설 |

안전한 조리환경을 위하여 주방은 매일 깨끗하게 청소하고 소독해야 한다.

02 난이도 중

다음 중 조리기구의 위생관리로 적절하지 <u>않은</u> 것은?

① 도마는 세척 후 수납장에 보관한다.

② 식기는 중성세제를 이용하여 세척한다.

③ 행주는 매일 삶거나 약품소독 후 사용한다.

④ 칼과 도마는 1일 1회 이상 살균과 소독을 하여 사용한다.

| 해설 |

도마는 세척 후 건조하여 소독기에 보관해야 미생물의 번식을 막을 수 있다.

03 난이도 중

식품안전관리인증기준(HACCP)의 준비단계에서 가장 먼저 해야 할 일은?

① HACCP팀 구성

② 제품설명서 작성

③ 공정흐름도 작성

④ 제품의 용도 확인

| 해설 |

HACCP의 준비단계는 'HACCP팀 구성 – 제품설명서 작성 – 제품의 용도 확인 – 공정흐름도 작성 – 공정흐름도 현장 확인' 순이다.

04 난이도 중

식품안전관리인증기준(HACCP)의 7원칙에 해당하지 <u>않는</u> 것은?

① 제품의 수거

② 위해요소 분석

③ 개선조치방법 수립

④ 중요관리점(CCP) 한계기준 설정

| 해설 |

HACCP의 7원칙은 위해요소 분석, 중요관리점(CCP) 결정, 중요관리점 (CCP) 한계기준 설정, 중요관리점(CCP) 모니터링 체계 확립, 개선조치 방법 수립, 검증절차 및 방법 수립, 문서화, 기록유지방법 설정이다.

05 난이도 상

다음 중 식품안전관리인증기준(HACCP)의 대상식품이 <u>아닌</u> 것은?

① 빙과류

② 절임류

③ 커피류

④ 레토르트류

| 해설 |

음료류 중 커피류 및 다류는 식품안전관리인증기준(HACCP)의 대상식품 이 아니다.

06 난이도 하

교차오염을 방지하기 위한 방안으로 적합하지 <u>않은</u> 것은?

① 장화 세척조는 작업장 퇴실구에 설치한다.

② 일반구역과 청결구역을 구분하여 작업한다.

③ 식품을 다루는 작업은 조리장 바닥에서 60cm 이상 떨어뜨려 진행한다.

④ 칼과 도마는 경제적으로 사용하기 위해 한 가지만 구비하여 세척 후 사용한다.

| 해설 |

교차오염을 방지하기 위해 칼과 도마는 반드시 완제품용, 전처리용, 어 육류용, 채소용 등 용도별로 구분하여 사용해야 한다.

06 | 식품위생관계법규

1 「식품위생법」 목적 및 용어

1. 목적 「식품위생법」 제1조

식품으로 인하여 생기는 위생상의 위해를 방지하고 식품영양의 질적 향상을 도모하며 식품에 관한 올바른 정보를 제공함으로써 국민 건강의 보호·증진에 이바지함

2. 용어의 정의 「식품위생법」 제2조, 「식품위생법 시행령」 제2조, 「식품 등의 표시·광고에 관한 법률」 제2조

식품	모든 음식물(단, 의약으로 섭취하는 것은 제외)
식품첨가물	식품을 제조·가공·조리 또는 보존하는 과정에서 감미, 착색, 표백 또는 산화방지 등을 목적으로 식품에 사용되는 물질(기구·용기·포장을 살균 및 소독하는 데 사용되어 간접적으로 식품으로 옮아갈 수 있는 물질을 포함)
화학적 합성품	화학적 수단으로 원소 또는 화합물에 분해 반응 외의 화학 반응을 일으켜서 얻은 물질
기구	음식을 먹을 때 사용하거나 담는 것 또는 식품이나 식품첨가물을 채취·제조·가공·조리·저장·소분·운반·진열할 때 사용하는 것(단, 농업과 수산업에서 식품을 채취하는 데 쓰는 기계·기구는 제외)
용기·포장	식품 또는 식품첨가물을 넣거나 싸는 것으로서 식품 또는 식품첨가물을 주고받을 때 함께 건네는 물품
영업	식품 또는 식품첨가물을 채취·제조·가공·조리·저장·소분·운반 또는 판매하거나 기구 또는 용기·포장을 제조·운반·판매하는 업(단, 농업과 수산업에 속하는 식품 채취업은 제외)을 말하며 공유주방을 운영하는 업과 공유주방에서 식품제조업 등을 영위하는 업을 포함
식품위생	식품, 식품첨가물, 기구 또는 용기·포장을 대상으로 하는 음식에 관한 위생
집단급식소	• 영리를 목적으로 하지 아니하면서 특정 다수인에게 계속하여 음식물을 공급하는 기숙사, 학교, 유치원, 어린이집, 병원, 사회복지시설, 산업체, 국가, 지방자치단체 및 공공기관, 그 밖의 후생기관 등에 해당하는 시설 • 1회 50명 이상에게 제공
소비기한	식품 등에 표시된 보관방법을 준수할 경우 섭취하여도 안전에 이상이 없는 기한

공유주방

식품의 제조·가공·조리·저장·소분·운반에 필요한 시설 또는 기계, 기구 등을 여러 영업자가 함께 사용하거나 동일한 영업자가 여러 종류의 영업에 사용할 수 있는 시설 또는 기계·기구 등이 갖춰진 장소

2 식품과 식품첨가물에 관한 법률

1. 판매 금지 식품 및 식품첨가물 「식품위생법」 제4조, 제5조, 제6조

① 썩거나 상하거나 설익어서 건강을 해칠 우려가 있는 것

② 유독·유해물질이 들어 있거나 묻어 있는 것 또는 그러할 염려가 있는 것

③ 병(病)을 일으키는 미생물에 오염되었거나 그러할 염려가 있는 것

④ 불결하거나 다른 물질이 섞이거나 첨가된 것

⑤ 농·축·수산물 등의 유전자변형식품 가운데 안전성 심사를 받지 않았거나 안전성 심사에서 식용으로 부적합하다고 인정된 것

⑥ 수입이 금지된 것 또는 수입신고를 하지 않고 수입한 것

⑦ 영업자가 아닌 자가 제조·가공·소분한 것

⑧ 도축이 금지되는 가축전염병, 리스테리아병, 살모넬라병, 파스튜렐라병 및 선모충증에 걸렸거나 걸렸을 염려가 있는 동물이나 그 질병에 걸려 죽은 동물의 고기·뼈·젖·장기 또는 혈액을 식품으로 판매하거나 판매할 목적으로 채취·수입·가공·사용·조리·저장·소분 또는 운반하거나 진열하면 안 됨

⑨ 기준·규격이 정하여지지 아니한 화학적 합성품 등의 판매 등 금지

2. 식품 등의 위생적인 취급에 관한 기준 「식품위생법 시행규칙」 별표1

① 식품 또는 식품첨가물을 제조·가공·사용·조리·저장·소분·운반 또는 진열할 때에는 이물이 혼입되거나 병원성 미생물 등으로 오염되지 않도록 위생적으로 취급해야 함

② 식품 등을 취급하는 원료 보관실·제조가공실·조리실·포장실 등의 내부는 항상 청결하게 관리해야 함

③ 식품 등의 원료 및 제품 중 부패·변질이 되기 쉬운 것은 냉동·냉장시설에 보관·관리해야 함

④ 식품 등의 보관·운반·진열 시에는 식품 등의 기준 및 규격이 정하고 있는 보존 및 유통기준에 적합하도록 관리하여야 하고, 이 경우 냉동·냉장시설 및 운반시설은 항상 정상적으로 작동시켜야 함

⑤ 식품 등의 제조·가공·조리 또는 포장에 직접 종사하는 사람은 위생모 및 마스크를 착용하는 등 개인위생관리를 철저히 하여야 함

⑥ 제조·가공(수입품을 포함한다)하여 최소판매 단위로 포장(위생상 위해가 발생할 우려가 없도록 포장되고, 제품의 용기·포장에 「식품 등의 표시·광고에 관한 법률」제4조 제1항에 적합한 표시가 되어 있는 것을 말한다)된 식품 또는 식품 첨가물을 허가 받지 아니하거나 신고를 하지 아니하고 판매의 목적으로 포장을 뜯어 분할하여 판매하여서는 아니 됨. 다만, 컵라면, 일회용 다류, 그 밖의 음식류에 뜨거운 물을 부어주거나, 호빵 등을 따뜻하게 데워 판매하기 위하여 분할하는 경우는 제외함

⑦ 식품 등의 제조·가공·조리에 직접 사용되는 기계·기구 및 음식기는 사용 후에 세척·살균하는 등 항상 청결하게 유지·관리하여야 하며, 어류·육류·채소류를 취급하는 칼·도마는 각각 구분하여 사용하여야 함

⑧ 소비기한이 경과된 식품 등을 판매하거나 판매의 목적으로 진열·보관하여서는 안 됨

3. 식품 및 식품첨가물 및 기구, 용기, 포장의 수출기준 「식품위생법」 제7조 3항

수출할 식품 또는 식품첨가물, 기구 및 용기·포장과 그 원재료에 관한 기준과 규격은 수입자가 요구하는 기준과 규격을 따를 수 있음

3 검사에 관한 법률

1. 위해 식품 검사 「식품위생법」 제15조, 제45조

① 식품의약품안전처장은 국내외에서 유해물질이 함유된 것으로 알려지는 등 위해의 우려가 제기되는 식품 등의 경우에는 그 식품 등의 위해요소를 신속히 평가해야 함

식품공전상 온도의 기준

- 표준온도: 20℃
- 실온: 1~35℃
- 상온: 15~35℃
- 미온: 30~40℃

② 식품의약품안전처장은 국내외에서 유해물질이 검출된 식품 등이나 그 밖의 국내외에서 위해 발생의 우려가 제기되었거나 제기된 식품 등을 취급하는 영업자에 대하여 식품 전문 시험기관에서 검사를 받을 것을 명령할 수 있음(검사명령을 받은 영업자는 총리령으로 정하는 20일 이내에 검사를 받아야 함)

③ 판매 목적으로 식품 등을 제조·가공·소분·수입 또는 판매한 영업자는 해당 식품 등이 위해와 관련 있는 규정을 위반한 사실을 알게 된 경우에는 지체 없이 유통 중인 해당 식품 등을 회수하거나 회수하는 데 필요한 조치를 하여야 하며 회수계획을 식품의약품안전처장, 시·도지사 또는 시장·군수·구청장에게 미리 보고하여야 함 다만, 해당식품 등이 「수입식품안전관리 특별법」에 따라 수입한 식품 등이고, 보고의무자가 해당 식품 등을 수입한 자의 경우에는 식품의약품안전처장에게 보고하여야 함

2. 출입 · 검사 · 수거에 관한 법률 「식품위생법」 제22조, 제47조

① 식품의약품안전처장, 시·도지사 또는 시장·군수·구청장은 식품 등의 위해 방지, 위생관리와 영업질서의 유지를 위하여 필요한 경우 다음의 조치를 할 수 있음
  • 영업자나 그 밖의 관계인에게 필요한 서류나 그 밖의 자료의 제출 요구
  • 관계 공무원으로 하여금 영업소에 출입하여 판매를 목적으로 하거나 영업에 사용하는 식품 등 또는 영업시설 등에 대한 검사 실시
  • 관계 공무원으로 하여금 검사에 필요한 최소량의 식품 등의 무상 수거
  • 관계 공무원으로 하여금 영업에 관계되는 장부 또는 서류의 열람

② 출입·검사·수거 또는 열람하려는 공무원은 그 권한을 표시하는 증표 및 조사기간, 조사범위, 조사담당자 등이 기재된 서류를 지니고 이를 관계인에게 내보여야 함

③ 단, 모범업소로 지정된 경우에는 지정된 날로부터 2년 동안은 출입·검사·수거를 하지 않도록 할 수 있음

3. 일반음식점의 모범업소 기준 「식품위생법 시행규칙」 별표19

건물의 구조 및 환경	• 청결을 유지할 수 있는 환경을 갖추고 내구력이 있는 건물이어야 함 • 마시기에 적합한 물이 공급되며, 배수가 잘 되어야 함 • 업소 안에는 방충 및 방서(쥐 막이)시설, 환기시설을 갖추어야 함
주방	• 공개되어야 함 • 입식조리대가 설치되어 있어야 함 • 냉장시설·냉동시설이 정상적으로 가동되어야 함 • 항상 청결을 유지하며, 식품의 원료 등을 보관할 수 있는 창고가 있어야 함 • 식기 등을 소독할 수 있는 설비가 있어야 함
객실 및 객석	• 손님이 이용하기에 불편하지 아니한 구조 및 넓이여야 함 • 항상 청결을 유지해야 함
화장실	• 정화조를 갖춘 수세식이어야 함 • 손 씻는 시설이 설치되어야 함 • 벽 및 바닥은 타일 등으로 내수 처리되어 있어야 함 • 일회용 위생종이 또는 에어타월이 비치되어 있어야 함
종업원	• 청결한 위생복을 입어야 함 • 개인위생을 지켜야 함 • 친절하고 예의바른 태도를 가져야 함
그 밖의 사항	일회용 물 컵, 일회용 숟가락, 일회용 젓가락 등을 사용하지 않아야 함

4. 자가품질검사 「식품위생법」 제31조, 「식품위생법 시행규칙」 제31조, 별표12

① 식품 등을 제조·가공하는 영업자는 총리령으로 정하는 바에 따라 제조·가공하는 식품 등이 「식품위생법」에서 정하는 기준과 규격에 맞는지를 검사하여야 함
② 자가품질검사에 관한 기록서는 2년간 보관하여야 함
③ 자가품질검사 주기는 처음으로 제품을 제조한 날을 기준으로 산정함
④ 영업자가 다른 영업자에게 식품 등을 제조하게 하는 경우에는 식품 등을 제조하게 하는 자 또는 직접 그 식품 등을 제조하는 자가 자가품질검사를 실시해야 함

5. 식품위생 감시원 및 소비자식품위생 감시원
「식품위생법」 제32조, 「식품위생법 시행령」 제17조, 제18조

출입·검사·수거 및 식품위생에 대한 지도 등을 하기 위하여 식품의약품안전처, 특별시·광역시·특별자치시·도·특별자치도 또는 시·군·구에 식품위생 감시원을 둠

① 식품위생 감시원의 직무
- 식품 등의 위생적인 취급에 관한 기준의 이행 지도
- 수입·판매 또는 사용 등이 금지된 식품 등의 취급 여부에 관한 단속
- 표시 또는 광고기준의 위반 여부에 관한 단속
- 출입·검사 및 검사에 필요한 식품 등의 수거
- 시설기준의 적합 여부의 확인·검사
- 영업자 및 종업원의 건강진단 및 위생교육의 이행 여부의 확인·지도
- 조리사 및 영양사의 법령 준수사항 이행 여부의 확인·지도
- 행정처분의 이행 여부 확인
- 식품 등의 압류·폐기 등
- 영업소의 폐쇄를 위한 간판 제거 등의 조치
- 그 밖에 영업자의 법령 이행 여부에 관한 확인·지도

② 소비자식품위생 감시원의 직무
- 식품위생 감시원이 하는 식품 등에 대한 수거 및 검사 지원
- 식품위생 감시원의 직무 중 행정처분의 이행 여부 확인을 지원하는 업무

4 영업에 관한 법률

1. 영업 신고 및 허가 「식품위생법」 제37조, 「식품위생법 시행령」 제23조, 제25조

영업 신고	• 즉석판매제조·가공업 • 식품운반업 • 식품소분·판매업 • 식품냉동·냉장업 • 용기·포장류 제조업	• 휴게음식점영업 • 일반음식점영업 • 위탁급식영업 • 제과점영업
영업허가 (허가 관청)	• 식품조사처리업(식품의약품안전처장) • 단란주점영업(특별자치시장·특별자치도지사 또는 시장·군수·구청장) • 유흥주점영업(특별자치시장·특별자치도지사 또는 시장·군수·구청장)	

식품접객업의 종류
「식품위생법 시행령」 제21조

- 휴게음식점영업: 차, 아이스크림, 패스트푸드, 분식 등 판매, 음주 행위 불가능
- 일반음식점영업: 음식류 판매, 부수적 음주 허용
- 단란주점영업: 주류 판매, 노래 부르는 행위 허용
- 유흥주점영업: 주류 판매, 유흥종사자를 두고 노래나 춤추는 행위 허용
- 위탁급식영업: 집단급식소에서 음식류를 제공
- 제과점영업: 빵, 떡, 과자 등을 판매, 음주 행위 불가능

2. **식품위생교육** 「식품위생법」 제41조, 「식품위생법 시행령」 제27조, 「식품위생법 시행규칙」 제52조

① 영업자와 종업원이 매년 받아야 하는 위생교육시간

3시간	• 식품제조·가공업자 • 즉석판매제조·가공업자 • 식품첨가물제조업자 • 식품운반업자 • 식품소분·판매업자(식용얼음판매업자, 식품자동판매기 영업자 제외) • 식품보존업자 • 용기·포장류제조업자 • 식품접객업자 • 공유주방 운영업자 • 집단급식소를 설치·운영하는 자
2시간	유흥주점영업의 유흥종사자

② 영업을 하려는 자가 미리 받아야 하는 위생교육시간

8시간	• 식품제조·가공업자 • 즉석판매제조·가공업자 • 식품첨가물제조업자 • 공유주방 운영업자
6시간	• 집단급식소를 설치·운영하려는 자 • 식품접객업자(휴게음식점, 일반음식점, 단란주점, 유흥주점, 위탁급식, 제과점)
4시간	• 식품운반업자 • 식품소분·판매업자(소비기한이 1개월 이상인 완제품만을 자동판매기에 넣어 판매하는 경우의 식품자동판매기 업자 제외) • 식품보존업자 • 용기·포장류제조업자

3. **업종별 시설기준** 「식품위생법 시행규칙」 제36조, 별표 14

① 식품제조·가공업의 시설기준

작업장	• 독립된 건물이거나 식품제조·가공 외의 용도로 사용되는 시설과 분리되어야 함 • 바닥은 콘크리트 등으로 내수 처리를 하여야 하며, 배수가 잘 되도록 하여야 함 • 내벽은 바닥으로부터 1.5m까지 밝은색의 내수성으로 설비하거나 세균 방지용 페인트로 도색하여야 함 • 내부 구조물, 벽, 바닥, 천장, 출입문, 창문 등은 내구성, 내부식성 등을 가지고 세척·소독이 용이하여야 함 • 작업장 안에는 환기시설을 갖추어야 함 • 외부의 오염물질이나 해충, 설치류, 빗물 등의 유입을 차단할 수 있는 구조여야 함 • 폐기물·폐수 처리 시설과 격리된 장소에 설치하여야 함
급수시설	• 수돗물이나 「먹는물 관리법」 제5조에 따른 먹는 물의 수질 기준에 적합한 지하수 등을 공급할 수 있는 시설을 갖추어야 함 • 지하수 등을 사용하는 경우 취수원은 화장실·폐기물처리시설·동물사육장, 그 밖에 지하수가 오염될 우려가 있는 장소로부터 영향을 받지 않는 곳에 위치하여야 함 • 먹기에 적합하지 않은 용수는 교차 또는 합류되지 않아야 함

② 식품운반업의 시설기준

- 운반시설은 냉동 또는 냉장시설을 갖춘 적재고가 설치된 운반 차량 또는 선박이 있어야 함
- 어패류에 식용 얼음을 넣어 운반하는 경우, 냉동 또는 냉장시설이 필요 없는 식품만을 취급하는 경우, 염수로 냉동된 통조림 제조용 어류를 보존 및 유통기준에 따라 운반하는 경우 등에는 경우 등에는 냉동 또는 냉장시설을 갖춘 적재고를 갖추지 않아도 됨

식품소분업의 신고대상
「식품위생법 시행규칙」 제38조

- 소분·판매 가능: 벌꿀
- 소분·판매 불가능: 어육제품, 특수용도 식품, 통·병조림제품, 레토르트 식품, 전분, 장류 및 식초

위생교육을 받지 않아도 되는 경우

조리사, 영양사, 위생사 면허 중 하나를 받은 자가 식품접객업을 하고자 할 때

③ 식품접객업의 시설기준

휴게음식점영업·일반음식점영업 및 제과점영업	• 일반음식점에 객실을 설치하는 경우 객실에는 잠금장치를 설치할 수 없음 • 휴게음식점 또는 제과점에는 객실(투명한 칸막이 또는 투명한 차단벽을 설치하여 내부가 전체적으로 보이는 경우 제외)을 둘 수 없으며, 객석을 설치하는 경우 객석에는 높이 1.5m 미만의 칸막이(이동식 또는 고정식)를 설치할 수 있음(이 경우 2면 이상을 완전히 차단하지 않아야 하고 다른 객실에서 내부가 서로 보이도록 해야 함)

4. 영업허가 등의 제한 「식품위생법」 제38조

① 영업허가가 취소되고 6개월이 지나기 전에 같은 장소에서 같은 종류의 영업을 하려는 경우
② 청소년을 유흥접객원으로 고용하여 유흥행위를 하게 하였거나 이와 관련된 금지행위를 하여 영업허가가 취소되고 2년이 지나기 전에 같은 장소에서 식품접객업을 하려는 경우
③ 영업허가가 취소되거나 「식품 등의 표시·광고에 관한 법률」에 따라 영업허가가 취소되고 2년이 지나기 전에 같은 자(법인의 경우 그 대표자 포함)가 취소된 영업과 같은 종류의 영업을 하려는 경우
④ 「청소년 보호법」을 위반하여 영업허가가 취소된 후 3년이 지나기 전에 같은 자(법인의 경우 그 대표자 포함)가 식품접객업을 하려는 경우
⑤ 위해식품 등의 판매 등 금지를 위반하여 영업허가가 취소되고 5년이 지나기 전에 같은 자(법인의 경우 그 대표자 포함)가 취소된 영업과 같은 종류의 영업을 하려는 경우

5 조리사에 관한 법률

1. 조리사를 두어야 하는 곳 「식품위생법」 제51조

두어야 하는 곳	• 집단급식소 • 식품접객업 중 복어를 조리·판매하는 곳
예외	• 집단급식소 운영자 또는 식품접객영업자 자신이 조리사로서 직접 음식물을 조리하는 경우 • 1회 급식인원 100명 미만의 산업체인 경우 • 영양사가 조리사의 면허를 받은 경우(다만, 총리령으로 정하는 규모 이하의 집단급식소에 한정)

영양사를 두지 않아도 되는 곳
「식품위생법」 제52조
• 집단급식소 운영자 자신이 영양사로 직접 영양 지도를 하는 경우
• 1회 급식인원 100명 미만의 산업체인 경우
• 조리사가 영양사의 면허를 받은 경우

2. 조리사의 결격사유 「식품위생법」 제54조

① 정신질환자(다만, 전문의가 조리사로서 적합하다고 인정하는 자는 제외)
② 감염병환자(다만, B형간염 환자는 제외)
③ 마약이나 그 밖의 약물 중독자
④ 조리사 면허의 취소처분을 받고 취소된 날부터 1년이 지나지 않은 자

3. 조리사 교육 「식품위생법」 제56조, 「식품위생법 시행규칙」 제83조

① 식품의약품안전처장은 식품위생 수준 및 자질 향상을 위하여 필요한 경우 조리사와 영양사에게 교육받을 것을 명할 수 있음
② 집단급식소에 종사하는 조리사와 영양사는 1년마다 교육을 받아야 함(교육시간 6시간)

4. 조리사의 면허 및 행정처분 「식품위생법」 제80조, 「식품위생법 시행규칙」 별표23

식품의약품안전처장, 특별자치시장, 특별자치도지사, 시장, 군수, 구청장이 조리사의
면허취소 및 행정처분에 대해 명할 수 있음

위반 사항	1차 위반	2차 위반	3차 위반
조리사의 결격사유에 해당하는 경우	면허취소	–	–
보수교육을 받지 않은 경우	시정명령	업무정지 15일	업무정지 1개월
식중독이나 위생과 관련한 중대한 사고 발생에 직무상 책임이 있는 경우	업무정지 1개월	업무정지 2개월	면허취소
면허를 타인에게 대여해 준 경우	업무정지 2개월	업무정지 3개월	면허취소
업무정지 기간 중 조리사의 업무를 한 경우	면허취소	–	–

6 표시 · 광고에 관한 법률

1. 영양 표시 「식품 등의 표시 · 광고에 관한 법률 시행규칙」 제6조, 식품 등의 표시기준(식품의약품안전처고시 제2023-9호) 제6조 6항

① 영양 표시 사항: 열량, 나트륨, 탄수화물, 당류, 지방, 트랜스지방, 포화지방, 콜레스테롤, 단백질
② 영양 성분의 함량을 '0'으로 표기하는 기준

열량	5kcal 미만	콜레스테롤	2mg 미만
트랜스지방	0.2g 미만	나트륨	5mg 미만
탄수화물	0.5g 미만	지방	0.5g 미만
단백질	0.5g 미만		

2. 부당한 표시 또는 광고 「식품 등의 표시 · 광고에 관한 법률 시행령」 제3조, 별표1

① 질병의 예방 · 치료에 효능이 있는 것으로 인식할 우려가 있는 표시 또는 광고
② 식품 등을 의약품으로 인식할 우려가 있는 표시 또는 광고
③ 건강기능식품이 아닌 것을 건강기능식품으로 인식할 우려가 있는 표시 또는 광고
④ 거짓 · 과장된 표시 또는 광고나 소비자를 기만하는 표시 또는 광고
⑤ 다른 업체나 다른 업체의 제품을 비방하는 표시 또는 광고
⑥ 객관적인 근거 없이 자기 또는 자기의 식품 등을 다른 영업자나 다른 영업자의 식품 등과 부당하게 비교하는 표시 또는 광고
⑦ 사행심을 조장하거나 음란한 표현을 사용하여 공중도덕이나 사회윤리를 현저하게 침해하는 표시 또는 광고
⑧ 총리령으로 정하는 식품 등이 아닌 물품의 상호, 상표 또는 용기 · 포장 등과 동일하거나 유사한 것을 사용하여 해당 물품으로 오인 · 혼동할 수 있는 표시 또는 광고
⑨ 제조방법에 관하여 연구하거나 발견한 사실로서 식품학 · 영양학 등의 분야에서 공인된 사항의 표시 및 광고는 허위광고로 보지 않음

7 지역보건법

1. 보건소의 기능 및 업무 「지역보건법」 제11조

① 건강 친화적인 지역사회 여건의 조성

② 지역보건 의료 정책의 기획, 조사·연구 및 평가

③ 보건 의료인 및 보건 의료기관 등에 대한 지도·관리·육성과 국민보건 향상을 위한 지도·관리

④ 보건 의료 관련 기관·단체, 학교, 직장 등과의 협력체계 구축

⑤ 지역 주민의 건강 증진 및 질병 예방·관리를 위한 다음의 지역보건 의료서비스의 제공

- 국민 건강 증진·구강건강·영양관리사업 및 보건교육
- 감염병의 예방 및 관리
- 모성과 영유아의 건강 유지·증진
- 여성·노인·장애인 등 보건 의료 취약계층의 건강 유지·증진
- 정신건강 증진 및 생명 존중에 관한 사항
- 지역 주민에 대한 진료·건강검진 및 만성질환 등의 질병관리에 관한 사항
- 가정 및 사회복지시설 등을 방문하여 행하는 보건 의료 및 건강관리 사업
- 난임의 예방 및 관리

8 농수산물의 원산지 표시 등에 관한 법

1. 용어 정의 「농수산물의 원산지 표시 등에 관한 법률」 제2조

농산물	농업활동으로 생산되는 산물
수산물	수산동식물을 포획·채취 또는 양식하는 산업, 염전에서 바닷물을 자연 증발시켜 소금을 생산하는 산업으로부터 생산되는 산물
농수산물	농산물과 수산물
원산지	농산물이나 수산물이 생산·채취·포획된 국가·지역이나 해역
통신판매	통신판매업자의 판매(전단지를 이용한 판매 제외) 또는 통신판매중개업자가 운영하는 사이버물을 이용한 판매

2. 원산지 표시 대상

「농수산물의 원산지 표시 등에 관한 법률」 제5조, 「농수산물의 원산지 표시 등에 관한 법률 시행령」 제3조

휴게음식점영업, 일반음식점영업, 위탁급식영업 또는 집단급식소를 설치·운영하는 자는 농수산물이나 그 가공품을 조리하여 판매·제공(배달을 통한 판매·제공을 포함) 및 판매·제공하기 위해 보관하거나 진열하는 경우 그 농수산물이나 그 가공품의 원료에 대하여 원산지를 표시하여야 함

① 소고기(식육·포장육·식육가공품 포함)

② 돼지고기(식육·포장육·식육가공품 포함)

③ 닭고기(식육·포장육·식육가공품 포함)

④ 오리고기(식육·포장육·식육가공품 포함)

⑤ 양고기(식육·포장육·식육가공품 포함)

⑥ 염소고기(식육·포장육·식육가공품 포함)

⑦ 밥, 죽, 누룽지에 사용하는 쌀(쌀가공품을 포함, 쌀에는 찹쌀, 현미 및 찐쌀을 포함)

원산지 표시

「농수산물의 원산지 표시 등에 관한 법률」 제8조

원산지를 표시해야 하는 영업이나 집단급식소를 설치·운영하는 자는 「축산물 위생관리법」 등에 따라 발급받은 원산지 등이 기재된 영수증, 거래명세서 등을 매입일부터 6개월간 비치·보관해야 함

⑧ 배추김치(배추김치가공품 포함)의 원료인 배추(얼갈이배추, 봄동배추 포함)와 고춧가루

⑨ 두부류(가공두부, 유바는 제외), 콩비지, 콩국수에 사용하는 콩(콩가공품 포함)

⑩ 넙치, 조피볼락, 참돔, 미꾸라지, 뱀장어, 낙지, 명태(황태, 북어 등 건조한 것은 제외), 고등어, 갈치, 오징어, 꽃게, 참조기, 다랑어, 아귀, 주꾸미, 가리비, 우렁쉥이, 전복, 방어 및 부세(해당 수산물가공품 포함)

⑪ 조리하여 판매·제공하기 위하여 수족관 등에 보관·진열하는 살아 있는 수산물

9 제조물 책임법

1. 목적 「제조물 책임법」 제1조

제조물의 결함으로 발생한 손해에 대한 제조업자 등의 손해배상책임을 규정함으로써 피해자 보호를 도모하고 국민생활의 안전 향상, 국민 경제의 건전한 발전에 이바지함

2. 용어 정의 「제조물 책임법」 제2조

제조물	제조되거나 가공된 동산(다른 동산이나 부동산의 일부를 구성하는 경우를 포함)	
결함	해당 제조물에 다음 중 어느 하나에 해당하는 제조상·설계상 또는 표시상의 결함이 있거나 그 밖에 통상적으로 기대할 수 있는 안전성이 결여되어 있는 것	
	제조상의 결함	제조업자가 제조물에 대하여 제조상·가공상의 주의 의무를 이행하였는지에 관계없이 제조물이 원래 의도한 설계와 다르게 제조·가공됨으로써 안전하지 못하게 된 경우
	설계상의 결함	제조업자가 합리적인 대체설계를 채용하였더라면 피해나 위험을 줄이거나 피할 수 있었음에도 대체설계를 채용하지 아니하여 해당 제조물이 안전하지 못하게 된 경우
	표시상의 결함	제조업자가 합리적인 설명·지시·경고 또는 그 밖의 표시를 하였더라면 해당 제조물에 의하여 발생할 수 있는 피해나 위험을 줄이거나 피할 수 있었음에도 이를 하지 아니한 경우
제조업자	① 제조물의 제조·가공 또는 수입을 업으로 하는 자 ② 제조물에 성명·상호·상표 또는 그 밖에 식별 가능한 기호 등을 사용하여 자신을 ①의 자로 표시한 자 또는 ①의 자로 오인하게 할 수 있는 표시를 한 자	

3. 제조물 책임 「제조물 책임법」 제3조

① 제조업자는 제조물의 결함으로 생명·신체 또는 재산에 손해(그 제조물에 대하여만 발생한 손해는 제외함)를 입은 자에게 그 손해를 배상하여야 함

② ①에도 불구하고 제조업자가 제조물의 결함을 알면서도 그 결함에 대하여 필요한 조치를 취하지 아니한 결과로 생명 또는 신체에 중대한 손해를 입은 자가 있는 경우에는 그 자에게 발생한 손해의 3배를 넘지 아니하는 범위에서 배상책임을 져야 함

01 난이도 중

일반 음식점 영업 중 모범 업소를 지정할 수 있는 권한을 가진 사람은?

① 관할 경찰서장
② 관할 보건소장
③ 관할 시장
④ 관할 세무서장

| 해설 |
식품위생법 제47조에 따르면 특별자치시장·특별자치도지사·시장·군수·구청장은 총리령으로 정하는 위생사항에 따라 모범업소를 지정할 수 있다.

02 난이도 상

다음 중 「식품위생법」상 출입·검사·수거에 관한 내용으로 옳지 않은 것은?

① 관계 공무원은 필요할 경우, 검사를 위한 식품 등을 유상으로 수거해온다.
② 모범업소로 지정된 경우에는 2년 동안은 출입·검사·수거를 받지 않을 수 있다.
③ 출입·검사·수거 또는 열람하려는 공무원은 그 권한을 표시하는 증표를 관계인에게 내보여야 한다.
④ 식품의약품안전처장, 시·도지사 또는 시·군·구청장은 식품의 위생관리를 위해 검사 및 수거를 요청할 수 있다.

| 해설 |
관계 공무원은 검사에 필요한 최소량의 식품 등을 무상으로 수거할 수 있다.

03 난이도 중

조리사에게 교육이나 행정처분을 명할 수 없는 사람은?

① 보건소장
② 식품의약품안전처장
③ 특별자치시장
④ 시·군·구청장

| 해설 |
식품위생법 제80조에 따르면 식품의약품안전처장·특별자치시장·특별자치도지사·시장·군수·구청장은 조리사에게 교육이나 면허 및 행정처분을 할 수 있다.

04 난이도 상

「식품위생법」상 일반음식점의 모범업소 지정기준이 아닌 것은?

① 식품 원료 등을 보관할 수 있는 창고가 있어야 한다.
② 일회용 컵, 수저 등 일회용품을 사용하지 않아야 한다.
③ 화장실에는 일회용 위생종이 또는 에어타월이 비치되어 있어야 한다.
④ 손님에게 음식 냄새가 나지 않도록 주방은 안 보이는 공간에 별도 구획되어야 한다.

| 해설 |
일반음식점이 모범업소로 지정되기 위해서는 주방이 공개되어야 한다.

05 난이도 상

「식품위생법」상 조리사의 행정처분 중 1차 위반 시 '면허 취소'에 해당하는 사항은?

① 면허를 타인에게 대여해 준 경우
② 조리사 보수교육을 받지 않은 경우
③ 업무정지 기간 중 조리사의 업무를 한 경우
④ 식중독이나 위생과 관련한 중대한 사고 발생에 직무상 책임이 있는 경우

| 해설 |
조리사의 행정처분 중 1차 위반 시 '면허취소'가 되는 사항은 조리사의 결격사유[정신질환자, 마약이나 약물 중독자, 면허취소된 지 1년이 지나지 않은 자, 감염병환자(B형간염 제외)]에 해당하거나 업무정지 기간 중 조리사의 업무를 한 경우이다.

06 난이도 중

「식품위생법」상 영양 성분을 표기할 때 나트륨 함량을 '0'이라고 쓸 수 있는 기준은?

① 2mg 미만
② 3mg 미만
③ 5mg 미만
④ 10mg 미만

| 해설 |
나트륨의 함량이 5mg 미만인 식품은 나트륨 함량을 '0'으로 표기할 수 있다.

인생은 곱셈이다.

어떤 찬스가 와도 내가 제로라면
아무런 의미가 없다.

– 나카무라 미츠루

핵심테마 07~09

질병

07 | 감염병

토막강의
"감염병,
자주 출제되는 것만
쉽게 기억해요!"

1 감염병 발생 요소 및 예방대책

1. 감염병의 3대 요소

① 감염원(병원체)
  - 병원체: 세균, 바이러스, 기생충, 곰팡이 등 질병을 일으키는 미생물
  - 병원소: 환자, 보균자, 오염된 기구 등 병원체의 집합소
② 감염경로(직·간접전파): 병원체가 탈출하여 새로운 숙주로 옮아가는 과정
③ 숙주의 감수성
  - 감수성지수: 숙주에 전염병이 발생하는 비율로, 감수성이 높으면 전파가 잘 됨
    (질병에 따라 다름)
  - 면역: 숙주가 가지고 있는 질병에 대한 방어력

감수성지수

홍역, 천연두 95% > 백일해 60~
80% > 성홍열 40% > 디프테리아
10% > 소아마비 0.1% 순으로 높음

2. 감염병 예방대책

① 감염원
  - 감염원 환자와 보균자를 조기에 발견하여 격리조치
  - 병에 걸린 동물 제거
② 감염경로
  - 식품의 위생적인 취급 및 소독
  - 식품취급자의 개인위생 준수
  - 작업장의 상하수도, 조리기구, 식기구 등의 정기적인 소독 및 환경위생관리
  - 정기적인 방충·방서 활동
③ 숙주의 감수성
  - 예방접종
  - 건강을 관리하여 면역력을 높임

보균자

- 병원체를 지니고 있는 사람
- 보균자 중 병원체를 몸에 지니고
  있으나 증상이 발현되지 않아 건
  강한 사람으로 보이는 건강보균
  자들은 감염병의 관리가 매우 어
  려움

3. 면역

① 선천적 면역: 자연적으로 형성되어 있는 면역(종속 면역, 인종 면역, 개인 면역 등)
② 후천적 면역

구분	자연	인공
능동	병에 감염된 후 형성되는 면역	예방접종(균을 접종)으로 형성되는 면역
수동	모유나 모체로부터 받는 면역	항체를 접종하여 얻는 면역

③ 영구 면역이 잘 되는 질병: 풍진, 백일해, 홍역, 소아마비(폴리오), 탄저
④ 영구 면역이 되지 않는 질병: 말라리아, 매독, 이질

예방접종(인공능동면역)

- D.P.T. 접종: 디프테리아(Diphtheria),
  백일해(Pertussis), 파상풍(Tetanus)
- M.M.R. 접종: 홍역(Measles), 볼거
  리(Mumps), 풍진(Rubella)
- B.C.G. 접종: 결핵, 생후 4주 이내
  접종

2 감염병의 종류

1. 감염병의 분류

① 미생물(병원체)에 따른 분류

세균성 감염병	콜레라, 장티푸스, 파라티푸스, 세균성이질, 디프테리아, 폐렴, 결핵, 파상풍, 페스트, 돈단독
바이러스성 감염병	소아마비(폴리오, 급성회백수염), 홍역, 인플루엔자, 유행성간염, 일본뇌염
리케차성 감염병	발진티푸스, 발진열, 쯔쯔가무시증
원충성 감염병	아메바성이질, 톡소플라즈마, 말라리아

② 침입구에 따른 분류

호흡기계 전파	홍역, 인플루엔자, 디프테리아, 풍진, 유행성이하선염 등
소화기계 전파	소아마비(폴리오), 식중독, 콜레라, 장티푸스, 파라티푸스, 세균성이질 등

③ 감염경로에 따른 분류

직접전파	• 신체접촉, 성접촉에 의한 전파: 매독, 성병, 임질 • 토양으로부터 전파: 파상풍, 탄저
간접전파 (비말감염)	• 기침, 재채기에 의한 전파(비말감염): 인플루엔자, 홍역, 백일해 • 먼지에 의한 전파(진애감염): 결핵, 디프테리아, 천연두

④ 개달물 전파: 트리코마, 결핵, 천연두

2. 수인성감염병

① 정의: 병원성 미생물에 오염된 물에 의해 전염되는 감염병

② 종류: 콜레라, 장티푸스, 파라티푸스, 세균성이질

③ 특징
- 음용수 지역과 감염병 유행 지역이 일치함
- 대량 감염의 위험이 있으며 계절에 상관없이 발생함
- 잠복기가 짧고 치사율이 낮으며 2차 감염이 거의 없음
- 오염원 제거가 가능함

④ 증상: 우치·반상치, 청색아, 설사, 기생충 질병, 중금속 오염

3. 법정감염병 「감염병의 예방 및 관리에 관한 법률」 제2조

① 특징
- 제1급 감염병: 생물테러감염병 또는 치명률이 높거나 집단 발생의 우려가 커서 발생 또는 유행 즉시 신고하여야 하고 음압격리와 등 높은 수준의 격리가 필요한 감염병
- 제2급 감염병: 전파 가능성을 고려하여 발생 또는 유행 시 24시간 이내에 신고하여야 하고, 격리가 필요한 감염병
- 제3급 감염병: 발생을 계속 감시할 필요가 있어 발생 또는 유행 시 24시간 이내에 신고하여야 하는 감염병
- 제4급 감염병: 제1급 감염병부터 제3급 감염병 외에 유행 여부를 조사하기 위하여 표본감시 활동이 필요한 감염병

개달물

옷, 침구, 수건 등으로 질병을 매개하는 물질

질병의 시간적 변화(유행주기)
- 순환 변화(단기 변화): 홍역(2~4년), 백일해(2~4년), 일본뇌염(3~4년)
- 추세 변화(장기 변화): 디프테리아, 성홍열, 장티푸스

② 종류

제1급 감염병	에볼라바이러스병, 마버그열, 라싸열, 크리미안콩고출혈열, 남아메리카출혈열, 리프트밸리열, 두창, 페스트, 탄저, 보툴리눔독소증, 야토병, 신종감염병증후군, 중증급성호흡기증후군(SARS), 중동호흡기증후군(MERS), 동물인플루엔자 인체감염증, 신종인플루엔자, 디프테리아
제2급 감염병	결핵, 수두, 홍역, 콜레라, 장티푸스, 파라티푸스, 세균성이질, 장출혈성대장균감염증, A형간염, 백일해, 유행성이하선염, 폴리오, 수막구균감염증, b형헤모필루스인플루엔자, 폐렴구균감염증, 한센병, 성홍열, 반코마이신내성황색포도알균(VRSA)감염증, 카바페넴내성장내세균목(CRE)감염증, E형간염
제3급 감염병	파상풍, B형간염, 일본뇌염, C형간염, 말라리아, 레지오넬라증, 비브리오패혈증, 발진티푸스, 발진열, 쯔쯔가무시증, 렙토스피라증, 브루셀라증, 공수병, 신증후군출혈열, 후천성면역결핍증(AIDS), 크로이츠펠트-야콥병(CJD) 및 변종크로이츠펠트-야콥병(vCJD), 황열, 뎅기열, 큐열, 웨스트나일열, 라임병, 진드기매개뇌염, 유비저, 치쿤구니야열, 중증열성혈소판감소증후군(SFTS), 지카바이러스감염증, 매독
제4급 감염병	인플루엔자, 회충증, 편충증, 요충증, 간흡충증, 폐흡충증, 장흡충증, 수족구병, 임질, 클라미디아감염증, 연성하감, 성기단순포진, 첨규콘딜롬, 반코마이신내성장알균(VRE)감염증, 메티실린내성황색포도알균(MRSA)감염증, 다제내성녹농균(MRPA)감염증, 다제내성아시네토박터바우마니균(MRAB)감염증, 장관감염증, 급성호흡기감염증, 해외유입기생충감염증, 엔테로바이러스감염증, 사람유두종바이러스감염증

우리나라 검역질병

검역질병의 검역기간은 해당 질환의 최장 잠복기간과 같음
• 콜레라: 120시간
• 황열: 144시간
• 페스트: 144시간

4. 인수공통감염병

동물과 사람 간에 서로 전파되는 병원체에 의하여 발생되는 감염병

질병	원인 동물	질병	원인 동물
탄저병	소, 말, 양, 염소, 낙타	야토병	야생토끼(산토끼)
브루셀라증 (파상열)	소, 양, 돼지	돈단독	돼지
결핵	소, 양	큐열	소, 쥐, 양
조류인플루엔자	닭, 칠면조, 야생조류	광우병	소
페스트	쥐, 벼룩	렙토스피라증	쥐

인수공통감염병의 분류

• 세균: 탄저병, 브루셀라증(파상열), 결핵, 돈단독
• 바이러스: 일본뇌염, 광견병, 동물인플루엔자, 후천성면역결핍증(AIDS)

5. 경구감염병(소화기계 감염병)

손, 음료수, 식기 등에 의해 입, 호흡기, 피부 등을 통해 감염되는 전염병

콜레라	• 주요 증상은 쌀뜨물 같은 수양성 설사 • 철저한 검역으로 예방 가능
장티푸스	• 주요 증상은 40℃ 이상의 고열 • 회복 후 영구 면역 가능
세균성이질	주요 증상은 혈변, 점액변, 발열

01 난이도 상

감수성지수가 높아 가장 전파가 잘 되는 감염병은?

① 홍역
② 성홍열
③ 디프테리아
④ 소아마비(폴리오)

| 해설 |
질병의 감수성지수는 '홍역, 천연두 95% > 백일해 60~80% > 성홍열 40% > 디프테리아 10% > 소아마비 0.1%' 순으로 높다.

02 난이도 중

장티푸스를 앓고 난 아이가 얻게 되는 면역은?

① 자연수동면역
② 인공수동면역
③ 자연능동면역
④ 인공능동면역

| 해설 |
질병을 앓고 난 후에는 자연능동면역을 얻게 된다. ① 자연수동면역은 모체로부터 얻어지는 면역, ② 인공수동면역은 항체를 직접 주입하여 얻는 면역, ④ 인공능동면역은 예방접종으로 형성되는 면역이다.

03 난이도 하

다음 중 질병의 원인이 바이러스가 아닌 것은?

① 홍역
② 돈단독
③ 일본뇌염
④ 소아마비(폴리오)

| 해설 |
돈단독은 세균에 의한 질병이다.

04 난이도 하

출생 후 4주 이내에 접종해야 하는 예방 접종은?

① 일본뇌염
② 결핵
③ 디프테리아
④ 홍역

| 해설 |
B.C.G 접종은 결핵을 예방하는 접종으로 생후 4주 이내에 접종해야 한다.

05 난이도 하

다음 중 인수공통감염병이 아닌 것은?

① 야토병
② 탄저병
③ 세균성이질
④ 렙토스피라증

| 해설 |
세균성이질은 인수공통감염병이 아닌 경구감염병에 해당한다.

06 난이도 상

쌀뜨물 같은 수양성 설사 증상을 보이는 경구감염병은?

① 콜레라
② 장티푸스
③ 디프테리아
④ 파라티푸스

| 해설 |
콜레라의 주요 증상은 쌀뜨물 같은 수양성 설사이며 철저한 검역으로 예방이 가능하다.

08 | 식중독

토막강의
"세균성 식중독은
감염형과 독소형을
구분해서 공부해요!"

1 식중독의 개요

1. 정의

유해한 미생물이나 미생물이 생성한 독소 또는 유해물질 섭취로 인하여 발생하며 급성 위장장애가 주로 나타남

2. 식중독 발생 시 신고체계

집단급식소/(한)의사 → 보건(지)소장 → 시·군·구청장 → 시·도지사 → 보건복지부장관/
식품의약품안전처장

3. 식중독의 분류

세균성 식중독	• 감염형: 살모넬라, 병원성 대장균, 장염비브리오, 리스테리아, 클로스트리디움 퍼프리젠스 • 독소형: (황색)포도상구균, 클로스트리디움 보툴리눔
바이러스성 식중독	노로바이러스 등
자연독 식중독	• 동물성: 조개류독, 복어독 • 식물성: 독버섯, 독미나리, 썩은 감자 등
곰팡이독 식중독	아플라톡신, 황변미독, 맥각독 등
화학적 식중독	유해첨가물, 유해중금속, 유해농약 등

알레르기성 식중독

• 일부 식중독은 알레르기성으로 일어나기도 함
• 알레르기의 원인물질: 히스타민 (Histamine) – 붉은살 생선(고등어, 가다랑어, 꽁치 등)
• 알레르기성 식중독의 원인균: 모르가넬라 모르가니(Morganella Morganii)

2 세균성 식중독

1. 감염형 식중독과 독소형 식중독의 차이점

구분	감염형 식중독	독소형 식중독
잠복기	긺(섭취 후 세균 증식 시간 필요)	짧음(독소의 섭취로 인한 중독)
증상	발열, 위염, 구토, 설사	설사, 복통, 구토
가열 시	예방 가능	열에 강하여 예방 불가능

2. 감염형 식중독

구분	원인식품	특징	예방법
살모넬라 (Salmonella) 식중독	달걀, 우유, 육류, 어패류 등	• 12~24시간의 잠복기 • 발열(40℃ 전후) 증상	• 75℃에서 1분 이상 가열 후 섭취 • 위생해충 및 가축에 의한 식품 오염 방지
병원성 대장균 (Escherichia coli) 식중독	배설물, 보균자, 환자, 육류, 육류 가공품, 우유 등	• 10~30시간(평균 13시간)의 잠복기 • 복통, 설사(혈변), 급성위장염 증상	• 가열 후 섭취 • 분변오염 방지, 우유의 살균 소독
장염 비브리오 (Vibrio parahemolyticus) 식중독	어패류, 생어패류로 만든 초밥, 회 등	• 10~18시간(평균 12시간)의 잠복기 • 3~5%의 소금물에서 잘 생육하는 호염균(해수에서 생육이 잘 됨) • 우리나라에서는 7~9월 중 많이 발생	• 가열 후 섭취 • 냉장·냉동 유통 및 보관 • 수돗물로 세척 • 조리도구의 소독 및 살균 • 여름철에는 어패류의 생식에 주의
리스테리아 (Listeria) 식중독	냉장식품, 우유, 치즈, 훈제 연어, 육가공품 등	• 냉장온도(0~5℃)에서도 증식이 가능한 저온균, 광범위한 온도에서 증식 가능 • 임산부에게는 유산, 면역력이 약한 사람에게는 패혈증, 수막염 등의 증상	• 생식 금지 • 철저한 식품의 살균 관리
클로스트리디움 퍼프리젠스 (Clostridium perfringens) 식중독	사람이나 동물의 분변, 가열 후 장시간 실온보관 식품 등	• 8~22시간(평균 12시간)의 잠복기 • 내열성이 강한 아포 형성(균의 여러 유형 중 A와 F형이 식중독을 일으킴) • 복통, 설사증상	• 섭취 전 재가열 • 냉장·냉동 보관

3. 독소형 식중독

구분	원인	특징	예방법
(황색)포도상구균 (Staphylococcus aureus) 식중독	• 독소: 장독소(엔테로톡신, Enterotoxin) • 김밥, 우유, 도시락, 인후염 또는 상처가 있는 사람이 조리하는 음식	• 평균 3시간의 잠복기(잠복기가 가장 짧은 식중독) • 균체는 열에 약하나 균체가 생성하는 독소인 엔테로톡신은 열에 매우 강함(높은 온도로 장시간 가열해도 사라지지 않음) • 인체의 상처 등에 침입하여 염증을 일으키는 화농성질환의 원인균 • 설사, 복통 등의 증상이 나타남	• 화농성질환자 조리업무 금지 • 철저한 개인 위생관리 • 냉장 보관
클로스트리디움 보툴리눔 (Clostridium botulinum) 식중독	• 독소: 신경독소(뉴로톡신, Neurotoxin) • 살균처리가 안 된 통조림, 부패된 햄 등	• 신경증상(신경마비, 동공확대, 언어장애), 호흡곤란 등의 증상 • 산소가 없는 밀폐된 식품에서 생육을 잘 하는 편성혐기성균 • 식중독 중 가장 높은 치사율(40%)을 나타냄 • 아포는 내열성이 큼(생성하는 독소는 열에 약함)	• 가열 후 섭취 • 항균제 아질산 나트륨 등 사용

위생해충의 구제 방법
- 파리: 살충제 사용, 진개 및 오물의 완전 처리, 변소의 개량
- 모기: 발생지 제거, 고인 물 정체 방지
- 이, 벼룩: 침구류 일광소독, 신체의 청결 유지, 살충제
- 바퀴벌레: 살충제 및 붕산 사용, 청결 유지
- 진드기: 밀봉 포장, 냉장, 살충, 열처리, 방습

햄버거병

O157: H7(용혈성 식중독균)에 의해 발생하며 병원성 대장균에 속함

엔테로톡신
- 120℃에서 20분간 처리해도 파괴되지 않음
- 밥(탄수화물)이 주식인 국가에서 많이 발생함

4. 경구감염병과 세균성 식중독의 차이점

구분	경구감염병	세균성 식중독
균의 양	소량의 균으로도 감염될 수 있음	다량의 균에 의해 감염됨
2차 감염	있음(감염에 의한 차이는 있음)	거의 없음
잠복기	상대적으로 긺	상대적으로 짧음
면역	있음	없음
예방법	어려움(예방접종이 있는 감염병 제외)	균의 증식을 억제하여 예방 가능(예방접종 없음)

3 바이러스성 식중독

1. 노로바이러스 식중독

① 원인균의 특징: 크기가 매우 작고 구형이며, 단일가닥 RNA를 가짐
② 주요 증상: 급성위장염, 복통, 구토, 설사
③ 특징: 미량으로 발병되며, 발병 후 시간이 경과하면 자연치유됨
④ 원인식품: 굴, 홍합, 모시조개, 샐러드, 감염환자가 조리한 식품, 오염된 식수 등
⑤ 예방법: 충분한 가열 조리, 손 씻기 등

4 자연독 식중독

1. 자연독 식중독의 정의

자연계에 존재하는 식물성, 동물성 독소에 의한 식중독

2. 동물성 식중독

모시조개, 굴, 바지락	베네루핀(Venerupin)
섭조개(홍합), 대합조개	삭시톡신(Saxitoxin)
복어	테트로도톡신(Tetrodotoxin)

3. 식물성 식중독

독버섯	무스카린(Muscarine), 무스카리딘(Muscaridine), 콜린(Choline), 뉴린(Neurine), 팔린(Phalline), 아마니타톡신(Amanitatoxin) 등
복숭아, 청매, 살구 씨	아미그달린(Amygdalin)
독미나리	시큐톡신(Cicutoxin)
면실유, 목화씨	고시폴(Gossypol)
피마자	리신(Ricin)
독보리	테무린(Temuline)
오색콩(버마콩)	파세오루나틴(Phaseolunatin)
미치광이풀	아트로핀(Atropine)
감자	• 싹난 감자: 솔라닌(Solanine) • 부패한 감자: 셉신(Sepsine)
시금치	옥살산(Oxalic acid)

테트로도톡신

- 난소＞간＞내장＞피부·근육 순으로 독성이 높음
- 끓여도 무독화되지 않음
- 신경계 마비, 청색증, 호흡곤란 등의 증상이 나타남

5 곰팡이독 식중독

1. 곰팡이독(마이코톡신, Mycotoxin)의 개요

① 정의: 곰팡이가 생산하는 2차 유독대사물로서, 사람이나 동물에게 급성 또는 만성 장애를 유발하는 물질

② 특징
- 탄수화물이 풍부한 식품에서 잘 발생함
- 견과류나 곡류, 땅콩 등을 높은 온도와 습도에서 보관했을 때 곰팡이들이 번식을 하여 2차 대사산물로 곰팡이독을 생성함
- 곰팡이가 생성하는 곰팡이독은 발암성, 번식성, 독성 등을 가지며 유해함

③ 구분

간장독	아플라톡신, 루브라톡신, 오크라톡신, 사이클로클로로틴, 에르고톡신 등
신장독	시트리닌 등
신경독	파툴린, 말토리진 등
피부염 물질	스포리데스민, 소랄렌 등

> **곰팡이의 특징(식품위생 관련)**
> - 건조식품을 잘 변질시킴
> - 포자법으로 번식함
> - 대부분 생육에 산소를 요구하는 절대 호기성 미생물임

2. 곰팡이독의 종류

① 아플라톡신(Aflatoxin, 간장독)
- 원인 곰팡이: 아스퍼질러스 플라버스(Aspergillus flavus)가 번식하여 생산(원인식품 수분 함량 16% 이상, 상대습도 80~85% 이상, 25~35℃에서 최적의 생성 조건 형성)
- 주요 원인식품: 땅콩, 보리, 옥수수, 된장 등
- 독소의 특징: 열에 안정적(200~300℃로 가열 시 분해), 강산과 강알칼리성에서는 쉽게 분해됨, 물에 녹지 않음
- 대표적 사례: 1960년 영국에서 10만 마리의 칠면조가 땅콩박에서 번식한 아스퍼질러스 플라버스가 생산한 아플라톡신으로 간장장애를 일으켜 대량 폐사함
- 증상: 간암 유발(간장독)

② 황변미독(Yellowed rice toxin)
- 원인 곰팡이: 페니실리움(Penicillium) 속 푸른 곰팡이가 번식하여 생산
- 생산 독소: 시트리닌(Citrinin, 신장독), 시트레오비리딘(Citreoviridin, 신경독)
- 주요 원인식품: 수분이 14~15% 함유된 쌀(주로 저장된 쌀)
- 증상: 신장독−신장 손상, 신경독−사지마비, 호흡장애 등

③ 맥각독(Ergotoxin)
- 원인 곰팡이: 클라비셉스 푸르푸레아(Claviceps purpurea, 맥각균)가 번식하여 생산
- 생산 독소: 에르고톡신(Ergotoxin, 맥각독)
- 주요 원인식품: 보리, 호밀
- 증상: 교감신경 마비, 임산부의 경우 유산·조산의 위험이 있음, 환청, 환각, 헛소리, 경련, 구토 등

6 화학적 식중독

1. 유해성 중금속 식중독

① 비소(As)
- 중독 증상: 발열, 설사, 위장장애, 피부암, 흑피증
- 중독 경로: 도자기나 법랑의 안료로 사용되어 유입, 비소제 농약의 사용, 순도가 낮은 식품첨가물 중 불순물로 혼입
- 대표적 사례: 일본의 조제분유 사건, 간장중독 사건(아미노산 간장에 비소 유입)

② 수은(Hg)
- 중독 증상: 미나마타병(손발저림, 운동장애 등), 신경마비, 연하곤란 등
- 중독 경로: 수은이 축적된 해산 어류류 섭취, 공장폐수에 오염된 농작물이나 어패류 섭취, 콩나물 재배 시 잘못된 소독제 사용
- 대표적 사례: 1952년 일본의 화학공장에서 사용한 무기수은이 혼입된 공장폐수가 바다로 유입되면서 수은이 축적된 어패류를 장기간 다량 섭취한 주민들에게 미나마타병이 발생함

③ 카드뮴(Cd)
- 중독 증상: 이타이이타이병(골연화증, 골절, 단백뇨, 신장기능장애, 폐기종 등)
- 중독 경로: 식기의 도금에서 용출, 공장의 폐수에 카드뮴이 다량 함유되어 농작물로 유입
- 대표적 사례: 1910년 일본 도야마현 아연 공장에서 흘러나온 폐수가 농수로로 흘러들어가 이것으로 장기간 농사를 지은 후 주민들에게 이타이이타이병이 발생함

④ 납(Pb)
- 중독 증상: 연연(잇몸이 청흑색으로 착색), 구토, 설사, 빈혈, 안면창백 등
- 중독 경로: 통조림의 땜납, 도자기의 유약, 낡은 수도관 등을 통해 유입

⑤ 구리(Cu)
- 중독 증상: 구토, 복통, 간세포 파괴, 위통 등
- 중독 경로: 놋그릇에서 용출, 구리합금에 의해 용출, 착색제 첨가물 등에 함유

⑥ 주석(Sn)
- 중독 증상: 구토, 복통, 설사
- 중독 경로: 통조림관의 도금재료(특히 산성 환경에서 잘 용출됨 예 과일통조림)

⑦ 불소(F)
- 중독 증상: 반상치
- 중독 경로: 공업용품의 방부제로 사용, 과도한 불소의 사용

⑧ 크롬(Cr)
- 중독 증상: 궤양, 피부염, 비염, 습진(알레르기성)
- 중독 경로: 작업장 등에서의 분진

⑨ 아연(Zn)
- 중독 증상: 구토, 설사, 복통
- 중독 경로: 통조림관의 도금재료

중금속의 특징
- 다량 축적 시 건강장애 발생
- 생체 내 효소와 작용하여 독성 작용을 나타냄
- 비중이 4.0 이상인 금속
- 아연, 철, 구리, 코발트 등 정상 생체기능을 유지하는 데 필수적인 중금속도 있음

미나마타병
- 수은(Hg)에 의한 식중독
- 강력한 신장독
- 전신경련

이타이이타이병
- 카드뮴(Cd)에 의한 식중독
- 골연화증, 폐기종 등

납(연) 중독 발견을 위한 검사
- 소변검사
- 혈액검사
- 타액검사

반상치
불소의 과잉 섭취로 치아의 표면에 흰색이나 갈색 반점이 불규칙하게 나타나는 것

2. 유해한 잔류 농약

구분	유기인계	유기염소계
종류	말라티온, 파라티온, 다이아지논 등	DDT, BHC, 헵타크로 등
특징	잔류성이 낮아 만성중독이 거의 일어나지 않음	잔류성이 강해 인체에 축적됨
증상	신경독 증상, 혈압 상승, 근력 감퇴	신경독 증상, 구토, 두통, 복통, 설사, 시력 감퇴

3. 화학적 식중독의 예방법

① 불량 기구 및 용기 사용 금지

② 농약의 위생적 보관 및 사용 방법 준수[농약 허용기준 강화(PLS) 지침 준수, 농약 살포 시 흡입 주의]

01 난이도 상

알레르기성 식중독의 원인물질과 원인균이 바르게 연결된 것은?

① 히스타민 – 살모넬라
② 아플라톡신 – 리스테리아
③ 히스타민 – 모르가넬라 모르가니
④ 아플라톡신 – 클로스트리디움 퍼프리젠스

| 해설 |
알레르기성 식중독의 원인물질은 히스타민(Histamin)이며 식중독균 모르가넬라 모르가니(Morganella Morganii)에 의해 발생한다.

02 난이도 중

다음 중 경구감염병과 세균성 식중독의 차이점에 대한 설명으로 옳지 않은 것은?

① 경구감염병과 다르게 세균성 식중독은 2차 감염이 없다.
② 세균성 식중독의 잠복기는 경구감염병에 비해 상대적으로 짧다.
③ 경구감염병에 비해 세균성 식중독은 다량의 균이 있어야 발병한다.
④ 경구감염병은 예방이 어려운 경우가 많지만 세균성 식중독은 예방접종으로 예방이 가능하다.

| 해설 |
세균성 식중독은 원인균의 제거로 예방이 가능하지만 예방접종은 없다.

03 난이도 하

해수의 소금물 농도에서도 잘 생존하여 회나 어패류를 생식했을 때 발생하기 쉬운 식중독은?

① 살모넬라 식중독
② 리스테리아 식중독
③ 장염비브리오 식중독
④ 황색포도상구균 식중독

| 해설 |
장염비브리오 식중독은 3~5%의 소금물(해수의 소금물 농도)에서 호염균이 잘 생육한다.

04 난이도 중

생성하는 독소는 열에 약하지만 내열성이 아주 강한 아포를 형성하는 식중독균은?

① 살모넬라
② 병원성 대장균
③ 황색포도상구균
④ 클로스트리디움 보툴리눔

| 해설 |
클로스트리디움 보툴리눔(Clostridium botulinum)은 G + (그람양성)균으로 아포를 형성하는데 이 아포는 내열성이 매우 커 열로는 쉽게 사멸되지 않는다. 이 균이 생성하는 뉴로톡신이라는 신경계 독소는 내열성이 약해 가열 시 분해된다.

05 난이도 상

보리에서 맥각중독을 일으키는 원인 독소는?

① 아플라톡신(Aflatoxin)
② 시트레오비리딘(Citroviridin)
③ 시트리닌(Citrinin)
④ 에르고톡신(Ergotoxin)

| 해설 |
보리나 호밀에서 곰팡이인 클라비셉스 푸르푸레아(Claviceps purpurea)가 번식하면 신경독을 일으킬 수 있는 독소 에르고톡신(Ergotoxin)이 생성되어 맥각중독을 일으킨다.

06 난이도 중

과일통조림 등 산성 환경인 통조림관에서 유출되기 쉬운 중금속은?

① 불소(F)
② 수은(Hg)
③ 주석(Sn)
④ 카드뮴(Cd)

| 해설 |
주석(Sn)은 통조림관의 도금재료로 산성 환경에서 용출이 더 잘 되어 중독을 일으킨다.

09 | 식품 관련 기생충

토막강의
"기생충은
중간숙주의 수에 따라
분류해서 기억해요!"

1 기생충

1. 정의
생물체에 붙어서 필요한 영양분을 섭취하여 생활하는 생물

2. 숙주와 중간숙주
① 숙주: 기생충이나 기생생물에게 영양을 공급하는 생물
② 중간숙주: 기생충의 성장과정에서 두 종류 이상의 숙주를 필요로 할 경우 최종 숙주 이외의 숙주

3. 기생충의 예방법
① 육류나 어패류는 충분히 가열한 후 섭취할 것
② 채소는 청정채소를 이용하고 여러 번 세척하여 섭취할 것
③ 조리 후 칼, 도마 등 조리도구는 살균하고 위생적으로 관리할 것
④ 손의 위생을 항상 청결히 유지할 것

2 채소류 기생충(중간숙주 없음)

회충	• 감염경로: 경구감염(채소에 부착한 회충 알을 경구 섭취) • 특징: 분변으로부터 탈출된 회충의 수정란이 경구로 침입하여 위에서 부화 • 예방법: 채소류의 세정, 청정채소 이용, 손의 청결 유지
구충 (십이지장충)	• 감염경로: 경구감염, 경피감염(손, 발을 통해 체내로 유입될 수 있음) • 특징: 회충보다 건강장애가 심하고 구제가 잘 되지 않음 • 예방법: 맨발 작업 금지, 오염된 흙과 접촉하지 않기, 채소 가열 조리
요충	• 감염경로: 경구감염, 집단감염 • 특징: 항문 주위에 산란하여 항문의 가려움 유발 • 예방법: 손, 항문 부위의 청결 유지, 집단 구충
편충	• 감염경로: 경구감염 • 특징: 감염되어도 자각증상이 없는 편 • 예방법: 채소류의 세정, 청정채소 이용
동양모양선충	• 감염경로: 경구감염, 일부는 드물게 경피감염 • 특징: 감염되어도 자각증상이 없음 • 예방법: 채소류의 세정, 청정채소 이용, 분변의 완전 처리, 맨발 작업 금지

회충
• 우리나라에서 감염률이 가장 높은 기생충
• 성인보다 소아에게 많이 감염됨
• 추운 지방보다 따뜻하고 습한 지방에서 많이 감염됨

3 육류 기생충(중간숙주 1개)

무구조충 (민촌충)	• 중간숙주: 소 • 예방법: 소고기의 가열 섭취
유구조충 (갈고리촌충)	• 중간숙주: 돼지 • 예방법: 돼지고기의 완전한 가열 섭취
선모충	• 중간숙주: 개, 돼지, 고양이, 쥐 등 • 예방법: 돼지고기의 생식 금지, 위생적인 사육
톡소플라즈마	• 중간숙주: 고양이, 돼지, 개 등 • 예방법: 돼지고기의 완전한 가열 섭취, 고양이 배설물에 의한 식품 오염 방지 • 특징: 임산부의 경우 유산, 사산, 기형아 출산의 위험이 있음

유구조충

인체의 근육, 피하조직, 뇌 등에 낭충이 기생하는 인체낭충증을 일으킴

4 어패류 기생충(중간숙주 2개)

구분	제1중간숙주	제2중간숙주
간흡충 (간디스토마)	왜우렁이	민물고기(붕어, 잉어)
폐흡충 (폐디스토마)	다슬기	갑각류(민물게, 가재)
유극악구충	물벼룩	가물치, 뱀장어, 메기
광절열두조충 (긴촌충)	물벼룩	민물고기(송어, 연어, 농어)
요코가와흡충 (횡천흡충)	다슬기	민물고기(은어, 잉어, 붕어)
고래회충 (아니사키스)	바다갑각류, 크릴새우	오징어, 고등어, 대구, 청어

간디스토마

충체에 의해 산란된 충란은 분변으로 배출된 뒤 수중으로 흘러들어가서 제1중간숙주인 왜우렁이에게 섭취되어 유미유충이 되는데, 이 유미유충은 물속에서 제2중간숙주인 붕어와 잉어 등의 비늘에 붙은 다음 꼬리는 떨어지고 몸통만 근육 내로 침입하여 피낭유충이 됨

01 난이도 중

밭에서 맨발, 맨손으로 작업할 때 감염 위험이 큰 기생충은?

① 회충
② 요충
③ 무구조충
④ 십이지장충

| 해설 |
십이지장충(구충)은 경피감염이 가장 많이 일어나는 기생충으로 오염된 흙에서 맨발, 맨손으로 작업 시 감염의 위험이 크다.

02 난이도 하

중간숙주 없이 인체에 직접 감염이 가능한 기생충은?

① 간흡충
② 유구조충
③ 동양모양선충
④ 톡소플라즈마

| 해설 |
회충, 구충(십이지장충), 요충, 편충, 동양모양선충은 채소류의 생식 등을 통해 중간숙주 없이 인체에 직접 침입할 수 있다.

03 난이도 중

돼지고기를 덜 익혀서 섭취하였을 때 감염 위험이 있는 기생충은?

① 편충
② 무구조충
③ 유구조충
④ 요코가와흡충

| 해설 |
유구조충(갈고리촌충)은 돼지가 중간숙주인 기생충으로 돼지고기를 충분히 가열 섭취하지 않을 경우 인체에 유입될 수 있다.

04 난이도 상

육류를 매개로 한 기생충과 중간숙주의 연결이 옳은 것은?

① 회충 – 개
② 무구조충 – 소고기
③ 아니사키스 – 고양이
④ 광절열두조충 – 돼지고기

| 해설 |
회충은 채소류를 통한 감염을 일으키는 기생충이며, 아니사키스와 광절열두조충은 어패류를 중간숙주로 가지는 기생충이다.

05 난이도 상

간디스토마의 제1중간숙주는?

① 가재
② 오징어
③ 물벼룩
④ 왜우렁이

| 해설 |
간디스토마의 제1중간숙주는 왜우렁이이고 제2중간숙주는 붕어, 잉어 등의 민물고기이다.

06 난이도 중

고등어를 익히지 않고 회로 섭취했을 때 감염 위험이 있는 기생충은?

① 편충
② 선모충
③ 아니사키스
④ 유극악구충

| 해설 |
아니사키스(고래회충)는 주로 바다 생물들을 중간숙주로 가지며 제1중간숙주는 바다갑각류, 크릴새우이고 제2중간숙주는 오징어, 고등어, 대구, 청어 등이다.

우리의 모든 꿈은 이루어질 것이다.
그것들을 믿고 나아갈 용기만 있다면

– 월트 디즈니(Walt Disney)

안전 및 공중보건

10 | 안전관리

1 개인안전관리

1. 안전관리지침서

조리종사자는 작업장 내의 작업 시 주방기기 및 시설의 조작방법과 기능을 익히고 안전수칙을 철저히 준수하여 안전사고 예방에 중점을 두어야 하며 이를 위해 안전관리지침서의 작성이 필요함

① 조리업무의 전 과정에서 작업 중 상처, 부상 등의 사고가 일어나지 않도록 시설 및 설비 점검을 철저히 함

② 조리종사자는 기기 안전 취급, 작업방법, 작업동작 등에 대하여 정기적으로 안전교육을 받아야 함

③ 작업장에서는 안정된 자세로 조리 작업에 임해야 하며, 뛰지 않아야 함

④ 조리 작업에 편리한 작업복과 조리안전화를 착용해야 함

⑤ 조리 작업한 음식물이나 식품류 등을 이동할 때는 주위를 잘 살피고 안전장갑, 운반기구를 사용하여 이동해야 함

⑥ 조리기계 및 기구의 작동방법 교육을 실시하고 관리책임자를 지정해야 함

⑦ 시설, 설비의 점검 및 안전검사를 위해 관계 규정을 만들고, 안전검사를 정기적으로 실시해야 하며, 점검 결과를 기록·유지해야 함

⑧ 작업장 내 안전, 보건 표지를 부착하여 항상 안전에 유의하는 작업 자세를 가져야 함

2. 개인 안전사고의 유형

날에 베임	칼, 채소 절단기, 블렌더, 분쇄기, 믹서, 주방 조리기구의 날카로운 모서리 등에 베이거나 절단, 찔림 현상이 생길 수 있음
화상	뜨거운 육수나 소스류 이동 시, 국물이나 튀김용 기름 및 조리기구의 뜨거운 표면 접촉 등에 의해 화상이 생길 수 있음
골절 및 근육 파열	• 물기, 기름기, 음식 찌꺼기가 있는 바닥, 부적절한 조명, 청소용 호스 등의 물건으로 인한 넘어짐, 상부 후드 청소 시 떨어지거나 맨홀이나 하수구에 빠졌을 때 골절이 발생할 수 있음 • 식재료 준비와 조리, 조리도구 세척 시 불편한 자세로 반복적인 작업 시 골절 및 근육 파열이 생길 수 있음
화재	튀김기 사용 시 식용유로 인한 화재나 가스버너에 가스라이터로 점화 시 남아 있던 가스 폭발로 화재가 일어날 수 있음
폭발	• 냉동설비 내 암모니아 가스 유출, 액화천연가스(LNG) 및 액화석유가스(LPG) 유출로 사고가 발생할 수 있으므로 화학물질을 취급할 때 주의해야 함 • 보일러나 식기세척기 및 전자레인지로 인한 폭발이 일어날 수 있으므로 정기적인 안전점검을 실시해야 함

전자레인지 폭발에 대한 대비

• 전자레인지 사용이 가능한 용기만 사용(금속 재질, 알루미늄 호일 등의 금속은 전자레인지에서 나오는 마이크로파가 금속에 부딪혀 화재가 발생할 수 있음)

• 포장 식품의 경우 포장을 제거하고 전자레인지 용기에 담아 사용

• 기름, 수분이 많은 식품의 경우 고온으로 과열될 수 있으므로 전자레인지용 유기용기를 사용

• 폴리스티렌(Polystyrene)으로 만든 컵라면 용기는 전자레인지 사용 금지

3. 물질안전보건자료(MSDS; Material Safety Data Sheet)

① GHS(Globally Harmonized System of Classification & Labeling of Chemicals)에 의해 UN에서 권고한 지침에 따라 통일된 형태의 경고 표시 및 물질 안전보건자료(MSDS)를 비치함

② MSDS제도는 화학물질을 취급하는 근로자에게 화학물질의 유해·위험성 등을 알려줌으로써 근로자가 스스로를 보호하도록 하여 화학물질 취급 시 발생할 수 있는 산업재해나 작업병을 예방하기 위해 시행함

③ 락스, 식기세척기 세제 등은 MSDS를 보관하고 있어야 하며, 새로운 화학제품 구입 시에도 함께 보관해야 함

4. 응급상황 발생 시 안전수칙

낙상 사고	혼자 일어날 수 있는 경우에는 다친 곳이 없나 확인한 후 천천히 일어나게 하고 골절이 의심되는 경우에는 해당 부위를 만지지 않도록 하여 응급치료기관에 보냄
화상 사고	• 1도 화상의 경우에는 차가운 물, 얼음, 얼음 팩 등으로 환부를 식힌 후 물집이 생기면 터뜨리지 말고 병원 치료를 받아야 함 • 강한 산성, 알칼리성을 띠는 독성 화학물질에 의한 화상인 경우 노출 부위를 생리식염수나 소독약으로 세척한 후 병원 치료를 받아야 함
전기기구로 인한 사고	감전이나 전기로 인한 화상 사고 시 신경 손상 등의 위험이 있으므로 전기를 차단한 후 구조 요청을 함
골절 사고	골절 시에는 환자를 함부로 만지지 말고 골절된 부분을 고정한 후 움직이지 않도록 하여 병원으로 후송함
화재 사고	얼굴에 화상을 입지 않도록 두 손으로 얼굴을 감싸고 바닥에 몸을 뒹굴어서 불을 끄며 화재 발생 시 대처 매뉴얼에 따라 움직임

화재 발생 시 대처 매뉴얼

상황 전파 → 가스 밸브 잠금 → 고객 대피 → 초기 진화 → 고객 대피

2 장비 및 도구의 안전관리

1. 안전장비류의 취급관리

조리시설 및 장비의 안전한 관리를 위해서 일상점검, 정기점검, 긴급점검이 필요함

일상점검	• 관리자가 매일 조리기구 및 장비를 사용하기 전에 관리상태를 점검하고 결과를 기록, 유지하는 점검 • 일상점검 시 위험 가능성이 있는 사항을 발견하면 즉시 안전책임자에게 보고하여야 함
정기점검	• 매년 1회 이상 정기적으로 실시하는 점검 • 주방 내의 모든 인적·물적인 면에서 물리화학적·기능적 결함 등의 여부를 점검하여야 함
긴급점검	• 손상점검: 재해나 사고로 비롯된 구조적 손상 등에 대하여 긴급히 시행하는 점검 • 특별점검: 결함이 의심되는 경우나 사용 제한 중인 시설물의 사용 여부를 판단하기 위해 시행하는 점검

2. 조리도구 및 장비별 점검 방법

식기세척기	• 탱크의 물을 빼고 세척제를 사용하여 브러시로 깨끗하게 세척했는지 확인 • 모든 내부 표면과 배수로, 여과기 및 필터를 주기적으로 세척하고 있는지 확인
튀김기	• 전원을 차단하고 사용한 기름을 제거한 후 오븐클리너로 골고루 세척했는지 확인 • 기름때가 심한 경우 온수로 깨끗하게 씻어낸 후 마른 행주로 물기를 완벽히 제거했는지 확인
육절기 /음식절단기	• 전원을 끄고 칼날과 회전봉을 분해하여 세척했는지 확인 • 중성세제로 세척하고 물기를 제거한 후 원상태로 조립하고 안전상태에서 전원을 연결했는지 확인
제빙기	• 전원을 차단하고 뜨거운 물을 사용하여 내부 구석까지 녹여 닦았는지 확인 • 마른 행주로 물기를 모두 제거하고 20여 분이 지난 다음에 작동되는지 확인
그리들	• 상판온도가 80℃가 되었을 때 오븐클리너를 분사하여 브러시로 깨끗이 닦았는지 확인 • 뜨거운 물로 오븐클리너를 완전하게 씻어낸 후 다시 한 번 세제를 사용하여 세척했는지 확인 • 세척 후에는 철판 위에 기름칠을 한 후 사용했는지 확인

3 작업환경 안전관리

1. 조리작업장 안전관리 체계의 7요소

① 사업주의 안전보건 경영에 관한 리더십
② 안전관리에 대한 의견 제시
③ 작업환경 내 위험요소 탐색
④ 위험요소 제거 및 대체·통제 방안 마련
⑤ 응급상황 발생 시 위기관리 매뉴얼 마련
⑥ 사업장 내 모든 일하는 사람의 안전보건 확보
⑦ 안전관리 체계 정기점검 및 개선

2. 작업장 안전사고 유형별 위험요소와 예방법

사고 유형	위험요소	예방법
베임(절상)	칼, 기구, 장비, 유리제품, 접시 등	• 작업에 적합한 칼과 도마를 사용함 • 칼은 날카롭게 유지함 • 이동 시에는 칼의 끝부분이 아래로 향하게 하고 하나씩 이동함 • 부서지거나 금이 간 유리제품은 사용하지 않음 • 기계의 안전작업 절차를 숙지한 후 사용함 • 냉동육 등은 충분히 해동한 후 칼질함
화상	뜨거운 기름이나 액체, 압력 솥, 식기세척기, 오븐, 뜨거운 냄비	• 전기 및 화재 안전지침을 따름 • 뜨거운 물이나 액체가 담긴 그릇의 뚜껑은 액체가 튀는 것을 방지하기 위해 천천히 열어야 함 • 긴 소매의 조리복을 착용함 • 뜨거운 조리도구를 잡을 때에는 장갑을 착용하고 뜨거운 조리기구 사용 시 안전거리를 유지함 • 뜨거운 기름에 물을 붓지 않음 • 취사기 등에 열 차단 방열판을 설치함

미끄러짐	미끄러운 바닥, 계단, 울퉁불퉁한 매트, 열악한 시야	• 바닥은 깨끗하고 건조하게 유지함 • 바닥 청소 시 미끄럼 방지 왁스를 사용함 • 올이 생기거나 헐거운 매트는 사용을 중단함 • 바닥에 전선이나 호스가 널려 있지 않도록 유지함
끼임	손수레, 물건 이동 시, 조리기구 사이, 세미기, 운반차 등	• 기기 이동·작동 중 손을 넣는 등 불안전한 행동 금지 • 중량물을 들어 올리는 작업 시 보조도구(높낮이 대차)를 사용하거나 2인 1조 등의 공동작업을 함 • 중량물 취급 전후 스트레칭을 실시함 • 운반차를 주기적으로 보수하여 원활하게 작동되도록 관리함 • 벨트 및 체인 등 위험 부위에는 덮개 등을 설치함
전기감전 및 누전	전기기구, 젖은 손으로 작업	• 전기기구 사용법을 준수하고 젖은 손으로 전기기구를 만지지 않음 • 설비 외함에 접지를 실시하고 전원부에 누전차단기를 설치하여 감전을 예방함 • 식기세척기 내부 청소 시 전원을 차단함 • 작업장 내에서 사용하는 전기기구의 전원은 누전차단기에서 인출하여야 하며, 월 1회 이상 주기적으로 버튼을 점검함
유해화합물로 인한 피부질환	화학물질의 반복 사용 및 장기간 사용으로 인한 습진 및 피부질환	• 사용하는 화학물질의 인체 유해성 등을 사전에 파악함 • 화학물질의 안전한 사용, 취급, 보관 및 폐기방법을 교육함 • 용기에 표기된 주의사항을 숙지함 • 화학물질은 적절하게 표시된 용기에 담아 지정된 장소에 보관함 • 화학물질 보관 장소는 잠그고 경고표시를 게시함 • 근로자들이 쉽게 열람할 수 있도록 물질안전보건자료(MSDS)를 배치함

감전 시 인체 보호장비
• 절연 안전모
• 절연 안전화
• 절연 고무장갑

3. 작업환경 안전관리 요령

① 사용하기 편한 장비를 사용함

② 개인 조리복, 조리모, 조리안전화, 앞치마를 사용함

③ 안전사고 예방교육을 상시 실시함

④ 경고 혹은 안전제일 표시 부착 및 안전 자료 게시

⑤ 조리작업장의 안전관리자를 배치함

⑥ 소화기 및 구급함은 눈에 잘 띄는 곳에 비치함

⑦ 조리작업자의 정리정돈을 생활화함

4. 작업환경 및 시설관리

온도, 습도	• 주방 종사자들이 작업 중 피로감이나 불쾌감을 느끼지 않도록 작업장의 적정 온도를 유지해야 함 • 냄비, 튀김기 등 고열이 발생하는 기계 근처의 온도를 꼼꼼히 관리해야 함 • 매장의 실내 습도는 50%가 적절하며, 작업장은 물을 많이 사용하여 습기가 많기 때문에 80%를 유지해야 함		
조명	• 조명방법에는 직접조명과 간접조명이 있음		
	직접조명	빛이 한 방향으로 물체를 직접 비춤	
	간접조명	벽, 천장 등을 비춘 반사광으로 물체를 비춤(근로자들의 눈의 피로가 덜함)	
	• 조리작업 공정에 사용되는 설비의 위생상태, 각 구역의 청결상태 및 제품의 오염상태를 확인할 수 있도록 충분한 밝기의 채광 또는 조명이 제공되어야 함 • 적절한 조도: 전처리실·조리작업대 220Lux 이상, 검수 장소 540Lux 이상		

작업장의 적정 온도
• 봄, 가을: 22℃
• 여름: 25~26℃
• 겨울: 18.3~21℃

바닥	• 내수성, 내구성이 있으며 미끄러지지 않고 쉽게 균열이 가지 않는 재질이어야 함 • 바닥과 배수로(트렌치)는 물의 고임이 없도록 적당한 경사를 둠 • 조리 장비·기기의 이동이 편리하도록 가급적 턱을 두지 않음
벽	• 청소가 쉽고 소음을 최대한 흡수할 수 있어야 하며, 오염을 쉽게 구별할 수 있도록 밝은 색의 타일이나 스테인리스 스틸로 마감함 • 바닥에서 최소 1.5m 높이까지는 내구성, 내수성이 있는 자재로 마감함 • 내벽과 바닥의 경계면인 모서리는 청소가 용이하도록 곡선으로 처리함 • 조리작업장 내 전기 콘센트는 바닥에서 1.2m 이상 높이에 방수형으로 설치함
천장	• 내수성, 내습성, 내화성이 있고 청소가 용이한 알루미늄판 등의 재질을 사용함 • 천장은 바닥에서 2.5m 이상으로 하며, 천장으로 통하는 배기 덕트나 전기설비 등은 천장 내부에 설치하는 것이 좋음
급수	• 급수관은 동관, 스테인리스관 등 부식되지 않는 재료를 사용함 • 지하수를 사용하는 경우에는 지하수 살균 장치를 반드시 설치해야 함 • 취수원은 폐기물 처리시설, 화장실, 동물사육장 등 지하수가 오염될 우려가 없는 장소에 있어야 하고 취수 설비와 폐수처리 설비는 격리 배치함 • 수전의 높이는 바닥에서 95~105cm가 좋으며 고무호스는 권장하지 않음
급탕	급탕설비는 온도조절 장치를 설치해야 함
배수	• 배수설비에는 방충, 방서, 방균 등의 설치가 필요함 • 배수로의 기울기가 적절해야 하며 청결 작업구역과 일반 작업구역의 배수로가 연결되지 않도록 함 • 청소가 쉽도록 배수로의 너비는 20cm 이상, 깊이는 최저 15cm가 되도록 하며, 덮개를 잘 열 수 있도록 스테인리스 스틸 등 무겁지 않은 재질로 마감 처리함

급탕의 용도별 온도
• 조리용: 45~50℃
• 기름설거지용: 70~90℃
• 식기 소독, 세척기용: 90~100℃

4 산업안전보건법 및 관련 지침

1. 산업재해 예방 기준 「산업안전보건법」 제5조

사업주는 산업재해 예방을 위한 기준에 따라 근로자의 신체적 피로와 정신적 스트레스 등을 줄일 수 있는 쾌적한 작업환경을 조성하고 근로조건을 개선하며 해당 사업장의 안전 및 보건에 관한 정보를 근로자에게 제공하여야 함

2. 안전교육 「산업안전보건법 시행규칙」 별표4, 별표5

① 대상자별 안전교육

교육과정	교육대상자	교육시간
정기교육	조리종사자	매분기 6시간 이상
	관리책임자	연간 16시간 이상(외부교육 또는 자체 교육 시 나누어 실시 가능)
채용 시 교육	신규입사자	8시간 이상(일용직 1시간 이상)
작업내용 변경 시 교육	일용직 제외 근로자, 일용직	2시간 이상(일용직 1시간 이상)

② 안전교육 내용

조리종사자 정기교육	• 산업안전 및 사고 예방에 관한 사항 • 산업보건 및 직업병 예방에 관한 사항 • 건강 증진 및 질병 예방에 관한 사항 • 유해·위험 작업환경 관리에 관한 사항 • 산업안전보건법령 및 산업재해보상보험제도에 관한 사항 • 직무 스트레스 예방 및 관리에 관한 사항 • 직장 내 괴롭힘, 고객의 폭언 등으로 인한 건강장해 예방 및 관리에 관한 사항
안전관리책임자 정기교육	• 산업안전 및 사고 예방에 관한 사항 • 산업보건 및 직업병 예방에 관한 사항 • 유해, 위험 작업환경 관리에 관한 사항 • 산업안전보건법령 및 산업재해보상보험제도에 관한 사항 • 직무 스트레스 예방 및 관리에 관한 사항 • 직장 내 괴롭힘, 고객의 폭언 등으로 인한 건강장해 예방 및 관리에 관한 사항 • 작업공정의 유해, 위험과 재해 예방대책에 관한 사항 • 표준안전 작업방법 및 지도 요령에 관한 사항 • 안전보건교육 능력 배양에 관한 사항 • 비상시 또는 재해 발생 시 긴급조치에 관한 사항 • 그 밖의 관리감독자의 직무에 관한 사항
채용 시 교육 및 작업내용 변경 시 교육	• 산업안전 및 사고 예방에 관한 사항 • 산업보건 및 직업병 예방에 관한 사항 • 위험성 평가에 관한 사항 • 산업안전보건법령 및 산업재해보상보험제도에 관한 사항 • 직무 스트레스 예방 및 관리에 관한 사항 • 직장 내 괴롭힘, 고객의 폭언 등으로 인한 건강장해 예방 및 관리에 관한 사항 • 기계·기구의 위험성과 작업의 순서 및 동선에 관한 사항 • 작업 개시 전 점검에 관한 사항 • 정리정돈 및 청소에 관한 사항 • 사고 발생 시 긴급조치에 관한 사항 • 물질안전보건자료에 관한 사항

5 화재 예방 및 조치방법

1. 조리작업장 화재의 원인

① 전기기기의 누전

② 조리기구(가스레인지) 주변 가연물

③ 가스레인지 주변 벽이나 환기구 후드에 있는 기름 찌꺼기

④ 조리작업 중 자리 이탈 등의 부주의

⑤ 식용유 사용 중 발생한 과열

⑥ 기타 화기 취급 주의

2. 화재의 분류

분류	A급 화재	B급 화재	C급 화재	D급 화재
명칭	일반 화재	유류, 가스 화재	전기 화재	금속 화재
가연물	목재, 종이, 섬유, 석탄 등	각종 유류 및 가스	전기기기, 기계, 전선 등	마그네슘 분말, 알 루미늄 분말 등
소화 효과	냉각	질식	질식, 냉각	질식
적합한 소화기 종류	• 물 • 산알칼리소화기 • 강화액소화기	• 포말소화기 • CO_2소화기 • 분말소화기 • 할론1211 • 할론1301	• CO_2소화기 • 분말소화기 • 할론1211 • 할론1301	• 마른 모래 • 팽창 질석

3. 화재 대처방법

① 큰 소리로 주위에 불이 났음을 알리고 비상 경보벨을 누름

② 엘리베이터가 아닌 계단을 이용하여 아래층으로 이동(불가능한 경우 옥상으로 대피)

③ 불길 속을 통과할 때에는 젖은 담요나 수건으로 몸과 얼굴을 감싸고 이동

④ 연기가 많을 때에는 젖은 수건으로 코와 입을 막고 낮은 자세로 이동

4. 소화기

① 소화기의 명칭

② 소화기의 사용 방법: 안전핀 뽑기 → 노즐 화기 고정 → 손잡이 누르기 → 분말 쏘기

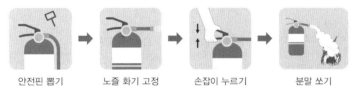

안전핀 뽑기　　노즐 화기 고정　　손잡이 누르기　　분말 쏘기

③ 소화기의 점검

- 압력게이지의 바늘이 정상 위치인 녹색에 있는지 확인
- 노즐 및 호스의 노화 여부를 점검
- 도색한 소화기에 칠이 떨어졌거나 부식된 곳이 없는지 확인
- 봉인줄이 풀어져 있는지 확인
- 사용한 흔적이 없는지 확인

소화기 바늘의 위치

- 녹색: 정상 상태
- 빨간색: 월 1회 흔들어 주어야 함
- 노란색: 교체 요망

5. 소화 방법

냉각소화	물 등 액체의 증발잠열을 이용하여 가연물을 인화점 및 발화점 이하로 낮추어 소화하는 방법
질식소화	산소 공급을 차단하여 가연물의 연소에 필요한 산소 농도 이하가 되도록 하여 소화하는 방법
제거소화	가연물의 공급을 중단하여 소화하는 방법
억제소화	산화 반응의 진행을 차단하여 소화하는 방법
유화소화	기름 등 화재 시 유화층의 막을 형성함으로써 산소 공급을 차단하여 소화하는 방법
희석소화	가연물의 농도를 희석시켜 소화하는 방법

01 난이도 중

안전한 작업환경 및 시설로 옳지 않은 것은?

① 바닥과 배수로는 물의 고임이 없도록 적당한 경사로를 둔다.

② 내벽과 바닥의 경계면은 청소가 용이하도록 직각으로 처리한다.

③ 배수로의 덮개는 청소가 쉽도록 잘 열 수 있고 무겁지 않은 재질이 좋다.

④ 벽은 바닥에서 최소 1.5m까지는 내구성, 내수성 자재로 하는 것이 좋다.

| 해설 |
내벽과 바닥의 경계면은 청소가 용이하도록 곡선으로 처리한다.

02 난이도 중

화학물질의 취급 시 유의사항으로 옳지 않은 것은?

① 작업장 내에 물질안전보건자료(MSDS)를 비치한다.

② 고무장갑 등 보호복장을 착용하도록 한다.

③ 물 이외의 물질과 섞어서 사용한다.

④ 액체 상태인 물질을 덜어 쓸 경우 펌프기능이 있는 호스를 사용한다.

| 해설 |
화학물질 사용 시 물 이외의 물질과 섞어서 사용하면 유해한 물질이 생성될 가능성이 있기 때문에 절대 섞어서 사용하면 안 된다. 또한 이러한 안전사항에 관한 내용은 물질안전보건자료(MSDS)에 명시되어 있으므로 화학물질의 취급 시 꼭 함께 보관하여야 한다.

03 난이도 중

주방 내 베임(절상) 사고를 예방할 수 있는 칼의 사용법으로 옳지 않은 것은?

① 칼은 날카롭게 유지한다.

② 적합한 칼과 도마를 사용한다.

③ 칼을 옮길 때에는 하나씩 집어 이동한다.

④ 이동 시에는 칼 끝부분이 위로 향하게 한다.

| 해설 |
베임의 방지를 위해 칼을 이동할 때는 칼 끝부분을 아래로 향하게 한다.

04 난이도 중

조리장비의 안전 점검 중 결함이 의심되는 경우에 긴급히 시행하는 점검은?

① 일상점검

② 정기점검

③ 손상점검

④ 특별점검

| 해설 |
특별점검의 경우 결함이 의심되는 경우나 사용 제한 중인 시설물의 사용 여부를 판단하기 위해 시행한다. ① 일상점검은 매일 실시, ② 정기점검은 매년 1회 이상 실시, ③ 손상점검은 재해나 사고로 비롯된 손상에 대하여 실시하는 점검을 말한다.

05 난이도 중

A급 일반 화재에서 사용하기에 적합하지 않은 소화기는?

① 물

② 마른 모래

③ 강화액소화기

④ 산알칼리소화기

| 해설 |
A급 일반 화재는 목재, 종이, 섬유, 석탄 등에 의한 화재로 물이나 액체를 이용하여 가연물의 온도를 인화점 및 발화점 이하로 낮추어 소화하는 방법으로 액체형 소화기가 적합하다. 마른 모래는 D급 금속 화재 시 사용하는 소화기이다.

06 난이도 하

정상 상태인 소화기의 압력게이지가 나타내는 색은?

① 녹색

② 적색

③ 노란색

④ 보라색

| 해설 |
소화기의 압력게이지는 정상 상태에서 녹색을 나타낸다. 적색일 경우 월 1회 흔들어 주어야 하며 노란색일 경우 교체가 필요하다.

11 | 공중보건

1 공중보건의 개념

1. 정의

① 건강의 정의(WHO, 세계보건기구): 질병이 없거나 허약하지 않을 뿐만 아니라 육체적 · 정신적 · 사회적으로 완전히 안녕한 상태
② 공중보건의 정의
- 세계보건기구(WHO)의 정의: 질병을 예방하고 건강을 유지 · 증진시킴으로써 육체적 · 정신적인 능력을 발휘할 수 있도록 사회의 조직적 노력으로 과학적 지식을 사람들에게 적용하는 것
- 윈슬로우(C.E.A Winslow)의 정의: 지역사회의 공동 노력을 통하여 질병을 예방하고 생명을 연장시키며 신체적 · 정신적 효율을 증진시키는 기술이자 과학

2. 대상

최소 시 · 군 · 구 단위의 지역사회 집단(개인 ×)

3. 목적

건강 유지, 질병 예방, 보건교육 · 보건행정 등 지역사회 보건 수준의 향상

2 공중보건 수준의 평가 지표

세계보건기구(WHO)는 한 나라의 보건 수준을 평가하는 지표로서 4가지를 제시함

비례사망지수 (PMI; Proportional Mortality Indicator)	• 연간 전체 사망자 수에 대한 50세 이상의 사망자 수의 구성 비율 (= 50세 이상의 사망자 수 ÷ 연간 총사망자 수 × 100) • 영아사망율이 높거나 평균수명이 낮으면 비례사망지수가 낮음 • 수치가 낮을수록 국가의 건강 수준이 낮다고 평가됨
보통사망률 (CDR; Crude Death Rate)	• 조사망률 • 그 해 인구 1,000명당 사망자 수 (= 연간 사망자 수 ÷ 그 해 인구 수 × 1,000)
평균수명 (Expectation of Life)	• 특정 기간 사망자 수가 변함없다는 것을 전제로 동일 출생인구집단이 얼마나 생존할 것인가에 대한 추정치 • 평균수명의 증가는 사망력의 감소와 영유아 사망의 감소를 의미함
영아사망률 (IMR; Infant Mortality Rate)	• 생후 1년 미만인 영아의 사망률 • 연간 출생아 수 1,000명당 영아의 사망자 수 (= 연간 영아 사망자 수 ÷ 연간 출생아 수 × 1,000) • 각 나라의 보건 수준을 평가하는 가장 대표적인 지표

세계보건기구(WHO)

- 설립일: 1948년
- 소재지: 스위스 제네바
- 가입국가: 194개국(2012년 기준)
- 주요 공중보건사업: 중앙검역소 업무와 연구 자료 제공, 유행성 질병 및 전염병 대책 후원, 회원국의 공중보건 관련 행정 강화와 확장 지원, 위생에 관한 보건교육

건강수명

평균수명에서 질병이나 부상으로 활동하지 못하는 기간을 뺀 수명

모성사망률

- 임신, 분만, 산욕과 관계되는 질병 및 합병증에 의한 사망률
- 당해 연도 모성사망자 수 ÷ 당해 연도 가임기 여성의 연앙인구 × 100,000

3 사회보장

1. 사회보험
근로자, 자영업자 등 모든 국민을 대상으로 질병, 산재 등 사회적 위험에 대비하는 것
예 4대보험(국민연금, 건강보험, 고용보험, 산재보험), 연금보험 등

2. 공공부조
빈곤층, 저소득층 국민들을 대상으로 급여나 생활보호에 대한 일정 수준의 생계를 보장하고 자립을 지원하는 제도로 투입 재원 대비 소득 재분배 효과가 가장 큼
예 의료급여, 기초생활보장, 기초연금, 긴급복지지원제도, 장애인연금 등

3. 사회서비스
① 국가·지방자치단체 및 민간부문의 도움이 필요한 모든 국민에게 복지, 보건 의료, 교육, 고용, 주거, 문화, 환경 등의 분야에서 인간다운 생활을 보장하는 제도
② 상담, 재활, 돌봄, 정보의 제공, 관련 시설의 이용, 역량 개발, 사회참여 지원 등을 통하여 국민 삶의 질이 향상되도록 지원하는 제도
예 사회복지서비스(노인복지·아동복지·장애인복지서비스 등), 보건 의료서비스

의료급여 수급권자
- 국민기초생활 보장법에 의한 수급자(근로 무능력가구, 희귀질환자, 중증난치질환자, 시설수급자)
- 타법 적용자(이재민, 의상자 및 의사자의 유족, 18세 미만 입양아동, 국가유공자, 중요 무형문화재 보유자, 북한이탈주민, 5·18 민주화운동 관련자, 노숙인)
- 행려 환자

4 인구의 구성 형태

구성 형태	특징	모형
피라미드형	• 고출생률, 고사망률 • 인구 증가형, 개발도상국형 • 14세 이하 인구가 65세 이상 인구의 2배 이상	
종형	• 저출생률, 저사망률 • 인구 정지형, 가장 이상적인 인구형태 • 14세 이하 인구가 65세 이상 인구의 2배 정도	
항아리형	• 출생률이 사망률보다 낮음 • 평균수명이 높은 유형, 선진국형 • 14세 이하 인구가 65세 이상 인구의 2배 이하	
표주박형	• 농촌형(별형과 반대) • 생산층의 인구가 전체 인구의 50% 미만인 경우 • 노년층의 비율이 높음	
별형	• 도시형 • 생산층의 인구가 전체 인구의 50% 이상인 경우 • 생산연령의 인구가 많음	

인구와 인구 구조
- 인구: 일정 기간 동안 생존하는 사람들의 집단
- 인구 구조: 인구 집단의 성별이나 연령별, 지역별 구성 형태

인구의 자연 증감 형태
피라미드형, 종형, 항아리형

인구의 사회 증감 형태
표주박형, 별형

01 난이도 상

윈슬로우의 공중보건에 대한 정의로 가장 적절한 것은?

① 공동체의 노력을 통하여 질병을 치료하는 기술

② 각 개인의 건강을 유지시키고 질병을 예방하는 것

③ 지역사회의 공동 노력을 통하여 질병을 예방하고 신체적, 정신적 효율을 증진시키는 기술이자 과학

④ 각 개인의 노력을 통하여 개인의 면역을 증진시키고 신체적, 정신적 효율을 증가시키는 기술이자 과학

| 해설 |

윈슬로우는 공중보건이란 지역사회의 공동 노력을 통하여 질병을 예방하고 생명을 연장시키며 신체적, 정신적 효율을 증진시키는 기술이자 과학이라고 정의하였다.

02 난이도 하

공중보건의 목표에 해당되지 않는 것은?

① 건강 유지

② 질병의 예방

③ 지역사회 보건 수준 향상

④ 개인 질병의 올바른 치료

| 해설 |

공중보건의 목표는 건강 유지, 질병 예방, 지역사회 보건 수준의 향상에 있다.

03 난이도 중

세계보건기구(WHO)에서 제시한 각 나라의 보건 수준을 평가하는 지표가 아닌 것은?

① 사산율

② 평균수명

③ 보통사망률

④ 비례사망지수

| 해설 |

세계보건기구(WHO)에서 제시한 각 나라의 보건 수준을 평가하는 지표는 평균수명, 비례사망지수, 보통사망률, 영아사망률이다.

04 난이도 중

영아사망률에 대한 설명으로 옳은 것은?

① 연간 사망한 영아의 수

② 연간 출생아 수 100명당 영아 사망자 수

③ 연간 출생아 수 1,000명당 영아 사망자 수

④ 연간 출생아 수 10,000명당 영아 사망자 수

| 해설 |

영아사망률은 한 나라의 보건 수준을 평가하는 가장 대표적인 지표로 연간 출생아 수 1,000명당 영아의 사망자 수를 계산하여 나타낸다.

05 난이도 중

평균수명에서 질병이나 부상으로 활동하지 못하는 기간을 뺀 수명에 해당하는 지표는?

① 기대수명

② 평균수명

③ 비례수명

④ 건강수명

| 해설 |

건강수명이란 평균수명에서 질병이나 부상으로 활동하지 못하는 기간을 뺀 수명을 의미한다.

06 난이도 하

다음 중 공공부조에 해당하는 것은?

① 국민연금

② 건강보험

③ 기초연금

④ 산재보험

| 해설 |

공공부조에는 의료급여, 기초생활보장, 기초연금 등이 해당한다. 국민연금, 건강보험, 산재보험은 사회보험이다.

12 | 환경보건

토막강의
"공기의 조성과
군집독에 대해
알아보아요!"

1 공기

1. 공기의 조성

① 공기의 조성: 질소(N_2) 78% > 산소(O_2) 21% > 아르곤(Ar) 0.9% > 이산화탄소(CO_2) 0.03~0.04% > 기타 원소

② 종류별 특징

질소(N_2)	• 공기 중 가장 큰 비중을 차지하고 있음 • 고압 상태에서 잠함병(잠수병), 저압 상태에서 고산병을 유발함
산소(O_2)	• 성인 1회 호흡 시 4~5%의 산소를 소비함 • 10% 이하가 되면 호흡곤란, 7% 이하가 되면 질식을 유발함
이산화탄소(CO_2)	• 실내 공기 오염의 지표 • 위생학적 허용한계: 0.1%(1,000ppm) 이하
일산화탄소(CO)	• 가연물의 불완전연소로 발생함 • 오염의 허용기준: 4시간 기준 0.04%(400ppm), 8시간 기준 0.01%(100ppm) • 헤모글로빈과의 친화력이 강하여 중독 시 산소결핍증을 초래함

2. 군집독

① 원인: 다수인이 밀폐된 공간에 있을 때 실내 공기 조성의 이화학적 성분의 변화(산소 감소, 이산화탄소 증가) 및 물리적 변화(습도 상승, 온도 상승)

② 증상: 두통, 구토, 메스꺼움, 현기증 등

3. 공기의 자정 작용

① 자외선에 의한 살균 작용

② 중력에 의한 침강 작용

③ 바람에 의한 희석 작용

④ 산소, 오존, 과산화수소에 의한 산화 작용

⑤ 식물의 탄소동화 작용(이산화탄소와 산소의 교환)

⑥ 강우, 강설, 우박에 의한 세정 작용

2 대기

1. 대기 오염물질

1차 오염물질	• 직접 대기로 방출되는 오염물질 • 매연, 분진, 검댕, 황산화물, 질소산화물 등
2차 오염물질 (광화학적 오염물질)	• 1차 오염물질이 또 다른 1차 오염물질이나 다른 물질과 반응하여 생성되는 물질 • 오존, 스모그, PAN, 알데히드, 케톤 등

기체의 발생

• 공기보다 가벼운 기체: 수소, 헬륨, 메탄, 네온, LNG가스, 질소
• 공기보다 무거운 기체: 이산화탄소, 부탄가스, 프로판, 산소, 일산화탄소, 이산화황, 염소

잠함병(잠수병)

• 깊은 수중에서 작업하는 잠수부들이 고압환경(물속)에서 저압환경(해수면)으로 올라올 때 기압이 급격히 바뀌면서 발생함
• 고압환경에서 공기의 구성물질이 폐포를 통해 혈액이나 지방조직에 용해되었다가 감압 시에 기포를 형성하여 혈액이나 조직 중에 유리되는 현상
• 공기의 조성 중 체내 이동이 쉽지 않은 질소(N_2)가 주된 원인이 됨

자정 작용

오염물질이 스스로 정화되어 깨끗해지는 현상

검댕

연기를 구성하고 있는 검은 물질

스모그

매연 성분과 안개의 혼합으로 의한 대기오염

2. 대기오염의 피해

① 자연환경 악화(온실효과, 오존층 파괴, 산성비 등)

② 사람에게 호흡기계 질병 유발

③ 경제적 손실 발생

3. 기온 역전현상

① 상층기온이 하층기온보다 높아지는 이상 현상(정상 대기층의 경우 상층기온이 더 낮음)

② 대기의 오염물질이 대기층으로 확산되지 못해 대기오염의 위험이 높아짐

4. 불쾌지수

사람이 불쾌감을 느낄 수 있는 정도를 기온과 습도를 이용하여 나타낸 수치

불쾌지수 70 이상	10% 정도의 사람들이 불쾌감을 느낌
불쾌지수 75 이상	50% 정도의 사람들이 불쾌감을 느낌
불쾌지수 80 이상	거의 대부분의 사람들이 불쾌감을 느낌

3 일광 및 온열

1. 일광의 종류 및 특징

분류	자외선	가시광선	적외선(열선)
파장 범위	• 1,000~4,000Å(= 100~400nm) • 가장 강한 살균력 파장: 2,500~2,800Å • 도르노선(건강선): 2,800~3,200Å	3,800~7,800Å (= 380~780nm)	7,800Å(= 780nm) 이상
특징	• 효과: 비타민 D의 형성(구루병 예방), 관절염의 치료, 혈압 강하, 적혈구 생성 촉진 • 부작용: 피부의 홍반, 색소침착이 심할 경우 부종, 피부암, 수포 형성, 결막염, 설안염	• 사람의 눈에 보임 • 망막을 자극하여 색채와 명암을 구분하게 함	• 지상에 복사열을 주어 온실효과 유발 • 과도할 경우 피부 온도 상승, 피부홍반, 열사병 • 국소혈관의 확장 작용

파장의 단파순

자외선 < 가시광선 < 적외선

2. 온열의 요인

① 기온(온도)

② 기습(습도)

③ 기류(공기의 흐름)

④ 복사열

감각온도 3요소

• 기온(온도)
• 기습(습도)
• 기류(공기의 흐름)

4 오물(일반폐기물)

1. 오물의 정의

쓰레기, 오니(슬러지), 분뇨 등 산업폐기물이 아닌 폐기물

2. 진개(쓰레기)의 처리

① **2분법**: 주로 가정에서 주개와 잡개를 나누어 처리하는 방법

② **소각법**: 가장 확실하고 미생물까지 사멸할 수 있으나 대기 오염물질(다이옥신)이 발생할 수 있음

③ **퇴비화**: 주로 농촌에서 사용하는 방법으로 화학분해하여 퇴비로 이용

④ **매립법**: 땅에 묻어 처리하는 방법

⑤ **동물의 사료**: 폐기물을 동물의 사료로 사용하며 주개가 적합함

5 구충 · 구서

1. 구충 · 구서의 4가지 원칙

① 구제 대상 동물의 발생원 및 서식지 제거(가장 효과적인 대책)

② 해당 동물의 생태 및 습식에 맞춰 실시

③ 발생 초기에 실시

④ 광범위하게 동시에 실시

2. 위해 동물 및 해충 매개 질병

벼룩	페스트, 발진열 등
쥐	페스트, 발진열, 유행성 출혈열, 살모넬라증, 서교증, 렙토스피라증 등
바퀴벌레	콜레라, 장티푸스, 이질, 소아마비 등
모기	말라리아, 일본뇌염, 황열, 뎅기열, 사상충증 등
파리	콜레라, 이질, 장티푸스, 파라티푸스 등
진드기	양충병, 유행성 출혈열, 재귀열
이	발진티푸스

오니(슬러지)

하수 처리나 정수 과정에서 생기는 침전물

진개와 주개

• 진개: 먼지, 쓰레기
• 주개: 주방에서 발생하는 동·식물성 유기물

01 난이도 하

공기 중 가장 많은 비중을 차지하며 잠함병의 원인이 되는 물질은?

① 질소(N_2) ② 산소(O_2)

③ 아르곤(Ar) ④ 이산화탄소(CO_2)

| 해설 |
질소(N_2)는 공기 중 가장 많은 비중(약 78%)을 차지하고 있으며 고압환경에서 저압환경으로 기압이 급격하게 바뀔 때 잠함병이 발생한다.

02 난이도 하

모기에 의해 유발되는 질병이 아닌 것은?

① 말라리아
② 황열
③ 뎅기열
④ 페스트

| 해설 |
페스트는 쥐나 벼룩에 의해서 매개되는 위해 질병이다.

03 난이도 중

공기의 자정 작용으로 옳지 않은 것은?

① 산소에 의한 산화 작용
② 중력에 의한 침강 작용
③ 바람에 의한 식균 작용
④ 자외선에 의한 살균 작용

| 해설 |
공기의 자정 작용에는 자외선에 의한 살균 작용, 중력에 의한 침강 작용, 바람에 의한 희석 작용, 산소, 오존, 과산화수소에 의한 산화 작용, 식물의 탄소동화 작용(이산화탄소와 산소의 교환), 강우, 강설, 우박에 의한 세정 작용이 있다.

04 난이도 상

2차 오염물질(광화학적 오염물질)만으로 연결된 것은?

① 분진 – 케톤
② 매연 – 스모그
③ 오존 – 알데히드
④ 검댕 – 질소산화물

| 해설 |
2차 오염물질에는 오존, 스모그, PAN, 알데히드, 케톤 등이 있다. 분진, 매연, 검댕, 질소산화물은 1차 오염물질에 해당한다.

05 난이도 중

780nm 이상의 파장으로, 과도할 경우 온실효과를 유발할 수 있는 것은?

① 적외선
② 자외선
③ 가시광선
④ 도르노선

| 해설 |
적외선은 780nm 이상의 파장으로 열선이라고도 불리며 지상에 복사열을 주어 온실효과를 유발한다.

06 난이도 하

다음 중 동물의 사료로 사용하기에 가장 적합한 것은?

① 진개
② 주개
③ 잡개
④ 의료폐기물

| 해설 |
주개는 주방에서 발생하는 동·식물성 유기물로, 동물의 사료로 사용하기에 적합하다.

13 | 수질(물)

1 물

1. 먹는 물과 관련된 용어 「먹는물관리법」 제3조

① 먹는 물: 먹는 데 일반적으로 사용하는 자연상태의 물(수돗물, 먹는 샘물, 먹는 해양심층수 등 포함)
② 샘물: 암반대수층 안의 지하수 또는 용천수 등 수질의 안전성을 계속 유지할 수 있는 자연상태의 깨끗한 물을 먹는 용도로 사용할 원수
③ 먹는 샘물: 샘물을 먹기 적합하도록 물리적으로 처리하는 등의 방법으로 제조한 물
④ 수처리제: 자연상태의 물을 정수 또는 소독하거나 먹는 물 공급시설의 산화 방지 등을 위하여 첨가하는 제제

2. 물의 자정 작용

지표면의 물이 시간이 지나면서 자연적으로 정화되는 현상

물리적 작용	희석 작용, 침전 작용
화학적 작용	자외선에 의한 살균 작용, 산소와의 접촉으로 인한 산화 작용
생물학적 작용	물속 생물에 의해 오염물질이 분해되는 작용(식균 작용)

3. 음용수 수질기준 「먹는물 수질기준 및 검사 등에 관한 규칙」 별표1

① 일반세균: 1mL 중 100CFU 이하
② 총 대장균: 100mL에서 검출되지 않아야 함
③ 녹농균, 분원성 연쇄상구균, 시겔라균, 살모넬라: 250mL에서 검출되지 않아야 함
④ 무기물질: 납, 비소 0.01mg/L 이하, 불소 1.5mg/L 이하, 카드뮴 0.005mg/L 이하

2 상하수도

1. 상하수도

① 상수도: 수도라고도 표현하며 사람들에게 물을 공급하는 시설
  • 처리 과정: 취수 → 도수 → 정수(침전 → 여과 → 소독) → 송수 → 배수 → 급수

침전	• 보통 침전: 중력을 이용하여 물의 흐름을 조정하고 부유물을 침전시킴 • 약품 침전: 약품을 이용하여 부유물을 응집시켜 침전시킴
여과	• 완속 여과: 물이 모래판 내로 흘러 불순물이 모래알 틈에 침전됨 • 급속 여과: 약품을 사용하여 빠른 속도로 여과시키는 방법
소독	• 염소 소독: 먹는 물의 정수처리에 가장 많이 사용되며 가격이 저렴하고 잔류성이 큼 • 오존 소독: 잔류성이 없어 살균 후 미생물 증식에 의한 2차 오염의 위험이 있으나 pH의 변화에 상관없이 살균력이 강함

  • 소독 방법: 염소, 오존, 자외선, 표백분 소독 등

② 하수도: 가정, 공장 등에서 배출된 오수와 빗물, 지하수 등을 모아서 처리하는 시설

  • 처리 과정: 예비처리 → 본처리(호기성, 혐기성) → 오니처리

  • 본처리

호기성 본처리	활성 오니법, 장시간 폭기방법, 여과법, 관개법, 산화지법 등
혐기성 본처리	부패조법, 임호프조법

오니처리

본처리에서 생기는 슬러지를 탈수, 소각하는 과정

2. 하수의 오염 측정 방법

① 용존 산소량(DO; Dissolved Oxygen)

  • 물속에 녹아 있는 산소량으로 온도나 기압 등에 영향을 받음

  • 4ppm 이상이어야 하며, 용존 산소량이 낮다는 것은 오염도가 높다는 것을 의미함

② 생화학적 산소 요구량(BOD; Biochemical Oxygen Demand)

  • 시료를 희석하여 20℃에서 5일간 배양한 후 호기성 미생물에 의해 유기물이 분해되는 데 소모되는 산소의 양을 측정한 것

  • 20ppm 이하이어야 하며 생화학적 산소 요구량이 높다는 것은 물속에 부패 미생물이 많이 존재하여 산소의 소모가 쉽다는 것을 의미함(높을수록 오염도가 높음)

③ 화학적 산소 요구량(COD; Chemical Oxygen Demand)

  • 산화제를 사용하여 물속의 유기물을 산화시킬 때 소모되는 산소의 양을 측정한 것

  • 사용되는 산화제에는 과망가니즈산칼륨($KMnO_4$), 다이크로뮴산칼륨($K_2Cr_2O_7$)이 있음

  • 화학적 산소 요구량이 높다는 것은 오염도가 높다는 것을 의미함

④ 수소이온농도(pH): 물속에 존재하는 수소이온량의 지수로 pH 5.8~8.6이 좋음

⑤ 부유물질(SS, 현탁물질): 여과나 원심 분리로 분리되는 0.1μm 이상의 입자로 70ppm 이하가 좋음

3 수질 오염

1. 부영양화

① 정의: 호수나 하천 등의 수역에 질소나 인 등 무기성 영양소가 다량 유입되어 물속의 영양분이 많아지는 것으로 플랑크톤이 폭발적으로 증가하는 현상

② 오염물질: 탄산염, 질산염, 인산염 등(이 중 인산염이 가장 밀접하게 관계됨)

③ 원인물질: 합성세제, 축산폐수, 농지의 비료, 공장폐수 등

④ 현상: 수질의 색도 증가, 식물성 플랑크톤의 번식 증가, 화학적 산소 요구량(COD)의 증가, 녹조 발생, 혐기성 분해로 냄새 증가, 수면에 엷은 피막 형성

⑤ 방지법: 합성세제의 사용 줄이기, 질소나 인 등 영양원의 공급 차단, 황산동($CuSO_4$) 등의 약품 살포, 부영양화 발생 시 활성탄이나 황토 등의 주입

2. 적조

① 정의: 식물성 플랑크톤의 이상 증식으로 해수가 붉은색을 띠는 현상

② 원인: 수중의 탄소, 질소, 인 등 영양성 염류의 증가, 수온의 상승 등

③ 현상: 조류의 독성 성분 증가, 수중의 용존산소 소비로 생물들의 생존을 방해함

④ 방지법: 인(P)을 사용한 합성세제의 사용 줄이기, 적조 발생 시 황산동, 활성탄 등 주입

01 난이도 중

먹는 물과 관련된 용어의 정의로 옳지 <u>않은</u> 것은?

① 먹는 샘물 – 먹기에 적합한 지하수나 용천수

② 먹는 물 – 일반적으로 사용하는 자연상태의 물

③ 수처리제 – 물을 정수 및 소독하거나 먹는 물 공급시설
   의 산화 방지 등을 위하여 첨가하는 제제

④ 샘물 – 수질의 안전성을 계속 유지할 수 있는 자연상
   태의 깨끗한 물을 먹는 용도로 사용할 원수

| 해설 |
먹는 샘물이란 샘물을 먹기 적합하도록 물리적인 처리 등의 방법으로
제조한 물을 의미한다.

02 난이도 중

음용수의 수질기준으로 적합한 것끼리 바르게 연결된 것은?
(대장균 100mL, 살모넬라 250mL 검사기준)

	총 대장균	살모넬라
①	0.01mg 이하	불검출
②	불검출	0.1mg 이하
③	0.03mg 이하	불검출
④	불검출	불검출

| 해설 |
음용수의 수질기준 중 총 대장균은 100mL에서 검출되지 않아야 하며,
살모넬라는 250mL에서 검출되지 않아야 한다.

03 난이도 하

다음 중 상수도의 정수 처리 과정으로 옳은 것은?

① 침전 → 여과 → 소독

② 취수 → 본처리 → 급수

③ 예비처리 → 취수 → 정수

④ 예비처리 → 본처리 → 오니처리

| 해설 |
상수도의 처리 과정은 '취수 → 도수 → 정수(침전 → 여과 → 소독)
→ 송수 → 배수 → 급수' 순이다.

04 난이도 중

**하수도 본처리 중 공기를 필요로 하지 않는 혐기성 본처리
에 해당하는 것은?**

① 여과법

② 관개법

③ 임호프조법

④ 활성 오니법

| 해설 |
혐기성 본처리에는 부패조법, 임호프조법이 있다. ① 여과법, ② 관개법,
④ 활성 오니법은 호기성 본처리에 해당한다.

05 난이도 상

용존 산소량(DO)에 대한 설명으로 옳지 <u>않은</u> 것은?

① 20℃에서 5일간 배양하여 검사한다.

② 기압이나 온도에 따라 달라질 수 있다.

③ 물속에 녹아 있는 산소의 양을 측정한 것이다.

④ 수치가 높을수록 오염도가 낮은 것을 의미한다.

| 해설 |
20℃에서 5일간 배양하여 검사하는 것은 생화학적 산소 요구량(BOD)
에 대한 설명이다.

06 난이도 상

호수의 부영양화와 관련이 있는 물질은?

① 인산염

② 칼슘염

③ 탄산염

④ 황산염

| 해설 |
호수의 부영양화는 수역에 질소나 인 등의 무기성 영양소가 다량 유입
되어 물속의 영양분이 많아지면서 플랑크톤이 폭발적으로 증가하는 현
상을 말한다. 이 현상에 가장 큰 영향을 미치는 무기성 영양소는 인산염
이다.

14 | 산업보건관리

1 역학

1. 정의

특정 인구집단을 대상으로 건강상태 혹은 건강과 관련된 사건의 분포를 관찰하고 이와
관련된 요인을 규명하여 질병을 관리·예방하여 건강 증진에 활용하는 학문을 말함

2. 목적

① 질병의 원인과 그 발생 위험을 높이는 위험요인을 파악
② 특정 인구집단 또는 특정 지역사회의 질병 발생률, 이환율, 사망률 등을 통해 질병
   발생 또는 유행의 감시 역할
③ 질병관리와 예방을 위한 보건 의료시설 및 인력 등에 대한 관리대책 마련
④ 질병의 자연사나 예후요인을 파악
⑤ 기존의 질병 치료나 예방법, 의료공급체계의 효과나 효율성, 보건사업의 계획과 집
   행 및 사업의 효과를 평가하는 역할
⑥ 공중보건 문제에 관련한 정책 수립의 근거자료 마련

이환율

어떤 일정 기간 내에 발생한 환자의
수를 인구당의 비율로 나타낸 것

2 산업재해

1. 산업재해의 정의 및 목적

① 국제노동기구(ILO)와 세계보건기구(WHO)의 정의
   • 모든 직업에서 근로자들의 신체적, 정신적, 사회적 건강을 유지 및 증진시키는 것
   • 작업조건으로 인한 질병을 예방하고 건강에 유해한 취업을 방지하며 근로자를 생
     리적·심리적으로 적합한 작업환경에 배치하여 일하도록 하는 것
② 목적: 산업안전 및 보건에 관한 기준을 확립하고 그 책임의 소재를 명확히 하여 산
   업재해를 예방하고 쾌적한 작업환경을 조성함으로써 노무를 제공하는 사람의 안
   전·보건을 유지 및 증진시킴

2. 산업재해 지표

천인율(건수율)	• 1년간 근로자 1,000명당 발생한 재해 건수 • 천인율 = 재해 건수 ÷ 1년 평균 근로자 수 × 1,000
도수율	• 연 근로시간 1,000,000시간당 발생한 재해 건수 • 도수율 = 재해발생 건수 ÷ 연 근로시간 수 × 1,000,000
강도율	• 근로시간 1,000시간당 발생한 근로손실일 수 • 산업재해에서 경중의 정도를 보여줌 • 강도율 = 근로손실일 수 ÷ 연 근로시간 수 × 1,000

3. 직업병

원인	직업병
이상 기온 (고온환경)	• 열경련: 고온환경에서 심한 육체노동 시 탈수, 경련, 발작, 현기증, 호흡곤란 등의 증상이 나타나는 현상 • 열사병(일사병): 고온환경에서 격렬한 육체노동 시 체온조절 중추기능에 장애가 발생하여 땀을 흘리지 못하고 체온이 고온으로 상승, 혼수상태, 피부건조 등이 나타나는 현상 • 열피로(열실신): 고열환경에 지속적으로 노출 시 혈관운동 장애로 저혈압, 실신, 현기증 등이 나타나는 현상
이상 기압	• 고압환경: 잠함병(감압증) • 저압환경: 고산병
소음	소음 난청, 두통, 불면증
진동	레이노드병, 말초혈관 수축, 혈압 상승 등
조명 불량	안정피로(작업 중 시력 감퇴), 근시, 안구진탕증(눈동자의 흔들림)
분진	• 유리규산: 규폐증 • 석면: 석면폐증 • 탄분진: 탄광부 진폐증 • 먼지: 진폐증
방사선	백혈병, 백내장, 조혈기능 장애 등
중금속 중독	• 납(Pb): 소변에서 코프로포르피린 검출, 연연(잇몸의 착색) 등 • 카드뮴(Cd): 이타이이타이병(단백뇨, 신장기능장애, 폐기종) 등 • 수은(Hg): 미나마타병(손발저림, 언어장애) 등 • 크롬(Cr): 비중격천공, 신장장애, 인후염 등

규폐증
- 먼지 입자의 크기가 0.5~5.0μm일 때 잘 발생함
- 암석가공업, 도자기공업, 유리제조업의 근로자들에게서 주로 발생함
- 일반적으로 위험 요인에 노출된 근무경력이 3년 이후인 때부터 자각증상이 발생함

3 작업환경

1. 채광

① 자연조명(태양광)을 말하며, 남향이 적합함
② 비타민 D의 생성과 살균 효과가 있음
③ 창은 바닥 면적의 1/7~1/5이 적합하며, 폭은 좁고 높이를 높게 내는 것이 더 좋음
④ 개각은 4~5°, 입사각은 27~28° 정도가 좋음
⑤ 일조시간은 6시간 정도가 좋음(최소 4시간 이상)

2. 조명

① 인공적으로 만든 인공조명을 말하며, 간접조명, 반간접조명, 직접조명 등이 있음

간접조명	직접조명
• 온화한 분위기를 주며 눈에 가장 좋음 • 직접조명에 비해 효율이 낮아서 비경제적임 (반간접조명이 좋음)	• 장시간 노출되거나 강한 음영이 생기는 경우 눈이 피로해질 수 있음 • 조명 효율이 좋고 경제적임

② 조리장의 조명
- 검수장: 540Lux 이상
- 작업장: 220Lux 이상
- 기타 지역: 110Lux 이상

3. 소음

① 소음의 허용기준: 1일 8시간 기준 90dB 미만

② 소음으로 올 수 있는 부작용: 두통, 정신적 불안정, 불쾌감, 작업능률 저하 등

③ 소음의 단위

데시벨(dB; Decibel)	대표적인 소음의 측정 단위로 음의 강도를 나타냄
폰(Phon)	음의 크기를 측정하는 단위
실 (SIL; Sound Intensity Level)	단위 면적당 통과하는 소리에너지
주파수(Hz)	단위시간 내에 몇 개의 주기나 파형이 반복되는지를 나타내는 수

① 소음의 허용기준: 1일 8시간 기준 90dB 미만

01 난이도 하

산업재해를 측정하는 지표와 관련이 <u>없는</u> 것은?

① 건수율
② 이환율
③ 도수율
④ 강도율

| 해설 |
산업재해 측정과 관련이 있는 지표로는 건수율(천인율), 도수율, 강도율이 있다.

02 난이도 중

이상 기압 현상 시 발생될 수 있는 질병만으로 연결된 것은?

① 고산병 – 잠함병
② 진폐증 – 감압증
③ 고산병 – 규폐증
④ 레이노드병 – 잠함병

| 해설 |
이상 기압 시 저압환경에서는 고산병, 고압환경에서는 잠함병에 걸리기 쉽다.

03 난이도 중

검수장의 조도로 적합한 것은?

① 220Lux 이상
② 110Lux 이상
③ 350Lux 이상
④ 540Lux 이상

| 해설 |
조리장의 조명은 검수장 540Lux 이상, 작업장 220Lux 이상, 기타 지역 110Lux 이상으로 권장된다.

04 난이도 하

진동 작업을 하는 작업자에게 발병 위험성이 높은 직업병은?

① 진폐증
② 열실신
③ 미나마타병
④ 레이노드병

| 해설 |
진동 작업에 의한 직업병으로 레이노드병이 대표적이다. ① 진폐증은 먼지 입자의 흡입, ② 열실신은 이상 기온 현상, ③ 미나마타병은 수은 중독으로 발생할 수 있다.

05 난이도 하

눈에 가장 좋은 조명으로 적절한 것은?

① 직접조명
② 가시광선
③ 간접조명
④ 레이저광선

| 해설 |
간접조명은 직접조명에 비해 눈에 가해지는 광원의 강도가 부드럽기 때문에 눈을 보호하고 눈의 피로를 줄여준다.

06 난이도 중

1일 8시간 기준 소음의 허용기준은?

① 70dB 미만
② 80dB 미만
③ 90dB 미만
④ 100dB 미만

| 해설 |
1일 8시간 기준 소음의 허용기준은 90dB 미만이다.

걸음마를 시작하기 전에
규칙을 먼저 공부하는 사람은 없다.
직접 걸어 보고 계속 넘어지면서
배우는 것이다.

– 리처드 브랜슨(Richard Branson)

핵심테마 15~22

식품학 및 식품영양

15 | 영양소

1 영양소의 기능

1. 영양소의 정의
식품의 구성 성분으로 우리 몸에 흡수되어 에너지를 주거나 신체를 구성하며 성장을
돕고 체내에서 여러 기능들을 조절하는 물질

2. 영양소의 분류

열량 영양소	• 주로 에너지를 내는 영양소 • 탄수화물(4kcal/g), 지질(9kcal/g), 단백질(4kcal/g)이 있음
구성 영양소	• 인체를 구성하고 성장과 유지에 필요한 영양소 • 무기질, 단백질, 물이 있음
조절 영양소	• 인체의 기능을 조절하는 영양소 • 비타민, 무기질, 물이 있음

알코올
• 7kcal/g의 열량을 냄
• 소화기관 중 위에서부터 흡수됨

3. 한국인 영양 섭취 기준(에너지 적정 비율, 19세 이상 성인 기준)

탄수화물	55~65%
단백질	7~20%
지질	15~30%

2 식사구성안

1. 기초식품군
① 정의: 균형 잡힌 식생활을 위해서 매일 섭취해야 하는 식품군
② 6가지 기초식품군(우리나라 기준)

기초식품군	주요 영양소	주요 식품
곡류	탄수화물	쌀, 보리, 빵, 떡, 고구마, 감자 등
고기 · 생선 · 계란 · 콩류	단백질	소고기, 돼지고기, 닭고기, 꽁치, 오징어, 달걀, 두부, 강낭콩 등
채소류	무기질, 비타민	배추, 무, 시금치, 양파 등
과일류	무기질, 비타민	배, 사과, 복숭아, 포도 등
우유 · 유제품류	칼슘	우유, 치즈, 요구르트, 아이스크림 등
유지 · 당류	지방	참기름, 식용유, 콩기름, 버터, 마요네즈 등

2. 식품구성자전거

① 기초식품군의 식품 종류에 따라 적게 먹어야 할 식품군과 많이 먹어야 할 식품군을 분류하기 위해서 식품구성자전거 그림이 활용되고 있음
② 식품구성자전거는 자전거를 타고 있는 모습으로 운동의 중요성을 강조하고 있으며 앞바퀴는 수분 섭취의 중요성을 나타내고 뒷바퀴의 바퀴 간격에 따른 면적은 하루 섭취 열량의 각 식품군별 권장 구성 비율을 나타냄
③ 6가지 기초식품군의 적절한 섭취 비율을 자전거 뒷바퀴의 면적을 배분하여 나타냄

식품구성자전거 면적 비율

곡류>채소류>고기·생선·달걀· 콩류>우유·유제품류>과일류>유 지·당류

3 영양 섭취 기준

1. 정의

건강을 최적의 상태로 유지할 수 있는 각 영양소의 섭취 수준을 정한 것

2. 영양 섭취 기준량

평균 필요량 (EAR; Estimated Average Requirement)	• 한 집단 구성원들의 50%에 해당하는 사람들의 1일 영양 필요량을 충족시켜주는 수준 • 건강한 인구집단의 평균 섭취량
권장 섭취량 (RI; Recommended Intake)	• 집단 구성원의 약 97.5%의 영양 필요량을 충족시켜주는 섭취량 • 평균 섭취량 + 2표준편차
충분 섭취량 (AI; Adequate Intake)	• 건강한 사람들에게 부족할 확률이 낮은 영양소의 섭취 수준 • 영양소 필요량을 산정할 근거나 자료가 부족하여 섭취량을 설정하기 어려운 경우 사용
상한 섭취량 (UL; tolerable Upper Intake Level)	• 인체에 건강상 유해한 영향이 나타나지 않는 최대 영양소 섭취 수준 • 필요한 영양소일지라도 과도한 섭취 시 독성을 나타낼 수 있는 영양소에 대해 설정됨

식단 작성 시 필요한 사항

• 영양 기준량, 섭취 기준량 산출
• 3식 영양량 배분 결정
• 음식의 가짓수와 요리명 결정
• 식단의 주기 결정
• 식량 배분 계획
• 식단표 작성

3. 1일 허용 섭취량(ADI; Acceptable Daily Intake)

① 일생 동안 매일 섭취하여도 아무런 해가 일어나지 않는 최대량
② 1일 체중 kg당 mg 수로 표기
③ 만성시험의 독성 결과 실험동물에 영향을 미치지 않는 최대 무작용량을 구하고 여기에 안전계수를 나누어 구함

독성물질 섭취량

반수 치사량(Lethal dose 50%, LD50)은 노출된 집단의 50%를 죽일 수 있는 유독물질의 양으로 유독물질의 독성 정도를 수량적으로 나타내는 지표

01 난이도 하

다음 중 에너지를 낼 수 있는 열량 영양소가 <u>아닌</u> 것은?

① 지질

② 단백질

③ 비타민

④ 탄수화물

| 해설 |

에너지를 낼 수 있는 열량 영양소에는 탄수화물, 지질, 단백질이 있다. 비타민은 인체의 기능을 조절하는 조절 영양소이다.

02 난이도 중

뼈와 관련된 영양소로 바르게 연결된 것은?

① 엽산-철-비타민C

② 칼슘-인-비타민D

③ 칼슘-단백질-지질

④ 수분-탄수화물-불포화지방산

| 해설 |

칼슘과 인은 골격과 치아를 구성하는 뼈의 주된 구성 성분이고, 비타민 D는 칼슘의 흡수를 촉진시켜 뼈를 튼튼하게 해주는 역할을 한다.

03 난이도 하

알코올이 1g당 내는 열량은?

① 4kcal

② 7kcal

③ 9kcal

④ 12kcal

| 해설 |

알코올은 1g당 7kcal의 열량을 낸다.

04 난이도 중

한국인의 영양 섭취 기준(19세 이상 성인 기준)에서 가장 큰 비중을 차지하는 식품군과 그 비율은?

① 단백질 15~30%

② 단백질 55~70%

③ 탄수화물 15~30%

④ 탄수화물 55~65%

| 해설 |

한국인의 영양 섭취 기준(19세 이상 성인 기준)에서 권장하는 에너지 적정 비율은 탄수화물 55~65%, 단백질 7~20%, 지질 15~30%이다.

05 난이도 중

다음 중 식단 작성 시 고려해야 할 요소가 <u>아닌</u> 것은?

① 영양 기준량

② 식단의 주기

③ 음식의 가짓수

④ 개인 맞춤형 식단

| 해설 |

식단을 작성할 때에는 영양기준량과 섭취 기준량을 산출하고 3식 영양량 을 배분하여 음식의 가짓수와 요리명을 결정한 후 식단의 주기를 결정 하고 배분계획을 고려하여 작성한다.

06 난이도 중

일생 동안 매일 섭취하여도 아무런 해가 일어나지 않는 최대 량을 뜻하는 섭취량은?

① 독성 허용량

② 최대 무작용량

③ 1일 무작용량

④ 1일 허용 섭취량

| 해설 |

1일 허용 섭취량(ADI)은 일생 동안 매일 섭취하여도 아무런 해가 일어 나지 않는 최대량이며 1일 체중 kg당 mg 수로 표기한다.

16 | 식품 성분-수분

1 자유수와 결합수

자유수(유리수)	결합수
• 용매로서 작용함	• 용매로 작용할 수 없음
• 식품 중에 존재하는 일반적인 물	• 식품의 구성 성분과 단단하게 결합되어 있음
• 미생물 번식에 이용 가능	• 미생물의 생육과 번식에 이용되지 않음
• 화학 반응에 관여함	• 화학 반응에 관여하지 않음
• 0℃ 이하에서 동결	• 0℃ 이하에서도 얼지 않음
• 100℃ 이상에서 쉽게 증발됨	• 100℃ 이상으로 가열해도 증발되지 않음
• 식품 건조 시 쉽게 제거됨	• 식품 건조에도 제거되지 않음

신체에서 수분의 기능

- 신체 구성(체중의 65~70%)
- 체온 유지
- 물질 운반
- 삼투압 작용

2 수분활성도(Aw; Water Activity)

1. 정의

일정한 온도에서 식품이 나타내는 수증기압(P)을 같은 온도에서 순수한 물이 가지는 수증기압(P_0)으로 나눈 값

수분활성도(Aw) = 식품의 수증기압(P) ÷ 순수한 물의 수증기압(P_0)

순수한 물

수분활성도(Aw)가 1인 물

2. 수분활성도와 보존성

① 일반식품 대부분의 수분활성도는 항상 1보다 낮음

② 수분활성도 0.6 이하에서는 미생물이 생육 및 번식하기가 어려움

③ (보통)세균의 수분활성도는 0.91 이상, 효모의 수분활성도는 0.88 이상이며 수분활성도 0.65 이상에서는 곰팡이가 자랄 수 있음

3. 식품별 수분활성도

식품	수분활성도	식품	수분활성도
과일, 채소	0.90~0.98	육류, 생선	0.96~0.98
건조식품	0.20 이하	달걀	0.97~0.98
버섯	0.65~0.85	곡류	0.60~0.64

하루 수분 권장량

- 자신의 체중 × 0.03(L)
- 날씨가 덥거나 활동량이 많은 경우 땀을 흘린 만큼 수분도 보충

4. 수분활성도를 낮추는 방법

① 건조: 식품 속의 수분 함량을 낮춤

② 냉동: 식품 속에 있는 수분을 얼려 이용할 수 있는 수분의 함량을 낮춤

③ 염장: 소금 용질의 농도를 높임

④ 당장: 설탕 용질의 농도를 높임

질병에 따른 물 섭취 기준

- 수분 권장량보다 많이 마시는 경우: 고혈압, 협심증, 폐렴, 요로감염 등
- 수분 섭취량을 정해서 마시는 경우: 신부전증, 갑상선기능저하증

1. 분산매와 분산질

① 정의: 식품 중 쉽게 볼 수 있는 분산매는 액체인 물이고 조리과정 중 분산매에 식품 속 영양 성분(탄수화물, 단백질, 지질 등)과 같은 분산질이 섞여 분산액을 형성함

② 분산액의 분류: 분산질의 크기에 따라 진용액, 교질용액, 현탁액으로 분류됨

진용액 (True solution)	• 분산질의 크기 1nm 이하 • 소금, 설탕과 같은 크기가 작은 분자가 용해된 상태 • 분산질의 크기가 작아 가장 안정적인 분산액 • 온도가 높아지면 용해도가 증가함 • 일정한 분자 운동을 함
교질용액 (Colloidal solution)	• 분산질의 크기 1~100nm • 단백질과 같은 크기의 분자가 용해된 상태 • 진용액의 안정성보다는 덜하지만 비교적 안정적인 상태의 분산액 • 이물질을 흡착하는 성질이 있음 • 분산질이 서로 전하를 띠어 반발하는 브라운 운동을 함 • 졸(Sol)과 젤(Gel)이 속함
현탁액 (Suspension)	• 분산질의 크기 100nm 이상 • 분자들의 크기가 거대한 용액의 상태로 냉수에 전분이나 밀가루 입자들과 같은 형태의 분산액 형성 • 분자들의 입자가 커 중력 방향의 운동을 함

2. 졸(Sol)과 젤(Gel)

졸(Sol)	• 분산매(액체)에 콜로이드 입자가 분산되어 있는 형태의 교질용액(액체 상태) • 화이트 소스, 전분 용액
젤(Gel)	• 졸(Sol) 형태의 교질용액 속에 분자들이 분자적 결합에 의해 망상구조를 형성하고 그 안에 수분이 갇히게 되면서 굳어진 형태 • 가역적 젤: 젤 형성 후 가열 등에 의해 다시 졸로 돌아갈 수 있는 형태(사골국 등) • 비가역적 젤: 젤 형성 후 다시 졸로 돌아갈 수 없는 형태(도토리묵, 청포묵, 푸딩 등)

용액, 용질, 용매

• 용액: 두 가지 이상의 물질이 혼합되어 있는 혼합물
• 용질: 녹는 물질
• 용매: 용질을 녹여서 용액을 만드는 액체

01 난이도 하

결합수에 대한 설명으로 옳은 것은?

① 미생물의 생물에 이용 가능하다.

② 식품을 건조해도 제거되지 않는다.

③ 100℃로 가열하면 물이 끓어오른다.

④ 화학 반응에 관여하여 용매로서 작용한다.

| 해설 |

결합수는 일반적인 물(자유수)과는 달리 0℃ 이하에서도 얼지 않고 100℃ 이상으로 가열해도 끓지 않으며 건조시켜도 제거되지 않는다. 이로 인해 미생물의 생육, 번식에 이용되지 않으며 용매로서 작용할 수 없다.

02 난이도 중

수분활성도에 대한 설명으로 옳은 것은?

① 순수한 물의 수분활성도는 1이다.

② 대부분 식품의 수분활성도는 1보다 높다.

③ 수분활성도 0.6 이하에서는 미생물이 번식한다.

④ 순수한 물의 수증기압을 식품의 수증기압으로 나눈 값을 의미한다.

| 해설 |

수분활성도(Aw)란 식품의 수증기압을 순수한 물의 수증기압으로 나눈 값으로 순수한 물의 수분활성도는 1이다. 또한 대부분 식품의 수분활성도는 1보다 낮으며 수분활성도 0.6 이하가 되면 미생물이나 세균이 번식하기 어려운 환경이 된다.

03 난이도 중

수분활성도를 낮추는 방법으로 옳지 않은 것은?

① 설탕을 첨가하여 수분 함량을 낮춘다.

② 건조시켜 식품 속 수분 함량을 낮춘다.

③ 식품의 염도를 제거해서 수분 함량을 낮춘다.

④ 식품을 얼려 이용할 수 있는 수분 함량을 낮춘다.

| 해설 |

수분활성도를 낮추는 방법에는 건조, 냉동, 염장, 당장이 있다. 이 중 염장이란 소금 용질의 농도를 높여 수분활성도를 낮추는 방법이다.

04 난이도 상

식품의 수증기압(P)이 0.45이고 순수한 물의 수증기압(P_0)은 1.5라고 가정할 때 이 식품의 수분활성도는?

① 0.2

② 0.3

③ 0.4

④ 0.5

| 해설 |

수분활성도는 일정한 온도에서 식품이 나타내는 수증기압(P)을 같은 온도에서 순수한 물이 가지는 수증기압(P_0)의 비로 나타낸 값으로 '0.45 ÷ 1.5 = 0.3'이 된다.

05 난이도 상

짠맛이 강한 국에 달걀을 풀면 짠맛이 감소하게 되는데 이를 설명할 수 있는 용액과 성질이 바르게 짝 지어진 것은?

① 진용액의 흡착성

② 현탁액의 부유성

③ 교질용액의 흡착성

④ 진용액의 브라운 운동

| 해설 |

교질용액은 이물질을 흡착하는 성질이 있어 이 성질을 이용하여 짠 국에 달걀을 풀면 달걀(단백질 분산질)이 염분 이온을 흡착하여 국의 짠맛이 감소하게 된다.

06 난이도 하

다음 중 가역적 젤에 해당하는 것은?

① 푸딩

② 사골국

③ 청포묵

④ 도토리묵

| 해설 |

사골국은 굳으면 젤 형태가 되지만 온도를 높이면 다시 졸 형태로 돌아갈 수 있는 가역적 젤에 해당한다. 푸딩, 청포묵, 도토리묵은 졸 형태로 돌아갈 수 없는 비가역적 젤이다.

17 | 식품 성분-탄수화물

1 탄수화물의 특징

1. 특징

① 탄소(C), 수소(H), 산소(O)의 3가지 원소로 구성
② 체내에서 중요한 에너지원(1g당 4kcal의 에너지가 발생함)
③ 우리나라의 주식은 주로 탄수화물로 되어 있음
④ 적절한 양을 섭취할 경우 단백질이 열량에 사용되지 않고 인체의 성장과 발육에 사용될 수 있으므로 단백질 절약 작용이 됨

2 탄수화물의 분류

1. 단당류

더 이상 가수분해되지 않는 탄수화물의 가장 작은 기본 단위

오탄당 (탄소 5개)	리보오스, 디옥시리보오스, 자일로스, 아라비노스
육탄당 (탄소 6개)	• 포도당(Glucose): 동물의 혈액에 0.1% 정도 함유, 전분의 최종 분해산물 • 과당(Fructose): 과일에 가장 많이 존재, 천연 당류 중 단맛이 가장 강함 • 갈락토오스(Galactose): 유즙에 많이 함유(유당의 성분), 당지질인 세레브로사이드(Cerebroside)의 구성 성분

당류의 감미도

과당＞전화당＞서당(자당)＞포도당＞맥아당＞갈락토오스＞유당

2. 이당류(단당류 + 단당류)

서당 (Sucrose, 자당, 설탕)	• 포도당 + 과당 • 단맛의 수용력이 가장 높고 환원성이 없어 감미도의 기준 물질이 됨
맥아당 (Maltose)	• 포도당 + 포도당 • 발아 곡식, 발아 보리, 식혜 등
유당 (Lactose, 젖당)	• 포도당 + 갈락토오스 • 칼슘과 단백질의 흡수를 돕고 정장 효과가 있음 • 동물의 유즙에 존재

환원당과 비환원당

• 환원당: 비환원당을 제외한 대부분의 당류
• 비환원당: 서당(설탕), 라피노오스, 트레할로오스, 스타키오스 등

3. 올리고당류(단당류 3 ~ 10개 결합)

라피노오스 (Raffinose)	포도당 + 과당 + 갈락토오스(3당류)
스타키오스 (Stachyose)	포도당 + 과당 + 갈락토오스 + 갈락토오스(4당류)

4. 다당류(단당류 10개에서 수천 개의 결합)

① 전분(Starch)

- 식물에 존재하는 저장성 탄수화물
- 곡류, 감자류 등에 많이 존재
- 물보다 비중이 높아 물에 풀어두면 가라앉음

② 글리코젠(Glycogen)

- 동물에 존재하는 저장성 탄수화물
- 간과 근육에 주로 존재하며 체내에 에너지가 고갈된 경우 분해하여 에너지원으로 사용

③ 식이섬유(Cellulose)

- 포도당의 β-1,4 글리코사이드로 결합되어 있으나 사람은 β-결합을 분해할 수 있는 효소가 없어 소화할 수 없음
- 혈당 및 콜레스테롤 상승을 억제하고 변비를 예방하는 정장 작용 등 인체에 유익한 성질을 나타냄
- 종류

수용성 식이섬유	불용성 식이섬유
• 장에서 수분을 흡착해서 변을 팽윤시킴 • 포도당과 지방의 흡수를 지연시킴 • 펙틴, 글루코만난, 검, 알긴산, 한천, 난소화성덱스트린, 폴리덱스트린, 키토산 등	• 식이섬유의 대부분(2/3)을 차지함 • 물과 친화력이 적음 • 대장의 연동운동을 증가시켜 배변량을 증가시키는 역할을 함 • 셀룰로스, 헤미셀룰로스, 리그닌, 키틴 등

- 기능
  - 소화효소로 분해되지 않아 열량을 내지 않음
  - 영양학적 가치는 없으나 인체에 유익한 가치를 많이 가지고 있음
  - 고지혈증, 동맥경화, 대장암 또는 당뇨병을 예방할 수 있음
  - 변비를 개선하고 위의 팽만감을 증가시켜 비만에도 도움이 됨

④ 한천(Agar)

- 우뭇가사리를 주원료로 점액을 얻어 굳힌 가공제품
- 유제품, 청량음료 등의 안정제
- 젤(Gel) 형성 능력이 커서 푸딩, 양갱, 잼 등의 젤화제로 이용됨
- 곰팡이, 세균 등의 배지

⑤ 펙틴(Pectin)

- 식물의 줄기나 뿌리 또는 과일의 껍질과 세포벽 사이에 존재
- 산과 당이 존재하면 젤(Gel) 형성 능력이 있어 젤리나 잼을 만드는 데 이용됨 (산이 많은 사과, 딸기 등이 적합함)
- 영양적인 가치는 없지만 변비를 예방하거나 장내 유해세균을 제거

아밀로펙틴과 아밀로오스

- 아밀로펙틴: 전분 입자에서 물에 녹지 않는 부분을 구성하는 다당류의 한 종류로서 분자량이 많고, 아밀로펙틴 수용액에 요오드 용액을 가하면 적자색을 띰(가지가 많은 나무 모양)
- 아밀로오스: 전분의 한 성분으로 분자량이 적고, 아밀로오스 수용액에 요오드 용액을 가하면 청색을 띰(나선형 모양)

키틴

새우, 게 껍데기에 함유

섬유소와 한천

변비를 예방하고 체내에서 소화되지 않는 다당류

- 섬유소: 산을 첨가하면 질겨지고 알칼리를 첨가하면 연해짐
- 한천: 산을 첨가하면 더 작은 분자로 분해됨

젤라틴(육류 단백질)

동물의 뼈, 연골, 가죽 등에서 콜라겐을 가수분해하여 만들어짐

1. 전화당

① 서당(설탕)이 효소에 의해 포도당과 과당 각각 1분자씩 동량으로 가수분해된 당
② 전화당은 원래의 서당(설탕)보다 감미도가 높음
③ 벌꿀에는 효소 작용으로 인해 전화당이 함유되어 있음

2. 당알코올

① 형태: 단당류 또는 이당류 + 알코올의 결합
② 특징
  • 당알코올은 인체에서 흡수율이 좋지 않아 칼로리가 낮으며, 혈당을 높이지 않아 당뇨병 환자의 감미료로 사용함
  • 물에 잘 녹고 단맛이 나지만 충치균이 분해하지 못해 충치예방에 좋음
③ 종류: 자일리톨, 소르비톨, 리비톨, 만니톨, 이노시톨 등

1. 탄수화물의 소화

탄수화물은 전분, 맥아당, 서당, 유당, 식이섬유 등의 형태로 섭취되며, 소화과정을 거치면 최종적으로 단당류(포도당, 과당, 갈락토오스) 단위까지 분해됨

2. 소화기관별 탄수화물의 소화과정

소화기관		분비되는 소화효소	소화과정
입		프티알린(침 아밀레이스)	일부 전분(다당류) → 맥아당(이당류), 덱스트린
위		−	−
소장	췌장	췌장 아밀레이스	전분 → 맥아당
	소장	말테이스(맥아당 분해효소) 수크레이스(서당 분해효소) 락테이스(유당 분해효소)	맥아당 → 포도당 + 포도당 서당 → 포도당 + 과당 유당 → 포도당 + 갈락토오스

프티알린

입에 있는 탄수화물 분해효소로 전분의 일부를 맥아당 단위로 분해

덱스트린

녹말을 산, 효소, 열 등으로 가수분해시킬 때 녹말에서 말토오스에 이르는 중간단계에서 생기는 여러 가지 가수분해산물

3. 탄수화물의 대사

① 소화된 단당류는 최종적으로 포도당으로 전환되어 에너지원으로 이용됨
② 포도당이 에너지원으로 대사되기 위해서는 비타민 B_1(티아민)이 반드시 필요함 (해당 과정의 효소 역할)
③ 에너지원으로 사용되고 남은 포도당은 간에서 글리코젠 형태로 저장됨

01 난이도 하

탄수화물 중 오탄당이 **아닌** 것은?

① 리보오스
② 자일로스
③ 아라비노스
④ 갈락토오스

| 해설 |
탄소 5개가 결합된 오탄당에는 리보오스, 디옥시리보오스, 자일로스, 아라비노스가 있으며, 갈락토오스는 육탄당이다.

02 난이도 하

다음 중 감미도가 가장 높은 당류는?

① 맥아당
② 설탕
③ 유당
④ 갈락토오스

| 해설 |
당류의 감미도는 과당〉전화당〉설탕(= 서당, 자당), 포도당〉맥아당〉갈락토오스〉유당 순이다.

03 난이도 중

칼슘과 단백질의 흡수를 돕고 정장 효과가 있는 이당류는?

① 유당
② 과당
③ 맥아당
④ 서당(설탕)

| 해설 |
유당은 포유동물의 젖(유즙)에 많이 함유되어 있으며 칼슘과 단백질의 흡수를 돕고 정장 효과가 있다.

04 난이도 상

우뭇가사리를 원료로 하여 만든 다당류로 젤(Gel)의 형성 능력이 커서 양갱, 푸딩 등의 원료로 쓰이는 물질은?

① 한천
② 펙틴
③ 젤라틴
④ 글루코만난

| 해설 |
한천은 우뭇가사리를 원료로 점액을 굳혀 만든 가공식품으로 젤(Gel)을 형성하는 능력이 크다. 펙틴은 과일 등에 함유되어 있으며 젤라틴은 동물의 가죽, 힘줄 등을 구성하는 콜라겐에 뜨거운 물을 가하면 얻어지는 단백질의 일종이다.

05 난이도 중

전분을 맥아당으로 분해하는 효소로 옳은 것은?

① 펩신
② 말테이스
③ 프티알린
④ 라이페이스

| 해설 |
프티알린은 입에 있는 탄수화물 분해효소로 전분의 일부를 맥아당 단위로 분해하는 역할을 한다.

06 난이도 중

탄수화물의 대사과정에 반드시 필요한 영양소는?

① 철분
② 셀레늄
③ 비타민 C
④ 비타민 B_1

| 해설 |
탄수화물이 체내에서 에너지로 변환되기 위해서는 대사과정에서 보조효소로 비타민 B_1(티아민)이 반드시 필요하다.

18 | 식품 성분－단백질

토막강의
"단백질의 구조와
변성에 대해
알아보아요!"

1 단백질의 특징

1. 특징

① 탄소(C), 수소(H), 산소(O), 질소(N)의 4가지 원소로 구성됨

② 체내에서 1g당 4kcal의 에너지를 발생함

③ 인체의 효소와 호르몬의 주성분으로 생명유지를 위한 다양한 기능을 함

④ 단백질은 20여 가지의 아미노산으로 구성되어 있으며, 20여 가지의 아미노산들의 배열에 따라 단백질의 종류가 결정됨

⑤ 결핍 시 성장 장애, 빈혈, 부종 등의 증상이 발생함

2 아미노산

1. 특징

단백질을 구성하고 있는 가장 기본이 되는 단위

2. 체내에서 만들어질 수 있는 여부에 따른 분류

필수아미노산	불필수아미노산
• 체내에서 합성되지 않아 반드시 음식으로 섭취해야 하는 아미노산 • 성인 필수아미노산: 루신, 이소루신, 리신, 발린, 메티오닌, 페닐알라닌, 트레오닌, 트립토판 • 성장기, 유아기 필수아미노산: 성인 필수아미노산＋히스티딘, 아르기닌	• 식품으로 섭취하지 않아도 부족 시 체내에서 합성이 가능한 아미노산 • 알라닌, 아스파르트산, 아스파라긴, 시스테인, 글루탐산, 글루타민, 글리신, 프롤린, 하이드록시프롤린, 세린, 티로신

성장기, 유아기 필수아미노산

• 히스티딘: 성장기
• 아르기닌: 유아기

3. 함황아미노산

① 아미노산의 화학구조에 황(S)을 함유하고 있는 경우 함황아미노산으로 분류 가능

② 메티오닌, 시스테인, 시스틴 등

3 단백질의 분류

1. 필수아미노산의 유무에 따른 분류

완전단백질	부분적 불완전단백질	불완전단백질
• 모든 필수아미노산이 함유된 단백질 • 주로 동물성 단백질 • 종류: 우유의 카제인, 달걀 흰자의 알부민, 글로불린	• 대부분의 필수아미노산을 함유하고 있으나 한 가지의 아미노산이 양적으로 부족한 단백질 • 종류: 보리의 호르데인, 쌀의 오리제닌	• 하나 또는 그 이상의 필수아미노산이 결여된 단백질 • 대부분의 식물성 단백질 • 종류: 옥수수의 제인

제인

옥수수의 단백질 성분으로, 트립토판이 없어 옥수수를 주식으로 하는 경우 펠라그라병에 걸릴 수 있음

2. 구조에 따른 분류

섬유상단백질	구상단백질
• 긴 사슬의 아미노산이 섬유 모양으로 규칙적으로 배열된 형태 • 콜라겐, 케라틴, 미오신, 엘라스틴 등	• 아미노산 배열 사슬이 휘어져 구 모양으로 배열된 형태 • 알부민, 히스톤, 프로타민, 글리아딘 등

3. 성분에 따른 분류

① 단순단백질

- 아미노산만으로 이루어진 단백질
- 알부민, 글로불린, 프롤라민, 히스톤, 콜라겐 등

② 복합단백질: 단순단백질 + 비단백질이 결합된 형태의 단백질

당단백질	단순단백질 + 당(뮤신, 오보뮤코이드 등)
인단백질	단순단백질 + 인(우유의 카제인 등)
색소단백질	단순단백질 + 색소 물질(헤모글로빈 등)
금속단백질	단순단백질 + 금속[혈청페리틴(철), 인슐린(아연)]
핵단백질	단순단백질 + 핵산(DNA, RNA)

4. 용해성에 따른 분류 추가

수용성	• 극성 아미노산이 많이 포함되어 있어 물에 잘 용해됨 • 글로불린, 알부민, 피브리노겐, 미오글로빈 등
비수용성	• 주로 비극성 아미노산으로 이루어져 있어 물에 잘 녹지 않음 • 콜라겐, 케라틴, 글루테닌, 엘라스틴 등

콜라겐

동물의 뼈, 연골, 이, 피부 등을 구성하는 단백질

4 단백질의 혼합 효과

아미노산 조성이 서로 다른 식품들을 혼합하여 섭취함으로써 서로에게 부족한 필수아미노산을 보완할 수 있음

예 콩밥 – 쌀에 부족한 필수아미노산인 리신이 콩에 많이 함유되어 있고 콩에 부족한 필수아미노산인 메티오닌이 쌀에 많이 함유되어 있으므로 두 식품을 혼합하여 먹었을 경우 서로 부족할 수 있는 필수아미노산이 보완됨

식품의 대표 단백질

- 쌀: 오리제닌
- 보리: 호리데인
- 옥수수: 제인
- 콩: 글리시닌
- 감자: 투베린
- 밀: 글리아딘

5 단백질의 변성

1. 단백질의 변성

① 단백질이 가열, 산 또는 물리적인 작용으로 인하여 고유의 형태와 성질이 변화되는 현상

② 식품의 조리과정 중에서 많이 발생함

2. 단백질 변성의 예

예	변성	예	변성
삶은 달걀	열변성	요구르트 제조	산
두부 제조	가열 및 염류	치즈의 제조	레닌, 염류
동결두부의 제조	동결	건어물	건조

단백질의 응고

열, 효소, 에탄올, 산 등은 단백질을 변성시켜 응고시킴

3. 변성 단백질의 특징

① 용해도의 감소

② 점도의 증가

③ 소화율의 증가

④ 반응성의 증가(내부에 감춰져 있던 활성기들이 변성으로 인해 사슬이 풀어지면서 외부로 노출되어 반응성이 커짐)

⑤ 생물학적 기능의 상실

6 단백질의 소화

1. 단백질의 소화

식품을 통해 단백질 형태로 섭취되어 소화과정을 거치면 최종적으로 아미노산 단위까지 분해됨

2. 소화기관별 단백질의 소화과정

소화기관		분비되는 소화효소	소화과정
입		–	–
위		펩신	단백질 → 펩톤
소장	췌장	트립신	단백질, 펩톤 → 폴리펩티드, 아미노산
	소장	카복시펩티데이스, 아미노펩티데이스	폴리펩티드 → 아미노산

펩톤, 폴리펩티드

• 단백질의 분해과정 중 생성되는 아미노산의 배열

• 단백질은 소화과정을 거쳐 '단백질 → 펩톤 → 폴리펩티드 → 아미노산' 순으로 분해됨

01 난이도 중

다음 중 필수아미노산끼리 바르게 연결된 것은?

① 리신, 글루탐산

② 발린, 메티오닌

③ 트립토판, 티로신

④ 루신, 아스파라긴

| 해설 |

필수아미노산에는 루신, 이소루신, 리신, 발린, 메티오닌, 페닐알라닌, 트레오닌, 트립토판, 히스티딘, 아르기닌이 있다.

02 난이도 상

황을 함유하고 있는 아미노산이 <u>아닌</u> 것은?

① 시스틴

② 메티오닌

③ 시스테인

④ 트립토판

| 해설 |

황을 함유하고 있는 함황아미노산에는 메티오닌, 시스테인, 시스틴 등이 있다.

03 난이도 중

다음 중 불완전단백질에 해당하는 것은?

① 우유의 카제인

② 옥수수의 제인

③ 달걀의 알부민

④ 달걀의 글로불린

| 해설 |

우유의 카제인과 달걀의 알부민, 글로불린은 모두 필수아미노산이 골고루 함유되어 있는 완전단백질에 해당한다.

04 난이도 중

우유의 카제인은 어떠한 단백질에 속하는가?

① 인단백질

② 당단백질

③ 색소단백질

④ 단순단백질

| 해설 |

우유의 카제인은 단백질에 인(P)이 결합되어 있는 인단백질에 속한다.

05 난이도 상

다음 중 수용성 단백질이 <u>아닌</u> 것은?

① 알부민

② 글루테닌

③ 글로불린

④ 미오글로빈

| 해설 |

단백질을 용해도에 따라 구분하면, 알부민, 글로불린, 미오글로빈, 피브리노겐 등은 수용성 단백질이고, 주로 세포의 구조적 역할을 하는 콜라겐, 케라틴, 글루테닌, 엘라스틴 등은 비수용성 단백질에 속한다.

06 난이도 중

다음 중 변성 단백질의 특징이 <u>아닌</u> 것은?

① 점도가 증가한다.

② 용해도가 감소한다.

③ 소화율이 증가한다.

④ 반응성이 감소한다.

| 해설 |

변성 단백질의 경우 내부에 노출되지 않았던 활성기들이 표면으로 노출되며 반응성이 증가한다.

19 | 식품 성분-지질

토막강의
"불포화지방산과
포화지방산을 비교해서
기억해요!"

1 지질의 특징과 분류

1. 특징

① 탄소(C), 수소(H), 산소(O)의 3가지 원소로 구성

② 체내에서 1g당 9kcal의 에너지가 발생함

③ 물에 녹지 않으며 유기용매(아세톤, 벤젠, 에테르 등)에 녹는 물질임

④ 지질은 크게 중성지방, 인지질, 콜레스테롤로 분류함

⑤ 식품이나 체지방을 이루는 대부분의 지방은 중성지방 형태임(중성지방 = 1개의 글리세롤 + 3개의 지방산)

2. 체내 기능

① 필수지방산을 공급함

② 탄수화물, 단백질보다 많은 에너지를 공급함

③ 세포막의 구성 성분이 됨(주로 인지질)

④ 체온을 유지시켜주고 포만감을 줌

⑤ 외부의 충격으로부터 내장기관을 보호함

⑥ 지용성 비타민의 흡수를 도와줌

3. 지질의 분류

중성지방	• 글리세롤 1개에 3개의 지방산 분자가 결합한 구조 • 지방산은 구조나 특징에 따라 포화지방산, 불포화지방산 등 다양하게 분류됨 • 일반적으로 중성지방의 1, 3번에는 포화지방산, 2번에는 불포화지방산이 결합됨
인지질	• 글리세롤에 지방산 2개와 1개의 인산기가 결합되어 있는 형태의 복합지질 • 콜린, 세린, 이노시톨, 레시틴 등이 있음
콜레스테롤	• 스테롤은 탄소 4개가 고리 모양을 이루며 콜레스테롤과 에르고스테롤이 있음 • 콜레스테롤은 동물성 식품에 존재하며 비타민 D의 전구체로 작용하여 자외선을 받으면 비타민 D_3로 전환됨 • 에르고스테롤은 식물성 식품에 존재하는 스테롤로 비타민 D의 전구체로 작용하여 자외선을 받으면 비타민 D_2가 되어 흡수됨

레시틴

• 달걀에 함유되어 있거나 세포막을 구성

• 인지질의 머리 부분은 친수성, 꼬리 부분은 소수성으로 물과 기름 모두와 잘 섞이므로 유화제로 사용됨

2 지방산

1. 특징

① 중성지방의 구성 성분으로서 지질의 가장 기본적인 단위

② 탄소의 수나 이중결합의 여부에 따라 특징이 달라짐

③ 자연계에 존재하는 지방은 탄소수가 4~22개의 짝수 형태임

2. 구성

① 식품의 대부분은 긴 사슬 지방산으로 이루어져 있음

② 지방산의 길이가 길어질수록 지방의 특성이 잘 나타남

③ 짧은 사슬 지방산과 중간 사슬 지방산은 수용성 영양소와 비슷한 대사과정을 가짐

3. 탄소수에 따른 분류

지방산	탄소수
짧은 사슬 지방산	4~6개
중간 사슬 지방산	8~10개
긴 사슬 지방산	12개 이상

4. 이중결합 유무에 따른 분류

포화지방산	• 지방산 사슬 내에 이중결합이 없는 지방산 • 융점이 높아 대부분 상온에서 고체 상태 • 탄소수가 증가함에 따라 융점 증가 • 라드, 우지 등의 동물성 기름에 많이 함유 • 야자유, 팜유 등은 식물성이지만 포화지방 다량 함유 • 팔미트산(16 : 0), 스테아르산(18 : 0)
불포화지방산	• 지방산 사슬 내에 이중결합이 1개 이상 존재하는 지방산 • 이중결합의 위치에 따라 오메가-3, 오메가-6, 오메가-9계로 분류 • 융점이 낮아 대부분 상온에서 액체 상태 • 이중결합이 증가함에 따라 융점 감소 • 올리브유, 포도씨유, 옥수수유 등의 식물성 기름에 많이 함유 • 올레산(18 : 1), 리놀레산(18 : 2)

5. 트랜스지방산(Trans fatty acid)

① 자연계에 존재하는 대부분의 불포화지방산은 이중결합에 존재하는 탄소의 방향이 같은 시스형임

② 시스형의 불포화지방산에 수소(H)를 첨가하거나 높은 온도로 가열하는 경우 시스형의 구조가 탄소 방향이 다른 트랜스형으로 변함

③ 주로 경화과정에서 생성되며 마가린, 쇼트닝 등에 트랜스지방의 함량이 높음

6. 필수지방산(Essential fatty acid)

① 체내에서 합성되지 않거나 불충분하게 합성되어 반드시 음식으로 섭취해야 하는 지방산

② 리놀레산(18:2), 리놀렌산(18:3), 아라키돈산(20:4)이 있음

③ 혈관 내의 콜레스테롤 함량을 낮추어 주며 생체막의 중요한 구성 성분

3 지질의 소화

1. 소화기관별 지질의 소화과정

소화기관		분비되는 소화효소	소화과정
입		–	–
위		위 라이페이스	짧은·중간 사슬 지방 → 지방산, 글리세롤
소장	췌장	췌장 라이페이스	긴 사슬 지방 → 지방산, 모노글리세리드
	소장	소장점막 라이페이스	짧은·중간 사슬 지방 → 지방산, 글리세롤

라드(Lard)

돼지의 지방을 사용하여 만든 기름

대표적인 오메가-3지방산

• EPA(에이코사펜타에노산)
• DHA(도코사헥사엔산)

지방산의 표기

(탄소수 : 이중결합수)로 표기함
예 팔미트산(16:0) → 탄소수 16개, 이중결합 없음

경화과정

불포화지방산에 수소(H)를 첨가함으로써 좀 더 안정한 상태의 포화지방산으로 만드는 과정

담즙의 기능

• 지질을 유화시킴
• 지용성 영양분의 흡수를 도움

01 난이도 하

지질의 체내 기능에 대한 설명으로 옳지 않은 것은?

① 필수지방산을 공급한다.

② 1g당 4kcal의 열량을 낸다.

③ 세포막의 구성 성분이 된다.

④ 체온을 일정하게 유지시켜준다.

[해설]

단백질. 탄수화물은 1g당 4kcal의 열량을 내고 지질은 1g당 9kcal의 열량을 낸다.

02 난이도 하

돼지의 지방조직을 가공하여 만든 지방은?

① 라드

② 우지

③ 야자유

④ 콜레스테롤

[해설]

라드는 돼지의 지방조직을 가공하여 만든 지방이다.

03 난이도 중

중성지방을 구성하고 있는 성분으로 바르게 연결된 것은?

① 지방산 – 인산

② 포도당 – 과당

③ 글리세롤 – 지방산

④ 글리세롤 – 포도당

[해설]

중성지방은 글리세롤 1개에 3개의 지방산 분자가 결합한 구조이다.

04 난이도 중

다음 중 불포화지방산이 아닌 것은?

① 리놀레산

② 올레산

③ 아라키돈산

④ 스테아르산

[해설]

불포화지방산은 지방산 사슬 내 이중결합을 가지고 있는 지방산으로 올레산. 리놀레산. 아라키돈산. 리놀렌산 등이 있다. 스테아르산은 탄소 수 18개에 이중결합을 가지고 있지 않은 포화지방산이다.

05 난이도 중

불포화지방산을 포화지방산으로 만드는 경화과정에서 첨가하는 물질은?

① 철분

② 인산

③ 칼슘

④ 수소

[해설]

경화과정은 불안정한 불포화지방산을 안정한 상태인 포화지방산으로 만드는 과정으로 수소(H)를 첨가하여 경화시킨다.

06 난이도 중

인산을 함유하는 복합지질로, 유화제로 많이 사용되는 것은?

① 인지질

② 포화지방산

③ 콜레스테롤

④ 불포화지방산

[해설]

인지질은 인산기를 함유하는 복합지질로, 콜린. 세린. 이노시톨. 레시틴 등이 있으며 이 중 레시틴은 유화제로 사용된다.

핵 심 테 마 ★★

20 │ 식품 성분−비타민&무기질

1 비타민

1. 특징

① 에너지를 생성하는 열량 영양소는 아니지만 체내 대사조절에 관여함

② 대부분 체내에서 합성되지 않기 때문에 음식으로 섭취해야 함

③ 체내 대사과정의 조효소 역할을 하거나 여러 질병(결핍증)을 예방하는 역할을 함

영양소의 분류

- 열량 영양소: 탄수화물, 단백질, 지질
- 조절 영양소: 비타민, 무기질, 물 (채소류, 과일류에 풍부함)
- 구성 영양소: 무기질, 단백질, 물

2. 수용성 비타민과 지용성 비타민

① 수용성 비타민의 종류

구분	생리적 기능 및 특징	결핍증	급원식품
비타민 B_1 (티아민)	• 탄수화물 대사의 중요 보조효소 • 포도당이 에너지를 생성하는 과정에서 중요한 역할을 함 • 곡류에 다량 함유되어 있으나 쌀을 씻는 과정에서 손실이 많음 • 마늘의 매운맛 성분인 '알리신'은 비타민 B_1의 흡수를 증가시킴	각기병	돼지고기, 콩류, 곡류
비타민 B_2 (리보플라빈)	• 세포 내 산화, 환원 반응에 관여 • 탄수화물, 지질 대사의 보조효소 • 피부점막 보호, 성장 촉진	각막충혈, 설염, 구순염, 구각염 등	우유, 달걀
비타민 B_3 (나이아신)	• 탄수화물의 산화에 관여 • 지방 합성에 관여 • 트립토판(필수아미노산) 60mg이 나이아신 1mg을 생성	펠라그라(4D병)	육류, 땅콩류, 생선류
비타민 B_5 (판토텐산)	• 코엔자임 A의 구성 성분 • 탄수화물, 지질 대사에 중요 • 에너지 대사의 보조효소	피로, 손의 통증, 두통, 불면증	거의 모든 식품에 존재
비타민 B_6 (피리독신)	• 아미노산 대사의 보조효소 • 신경전달 물질, 적혈구의 합성에 관여	피부염, 빈혈	간, 현미, 육류, 바나나
비타민 B_9 (엽산)	• 단백질 대사의 보조효소 • 세포분열에 관여	빈혈(거대적아구성 빈혈)	간, 녹색 채소, 오렌지주스, 브로콜리
비타민 B_{12} (코발라민)	• 세포분열과 성장에 관여 • RNA, DNA 대사의 보조효소 • 코발트(Co)를 함유	악성빈혈, 신경손상	연어, 간
아스코르빈산	• 항산화 작용 • 콜라겐 합성 • 철, 칼슘의 흡수 • 신경전달 물질 합성 • 피로회복 • 조리 시 열에 의해 손실되기 쉬움	잇몸출혈, 괴혈병, 면역력 저하	채소류, 과일류, 딸기, 고추, 오렌지주스

펠라그라(4D병)

- 설사
- 피부염
- 치매
- 죽음

비타민 H (비오틴)	• 황을 함유하는 비타민 • 탄수화물, 지질, 아미노산 대사에 관여	붉은 피부발진, 탈모, 우울증	간, 채소류, 오트밀, 달걀 노른자
비타민 P (플라보노이드)	• 비타민 C 기능 보강 • 모세혈관 강화	잇몸 출혈, 망막 출혈	감귤류, 포도, 메밀 등

② 지용성 비타민의 종류

구분	생리적 기능 및 특징	결핍증	급원식품
비타민 A (레티놀)	• 눈의 건강을 도움 • 상피세포를 보호하는 물질 생성 • 항산화 기능 • β-카로틴이 몸속으로 들어와 비타민 A로 전환 • 열에 안정한 편으로 가열로 인해 쉽게 파괴되지 않음	야맹증, 안구건조증, 상피의 각질화, 비토반점	당근, 난황, 무청, 깻잎 등
비타민 D (칼시페롤)	• 뼈를 튼튼하게 해줌 • 칼슘의 흡수 촉진 • 성장을 도움 • 자외선을 통해 피부에서 합성됨	구루병, 골연화증, 골다공증	고등어, 버섯류, 오리고기, 간, 강화우유 등
비타민 E (토코페롤)	• 항산화제 기능 • 적혈구의 보호 기능 • 세포의 손상 방지	불임, 적혈구 용혈작용(용혈성 빈혈)	대두, 아몬드, 식물성 기름, 푸른잎 채소 등
비타민 K (필라퀴논)	• 혈액응고에 관여 • 단백질 형성 • 장내 세균에 의해 합성(항생제 장기 복용 시 부족할 수 있음)	상처에 심한 출혈(응고지연), 신생아 출혈	난황, 간, 녹황색 채소 등

③ 수용성 비타민과 지용성 비타민의 비교

구분	수용성 비타민	지용성 비타민
종류	비타민 B군, 비타민 C	비타민 A, D, E, K
특징	물에 녹는 수용성	기름에 녹는 지용성
과잉 섭취 시	과량은 소변으로 배출	체내에 축적되어 독성을 나타낼 수 있음
결핍증	증세가 빨리 나타남	증세가 서서히 나타남
섭취량	매일 섭취해야 함	매일 섭취할 필요 없음

곡류의 영양 강화 시 첨가하는 비타민
- 비타민 B_1(티아민)
- 비타민 B_2(리보플라빈)
- 비타민 B_3(나이아신)

2 무기질

1. 특징

① 에너지를 내는 열량 영양소는 아니지만 몸의 구성물질이 되거나 신체의 여러 화학 반응을 조절하는 조절 영양소로서 중요함
② 체내에서 합성되지 않으므로 반드시 음식을 통하여 섭취하여야 함
③ 인체의 골격, 치아, 근육, 신경조직 등의 구성요소가 되며, 호르몬을 생성하거나 인체의 여러 생리 작용에 필수적인 요소임
④ 하루 필요량 100mg을 기준으로 다량무기질(하루 필요량 100mg 이상), 미량무기질(하루 필요량 100mg 미만)로 구분

2. 다량무기질

구분	생리적 기능 및 특징	결핍증	급원식품
칼슘 (Ca; Calcium)	• 골격과 치아의 구성 성분 • 신경자극 전달에 이용 • 근육의 수축과 이완에 관여 • 혈액을 응고시키는 데 도움	골다공증, 골연화증, 골감소증	우유, 유제품, 해조류, 뼈째 먹는 생선 등
인 (P; Phosphorus)	• 인지질의 형태로 세포막 구성 • 세포의 성장을 도움 • 골격과 치아의 구성 성분 • 인과 칼슘 적정 섭취비율 1:1	골질량 감소, 근육 약화, 뼈의 통증 등	육류, 현미, 보리, 우유, 치즈 등
나트륨 (Na; Sodium)	• 삼투압과 수분의 조절 • 산, 염기 평형 유지 • 근육과 신경의 자극 반응 전달	구토, 설사, 저혈압 등	소금, 곡류 등
염소 (Cl; Chloride)	• 산, 염기 평형 유지 • 면역 반응에 관여	근육 경련, 식욕 저하, 성장 저하	소금, 간장, 치즈, 육류 등
칼륨 (K; Potassium)	• 세포 내액의 주된 양이온 • 수분 균형과 삼투압 조절 • 신경자극 전달에 이용	저칼륨혈증, 근무력증, 저혈압	곡류, 채소류, 과일류(오렌지, 바나나) 등
마그네슘 (Mg; Magnesium)	• 골격, 치아 구성 • 신경안정, 근육이완	경련, 근육 떨림, 테타니, 신경장애	채소류, 과일류(바나나, 사과 등), 밀가루, 두부 등
황 (S; Sulfur)	• 산, 염기 평형 유지 • 위액 형성, 약물의 해독 작용	—	돼지고기, 밀가루, 보리, 단백질 식품

3. 미량무기질

구분	생리적 기능 및 특징	결핍증	급원식품
철분 (Fe; Iron)	• 혈색소의 성분으로 산소 운반 • 근육색소의 구성 성분 • 호흡 효소의 구성 성분	빈혈	간, 육류, 난황 등
아연 (Zn; Zinc)	• 세포막 구조 안정 • 면역 기능 • 인슐린 합성에 관여 • 호르몬의 구성 성분	단신, 성장 지연, 생식 기능 부전	감자, 해산물, 우유, 곡류 등
구리 (Cu; Copper)	• 콜라겐의 합성 • 항산화 기능 • 철의 흡수와 운반을 도움	소적혈구성 빈혈, 백혈구 감소증, 성장 저하	감자, 간, 동물의 내장, 굴, 어패류 등
요오드 (I; Iodine)	• 갑상선 호르몬의 구성 성분 • 기초대사조절	갑상선종, 점액수종, 크레틴병	다시마, 미역, 김 등
불소 (F; Fluorine)	• 충치 발생 감소 • 골격과 치아의 기능 유지	충치	불소 첨가 식수, 차, 해산물 등

4. 무기질 성분에 의한 식품 구분

산성 식품	알칼리성 식품
• 연소 후 남아 있는 무기질 내에 산을 형성하는 물질이 많은 식품 • 주로 인(P), 염소(Cl), 황(S) 등 음이온을 형성하는 원소를 함유하는 식품 • 육류, 어류, 달걀, 곡류 등	• 연소 후 남아 있는 무기질 내에 알칼리를 형성하는 물질이 많은 식품 • 주로 나트륨(Na), 칼륨(K), 철(Fe), 마그네슘(Mg), 칼슘(Ca) 등 양이온을 형성하는 원소를 함유하는 식품 • 보리, 송이버섯, 우유, 과일류, 채소류, 해조류 등

칼슘(Ca)의 흡수 방해 및 촉진 요인

• 방해 요인: 수산(시금치에 함유), 피틴산(현미에 함유), 알칼리성 환경, 비타민 D 결핍, 탄닌 등
• 촉진 요인: 산성 환경(오렌지주스 등과 함께 섭취 시 흡수가 잘 됨), 인과 칼슘을 1:1로 섭취(적정 섭취비율), 비타민 D 섭취, 단백질 섭취 등

나트륨 과잉증

고혈압, 부종, 심장병

테타니

혈액 속의 칼슘 저하로 말초신경과 신경근 접합부의 흥분성이 높아져 발생하는 가벼운 자극

철(Fe)의 흡수 방해 및 촉진 요인

• 방해 요인: 피틴산, 옥살산(현미, 채소 등에 함유), 탄닌, 수산(시금치) 등
• 촉진 요인: 비타민 C, 위산, 육류 단백질 등

요오드 과잉증

말단비대증, 갑상선기능항진증(바세도우병)

01 난이도 **중**

다음 중 비타민에 대한 설명으로 옳지 <u>않은</u> 것은?

① 비타민 A는 기름에 잘 녹는다.

② 비타민 C는 과량 섭취 시 체내에 축적된다.

③ 비타민 B군의 결핍 시 결핍 증상이 빠르게 나타난다.

④ 비타민 K는 매일 섭취하지 않아도 되며, 신경의 자극 전달에 이용된다.

| 해설 |

비타민 B군과 비타민 C는 수용성 비타민으로 물에 잘 녹는 성질이 있으며 매일 섭취해야 한다. 또한 과량 섭취 시 체내에 축적되지 않고 대부분 소변으로 배출되므로 결핍 증상이 빠르게 나타난다.

02 난이도 **상**

다음 중 곡류의 영양 성분 강화 시 사용하는 비타민이 <u>아닌</u> 것은?

① 비타민 B_{12}

② 비타민 B_1

③ 비타민 B_2

④ 비타민 B_3

| 해설 |

곡류의 영양 성분 강화 시에는 주로 탄수화물 대사에 관여하는 비타민 B_1(티아민), 비타민 B_2(리보플라빈), 비타민 B_3(나이아신)가 사용된다. 비타민 B_{12}(코발라민)의 경우 주로 세포분열에 관여한다.

03 난이도 **하**

고온으로 조리 시 가장 파괴되기 쉬운 영양소는?

① 인

② 칼슘

③ 비타민 A

④ 비타민 C

| 해설 |

비타민 C는 열에 약하므로 고온으로 조리 시 매우 파괴되기 쉽다.

04 난이도 **상**

감귤류에 많이 함유되어 있으며 비타민 C의 기능을 도와 혈관을 튼튼하게 해주는 작용을 하는 것은?

① 비타민 H

② 비타민 D

③ 비타민 P

④ 비타민 A

| 해설 |

비타민 P는 플라보노이드 성분을 뜻하는 또 다른 용어로, 체내에서 비타민 C의 기능을 도와 혈관을 튼튼하게 해주는 역할을 한다.

05 난이도 **중**

칼슘의 흡수를 방해하는 요인으로 알맞은 것은?

① 수산

② 비타민 D

③ 오렌지주스

④ 인과 칼슘의 비율(1:1)

| 해설 |

칼슘의 흡수를 방해하는 요인으로는 수산(시금치에 함유), 피틴산(현미에 함유), 알칼리성 환경 등이 있다.

06 난이도 **중**

알칼리성 식품에 대한 설명으로 옳지 <u>않은</u> 것은?

① 급원식품에는 생선, 달걀, 콩류가 있다.

② 나트륨(Na), 칼륨(K), 철(Fe) 등을 주로 함유한다.

③ 양이온을 형성하는 원소들을 주로 함유하고 있다.

④ 연소 후 남아 있는 물질이 주로 알칼리성 물질이다.

| 해설 |

생선, 달걀, 콩류는 인(P), 염소(Cl), 황(S)을 함유하는 산성 식품이다.

21 | 식품의 색

토막강의
"식품의 색 변화와
갈변에 대해
쉽게 정리해요!"

1 식물성 색소

1. 클로로필

① 특징: 녹색 색소로 식물의 엽록체에 존재하며, 식물의 잎과 줄기에 널리 분포함

② 구조: 포르피린(고리) 구조 중심에 마그네슘(Mg)을 가지고 있는 구조

③ 용해성: 지용성(물에 녹지 않음, 유기용매에 녹음)

④ 변화

가열에 의한 변화	• 가열 시 식물 속의 클로로필레이스(효소)가 클로로필과 만나면서 클로로필라이드를 형성 • 클로로필은 지용성이지만 클로로필라이드를 형성하면 수용성으로 변하며 녹색 채소를 삶은 물에 색소가 용출됨
알칼리에 의한 변화	• 알칼리(탄산수소나트륨, 식소다 등) 첨가 시 수용성의 클로로필린이 형성됨 • 클로로필린은 진한 녹색을 나타냄(클로로필은 녹색) • 알칼리 환경에서 클로로필은 진한 녹색이 유지되지만 비타민 B, C가 파괴되고 섬유소가 분해되어 질감이 물러짐
산에 의한 변화	• 산성 환경에서는 마그네슘이 수소로 치환되어 녹갈색의 페오피틴을 형성 • 채소를 삶을 때 유기산에 의해 녹갈색으로 변할 수 있음 • 오이지, 김치의 저장 중 유기산이나 젖산, 초산에 의해 갈색으로 변함
금속에 의한 변화	• 구리: 클로로필의 선명한 청록색, 완두콩 통조림 제조 시 황산구리를 첨가하는 이유 • 철: 클로로필의 갈색 형성

2. 카로티노이드

① 특징

• 황색, 적색, 오렌지색을 띠는 색소

• 클로로필과 공존하는 경우 녹색에 가려져 녹색으로 보임

• 카로틴의 일부는 비타민 A의 전구체로서 체내에서 비타민 A로 전환될 수 있음

　예 β-카로틴

② 용해성: 지용성(물에 녹지 않음, 유기용매에 녹음)

③ 조리에 의한 변화: 산, 알칼리, 가열 조리에 안정하여 변화가 거의 없음

④ 종류

• α-카로틴, β-카로틴, γ-카로틴, 라이코펜 등이 있음

• β-카로틴은 주홍색을 띠며, 영양 효과가 높고, 체내에서 비타민 A로 전환됨

• 라이코펜은 강력한 항산화제로 붉은색을 띠며 토마토, 수박, 감 등에 다량 함유되어 있음

**녹색 채소의 색을 유지하는 조리법
(클로로필 색 유지)**

• 충분한 물 사용: 채소의 5배 이상의 다량의 조리수를 사용하면 채소의 유기산이 희석되어 변색을 막을 수 있음

• 알칼리 첨가: 녹색이 푸르게 고정되는 효과가 있으나 영양소의 파괴나 질감의 변화를 가져옴

• 뚜껑을 열고 조리: 뚜껑을 연 채로 가열하면 유기산이 공중에 휘발되어 변색을 예방할 수 있음

• 소금 첨가: 소금은 마그네슘이 페오피틴으로 변하는 것을 억제하여 녹색이 유지됨

• 조리시간 단축: 단시간에 조리하여 변색의 시간을 최소화함

β-카로틴의 특징(당근의 영양가 손실 방지법)

• 껍질에 β-카로틴이 많아 껍질째 섭취

• 기름으로 조리하면 체내 흡수율이 높아짐. 생으로 먹을 경우 올리브유나 마요네즈 등을 곁들임

• 식초는 β-카로틴을 파괴하므로 함께 사용하지 말 것

3. 플라보노이드

안토시아닌과 안토잔틴으로 나눌 수 있음

구분	안토시아닌	안토잔틴
특징	• 과일이나 꽃, 채소의 적자색 색소 • 자색양배추, 가지, 포도 등에 다량 함유	• 무색(백색)이나 담황색의 색소 • 우엉, 연근, 밀가루, 쌀 등에 함유
용해성	수용성(물에 녹음)	수용성(물에 녹음)
산에 의한 변화	산성에서는 선명한 적색 유지 예 • 자색양배추나 자색고구마 조리 시 산성의 주스 등을 첨가하면 선명한 색을 유지할 수 있음 (자색양배추 샐러드에 식초 첨가) • 생강 절임 시 식초에 담그면 분홍색(적색)으로 변함	산성 조건에서는 안정하여 더 선명한 흰색 또는 무색을 유지 예 • 초밥용 밥 조리 시 배합초를 넣으면 더 선명한 흰색을 유지할 수 있음 • 우엉이나 연근 조림 시 식초를 넣으면 더욱더 하얗게 됨
알칼리에서의 변화	알칼리성 환경에서는 녹색이나 청색을 나타냄	알칼리 조건에서는 황색이나 갈색으로 변함 예 밀가루 반죽 또는 튀김 반죽 시 중탄산나트륨을 첨가하면 황색을 띰
금속에 의한 변화	철이나 알루미늄과 결합하여 안정한 색을 유지 예 • 가지로 절임 요리 시 알루미늄이나 철 제품에 넣어두면 선명한 보라색을 유지할 수 있음 • 검은콩 조림 시 철 냄비를 사용하면 색소를 유지할 수 있음	• 구리, 철과 접촉시 흑갈색으로 변함 예 철제 칼로 우엉이나 연근, 양파 등을 썰면 흑갈색으로 변하는 현상 • 알루미늄과 접촉시 황색으로 변함

2 동물성 색소

1. 미오글로빈

① 특징
- 동물(육류, 어류)의 근육세포에 존재하는 적색의 색소 단백질(동물 대부분의 색소)
- 활동을 많이 하고 연령이 높은 동물일수록 색소의 함량이 높아져 색이 진함
- 헴(Heme)에 철(Fe)을 함유한 구조로 신선한 생육은 적자색이며 산소와 결합하여 선명한 적색의 옥시미오글로빈이 됨
- 장시간 저장하거나 가열하면 갈색의 메트미오글로빈이 됨

② 변화
- 저장 중의 변화

미오글로빈 (적자색)	→ 산소 결합 →	옥시미오글로빈 (선홍색)	→ 장기간 저장 →	메트미오글로빈 (갈색)

- 가열에 의한 변화

미오글로빈 (적자색)	→ 산소 결합 →	옥시미오글로빈 (선홍색)	→	메트미오글로빈 (갈색)	→ 계속 가열 시 →	헤마틴 (회갈색)

육류 색소의 가공 중의 변화

햄이나 소시지 제조 시 가열을 하면 제품의 색이 갈색이 되는 것을 방지하기 위하여 질산염과 아질산염 등의 발색제를 사용함

2. 헤모글로빈

① 동물의 혈액을 붉게 보이게 하는 색소 단백질

② 헴(Heme)에 철(Fe)이 결합되어 있는 거대한 분자구조로 혈액은 우리 몸의 세포에 산소를 운반함

3. 아스타잔틴

① 새우나 게에 함유된 카로티노이드 계열의 색소

② 가열 전에는 청록색을 나타내지만 가열하면 적색의 아스타신으로 변함

4. 유멜라닌

어류의 표피나 오징어의 먹물에 존재하는 색소

5. 헤모시아닌

① 전복이나 문어 등에 포함되어 있는 푸른 계열의 색소로, 익으면 적자색으로 변함

② 구리(Cu)를 함유하고 있음

3 식품의 갈변

1. 정의

① 식품을 조리, 가공, 저장할 때 식품의 색이 갈색으로 변하는 현상

② 색의 변화뿐 아니라 일부는 식품의 품질(냄새, 맛 등)에도 영향을 줄 수 있음

2. 갈변 반응의 종류

효소가 관여하는 효소적 갈변 반응과 효소가 관여하지 않는 비효소적 갈변 반응으로 나눌 수 있음

① 효소적 갈변

폴리페놀 옥시다제 (Polyphenol oxidase)	• 폴리페놀산화 효소인 폴리페놀 옥시다제가 반드시 필요함 • 폴리페놀류가 많이 함유된 식품이 공기 중의 산소와 접촉하여 갈변 현상이 나타남 • 과일이나 채소를 잘랐을 때 나타나는 갈변 현상 예 과일이나 홍차의 갈변
티로시나아제 (Tyrosinase)	• 티로시나아제 효소가 반드시 필요함 • 아미노산인 티로신에 작용하여 갈변이 나타남 • 감자 갈변의 원인

② 비효소적 갈변

캐러멜화 반응	• 당류를 고온(170~200℃)으로 가열했을 때 캐러멜을 형성하며 갈변하는 반응 • 식품의 향기나 맛이 변화됨 • 약식, 소스, 과자 및 기타 식품가공에 사용함
마이야르 반응 (아미노-카르보닐 반응)	• 당류와 아미노산이 함께 존재하는 경우 멜라노이딘을 형성하는 갈변 반응 • 간장, 된장, 누룽지, 식빵, 커피 등의 갈변 반응이 해당됨 • 온도가 높을수록 갈변 반응이 잘 나타남

효소적 갈변의 3대 요소

• 효소
• 기질
• 산소

아스코르빈산 산화 반응	• 비타민 C(아스코르빈산)에 의해 발생하는 갈변 • 강한 항산화제인 비타민 C가 산화되면서 항산화제의 기능을 잃고 갈색물질을 형성하는 반응 • 감귤주스, 오렌지주스 등 비타민 C가 다량 함유된 식품에서 많이 발생

3. 효소적 갈변 반응의 방지 방법

① 산소를 차단하여 산화 방지(밀폐용기 사용, 물에 식품 담그기, 이산화탄소나 질소 가스 주입 등)

② 금속과의 접촉을 하지 않음(철제 조리도구 사용 자제)

③ pH를 조절(pH 3 이하)하여 효소의 활동을 저해함(식초 첨가 등)

④ 온도를 −10℃ 이하로 낮추거나 가열하여 효소를 불활성화시킴

⑤ 당이나 염류를 이용하여 효소의 작용을 억제함(설탕물이나 소금물에 담그기)

01 난이도 중

신선한 과일의 껍질을 제거한 후에 생성되는 갈변을 억제하기 위한 방법으로 옳지 않은 것은?

① 통풍이 잘 되도록 보관한다.
② 소금물에 담근다.
③ 밀봉하여 냉장 보관한다.
④ 레몬즙에 담근다.

| 해설 |
과일에 나타나는 갈변현상은 주로 폴리페놀 옥시다아제에 의한 것으로 산소를 만나게 되면 이 효소가 활성화되어 갈변이 촉진된다.

02 난이도 중

완두콩 통조림 제조 시 색을 선명하게 하고자 할 때 첨가해야하는 것은?

① 철(Fe)
② 니켈(Ni)
③ 알루미늄(Al)
④ 황산구리($CuSO_4$)

| 해설 |
완두콩의 색소인 클로로필은 금속이온 중 구리와 만나면 구리-클로로필 복합체를 형성하며 색을 선명하게 유지할 수 있다.

03 난이도 상

생강 절임 시 식초에 의해 생강의 색깔이 분홍색으로 변하는 것의 원인이 되는 색소는?

① 클로로필
② 안토잔틴
③ 안토시아닌
④ 카로티노이드

| 해설 |
생강 속에 함유되어 있던 안토시아닌이 산(식초)에 의해 적색으로 변하는 현상이 나타난다.

04 난이도 상

다음 중 미오글로빈의 저장 상태에서의 변화로 옳은 것은?

① 미오글로빈은 산소와 만나도 큰 변화가 없다.
② 미오글로빈이 선홍색의 헤마틴으로 변화한다.
③ 미오글로빈을 장기간 저장하면 갈색의 메트미오글로빈으로 변한다.
④ 미오글로빈 저장 시 메트미오글로빈을 거쳐 옥시미오글로빈이 된다.

| 해설 |
미오글로빈은 저장 시 산소와 만나면서 선홍색의 옥시미오글로빈이 되고 장기간 저장 시 갈색의 메트미오글로빈이 된다. 미오글로빈을 계속 가열하면 회갈색의 헤마틴이 된다.

05 난이도 중

껍질을 깎은 감자가 갈변되었다면 원인이 되는 효소는?

① 라이페이스
② 티로시나아제
③ 아스코르빈산
④ 폴리페놀 옥시다아제

| 해설 |
감자의 갈변은 효소적 갈변으로 티로시나아제가 작용하여 감자의 색을 변색시킨다.

06 난이도 중

간장, 된장에서 나타나는 갈변 현상은?

① 마이야르 반응
② 캐러멜화 반응
③ 아스코르빈산 갈변 반응
④ 폴리페놀 옥시다아제 갈변 반응

| 해설 |
간장, 된장 등에서 나타나는 갈변 현상은 마이야르 반응에 의한 갈변 반응이다. 마이야르 반응(아미노-카르보닐 반응)은 당류와 아미노산이 함께 존재하는 경우 멜라노이딘을 형성하는 갈변 반응으로 온도가 높을수록 갈변 반응이 잘 나타난다.

22 | 식품의 맛과 냄새

1 식품의 맛

1. 미각의 분포

① 단맛: 혀 끝
② 쓴맛: 혀 안쪽
③ 신맛: 혀 양쪽 둘레
④ 짠맛: 혀 전체

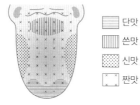

- 단맛
- 쓴맛
- 신맛
- 짠맛

2. 헤닝(Henning)의 4원미

① 특징

단맛	• 서당(설탕)이 단맛의 표준물질 • 당류, 당알콜류(자일리톨, 솔비톨 등)
쓴맛	• 식품에 함유되어 있는 대표적인 쓴맛 성분은 알칼로이드 계통 • 퀴닌(Quinine)이 쓴맛의 표준물질
신맛	• 수소이온과 수용체 간의 수소결합에 의해 느껴짐 • 과일과 채소에서는 유기산에 의해 신맛이 느껴짐 • 식욕 증진, 살균 및 방부 효과가 있음
짠맛	다른 맛과 조합되어 음식에 영향을 많이 줌

맛을 느끼는 속도

짠맛 > 단맛 > 신맛 > 쓴맛

② 성분

단맛	• 천연감미료: 당류, 당알코올, 아미노산 및 펩티드
	• 인공감미료
	  – 사카린: 설탕의 450~550배
	  – 아스파탐: 설탕의 150배
	  – 스테비오사이드: 설탕의 300배

쓴맛	• 감귤류: 나린진 • 커피, 초콜릿: 카페인 • 코코아: 테오브로민 • 차: 테인 • 맥주: 후물론 • 오이꼭지: 쿠쿠르비타신
신맛	• 사과, 복숭아: 사과산, 말산 • 감귤류: 구연산, 아스코르브산, 시트르산 • 요구르트, 김치: 젖산 • 조개류, 김치류: 호박산 • 포도: 주석산
짠맛	• 염화나트륨 • 질산칼륨 • 염화암모늄 • 염화칼륨

3. 기타 맛

감칠맛 (Umami)	글루탐산 또는 글루탐산나트륨염에 의해 나타나는 맛 • 새우, 게 등: 글리신, 베타인 • 오징어, 문어, 조개류: 타우린 • 멸치, 가다랑어: 이노신산 • 간장, 다시마, 밀, 콩: 글루탐산 • 소고기: 이노신산 • 표고버섯, 송이버섯, 느타리버섯: 구아닐산
떫은맛	입 안에서 느끼는 촉감의 일종으로 수렴성이라고도 함 • 미숙한 감, 덜 익은 과일: 탄닌 • 차: 카페인
매운맛	자극에 의해 얼얼한 감각, 뜨거운 느낌 등이 드는 맛 • 고추: 캡사이신 • 후추: 피페린, 차비신 • 생강: 진저롤, 진저론, 쇼가올 • 마늘: 알리신 • 겨자: 시니그린, 이소티오시아네이트 • 강황, 울금: 커큐민 • 양파: 유황화합물 • 산초: 산쇼올

시니그린

겨자의 매운맛 성분으로 40~45℃에서 매운맛이 가장 강함

4. 온도에 따른 맛

① 온도에 따른 맛의 변화: 단맛, 짠맛, 쓴맛은 온도가 낮을수록, 매운맛은 온도가 높을수록 맛이 증가하며, 신맛은 온도에 영향을 받지 않음

맛의 종류	최적온도	맛의 종류	최적온도
단맛	20~50℃	매운맛	50~60℃
짠맛	30~40℃	쓴맛	40~50℃

② 최적의 맛을 느끼는 식품의 온도

식품	최적온도	식품	최적온도
밥	40~45℃	맥주	4~10℃
전골	95~98℃	빵 발효	25~30℃
커피, 국	70~75℃	식혜 당화	55~60℃

양파, 양배추 가열 시 단맛이 증가하는 원인

양파와 양배추에 함유되어 있는 알릴 화합물이 설탕 50배의 단맛을 내는 프로필메르캅탄(Propyl mercaptan)으로 변하여 단맛이 증가함

2 식품의 냄새

1. 헤닝(Henning)의 냄새 분류

① 매운 냄새: 마늘, 생강 등
② 탄 냄새: 커피, 캐러멜 등
③ 꽃 향기: 백합, 장미 등
④ 과일 향기: 사과, 오렌지, 바나나 등
⑤ 썩은 냄새: 부패한 어패류 및 육류 등
⑥ 수지향: 테르펜유, 송정유

아무어(Amoore)의 7분류

• 장뇌 냄새
• 매운 냄새
• 에테르 냄새
• 꽃 향기
• 박하향
• 사향
• 썩은 냄새

2. 식물성 식품의 냄새 성분

① 알코올류: 오이, 감자, 찻잎, 커피, 계피 등

② 알데히드류: 찻잎, 아몬드향, 바닐라 등

③ 황화합물: 무, 양파, 부추, 겨자 등

④ 테르펜류: 미나리, 박하, 레몬, 오렌지 등

⑤ 에스테르류: 과일 향기(분자량이 커질수록 향기도 더 강해짐)

3. 동물성 식품의 냄새 성분

① 육류, 어류: 아민류

② 우유 및 유제품: 지방산 및 카르보닐 화합물

③ **어류의 비린내**: 트리메틸아민, 암모니아, 피페리딘(담수어에 해당)

④ **육류의 부패취**: 암모니아, 메틸메르캅탄, 황화수소, 인돌, 스카톨 등

해수어의 비린내
트리메틸아민옥사이드(TMAO)가 세균에 의해 트리메틸아민(TMA)으로 환원되어 생성

3 맛의 변화

대비(강화) 현상	• 주된 맛 성분에 다른 맛 성분을 소량 넣으면 주된 맛이 강해지는 현상 • 단맛, 감칠맛은 짠맛이나 쓴맛으로, 짠맛은 신맛으로 주된 맛을 강하게 할 수 있음 예 단팥죽에 소금을 넣어 먹는다.
억제(손실) 현상	서로 다른 맛 성분을 혼합하면 주된 맛이 약해지는 현상 예 신맛이 나는 과일에 설탕을 뿌려 먹는다.
상승 현상	같은 맛 성분을 혼합하면 맛이 더 강해지는 현상 예 떡볶이에 설탕과 물엿을 함께 넣는다.
상쇄 현상	서로 다른 맛 성분을 혼합하면 각각의 고유한 맛을 내지 못하고 맛이 약해지거나 없어지는 현상 예 짠 음식에 설탕을 넣으면 짠맛이 약해진다.
변조 현상	한 가지 맛 성분을 먹고 바로 다른 맛 성분을 먹으면 처음 맛이 다르게 느껴지는 현상 예 오징어를 먹은 후 밀감을 먹으면 쓰다.
피로 현상	같은 맛을 계속 섭취하면 그 맛을 알 수 없게 되거나 다르게 느끼는 현상 예 국을 끓일 때 간을 계속 보면 짠맛에 둔해진다.

01 난이도 하

식품과 쓴맛 성분의 연결이 옳은 것은?

① 코코아 – 탄닌
② 감귤류 – 후물론
③ 덜 익은 감 – 테오브로민
④ 오이꼭지 – 쿠쿠르비타신

| 해설 |
코코아의 쓴맛 성분은 테오브로민, 감귤류의 쓴맛 성분은 나린진이며, 덜 익은 감의 떫은맛 성분은 탄닌이다.

02 난이도 중

간장, 다시마의 감칠맛 성분은?

① 젖산
② 베타인
③ 타우린
④ 글루탐산

| 해설 |
간장, 다시마, 밀, 콩 등의 감칠맛을 내는 성분은 글루탐산이다.

03 난이도 중

식품과 매운맛 성분의 연결이 바르지 않은 것은?

① 후추 – 차비신
② 생강 – 진저롤
③ 양파 – 커큐민
④ 겨자 – 이소티오시아네이트

| 해설 |
양파의 매운맛 성분은 유황화합물이고, 커큐민은 강황. 울금의 매운맛 성분이다.

04 난이도 하

다음 중 최적의 맛을 느끼는 온도가 가장 높은 음식은?

① 국
② 밥
③ 전골
④ 커피

| 해설 |
최적의 맛을 느끼는 식품의 온도는 밥이 40~45℃, 전골이 95~98℃, 커피와 국이 70~75℃이다.

05 난이도 상

과일 향기의 주성분으로 분자량이 커질수록 향기의 강도가 더 높아지는 것은?

① 알코올류
② 테르펜류
③ 알데히드류
④ 에스테르류

| 해설 |
과일 향기의 주성분은 에스테르류로 분자량이 커질수록 향기도 더 짙어진다.

06 난이도 하

다음 중 담수어의 비린내 성분으로 옳은 것은?

① 세사몰
② 산쇼올
③ 피페리딘
④ 트리메틸아민

| 해설 |
담수어의 비린내 성분은 피페리딘이다. ① 세사몰은 참기름 성분, ② 산쇼올은 산초의 매운맛 성분이며, ④ 트리메틸아민은 해수어의 비린내 성분이다.

내가 목표에 달성한 비밀을 말해줄게.
나의 강점은 바로 끈기야.

– 루이스 파스퇴르(Louis Pasteur)

조리원리

23 | 조리의 정의 및 기본 조리방법

1 조리의 정의 및 목적

1. 정의

식품 재료를 가공, 조작하여 음식물로서의 가치를 높여주는 모든 방법과 과정

2. 목적

① 안전성 향상: 조리과정을 통해 식품의 나쁜 성분들을 제거하거나 가열조작을 통해 위생적이고 안전한 음식을 만들 수 있음
② 기호도 증진: 식품의 질감과 향, 색감을 좋게 하여 기호적인 가치를 높임
③ 영양적 효용 증가: 식품의 소화 흡수율을 증진시키고 식품이 함유하고 있는 영양소를 보존함
④ 저장성 향상: 조리조작을 통해 식품의 저장성을 높임

2 조리와 열

전도 (Conduction)	열원에 물체(냄비 등)가 직접 접촉하고 그 물체를 따라 접촉하고 있는 식품이나 물질에 열이 전달되어 가열됨
대류 (Convection)	공기나 냄비의 물 또는 기름 등에 열을 가하면 팽창하여 밀도가 낮아지므로 위로 이동하고 찬 공기를 만나 무거워지면 아래로 이동하는 대류의 흐름이 나타나는데 이로 인해 열이 전달됨
복사 (Radiation)	열이 중간 전달 매체 없이 바로 식품으로 도달하는 방법으로 전달속도가 전도나 대류에 비해 빠름 예 숯불구이, 브로일링, 토스트 등
극초단파 (Microwave)	식품 내부에서 열을 발생시켜 식품을 가열하는 방법으로 전기에너지를 장치에서 극초단파로 변화시켜 식품에 닿으면 식품 속의 물 분자가 진동하면서 마찰이 일어나 열이 발생함 예 전자레인지

열이 전달되는 정도

금속(은 > 구리 > 알루미늄 > 철) > 유리 > 나무

전자레인지

전기에너지를 마그네트론 장치에서 극초단파로 발생시켜 식품 내부에서 열을 발생시키는 원리를 통해 식품을 가열하는 장치

3 폐기량과 정미량

1. 폐기량

① 정의: 조리 시 식품에서 버려지는 부분의 양
② 폐기율(%): 식품 전체의 중량에 대한 폐기량

$$\text{폐기되는 식품의 무게} \div \text{식품 전체의 무게} \times 100$$

2. 정미량

식품에서 폐기량을 제외한 부분(먹을 수 있는 부분)의 양

4 식품의 계량

1. 식품 계량의 단위

1컵 (1Cup)	• 미터법(한식): 200cc(물 200mL) • 쿼터법(양식): 240cc(물 240mL)
1큰술 (1Ts = 1Table spoon)	15cc(물 15mL) = 3ts(3작은술)
1작은술 (1ts = 1tea spoon)	5cc(물 5mL)
1온스 (1oz = 1ounce)	30cc = 28.35g
1파운드 (1lb = 1pound)	16oz = 453.6g
1쿼터 (1qt = 1quart)	32oz = 946.4mL

계량에 필요한 조리도구

• 저울: g, kg으로 무게를 나타냄
• 계량컵: mL로 부피를 나타냄
• 계량스푼: 큰술, 작은술로 양념 등의 부피를 나타냄

2. 식품별 계량방법

마가린, 버터	실온에서 부드럽게 한 후 계량컵이나 계량스푼에 빈 공간이 없도록 꾹꾹 눌러 담고 위를 편평하게 깎아서 계량
밀가루, 슈가파우더	체에 쳐서 덩어리가 없도록 한 후 계량컵에 수북이 담아 스패출러로 편평하게 깎아서 계량
백설탕	덩어리가 없는 상태에서 계량컵에 수북이 담은 후 표면을 편평하게 깎아서 계량
된장, 황설탕, 흑설탕	서로 달라붙는 성질이 있어 컵에서 꺼냈을 때 모양이 유지되도록 계량컵에 꾹꾹 눌러 담은 후 편평하게 깎아서 계량
우유 등 액체식품	속이 보이는 투명한 계량컵을 이용하여 컵을 수평 상태로 놓고 눈높이를 눈금의 밑 선과 일치시킨 후 눈금을 읽어 계량

5 기본 조리조작

다듬기	• 식품의 먹을 수 없는 부분(비가식 부위)을 제거함 • 폐기율이 높은 식품은 다듬기 과정에서 버려지는 부분이 많음
씻기	• 이물질(흙, 농약, 기생충 등)을 제거함 • 위생적인 조리를 위해 가장 먼저 행하는 과정
담그기, 불리기	• 식품의 이미 성분(쓴맛, 짠맛 등)을 제거함 • 채소의 경우 팽압을 회복하여 아삭아삭한 식감으로 질감이 향상됨 • 효소의 갈변을 방지하여 식품의 본래 색을 유지함 • 식품의 조직을 연화시켜 부드러운 질감을 갖게 함
썰기	• 식품의 표면적을 증가시킴으로써 열의 전달과 조미료의 침투를 용이하게 함 • 먹기 편리하고, 외관을 좋게 함
섞기, 젓기	• 온도와 맛이 균일하게 분포하게 함 • 섞고 젓는 과정을 통해 재료의 질감이나 형상에 변화를 줄 수도 있음 　ⓔ 달걀 흰자를 이용한 케이크의 부드러운 식감, 머랭
마쇄	수분이 있는 식품을 갈거나 찧어서 죽이나 가루로 만듦
분쇄	건조된 식품을 가루로 만드는 조작

6 기본 조리방법

1. 비가열 조리방법

① 식품에 열을 가하지 않고 생으로 섭취하는 방법(샐러드, 냉채, 생채 등)

② 식품이 가지고 있는 영양 성분의 손실이 적고 식품 본래의 색과 질감을 느낄 수 있음

③ 식품이 신선하지 않을 경우 식중독이 발생하거나 기생충에 감염될 수 있으므로 신선한 식품을 선택하여 위생적으로 다루는 것이 중요함

2. 가열 조리방법

① 습열 조리법: 물을 열의 전달매체로 사용하여 조리하는 방법

삶기 (Poaching)	• 다른 양념으로 조미를 하지 않고 물을 이용하여 가열하는 조리법 • 식품의 질감을 부드럽게 함 • 육류의 경우 단백질이 응고되고 건조식품의 경우에는 수분이 흡수되어 촉촉해짐
데치기 (Blanching)	• 삶기와 비슷하나 가열 시간이 짧고 다른 조리를 위한 전처리로 사용되는 경우가 많음 • 효소의 작용과 미생물의 번식을 억제함 • 채소의 경우 소금물에 데쳐 질감을 연화시키고 색을 유지할 수 있음
끓이기 (Boiling)	• 물이나 조미액 속에서 식품을 가열시키는 방법 • 조미액을 식품 속에 충분히 침투시킬 수 있음 • 식품의 모양 유지가 어렵고 수용성 영양 성분이 손실될 수 있음
찌기 (Steaming)	• 수증기를 이용하여 조리하는 방법 • 식품의 모양 유지가 쉽고 수용성 영양 성분의 손실이 적음 • 찌는 중에는 조미를 할 수 없으므로 찌기 전후에 조미를 해야 함
은근히 끓이기 (Simmering)	• 100℃보다 낮은 온도로 식품을 서서히 끓이는 방법 • 곰국이나 서양요리의 스톡을 만들 때 이용됨

찬물과 끓는 물

• 찬물: 국물을 이용하는 식품은 찬물에서 끓이기 시작해야 식품 표면의 단백질이 응고되기 전에 수용성 단백질이 용출되어 국물이 맛있어짐 예 곰국, 찌개 등

• 끓는 물: 건더기를 이용하는 식품은 끓는 물에서 끓이기 시작해야 육류 표면의 단백질을 먼저 응고시켜 맛 성분이 용출되지 않아 맛있어짐 예 편육

② 건열 조리법: 물을 열의 전달매체로 사용하지 않는 조리법

굽기 (Grilling)	가장 오래된 조리법으로 직접구이와 간접구이가 있음		
	구분	직접구이	간접구이
	조리법	복사열이 직접 식품에 닿아 내부로 전달되는 방법	철판이나 프라이팬에 식품을 올려놓고 전달되는 열로 굽는 방법
	예	석쇠구이, 브로일링	철판구이

튀기기 (Frying)	• 기름을 열 전달 매체로 이용하여 고온에서 단시간 내에 조리하는 방법 (수용성 영양 성분의 손실은 적지만 열량이 높음) • 튀기는 도중에 수분이 증발하여 식감이 바삭바삭해짐
볶기 (Sauteing)	• 소량의 기름을 사용하여 고온에서 단시간에 조리하는 방법 • 영양소의 손실이 적고 볶는 도중 수분의 증발로 식품의 성분이 농축됨
부치기 (Pan-frying)	소량의 기름을 두른 프라이팬에 지지는 방법

석쇠구이와 브로일링

• 석쇠구이(Grilling): 가스, 전기, 숯, 나무 등을 이용하여 복사열, 전도열로 굽는 방법으로 열원이 아래에 위치

• 브로일링(Broiling): 석쇠구이와 같이 직화로 굽는 방법이지만 열원이 위쪽에 있어 복사열을 이용하여 조리

③ 복합식 조리법: 습열 조리와 건열 조리를 모두 이용하는 조리법

브레이징 (Braising)	한식에서 '조린다'고 하는 조리법으로, 식품을 고온에서 구운 후 물이나 조미액을 조금 넣고 뚜껑을 닫아 뭉근히 익히는 방법
스튜잉 (Stewing)	높은 열로 작은 덩어리의 육류 표면에 색을 낸 다음 재료가 잠길 정도로 양념을 충분히 넣고 완전히 조리될 때까지 끓이는 방법

01 난이도 중

다음 중 식품을 조리하는 목적으로 옳지 <u>않은</u> 것은?

① 소화 흡수율이 높아진다.

② 식품에 없던 영양소가 생성된다.

③ 식품이 가지고 있는 나쁜 성분을 제거한다.

④ 조리조작을 통해 식품의 저장성이 높아진다.

| 해설 |

조리로 인해 식품에 없던 영양소가 생성되지는 않지만, 기존에 식품이 함유하고 있는 영양소가 보존되는 효과가 있다.

02 난이도 중

채소를 냉동할 때 전처리로 데치기(blanching)를 하는 이유와 가장 거리가 <u>먼</u> 것은?

① 살균 효과

② 부피감소 효과

③ 효소파괴 효과

④ 탈색 효과

| 해설 |

채소는 냉동시키기 전에 데치기를 거치면 살균효과로 보존기간이 늘어나고 부피가 감소하며 효소가 파괴되어 변색이나 물성변화가 최소화된다.

03 난이도 중

식품을 계량하는 방법으로 옳지 <u>않은</u> 것은?

① 마가린은 실온에서 부드럽게 한 후 계량한다.

② 흑설탕은 덩어리가 없는 상태로 계량컵에 수북이 담아 계량한다.

③ 밀가루는 체에 친 후 수북이 담아 스패출러로 편평히 깎아 계량한다.

④ 우유는 투명한 계량컵에 넣고 눈높이를 눈금의 밑 선과 일치시킨 후 눈금을 읽어 계량한다.

| 해설 |

흑설탕은 서로 달라붙는 성질이 있어 컵에서 꺼냈을 때 모양이 유지되도록 꾹꾹 눌러 담은 후 편평하게 깎아서 계량한다.

04 난이도 하

다음 중 습열 조리법이 <u>아닌</u> 것은?

① 튀기기(Frying)

② 삶기(Poaching)

③ 찌기(Steaming)

④ 데치기(Blanching)

| 해설 |

습열 조리법에는 삶기(Poaching), 데치기(Blanching), 끓이기(Boiling), 찌기(Steaming), 은근히 끓이기(Simmering)가 있다. 튀기기(Frying)는 물을 사용하지 않고 기름을 사용하는 건열 조리법이다.

05 난이도 중

다음 중 끓이기에 대한 설명으로 옳지 <u>않은</u> 것은?

① 식품의 모양을 유지하기 어렵다.

② 수용성 영양 성분의 손실이 있을 수 있다.

③ 조미액을 식품 속에 침투시키며 조리할 수 있다.

④ 국물을 이용하는 식품의 경우 끓는 물에서부터 식품을 넣고 가열한다.

| 해설 |

국물을 이용하는 식품의 경우 찬물에서부터 끓이기 시작해야 맛 성분이 잘 용출되어 국물의 깊은 맛을 낼 수 있다.

06 난이도 중

열원의 사용방법에 따라 직접 구이와 간접구이로 분류할 때 직접구이에 속하는 것은?

① 오븐을 사용하여 조리

② 철판을 이용하여 굽는 방법

③ 프라이팬에 기름을 두르고 조리하는 방법

④ 숯불 위에서 굽는 방법

| 해설 |

직접구이는 복사열이 직접 식품에 닿아 내부로 전달되는 방법으로, 숯불 위에서 굽는 방법이나 브로일링 등이 해당된다.

24 | 조리기구의 종류와 용도

1 조리기구

1. 일반 조리도구

거품기	재료를 섞거나 거품을 낼 때 사용함
미트 텐더라이저	고기를 두드려서 연하게 할 때 사용함
필러	과일이나 채소의 껍질을 벗길 때 사용함

2. 절단 · 마쇄용 조리기구

푸드 차퍼 (Food chopper)	식품을 잘게 다질 때 사용함
슬라이서 (Slicer)	식품을 일정한 두께로 썰 때 사용함 예) 달걀 슬라이서, 육류 슬라이서 등
베지터블 커터 (Vegetable cutter)	감자, 무 등 채소를 칼날의 형태에 따라 일정하게 썰 때 사용함
민서(Mincer)	식품을 으깰 때 사용함

3. 저장용 기구

냉장고	식품을 0~10℃(보통 4℃ 정도)로 보관하는 기구
냉동고	식품을 0℃(보통 -18℃ 정도) 이하로 동결시켜 보관하는 기구

4. 혼합용 기구

휘퍼(Whipper)	생크림이나 달걀의 거품을 낼 때 사용함
블랜더(Blender)	식품과 물을 함께 넣어 분쇄, 마쇄, 교반 또는 즙을 낼 때 사용함
믹서(Mixer)	생크림이나 달걀의 거품을 낼 때, 여러 재료를 혼합 및 교반할 때 사용함

5. 가열용 기구

그리들 (Griddle)	두꺼운 철판 형태의 조리도구로, 아래에서 열원으로 철판을 가열하여 철판 위에서 음식을 익히는 도구
샐러맨더 (Salamander)	열원이 위에서 아래로 내려오면서 음식을 익히는 조리도구로, 생선이나 그라탱 요리에 사용함
브로일러 (Broiler)	음식에 석쇠구이 형태의 모양을 내며, 복사열을 이용하여 음식을 구워주는 기구로 스테이크, 생선 조리에 사용함
튀김기 (Deep fryer)	음식을 튀길 때 사용하며 튀기는 동안 일정 온도를 유지시켜 주고 튀김망이 들어있어 튀긴 후 식품을 건져내기 용이함

냉장/냉동고의 종류

- 워크인(Walk-in): 방 하나를 냉장/냉동 온도가 유지되는 시설로 하여 사람이 걸어서 들어갈 수 있는 형태
- 언더카운터(Under-counter): 아이스크림 냉동고와 같이 작업대 밑에 있는 형태
- 패스스루(Pass-through): 앞/뒤 양문 형태의 냉장/냉동고로 대형 업소에서 많이 사용함

2 조리용 칼

1. 칼의 모양에 따른 종류

아시아형 (Low tip)	• 채식을 많이 하는 우리나라와 일본 등 아시아에서 많이 사용하는 칼 • 칼날 기준으로 18cm 정도의 길이로 칼등은 곡선, 칼날은 직선 형태 • 채 썰기 등에 적합함
서구형 (Center tip)	• 칼날과 칼등이 곡선으로 되어 있어 칼끝에서 한 점으로 만나는 형태 • 칼날 기준으로 20cm 정도의 길이로 주로 자르기에 편하고 힘이 들지 않음
다용도 칼 (High tip)	• 칼날 기준으로 16cm 정도의 길이로 칼등이 곧게 뻗어 있고 칼날은 둥글게 곡선 처리된 칼 • 다양한 작업을 할 때 사용할 수 있음

한식 조리용 칼

한식 조리에서는 길이 30~35cm의 일반 조리용 칼을 많이 사용함

2. 칼질하는 방법

밀어 썰기	• 칼날을 다른 쪽 검지 둘째 마디에 대고 대각선으로 비빈다는 느낌으로 써는 방법 • 무, 오이, 당근 등의 채를 썰 때 주로 사용함 • 피로도와 소리가 작아 상대적으로 가장 많이 이용하는 방법
작두 썰기 (칼끝 대고 눌러 썰기)	• 칼끝을 도마에 대고 누른 상태에서 손잡이를 누르며 작두질하듯 써는 방법 • 두께가 비교적 얇거나 부드러운 재료들을 썰 때 사용함 • 칼날 기준으로 27cm 이상의 긴 칼을 사용하는 것이 편리함
칼끝 대고 밀어 썰기	• 밀어 썰기와 작두 썰기의 혼합 • 칼 안 바닥은 검지 둘째 마디, 칼끝은 도마에 대고 누른 상태에서 손잡이를 들어 칼을 앞뒤로 밀고 당기면서 칼질하는 방법 • 주로 양식 조리에 많이 사용하며 두꺼운 식품 재료에는 부적합함
후려 썰기	• 칼이 도마에 닿아 있는 상태에서 칼끝을 누르고 칼 손잡이를 들어 손목의 스냅을 이용하여 빠르게 써는 방법 • 많은 양의 식품을 썰 때 힘이 적게 든다는 장점이 있음
당겨 썰기	• 칼끝을 도마에 대고 손잡이를 들었다 당기며 눌러 써는 방법 • 파나 오징어 등을 채 썰 때 사용함
칼끝 썰기	• 양파나 파의 뿌리 쪽을 남기고 나머지 부분을 써는 방법 • 다지는 과정에서 식품이 흩어지지 않게 하기 위해 사용함 • 한식의 다지는 요리에서 많이 사용함
당겨서 눌러 썰기	• 내려치듯이 당긴 후 그대로 눌러 써는 방법 • 김밥을 썰 때 주로 사용함
당겨서 밀어붙여 썰기	생선살 등을 일정 간격으로 써는 방법
뉘어 썰기	• 칼을 45° 정도 뉘어 사용하는 방법 • 오징어 등에 칼집을 넣을 때 사용함
밀어서 깎아 썰기	우엉을 깎아 썰거나 무를 모양 없이 썰 때 가장 많이 사용하는 방법
톱질 썰기	말아서 만든 것이나 잘 부서지는 것을 썰 때 부서지지 않도록 톱질하는 것처럼 왔다 갔다 하며 써는 방법
돌려 깎아 썰기	엄지손가락에 칼날을 붙이고 일정한 간격으로 돌려가며 껍질을 깎는 방법
손톱 박아 썰기	마늘처럼 작고 모양이 불규칙적이며 잡기가 불편한 재료를 손톱 끝으로 고정시키고 써는 방법

3. 조리 목적에 따라 식재료를 써는 방법

편 썰기 (얄팍 썰기)	• 재료를 얇팍하게 썰거나 원하는 두께로 고르게 써는 방법 • 마늘이나 생밤 등을 얇게 썰 때 주로 사용함
채 썰기	• 재료를 얇게 편으로 썰고 겹쳐 일정한 두께로 써는 방법 • 오이, 당근 등의 채소를 썰 때 주로 사용함
다지기	• 채 썬 것을 가지런히 모아서 직각으로 잘게 써는 방법 • 마늘, 생강, 양파 등으로 양념을 만들 때 주로 사용함
막대 썰기	• 재료를 원하는 길이로 토막 낸 후 일정한 굵기의 막대 모양으로 써는 방법 • 무장과 등을 만들 때 사용함
골패 썰기	둥근 식재료(무, 당근 등)의 가장자리를 잘라내어 직사각형으로 만든 후 얇게 써는 방법
나박 썰기	가로, 세로가 비슷한 사각형으로 써는 방법
깍둑 썰기	가로, 세로, 높이가 비슷한 크기의 주사위 모양으로 써는 방법
둥글려 깎기	• 감자, 당근 등을 썬 후 각진 모서리 부분을 얇게 도려내는 방법 • 오랫동안 끓이거나 졸여도 모양이 뭉그러지지 않음 • 찜 조리 시 첨가되는 채소에 많이 사용함
반달 썰기	호박, 감자, 가지 등을 길게 반을 가른 후 일정한 두께의 반달 모양으로 써는 방법
은행잎 썰기	감자, 당근 등을 십자 모양으로 4등분한 후 일정한 두께의 은행잎 모양으로 써는 방법
통 썰기	연근, 오이 등 모양이 둥근 식재료를 통으로 써는 방법
어슷 썰기	파, 오이 등 가늘고 길쭉한 식재료를 가지런히 한 후 적당한 두께로 어슷하게 써는 방법
깎아 썰기	식품을 칼날 끝 부분으로 연필 깎듯이 돌려가면서 얇게 써는 방법
저며 썰기	• 재료의 끝을 한 손으로 누른 후 칼을 뉘여서 안쪽으로 당기듯이 한 번에 써는 방법 • 표고버섯이나 고기 또는 생선을 포 뜰 때 사용함
마구 썰기	• 가늘고 긴 식재료를 한 손으로 잡은 후 빙빙 돌려가며 한 입 크기로 작고 각이 있게 써는 방법 • 주로 채소의 조림에 사용함
돌려 깎기	채를 썰기 전에 오이나 호박 등을 일정한 크기로 토막 낸 후 껍질에 칼집을 넣어 칼을 위·아래로 움직이며 얇게 돌려 깎는 방법
솔방울 썰기	• 오징어의 안쪽에 사선으로 칼집을 넣은 후 엇갈린 방향으로 다시 한 번 칼집을 넣어주는 방법 • 무늬를 낸 후 물에 데치면 솔방울 무늬가 나타남

4. 숫돌

① 칼의 관리: 칼날은 예리하고 날카롭게 관리해야 사고의 위험을 줄일 수 있으므로 숫돌이나 쇠 칼갈이 봉을 사용하여 꾸준히 관리해야 함

② 숫돌의 종류

400#	• 형태가 깨진 칼끝의 형태도 수정할 수 있는 거친 숫돌 • 칼날이 두껍고 이가 많이 빠진 칼을 갈거나 새 칼을 길들일 때 사용함
1000#	• 일반적인 칼갈이에 많이 사용하는 고운 숫돌 • 굵은 숫돌 사용 후 칼의 잘리는 면을 부드럽게 할 때 사용함
4000~6000#	• 마무리 숫돌 • 부드럽게 손질된 칼날에 윤이나 광을 낼 때 사용함

필수문제

시험에 나온! 나올!

01 난이도 하

채소를 칼날의 형태에 따라 일정하게 썰 때 사용하는 조리기구는?

① 민서(Mincer)
② 블랜더(Blender)
③ 푸드 차퍼(Food chopper)
④ 베지터블 커터(Vegetable cutter)

| 해설 |
① 민서(Mincer)는 식품을 으깰 때, ② 블랜더(Blender)는 식품과 물을 함께 넣어 분쇄하거나 마쇄할 때, ③ 푸드 차퍼(Food chopper)는 식품을 다질 때 사용한다.

02 난이도 하

생선이나 육류를 구울 때 석쇠 모양을 내기 위해 사용하는 조리기구는?

① 그리들(Griddle)
② 브로일러(Broiler)
③ 샐러맨더(Salamander)
④ 미트 텐더라이저(Meat tenderizer)

| 해설 |
① 그리들(Griddle)은 철판 위에서 음식을 익히는 조리기구이며, ③ 샐러맨더(Salamander)는 열원이 위에서 아래로 내려오면서 음식을 익히는 조리기구이다. ④ 미트 텐더라이저(Meat tenderizer)는 고기를 연하게 할 때 사용한다.

03 난이도 상

다음 중 칼에 대한 설명으로 옳지 않은 것은?

① 아시아형 칼은 채 썰기에 적합하다.
② 아시아형 칼의 길이(칼날 기준)는 20cm 정도이다.
③ 서구형의 칼은 자르기에 편하고 힘이 들지 않는다.
④ 서구형의 칼은 칼날과 칼등이 곡선으로 되어 있다.

| 해설 |
아시아형 칼의 길이(칼날 기준)는 18cm 정도이며, 서구형 칼의 길이(칼날 기준)가 20cm 정도이다.

04 난이도 중

양파나 파를 다질 때 주로 사용하는 방법으로 다지는 과정에서 재료가 흩어지지 않도록 뿌리 쪽을 남기고 써는 방법은?

① 칼끝 썰기
② 후려 썰기
③ 밀어 썰기
④ 당겨 썰기

| 해설 |
② 후려 썰기는 손목의 스냅을 이용하여 재빠르게 써는 방법. ③ 밀어 썰기와 ④ 당겨 썰기는 채를 썰 때 주로 사용하는 방법이다.

05 난이도 중

갈비찜 조리 시 첨가되는 감자와 당근에 적합한 썰기 방법은?

① 반달 썰기
② 깍둑 썰기
③ 막대 썰기
④ 둥글려 깎기

| 해설 |
둥글려 깎기는 식재료의 모서리를 둥글게 다듬는 방법으로, 오래 끓여도 식재료 모양이 뭉그러지지 않기 때문에 갈비찜과 같이 장시간 끓여야 하는 식품에 적합하다.

06 난이도 하

일반적인 칼갈이에 사용하는 숫돌의 입도는?

① 400#
② 1000#
③ 4000#
④ 6000#

| 해설 |
400# 숫돌은 이가 빠지거나 깨진 칼끝을 수정할 때 사용하며, 4000~6000# 숫돌은 마무리용으로 칼을 갈고 윤이나 광을 낼 때 사용한다.

25 | 조리장의 시설 및 관리

1 조리장의 조건

1. 조리장의 위치 조건

① 통풍과 채광이 잘 되고 폐수나 오염물질의 발생시설로부터 나쁜 영향을 주지 않는 거리에 위치하여야 함
② 식품의 반입과 오물의 반출이 용이한 곳이어야 함
③ 건물의 구조는 제조하려는 식품의 특성에 따라 적정한 온도가 유지될 수 있고 환기가 잘 되어야 함
④ 주변에 피해를 주지 않고 비상 시 통로나 출입문의 접근에 방해받지 않는 곳이어야 함
⑤ 종업원들과 고객의 접근이 용이하여야 함

조리장의 3원칙
• 위생
• 능률
• 경제

2. 조리장의 시설 설비 조건

조리장	• 손님이 내부를 볼 수 있는 개방식 구조로 객석과 객실이 구분되어야 함 • 급수 및 배수시설을 갖추어야 함
바닥	• 조리장 바닥에 배수구가 있는 경우에는 덮개를 설치하여야 함 • 미끄럽지 않고 산, 염기, 유기용액에 강한 자재(고무타일, 합성수지 등)를 사용해야 하며 청소 및 배수가 용이하도록 물매(경사)는 1/100 이상이 좋음 • 영구적으로 색상을 유지할 수 있어야 하며 유지비가 저렴해야 함
벽, 창문	• 창문은 밀폐가 가능한 형태로 방충 설비를 구비해야 함 • 벽의 마감재는 자기타일, 모자이크타일, 금속판, 내수합판 등을 사용함 • 바닥과 1.5m 이내의 내벽은 물청소가 용이한 내수성 자재를 사용하여야 함
작업대	• 작업대의 높이는 작업자 신장의 약 52%(80~85cm) 정도, 너비는 55~60cm가 적합하며 작업대와 뒤의 선반 사이 간격은 최소 150cm 이상이어야 함 • 작업대의 종류
	일렬형	작업 동선이 길고 비능률적인 형태로 조리장이 굽은 형태일 경우 사용
	병렬형	작업 시 180°로 회전하게 되어 피로도가 높아지고 에너지 소모가 큼
	ㄷ자형	넓은 조리장에 가장 적합한 형태로 면적이 동일할 경우 가장 동선이 짧아 효율적임
	ㄴ자형	조리장의 면적이 좁고 동선이 짧은 경우 사용
	아일랜드형	환풍기나 후드의 수를 최소화할 수 있는 형태로 공간 활용이 자유로움
조명	조리장의 경우 검수장은 540Lux 이상, 작업장은 220Lux 이상, 기타 지역은 110Lux 이상
화장실	• 콘크리트 등으로 내수 처리를 하여야 함 • 조리장에 영향을 미치지 않는 장소에 설치하여야 함 • 손 씻는 시설을 갖추어야 함
면적	• 조리장의 면적은 식당의 1/3 기준, 식당의 면적은 취식자 1인당 $1m^2$ • 급식시설 주방 면적 산출 시 식단, 조리기기, 조리인원을 고려해야 함

그리스트랩

조리나 설거지 등을 할 때 발생하는 기름이 흘러가는 것을 방지하기 위해 집단급식소 등의 조리장에 설치하는 배수구

작업대 배치 순서

준비대 → 개수대 → 조리대 → 가열대 → 배선대

01 난이도 중

조리장의 환경 조건으로 옳지 않은 것은?

① 통풍과 채광이 잘 되어야 한다.

② 비상 시 통로나 출입문으로 대피하기 쉬워야 한다.

③ 식품의 반입과 오물의 반출이 용이한 곳이어야 한다.

④ 오물의 발생지와 거리가 있어야 하므로 지하에 위치해 있는 것이 좋다.

| 해설 |

조리장의 경우 오염물질의 발생시설로부터 거리가 있어야 하고 식품의 반입과 오물의 반출이 쉬워야 하며 통풍과 채광이 잘 되어야 하므로 건물의 지하에 위치하는 것은 적합하지 않다.

02 난이도 중

조리장의 설비 기준에 대한 설명으로 옳지 않은 것은?

① 조리장 바닥에 배수구가 있는 경우에는 덮개를 설치하여야 한다.

② 1.5m 이내의 내벽은 청소가 용이한 내수성 자재를 사용하여야 한다.

③ 바닥의 재질은 산, 염기, 유기용액에 잘 반응하는 자재를 사용하여야 한다.

④ 바닥의 색상은 영구적으로 유지할 수 있어야 하며 유지 비용이 저렴해야 한다.

| 해설 |

바닥은 미끄럽지 않고 산, 염기, 유기용액에 강한 자재(고무타일, 합성수지 등)를 사용해야 한다.

03 난이도 중

다음 중 작업대의 배치 순서로 옳은 것은?

| ⓐ 조리대 | ⓑ 개수대 | ⓒ 배선대 |
| ⓓ 준비대 | ⓔ 가열대 | |

① ⓓ-ⓑ-ⓐ-ⓔ-ⓒ

② ⓑ-ⓓ-ⓔ-ⓐ-ⓒ

③ ⓓ-ⓑ-ⓔ-ⓐ-ⓒ

④ ⓑ-ⓓ-ⓐ-ⓔ-ⓒ

| 해설 |

작업대의 배치 순서는 '준비대 → 개수대 → 조리대 → 가열대 → 배선대'이다.

04 난이도 하

조리장에서 면적을 산출할 때 식당의 면적은 취식자 1인당 몇 m^2로 계산해야 하는가?

① $1m^2$

② $2m^2$

③ $3m^2$

④ $4m^2$

| 해설 |

식당의 면적은 취식자 1인당 $1m^2$로 계산하여 산출한다.

05 난이도 하

조리장의 바닥 설비 조건으로 옳은 것은?

① 조리장 바닥의 물매(경사)는 1/20이 적합하다.

② 조리작업을 드라이하게 시스템화할 경우 물매(경사)는 1/100이 적합하다.

③ 산이나 알칼리·염기 등에 약하고 습기에 강한 자재를 사용하여야 한다.

④ 고무타일, 합성수지 등의 재질이 미끄럽지 않으므로 적합하다.

| 해설 |

청소와 배수가 용이하도록 물매는 1/100 이상이 좋고 산이나 알칼리·염기 용액에 강하며 미끄럽지 않은 자재를 사용하여야 한다.

06 난이도 중

기름을 많이 사용하는 조리장에서 사용하기 가장 적합한 배수구는?

① P트랩

② 그리스 트랩

③ 드럼트랩

④ 벨트랩

| 해설 |

그리스 트랩은 조리나 설거지 등을 할 때 발생하는 기름이 흘러가는 것을 방지하기 위해 설치하는 트랩으로 물위에 뜨는 기름기를 따로 분류하여 제거할 수 있게 설계되어 있다.

26 | 농산물의 조리/가공/저장

1 곡류의 분류

1. 곡류의 분류

① 쌀: 찹쌀, 멥쌀

② 맥류: 보리, 호밀, 귀리, 밀 등

③ 잡곡류: 옥수수, 조, 메밀, 기장 등

2. 쌀

① 현미: 벼에서 왕겨를 벗겨낸 것

② 백미: 현미에서 더 도정하여 배유 부분만 남은 것

③ 쌀의 단백질: 오리제닌(Oryzenin)

3. 보리

① 보리의 단백질: 호르데인(Hordein)

② 가공: 도정 후에도 섬유소가 많아 소화가 잘 되지 않기 때문에 소화율을 높이기 위해 압맥과 할맥으로 가공함

압맥	도정 후 고열 증기로 부드럽게 한 후 기계로 눌러 소화가 쉽고 호화가 빨리 되도록 만든 보리
할맥	보리의 홈을 따라 분쇄하여 섬유소 함량을 낮춰 수분 흡수 속도가 빠르고 소화율이 높도록 만든 보리

③ 활용: 된장, 고추장 등의 원료, 보리차와 맥주 제조 등

도정률이 높은 쌀의 특징

- 색이 하얗게 됨
- 단백질, 지방, 식이섬유, 비타민 B_1의 함량이 낮아짐
- 소화율이 높아짐

오리제닌(Oryzenin)

글루텐을 형성하지 못하여 제빵에는 적합하지 않음

호르데인(Hordein)

글루텐을 형성하지 못하여 제빵에 적합하지 않고 분쇄해도 전분이 분리되기 어려움

2 전분

1. 전분의 구성

전분은 식물에 저장되어 있는 다당류로 여러 개의 포도당이 직쇄상 또는 가지상의 구조로 결합되어 있는 것을 말함(결합되어 있는 형식에 따라 아밀로오스, 아밀로펙틴으로 구분)

① 아밀로오스와 아밀로펙틴

구분	아밀로오스	아밀로펙틴
결합 및 구조	α-1,4 글루코시드 결합으로 긴 직선 형태	α-1,4 글루코시드 결합 외에 포도당 10~25분자마다 가지상의 β-1,6 글루코시드 결합을 이루고 있음
가열 시 변화	불투명하게 됨	투명해지며 끈기가 남
호화 및 노화	쉬움	어려움
소화율	높음	아밀로오스보다 낮음

② 곡류의 아밀로오스, 아밀로펙틴 구성 비율

구분	아밀로오스	아밀로펙틴
멥쌀	20	80
찹쌀	0	100
보리	27	73
찰옥수수	0~6	94~100

2. 전분의 특징

① 전분의 호화(전분의 α화)

- 의의: 생 전분(β전분)에 물을 넣고 가열하면 물 분자가 전분 입자 내로 침투해 들어가면서 점도와 투명도가 증가하여 반투명의 교질상태(분산되어 있는 상태)의 익은 전분(α전분)이 되는 현상
- 특징: 전분이 호화되면 전분의 미셀(micell) 구조사이에 물분자가 침투하여 미셀이 파괴되고 점성이 증가하며 생전분(= 전분 입자)에 X선을 조사하면 결정성 영역이 존재하기 때문에 뚜렷한 동심원 상의 간섭환을 이루나 호화전분은 불명료한 간섭환인 V 도형을 나타냄
- 호화에 영향을 미치는 요인

수분	수분 함량이 많을수록 호화가 잘 됨
전분의 종류	아밀로오스가 아밀로펙틴보다 호화가 잘 됨
전분의 크기	전분 입자가 클수록 호화가 잘 됨(고구마, 감자와 같은 서류가 쌀, 보리와 같은 곡류보다 호화가 빠름)
pH	알칼리성에서 호화가 촉진됨
설탕	설탕은 수분과의 친화력(흡습성)이 크므로 호화에 필요한 수분을 뺏어가기 때문에 전분의 호화를 지연시킴
수침시간	전분을 가열하기 전에 수침시키면 호화가 잘 됨
지방, 단백질	지방이나 단백질 분자는 전분의 입자를 코팅하여 물의 흡수를 방해하고 호화를 지연시킴

② 전분의 노화(전분의 β화)

- 의의: 호화된 전분을 실온에 오랜 시간 두거나 냉각시키면 단단해진 전분 입자들이 형성되고 결정영역이 재배열되며 투명도와 소화율이 낮아지는 현상
- 노화에 영향을 미치는 요인

수분	• 노화 촉진: 수분 함량 30~60% • 노화 억제: 수분 함량 15% 이하 또는 60% 이상
전분 종류	아밀로오스의 함량이 높을수록 노화가 잘 됨
온도	• 0~4℃의 냉장고 온도에서 노화가 가장 빠름 • 0℃ 이하 또는 60℃ 이상에서는 노화 억제
pH	알칼리성에서는 노화가 억제되며 산성에서는 노화 촉진
설탕	탈수제 역할을 하여 노화 억제
유화제 첨가	아밀로오스와 결합하여 아밀로오스 간의 결합을 방해하여 노화 억제

③ 전분의 호정화: 전분에 물을 가하지 않고 고온(160~180℃)으로 가열하면 전분이 다양한 길이의 덱스트린 형태로 분해되는 현상 예 누룽지, 미숫가루, 뻥튀기 등
④ 전분의 젤화: 전분 용액을 가열하여 용출물이 많이 빠져나온 후에 젓지 않고 그대로 냉각시켜서 굳히면 수소결합이 이루어져 젤을 형성하는 현상 예 도토리묵, 메밀묵 등

α-아밀레이스(액화효소)

전분의 α-1,4 글루코시드 결합을 무작위로 분해하여 올리고당·덱스트린을 생성하며 전분을 액화시킴

β-아밀레이스(당화효소)

전분의 α-1,4 글루코시드 결합을 이당류인 맥아당(Maltose) 단위로 분해하며 전분을 당화시킴

노화 억제의 예시

- 쿠키: 굽거나 튀겨서 수분 함량을 15% 이하로 유지
- 케이크: 설탕과 유화제 첨가
- 보온 밥통의 밥: 60℃ 이상으로 보관

⑤ 전분의 당화: 전분에 엿기름과 같은 당화효소(β−아밀레이스) 물질을 넣거나 산을 넣어 가열해서 최적온도를 맞추면 전분이 가수분해되어 단맛이 증가하는 현상
　예 식혜, 엿, 조청, 콘시럽 등

3 밀

1. 밀의 구조 및 성분
① 밀의 구조: 대부분이 전분이고 일부 단백질과 다당류 및 소량의 지방으로 구성되어 있으며, 외피 제거가 어려워 낱알로 섭취하지 않고 대부분 밀가루로 제분하여 사용함
② 밀의 성분: 점탄성을 가진 글루텐(Gluten)을 형성하는 글리아딘(Gliadin)과 글루테닌(Glutenin)으로 구성

2. 글루텐
① 글루텐 함량에 따른 밀가루의 분류

구분	글루텐 함량	용도	특징
강력분	13% 이상	제빵용(식빵, 하드롤, 피자, 마카로니 등)	끈기와 탄력성이 좋음
중력분	10~13%	소면, 우동, 수제비 등 다목적용	퍼짐성과 제면성이 좋음
박력분	10% 이하	제과용(과자, 비스킷, 케이크, 튀김 등)	부드러우며 바삭함

② 글루텐의 형성: 밀가루는 다른 곡류와는 달리 점탄성을 가진 글루텐을 형성할 수 있음, 밀가루에 수분을 첨가하여 반죽을 오래 치대면 글리아딘과 글루테닌이 서로 복합체를 형성하여 3차원의 망상구조를 가지며 글루텐을 형성함
③ 글루텐 형성에 영향을 주는 요인

밀가루의 종류	강력분이 박력분보다 단단하고 질긴 반죽을 형성
입자의 크기	밀가루의 입자가 작을수록 글루텐 형성이 잘 됨
온도	온도가 올라가면 글루텐 형성 속도가 빨라짐
소금	글루텐의 구조를 치밀하게 해주어 반죽을 단단하게 함
달걀	달걀은 반죽을 부드럽게 하고 가열 시에는 단백질이 응고하면서 글루텐의 형성을 도와 반죽을 단단하게 함
설탕	글루텐 형성을 방해하며 점탄성을 약화시킴(설탕은 물과의 결합성이 커서 반죽 안에서 글루텐이 이용할 수 있는 수분이 적어짐)
지방	글루텐 형성을 방해하며 반죽을 부드럽게 하고 고체지방은 글루텐 사이에 막을 형성하여 켜가 생기게 함

④ 글루텐 함량

구분	함량(%)
젖은 글루텐 (wet gluten)	밀가루에서 전분과 기타 용해성 성분을 물로 세척하여 제거한 후 남은, 물기가 있는 단백질 덩어리로 식품 가공 및 제빵 과정에서 밀가루의 품질을 평가하는 중요한 지표로 사용
건조 글루텐 (dry gluten)	젖은 글루텐을 일정한 조건(보통 105℃에서)에서 건조시켜 완전히 물기를 제거한 상태의 글루텐으로 주로 제빵성 평가와 밀가루의 글루텐 함량 측정에 사용

3. 팽창제
① 역할: 팽창제를 넣어 밀가루를 반죽하면 구운 후 밀가루 반죽이 잘 부풀고 질감이 가볍고 폭신해짐

식혜의 당화
- 엿기름 내의 β−아밀레이스를 이용하여 식혜의 단맛을 냄
- 당화효소인 β−아밀레이스의 최적온도는 60℃이므로 이 온도를 유지해 주면 전분이 맥아당으로 당화하여 단맛이 증가함
- 밥알 속의 전분이 분해되어 용액으로 용출되므로 가벼워진 밥알이 식혜 위로 뜨게 됨

세몰리나
- 글루텐 함량이 강력분보다 높은 듀럼 밀로 만드는 가₩루
- 단백질과 무기질의 함량이 높아 굉장히 거칠며 카로티노이드 색소를 함유하고 있어 노란색을 띰
- 주로 파스타면을 만드는 데 사용됨

튀김 조리 시 밀가루 반죽
- 글루텐 함량이 적은 박력분을 사용(박력분이 없을 경우 중력분에 전분을 섞어 사용)
- 반죽 시 많이 저으면 글루텐이 형성되어 질감이 바삭하지 않음

② 밀가루 팽창제의 종류

물리적 팽창제	공기, 수증기
생물학적 팽창제	이스트, 박테리아
화학적 팽창제	베이킹파우더, 베이킹소다

생물학적 팽창제

반죽 등의 '당'을 발효시켜 이산화탄소와 알코올을 생성

4 서류

1. 서류의 특징

① 식물의 뿌리 부분에 해당하며 근채류에 속함
② 곡류와 같이 전분이 주성분임

2. 대표적인 서류

① 감자

구분	분질감자	점질감자
특징	• 전분의 입자가 크고 함량이 높음 • 조리했을 때 포실포실한 가루가 생기고 부서지기 쉬움	• 분질감자에 비해 전분 함량이 낮고 단백질의 함량이 높음 • 조리했을 때 부서지지 않고 모양 유지가 잘 됨 • 육질이 반투명하고 찰짐
용도	찐 감자, 매시드포테이토, 구운 감자, 프렌치프라이 등에 적합	샐러드, 조림 등에 적합

② **고구마**: 감자보다 수분 함량이 적고 섬유질이 풍부하며, 햇볕에 말리거나 서서히 가열하면 고구마 속의 당화효소인 β-아밀레이스가 활성화되어 단맛이 더 강해짐 (군고구마가 더 단맛이 나는 이유)

③ **토란**: 특유의 아린맛이 있으며 수용성 성분이므로 물에 담그면 제거됨, 겉이 마르지 않고 잘랐을 때 점액질이 있는 것이 좋음

④ **돼지감자**: 주성분은 이눌린으로 당뇨환자에게 좋으며 사람의 체내에는 분해효소가 없음

투베린(Tuberin)

감자의 단백질

이포마인(Ipomain)

고구마의 단백질

얄라핀(Jalapin)

고구마의 갈변 또는 흑변을 일으키는 물질로 유백색의 성분

갈락탄(Galactan)

토란의 단맛과 미끌거리는 질감 성분

5 두류

1. 두류의 특징

① 콩과의 식물로 양질의 단백질과 지방이 함유되어 있음
② 대부분의 두류는 아미노산 조성이 우수하여 영양학적으로 유용하게 이용되고 있음
③ 대표적인 두류로는 대두, 땅콩, 팥, 강낭콩 등이 있음

2. 두류의 조리

두류의 연화	• 1% 정도의 식염수에 침지(대두 단백질의 연화가 촉진) • 알칼리 첨가(탄산수소나트륨과 같은 중조를 첨가하면 두류 단백질의 용해성이 증가하고 섬유소가 붕괴되어 연화되나 비타민 B_1의 손실이 큼)
두부	• 콩을 불려 분쇄한 후 응고제를 넣어 응고시킨 제품으로 콩을 두부로 만들 경우 소화율이 높아짐 • 응고제: 염화마그네슘($MgCl_2$), 황산칼슘($CaSO_4$), 염화칼슘($CaCl_2$) 등

두류의 이용

• 콩나물: 대두, 쥐눈이콩
• 숙주: 녹두
• 식용유
• 두부
• 두유

고추장	• 메줏가루와 전분가루에 고춧가루를 첨가한 것 • 콩으로 만든 메줏가루, 찹쌀가루(또는 밀가루나 보릿가루), 엿기름, 고춧가루, 물로 만듦 • 엿기름에 함유된 당화효소(β-아밀레이스)에 의해 전분이 분해되어 단맛을 냄(간장, 된장보다 단맛이 강함) • 콩 단백질에 의한 감칠맛과 고춧가루의 매운맛이 조화를 이룸
간장, 된장	• 콩을 쪄서 메주를 만들고 소금물을 첨가하여 발효시켜 숙성하면 된장이 되고 거른 액은 달여 간장이 됨 • 된장과 간장의 발효 숙성 시 탄수화물의 당화 작용으로 단맛이 증가되고 단백질이 분해되며 유기산이 생성됨 • 된장찌개: 된장을 물에 먼저 넣은 뒤 두부를 넣으면 두부가 더 부드러워짐 (두부를 가열하면 두부의 칼슘과 단백질 성분이 결합하여 단단한 질감을 형성하는데, 된장 속의 나트륨 이온이 칼슘과 단백질의 결합을 방해하여 두부가 단단해지는 것을 방지해 줌)

3. 대두

① 대두의 단백질: 글리시닌(Glycinin) – 대두의 응고제, 열에는 안정적이지만 금속, 산에는 응고하는 성질을 이용하여 금속염이 들어간 염수를 활용해 두부 제조

② 대두와 팥을 삶을 때 거품이 나게 하는 성분: 사포닌(Saponin) – 삶을 때 된장을 소량 첨가 시 거품을 제거할 수 있음

③ 생 대두에 존재하며 단백질의 소화 흡수를 방해하는 성분: 트립신저해제(안티트립신) – 100℃ 이상으로 가열하면 기능을 상실하여 소화 흡수율이 높아짐

6 채소 및 과일류

1. 채소의 분류

구분	식용 부위	종류
근채류	뿌리	무, 당근, 도라지, 우엉 등
엽채류	잎, 줄기	배추, 상추, 시금치, 쑥갓 등
경채류	줄기	셀러리, 아스파라거스, 죽순 등
과채류	열매	토마토, 수박, 참외 등
화채류	꽃	콜리플라워, 아티초크, 브로콜리 등

2. 과일의 성숙에 의한 변화

① 바나나, 사과 등의 과일은 성숙함에 따라 단맛이 증가함

② 탄닌의 함유량이 감소되어 떫은맛이 감소하며, 조직이 부드러워짐

③ 엽록소가 분해되고 카로티노이드 색소가 나타나면서 녹색이 감소함

④ 비타민 C와 카로티노이드의 함량이 증가함

⑤ 유기산이 호흡 작용에 의해 소모되므로 산도가 감소함

3. 과일의 조리

잼, 젤리	• 과일에 함유되어 있는 펙틴을 이용하여 젤 형태로 만들어 잼과 젤리를 제조 • 포도, 딸기, 사과, 오렌지 등이 펙틴의 함량이 높아 잼·젤리 제조에 적합 • 펙틴 젤의 형성 조건 3가지(과일의 젤리화 조건): 펙틴(1~1.5%), 당(60~65%), 산(pH 2.8~3.4)
과일의 갈변 방지	설탕이나 소금 용액에 침지하거나, 레몬즙·오렌지즙 등에 담가 pH를 3 이하로 낮춤

된장의 산패 원인

• 철이나 구리 등 금속염이 많은 물을 사용한 경우
• 제조 시 물을 많이 첨가한 경우
• 염분이 부족할 경우

간장의 맛 성분과 색소

• 짠맛: 염분
• 감칠맛: 글루탐산, 아스파라긴산
• 신맛: 유기산
• 단맛: 아미노산
• 색: 마이야르 반응(아미노 – 카르보닐 반응)에 의한 갈변

채소의 갈변

대부분 페놀화합물이나 폴리페놀화합물이 산소와 접촉했을 때 페놀산화효소 또는 폴리페놀산화효소에 의해 발생함

삼투압 현상

삼투압이란 용질의 농도가 낮은 쪽에서 농도가 높은 쪽으로 용매가 옮겨가는 현상으로 채소에 소금을 뿌리면 삼투압의 현상에 의해 물이 발생함

CA저장

• 채소나 과일을 장시간 저장하기에 가장 적합함
• 산소 농도는 낮추고 이산화탄소 농도는 높여 채소나 과일의 호흡을 억제함
• 노화현상 지연, 미생물의 생장과 번식 억제 효과가 있음
• 냉장 보관 및 습도 유지가 필요함

01 난이도 중

곡류에 대한 설명으로 적합하지 않은 것은?

① 현미는 벼에서 왕겨층을 벗겨낸 것이다.

② 보리의 단백질은 호르데인(Hordein)이다.

③ 쌀의 도정률이 높을수록 소화율이 높아진다.

④ 보리는 식이섬유 함량을 높이기 위하여 압맥과 할맥으로 가공한다.

| 해설 |
보리는 식이섬유소가 많아 소화가 잘 되지 않으므로 소화율을 높이기 위해 압맥과 할맥으로 가공한다.

02 난이도 중

찹쌀이 멥쌀보다 호화가 더딘 이유로 옳은 것은?

① pH가 멥쌀보다 높기 때문에

② 조리시간이 멥쌀보다 짧기 때문에

③ 수분의 함량이 멥쌀보다 적기 때문에

④ 아밀로펙틴의 함량이 멥쌀보다 많기 때문에

| 해설 |
찹쌀은 대부분 아밀로펙틴으로 이루어져 있어 아밀로오스와 아밀로펙틴이 혼합된 멥쌀보다 호화와 노화가 더디다.

03 난이도 하

전분의 노화가 가장 잘 일어나는 온도는?

① $-20 \sim -10℃$

② $0 \sim 4℃$

③ $15 \sim 27℃$

④ $60 \sim 65℃$

| 해설 |
노화는 $0 \sim 4℃$의 냉장온도에서 가장 빠르게 일어나며 $0℃$ 이하이거나 $60℃$ 이상이면 노화가 억제된다.

04 난이도 상

과일의 숙성 중 나타나는 변화에 관한 설명으로 옳은 것은?

① 전분이나 설탕이 당화 또는 전화하여 단맛이 감소한다.

② 탄닌이 수용성의 염류를 형성하여 떫은맛이 감소한다.

③ 계속적인 호흡으로 산이 증가되어 신맛이 증가한다.

④ 불용성 펙틴이 가용성 펙틴으로 변하여 조직이 연해진다.

| 해설 |
과일은 숙성함에 따라 불용성 펙틴이 가용성 펙틴으로 바뀌어 조직이 연해지고 탄닌의 함량이 감소되어 떫은 맛이 감소한다. 또한 조직이 부드러워지며 단맛이 증가하는 특징을 지닌다.

05 난이도 중

고구마를 햇볕에 말리면 단맛이 더 증가하는 이유로 옳은 것은?

① 고구마의 싹이 억제되어서

② 고구마의 수분이 응축되어서

③ 고구마 속의 단백질 함량이 늘어나서

④ 고구마 속의 β-아밀레이스가 활성화되어서

| 해설 |
고구마를 햇볕에 말리거나 은근히 가열하면 고구마 속의 당화효소인 β-아밀레이스가 활성화되어서 고구마의 단맛이 증가한다.

06 난이도 중

고추장에 대한 설명으로 적절하지 않은 것은?

① 메주를 이용하여 만든 식품이다.

② 콩 단백질에 의해 감칠맛이 난다.

③ 된장보다 매운맛은 더 강하고 단맛은 약하다.

④ 메줏가루에 찹쌀가루나 밀가루를 함께 사용한다.

| 해설 |
고추장은 엿기름에 함유된 당화효소(β-아밀레이스)에 의해 단맛이 증가하여 된장보다 단맛이 더 강하다.

27 | 축산물의 조리/가공/저장

1 육류

1. 육류의 구조

① 근육조직: 횡문근, 심근, 평활근으로 구성(근육조직은 일반적으로 섭취하는 가식부위를 말하며 조리하는 부위는 횡문근이 대부분임)

② 단백질(결합조직)

콜라겐	경단백질로 물과 함께 가열 시 65℃ 정도에서 녹아 젤라틴이 되고 식으면 굳어져서 젤화됨 예 족편
엘라스틴	가열해도 변하지 않음

③ 지방조직: 육류의 복부나 피하에 많이 분포하며, 근육 내에 미세하게 분포되어 있는 지방조직은 마블링(Marbling)이라 함

2. 육류의 사후경직과 숙성

① 의미

사후경직 (Rigor mortis)	• 도살 직후에는 동물의 근육이 부드럽지만 시간이 경과함에 따라 단단하게 굳어지는 현상 • 도살 후 근육의 혈액에 산소 공급이 중단되어 ATP가 감소하고 근육단백질인 액틴(Actin)과 미오신(Myosin)이 결합하여 액토미오신(Actomyosin)을 형성 → 수축되어 질기고 단단해짐 • 사후경직 시에는 혐기적 해당 과정에 의해 근육의 글리코겐이 젖산이 되어 pH가 낮아짐(pH 6.3~5.4)
숙성 (Aging)	• 일정한 시간이 지나면 사후경직이 멈추고 카텝신에 의해 자기소화가 일어나 경직된 근육이 해소되어 다시 부드러워지는 현상 • 숙성 중에는 부패의 방지를 위해 냉장 보관해야 함(적정 온도 1~3℃, 적정 습도 85~90%) • 숙성 중에는 단백질의 분해와 동시에 근육 내 핵산물질이 가수분해되어 감칠맛이 나는 IMP(감칠맛 성분)를 형성

ATP(Adenosine triphosphate)

아데노신 3인산의 약자로 모든 생명체 내에 존재하는 유기화합물

카텝신(Cathepsin)

근육 내 단백질 분해효소

② 육류의 종류별 사후경직과 숙성시간

구분	사후경직 시간	숙성시간
소고기	12시간	7~10일
돼지고기	12시간	3~5일
닭고기	6시간	2일

3. 육류의 연화

① 숙성에 의한 연화: 고기가 숙성되는 동안 자가분해에 의해 근섬유 구조가 약화되어 미미한 육질의 연화가 일어남

② 기계에 의한 연화: 고기를 두드리거나 칼집을 넣어 근섬유와 결합조직을 파괴하여 육질을 연화시킬 수 있음

③ 단백질 분해효소에 의한 연화: 단백질 분해효소로 근섬유와 결합조직을 분해

식품	분해효소
파인애플	브로멜린(Bromelin)
무화과	피신(Ficin)
파파야	파파인(Papain)
키위	액티니딘(Actinidin)
배	프로테아제(Protease)

④ 조리에 의한 연화
- 설탕, 소금, 간장 첨가
- 질긴 부위는 오랫동안 가열(콜라겐이 분해되어 연해짐)

4. 육류의 조리

① 육류의 부위별 조리법
- 소고기

목심	• 특징: 지방의 함량이 적고 결합조직이 많아 육질이 질김 • 조리법: 불고기, 다짐육, 국거리 등
등심	• 특징: 근육 내에 지방이 분포되어 있어 부드럽고 맛이 좋음 • 조리법: 스테이크, 구이, 로스트 등
채끝	• 특징: 조직이 연함 • 조리법: 스테이크, 구이, 샤브샤브 등
우둔	• 특징: 지방이 거의 없고 연하며 맛이 좋음 • 조리법: 장조림, 산적, 육회, 불고기 등
사태	• 특징: 운동량이 많은 부위로 질겨 장시간 조리해야 하는 요리에 적합함 • 조리법: 조림, 탕, 스튜, 찜 등
설도	• 특징: 우둔, 사태와 같이 근육이 발달하고 지방이 적어 풍미가 좋음 • 조리법: 장조림, 육회, 육포 등
양지	• 특징: 결합조직이 많아 육질이 질기나 구수한 육수 맛을 냄 • 조리법: 편육, 탕, 스튜, 스톡 등
갈비	• 특징: 지방이 적당히 분포되어 있고 운동량이 적어 조직이 연하고 맛이 좋음 • 조리법: 구이, 찜, 전골, 스테이크 등
앞다리	• 특징: 운동량이 많은 부위로 거칠고 지방의 함량이 낮음 • 조리법: 국거리, 불고기, 수육 등

- 돼지고기

목심	• 특징: 안쪽에 지방이 분포되어 있어 맛이 좋고 부드러움 • 조리법: 구이, 수육, 로스, 주물럭 등
등심	• 특징: 지방층에 덮여 있고 운동량이 적어 색상이 연하고 부드러움 • 조리법: 돈까스, 탕수육, 잡채, 카레 등
뒷다리	• 특징: 단백질과 비타민 B_1이 풍부하며 지방이 적고 살이 많음 • 조리법: 장조림, 불고기, 주물럭, 찌개 등
안심	• 특징: 지방이 적당하고 담백하며 고기가 연함 • 조리법: 장조림, 카레, 탕수육, 구이 등
갈비	• 특징: 근육 내에 지방이 잘 분포되어 있고 풍미가 좋음 • 조리법: 바비큐, 양념갈비, 찌개(찜) 등
삼겹살	• 특징: 지방의 함유량이 높고 근육과 지방이 삼겹으로 이루어져 있어 부드럽고 풍미가 좋음 • 조리법: 구이, 가공 베이컨, 수육, 찜 등
앞다리	• 특징: 운동량이 많아 고기가 거칠고 색이 진한 편이며 지방이 적음 • 조리법: 불고기, 찌개, 카레, 수육 등

소고기 감별법

육색이 선홍색이고 윤택이 나며 탄력이 있는 것이 좋음

돼지고기 감별법

살이 두껍고 육색이 엷으며 기름지고 윤택이 나는 것이 좋음

② 조리법별 알맞은 부위

습열 조리	물로 장시간 조리하는 습열 조리에는 운동량이 많아 결체조직이 많고 질긴 사태, 양지 등이 적합함
건열 조리	건열 조리에는 결체조직이 적어 연한 안심, 등심, 채끝 등이 적합함

③ 요리별 알맞은 부위

편육	• 소고기: 양지, 사태, 소머리 등 • 돼지고기: 돼지머리, 삼겹살 등
장조림	• 우둔, 홍두깨살, 사태 등 근섬유 조직이 길어 잘 찢어지는 부위 사용 • 장조림 조리 시 물에 고기를 먼저 넣고 끓이다가 나중에 간장과 설탕 등의 조미액을 넣고 끓임
탕	• 양지, 사태, 꼬리 등의 부위가 적합함 • 찬물에서부터 넣고 끓여야 지미 성분이 충분히 용출되어 맛이 좋음
적과 전	• 앞다리살, 우둔 등의 부위가 적합함 • 건열 조리로 영양소 손실이 적음
육포	우둔을 활용하며 지방이 적은 부위를 이용

④ 육류의 가열 조리 시 변화
- 고기의 결합조직(콜라겐)은 물과 함께 가열하여 65~80℃가 되면 수용성의 젤라틴이 되어 연해짐
- 고기의 근육단백질(미오신)은 장시간 가열하면 질겨짐
- 가열할수록 고기의 단백질은 변성하고 수분이 용출되어 고기의 보수성 및 중량이 감소함
- 육류의 색소단백질인 적색의 미오글로빈은 가열하면 갈색의 메트미오글로빈이 되고 계속적으로 가열 시 회갈색의 헤마틴이 됨

5. 젤라틴(Gelatin)

① 동물의 뼈, 힘줄, 연골 등에 존재하는 경단백질인 콜라겐을 가수분해하여 얻은 동물성 물질
② 젤라틴을 미지근한 물 또는 뜨거운 물에 녹이게 되면 졸(Sol) 상태가 되고 이를 굳히면 응고하여 젤(Gel) 상태가 됨
③ 족편, 아이스크림(안정제로 사용), 바바리안크림, 젤리 등을 제조할 때 쓰임
④ 젤라틴의 농도가 높을수록 응고 속도가 빨라짐
⑤ 염류는 젤라틴의 응고를 촉진하며 설탕은 많이 첨가할수록 응고 속도가 느려짐
⑥ 단백질 분해효소를 사용하면 응고력이 약해짐
⑦ 젤라틴은 응고 온도가 15℃ 이하로 낮아서 냉장고에서 응고시키는 것이 좋음
⑧ 젤라틴의 용해 온도는 25~35℃이기 때문에 입안에서 잘 녹음
⑨ 한천 젤리에 비해 점탄성과 부착력이 크고 젤라틴 용액이 굳기 전에 저으면 기포성이 있어서 마시멜로나 누가의 제조에도 사용됨

핑킹현상
- 육류의 근육세포에 존재하는 미오글로빈 단백질에 의해 조리된 육류의 속살이 덜 익은 것처럼 붉게 보이는 현상
- 육류가 열, 산소에 노출되거나 미오글로빈이 뭉치면 나타남
- 육류 중 특히 살이 희고 연한 닭고기에서 잘 발생함

2 달걀

1. 달걀의 구조

난각	• 가장 바깥쪽의 껍데기 • 대부분 탄산칼슘으로 구성됨
난백	• 달걀의 약 60%를 차지함 • 난백단백질: 오브알부민, 오보뮤코이드, 콘알부민, 오보글로불린, 라이소자임 등
난황	• 달걀의 약 30%를 차지함 • 난황단백질: 리포비텔린, 리포비텔리닌, 리베틴 등

2. 달걀의 성분

① 난황이 난백보다 지방과 단백질 함량이 높음
② 달걀의 단백질은 필수아미노산이 모두 채워진 완전단백질임
③ 난황의 인지질은 레시틴으로 유화성이 매우 커 유화제로 작용함

3. 달걀의 품질평가

외관 판정	• 신선한 달걀은 껍질이 거칠거칠하며 무게가 있음 • 흔들었을 때 소리가 나지 않는 것이 신선한 달걀이며 소리가 나면 기실이 커진 것으로 오래된 것임
비중법	• 달걀은 보관 중 시간이 흐르면 기공을 통해 수분이 증발되어 비중이 감소됨 • 10~11%의 소금물에 담가 보면 신선한 달걀은 가라앉고 시일이 지난 달걀은 물 위로 뜨게 됨
투시법	• 달걀의 껍질에 빛을 비추어 반대 방향에서 관찰하면 기공의 크기나 난황의 위치를 볼 수 있음 • 신선한 달걀은 기실의 크기가 작고 난황이 옅은 장미색을 띠며, 신선하지 않은 달걀은 기실이 크고 난황이 붉은색을 띰
난백계수	• '난백의 가장 높은 부분의 높이(mm) ÷ 난백의 지름(mm)'으로 계산 • 난백계수가 0.14 이상이면 신선한 달걀로 판정하고 오래된 달걀일수록 수치가 낮아짐
난황계수	• '난황의 가장 높은 부분의 높이(mm) ÷ 난황의 지름(mm)'으로 계산 • 난황계수가 0.36 이상이면 신선한 달걀로 판정하고 0.25 이하이면 신선하지 않은 달걀로 판정함

기실

난각과 난각막 사이로 달걀 안쪽에 밀착한 2장의 얇은 막이 서로 떨어지면서 만들어짐

4. 신선도 저하 시 변화

① 난백의 점도가 점점 묽어져 농후난백(점도가 높음)의 비율이 낮아지고 수양난백(점도가 낮음)의 비중이 높아지며 달걀이 퍼지는 형태가 됨
② 난황은 시간이 지날수록 난황막이 늘어나 약해져 달걀을 깰 때 터지기 쉬움
③ 겉껍질은 매끄럽고 희게 변함(신선한 달걀은 겉껍질이 거칠거칠함)
④ 시간이 경과하면 난황과 난백의 pH가 높아져 알칼리성이 됨
⑤ 저장 기간이 길수록 공기집이 커지고 비중이 가벼워짐(겉껍질의 작은 구멍을 통해 수분과 이산화탄소가 증발하기 때문)

5. 달걀의 특성

① 기포성

- 정의: 달걀 난백의 특성으로 음식을 부풀려 팽창하게 함(케이크, 머랭 등 제과·제빵 시 사용)
- 난백의 기포성에 관여하는 단백질: 오보글로불린(거품 형성), 오보뮤신(기포 안정화)
- 난백의 기포성에 영향을 미치는 요인

교반	교반을 오래 할수록 탄력있고 안정된 기포가 형성됨
온도	30℃ 전후에서 기포 형성이 잘 됨(달걀의 거품을 내기 전 실온에 미리 꺼내두는 것이 좋음)
설탕	설탕 첨가 시 기포력은 약해지나 안정성은 높아짐
소금	기포 형성을 저해하고 안정성도 낮아짐
pH	오브알부민의 등전점(pH 4.8) 근처에서 기포성이 가장 크고 안정성도 좋음
레몬즙, 식초	난백의 pH가 저하되어 오브알부민의 등전점에 가까워져 기포 형성이 잘 되고 안정성도 높은 거품이 형성됨
기름	소량으로도 기포 형성을 방해함
용기	그릇의 바닥이 좁고 둥글며 윗면이 밑면보다 넓은 오목한 형태에서 기포 형성이 잘 됨
신선도	저장란은 수양난백이 많아 기포성이 좋으며 신선란은 농후난백이 많아 기포 안정성이 좋음

- 기포성을 이용한 식품: 마시멜로, 수플레, 캔디, 아이스크림, 머랭 등

② 열 응고성

- 달걀의 단백질은 열을 가하면 응고하는 성질이 있음(변성)
- 난백은 60~65℃, 난황은 65~70℃에서 응고됨
- 가열 온도가 높을수록 단단하게 응고됨
- 소금, 식초를 첨가하면 응고가 촉진되고, 설탕을 첨가하면 응고가 저하됨
- 달걀의 응고(달걀 단백질의 변성)를 이용한 식품에는 달걀찜, 커스터드, 푸딩, 수란 등이 있음

③ 녹변현상

- 달걀을 가열하면 난백에서 생성된 황화수소(H_2S)가 난황으로 이동한 후 난황의 철과 결합하여 황화제1철(FeS)을 생성하면서 난황의 색이 녹색으로 변하는 현상
- 달걀을 15분 이상 삶았을 때 난황 주위의 색이 변함

④ 유화성

- 난황의 인지질인 레시틴이 유화제로 작용함
- 마요네즈, 수프 등의 제조 시 이용

소화력 순서

반숙 > 완숙 > 생란 > 달걀 프라이

녹변현상이 잘 일어나는 경우

- 오래되거나 신선도가 낮은 경우
- 가열 온도가 높고 삶은 시간이 긴 경우
- 삶은 즉시 찬물에 넣어 식히지 않은 경우

6. 달걀의 가공

머랭	달걀 흰자에 설탕을 넣어 단단해질 때까지 거품을 낸 혼합물
마요네즈	• 달걀 노른자에 식물성 오일과 식초, 소금 등을 넣고 저어서 만든 소스 • 기름의 온도가 너무 낮을 때, 기름을 천천히 저을 때, 기름의 양이 많을 때 마요네즈가 분리되는 현상이 나타남

분리된 마요네즈 재생 방법

분리된 마요네즈에 새로운 난황을 조금씩 넣으면서 아주 빠르게 저어줌

3 우유

1. 우유의 주요 성분

카제인	• 우유 단백질의 80%를 차지함
	• 칼슘과 인이 결합된 형태의 단백질
	• 열에는 안정하여 응고하지 않으나 산이나 레닌(효소), 폴리페놀화합물에 의해 응고됨
	  – 이 성질을 이용하여 치즈나 요구르트를 제조
	  – 레몬이나 토마토, 오렌지 등 산이 있는 식품과 조리할 때에는 덩어리가 생기지 않도록 주의해야 함

유청 단백질	• 우유 단백질의 20%를 차지함
	• 레닌(효소)이나 산에 의해 응고되지 않으나 열에 의해 응고됨
	  – 우유 가열 시 피막을 형성시키고 용기의 바닥이나 옆면에 붙어 침전을 형성시킴
	  – 피막을 방지하기 위해서는 60~65℃ 이하에서 뚜껑을 덮고 가열하면서 서서히 저어 주어야 함

비타민 B_2	• 우유 속에는 비타민 B_2(리보플라빈)의 함량이 많음 • 리보플라빈은 자외선이나 햇빛에 노출되는 경우 상당량이 파괴되기 때문에 우유의 포장은 햇빛 차단이 잘 되는 형태여야 함

신선한 우유의 특징

우유를 물에 떨어뜨렸을 때 퍼지며 내려감

2. 우유의 균질화(Homogenization)

① 우유에 있는 지방구들은 크기가 커서 불안정하게 되면 쉽게 우유의 수용액층에서 위로 떠오르는 크리밍(Creaming) 상태가 되는데 이를 방지하기 위해 균질화 작업을 함

② 균질화는 압력으로 우유를 작은 구멍으로 통과시켜 큰 지방구들을 0.1~2.2μm 정도의 작은 입자로 만드는 과정을 말함

③ 균질화를 거치면 우유의 색이 더 희어지고, 지방구의 표면적이 커져 소화력이 높아지지만 산패되기 쉬움

3. 우유의 갈변

① 우유를 높은 온도로 가열하면 우유 속의 단백질과 유당의 반응으로 마이야르 반응(Maillard reaction)이 일어나 우유의 색이 갈색으로 변하며 독특한 향을 생성함

② 우유의 가열에 의한 갈변은 영양가의 저하를 가져오며 이 중 우유 단백질의 아미노산인 리신은 열에 약한 성분으로 우유 가열 시 가장 많은 손실이 일어남

4. 우유의 가공

치즈	우유 단백질인 카제인을 레닌으로 응고시킨 것
크림	우유를 원심분리하였을 때 위로 뜨는 부분으로 유지방이 많음
버터	크림을 가열, 살균, 발효시켜 냉장시킨 것
분유	우유의 수분을 제거하여 분말 형태로 만든 것

01 난이도 중

육류의 사후경직에 대한 설명으로 옳지 않은 것은?

① 사후경직이 진행되면 pH는 낮아진다.
② 혐기적 해당 과정에 의하여 젖산이 생성된다.
③ 글로불린(Globulin)에 의해 수축되고 질겨진다.
④ 소고기의 사후경직은 약 12시간가량 진행된다.

| 해설 |
육류의 사후경직은 육류의 근육단백질인 액틴(Actin)과 미오신(Myosin)의 결합으로 액토미오신(Actomyosin)을 형성하여 근육이 수축되며 질기고 단단해지는 현상이다.

02 난이도 하

쇠고기 부위 중 결체조직이 많아 구이에 적절하지 않은 것은?

① 등심
② 채끝
③ 사태
④ 목심

| 해설 |
사태는 운동량이 많은 부위로 질긴 결체조직이 많아 구이에는 부적합하며, 장시간 조리해야 하는 요리에 적절하다.

03 난이도 하

다음 중 영양소의 손실이 가장 적은 육류 조리법은?

① 탕
② 편육
③ 장조림
④ 적, 전

| 해설 |
적과 전의 경우 기름에서 고온으로 단시간에 조리하므로 보기의 육류 조리법 중 영양소의 손실이 가장 적다.

04 난이도 중

다음 중 젤라틴과 관계가 없는 음식은?

① 족편
② 양갱
③ 젤리
④ 아이스크림

| 해설 |
양갱은 주로 한천으로 만든다.

05 난이도 하

난백의 기포 형성을 저해하는 물질로 바르게 연결된 것은?

① 기름, 소금
② 설탕, 식초
③ 레몬즙, 소금
④ 식초, 레몬즙

| 해설 |
기름과 소금, 설탕이 난백의 기포 형성을 방해하는 반면 식초, 레몬즙과 같은 산은 난백의 기포 형성이 잘 되도록 한다.

06 난이도 중

우유 가열 시 피막을 형성하며 용기에 침전을 만드는 원인 물질은?

① 칼슘
② 카제인
③ 아르기닌
④ 유청 단백질

| 해설 |
유청 단백질은 레닌이나 산에는 응고하지 않지만 열에는 불안정하여 가열 시 피막을 형성하며 용기에 침전을 만든다.

28 | 수산물의 조리/가공/저장

1 어패류

1. 어패류의 분류

해수어	바다에서 사는 물고기로 담수어보다 지방 함량이 많고 맛이 더 좋음 • 흰살 생선: 지방 함량이 5% 미만이며 운동량이 적고 담백함 　예 도미, 광어, 가자미, 조기, 갈치 등 • 붉은살 생선: 지방 함량이 5~10%이며 운동량이 많음 　예 고등어, 참치, 청어, 꽁치 등
담수어	• 민물에서 사는 물고기 • 해수어보다 지방 함량이 적은 편임 　예 메기, 송어, 잉어 등
조개류	• 단단한 외피에 싸여 있고 내부에 가식부의 근육이 있는 형태 • 타우린이 다량 함유되어 있음 　예 바지락, 굴, 모시조개, 소라 등
연체류	몸에 뼈와 마디가 없고 질감이 부드러움 예 오징어, 낙지, 쭈꾸미, 문어 등
갑각류	키틴질의 마디가 있는 딱딱한 외피에 싸여 있고 내부에 연한 근육이 들어 있는 형태 예 게, 새우, 가재, 대게 등

붉은살 생선

바다 표층에 살고 있어 산소 공급이 많아 미오글로빈 함량이 높음(흰살 생선에 비해 부패 속도가 빠름)

2. 어류의 성분

영양 성분	• 단백질: 어류는 육류에 비해 결체조직(콜라겐, 엘라스틴)의 함량이 적어 육질이 부드럽고 소화가 잘 됨 • 지방: 생선의 맛에 많은 영향을 미침, 어류의 지방은 주로 중성지방이며, 불포화지방산 함량이 높음 • 비타민: 비타민 A와 비타민 D의 함량이 풍부함, 특히 지방 함량이 많은 생선일수록 함량이 높음 • 무기질: 어패류는 나트륨, 칼륨, 마그네슘, 칼슘, 철 등이 풍부하며 조개류는 어류에 비해 철, 구리 등의 함량이 높음
맛 성분	• 각종 아미노산과 이노신산 및 뉴클레오티드(ADP, AMP, IMP) 등의 성분이 구수한 맛과 감칠맛을 냄 • 조개류에는 호박산, 젖산과 같은 유기산도 다량 존재하여 감칠맛을 냄 • 오징어에는 베타인, 타우린 등의 감칠맛 성분이 있음
색소 성분	• 붉은살 생선: 미오글로빈의 함량이 높아 붉은색을 띰, 생선을 계속 방치하면 옥시미오글로빈이 메트미오글로빈이 되어 적갈색을 나타내며 선도가 저하됨 • 새우, 게: 청록색의 아스타잔틴이 존재, 가열 시 아스타신이 되어 붉은색을 나타냄
비린내 성분	• 해수어: 트리메틸아민(TMA; Trimethylamine), 그 밖에도 암모니아, 인돌, 스카톨, 황화수소, 메틸메르캅탄 등이 있음 • 담수어: 피페리딘(Piperidine)

3. 어류의 사후경직

① 어류는 사후 1~7시간이 지난 뒤 사후경직이 시작되어 5~22시간 동안 지속되며 1~4시간 동안 최대 경직 현상을 보임

② 냉동하지 않고 실온에 방치할수록 사후경직이 빠르게 일어남

③ 붉은살 생선은 흰살 생선보다 사후경직이 빨리 시작됨

④ 육류와는 다르게 사후경직 후 숙성의 기간을 거치지 않고 바로 자가소화에 이어 부패 과정이 일어남

⑤ 자가소화의 시기 또한 붉은살 생선이 흰살 생선보다 빠르고 담수어가 해수어보다 더 빠르게 부패함

⑥ 어류의 자가소화 시 글루탐산 및 IMP 등이 생성되어 맛이 좋아지나 근육이 물러지고 신선도도 떨어지므로 생선은 사후경직 시기에 섭취하는 것이 가장 맛이 좋음

4. 어류의 신선도 판정

① 관능적 검사(신선한 어류의 특징)

눈	• 외부로 돌출되어 있음 • 각막이 투명함
아가미	• 선명한 적색을 띰 • 단단하고 꽉 닫혀 있음
피부	• 광택이 선명함 • 비늘이 단단하고 배열이 고름
근육	• 탄력성이 강하고 살이 단단함 • 선명하고 광택이 있음 • 뼈와 단단히 밀착되어 있음
복부	손가락으로 눌렀을 때 탄력이 있고 팽팽함

② 생물학적 검사(일반세균수 측정): 1g당 세균수가 10^7~10^8일 때 초기부패로 판정

③ 화학적 검사

휘발성 염기질소 (VBN)	• 식품 100g당 신선도 검사 30~40mg%일 때 초기부패로 판정 • 신선육일 경우 10~20mg% • 부패가 진행된 경우 50mg% 이상
트리메틸아민 (TMA)	식품 100g당 신선도 검사 3~4mg%일 때 초기부패로 판정
수소이온농도 (pH)	• pH 6.0~6.2는 선도가 저하된 생선임 • 신선한 어류의 경우 pH 7.0~7.5
히스타민 함량	1g당 4~10mg%일 경우 초기부패로 판정

신선도가 저하된 어류의 특징

• 아가미와 피부에 점액질의 분비가 늘고 악취가 남
• 비늘이 떨어지고 광채가 없음
• 눌렀을 때 손가락 자국이 그대로 남아있거나 내장이 밖으로 밀려 나옴

5. 어류의 조리

소금의 영향	• 생선의 단백질은 염용성이 있어 소금을 첨가했을 때 용해되어 탈수가 일어나며 생선살이 단단해지는 효과가 있음 • 구이 시 생선 중량의 2~3%의 소금을 뿌리면 생선살이 단단해짐 • 국을 조리하는 경우 소금으로 간을 한 생선을 넣으면 생선의 맛 성분이 용출되어 국물 맛이 좋아짐
식초의 영향	• 생선 조리 시 식초를 첨가하면 살균 효과가 있음 • 식초는 염기성의 트리메틸아민과 결합하여 생선의 비린내를 억제함 • 식초가 단백질을 응고시켜 생선 살이 으깨지지 않고 단단해짐
어묵 (어육 단백질의 젤화)	• 소금의 농도가 2~3% 이상이면 생선의 단백질 중 미오신과 액틴이 용출되어 액토미오신을 형성함(액토미오신은 망상구조를 형성하며 젤화되는 성질을 이용하여 어묵을 제조함) • 어묵 제조 시 소금의 양은 3%가 적당하며 전분 등을 넣어 반죽하면 점성 상태가 되고 튀기면 탄력 있는 젤을 형성함
구이 (열 응착성)	• 생선은 열 응착성이 있어 프라이팬이나 석쇠, 그릴을 이용하여 생선구이 시 가열에 의해 용기에 달라붙게 됨 • 조리 시 충분히 가열하여 기름 막을 형성한 후 구이를 해야 함 • 지방 함량이 높은 생선으로 구이를 하는 것이 풍미와 맛이 더 좋음
탕, 조림	• 조리 시 처음 수분간은 뚜껑을 열고 조리해야 생선의 비린내를 제거할 수 있음 • 탕이나 조림 시 국물이 끓을 때 생선을 넣어야 부서지지 않고 맛이 좋게 요리할 수 있음
튀김	• 튀김옷은 박력분을 사용함 • 생선은 수분기가 있어 튀김으로 조리 시 180℃에서 2분 정도 조리하는 것이 적합함
비린내 제거	• 생선 비린내의 원인물질인 트리메틸아민(TMA)은 수용성이므로 물로 씻어내면 비린내를 줄일 수 있음 • 마늘, 파, 생강, 양파, 고추, 후추 등 강한 향신료를 사용함(생강은 생선이 익은 후 넣어야 효과가 있음) • 레몬즙, 식초 등 산을 첨가하면 염기성인 트리메틸아민과 결합하여 비린내를 줄일 수 있음(중화 작용) • 된장을 풀면 된장 성분이 콜로이드 용액이 되어 냄새물질을 흡착하여 비린내를 줄일 수 있음 • 우유의 카제인이 어취 물질을 흡착하여 냄새가 제거됨 • 술, 맛술 등을 사용하면 알코올 성분으로 인해 어취가 제거됨 • 비린내 증발을 위해 뚜껑을 열고 조리함

생선묵, 어묵

생선묵이나 어묵의 제조 시 전분을 첨가하면 점성과 탄성이 좋아짐

2 어류의 저장

1. 건조

육포, 북어, 건오징어, 멸치 등은 건조를 함으로써 저장성을 높임

2. 염장

① 자반 고등어, 자반 삼치 등은 소금을 첨가하여 저장성을 높임
② 젓갈의 경우 20~30%의 소금을 첨가하여 제조하는데 고농도의 소금을 넣으면 액토미오신을 결합할 수 없을 정도의 상태가 되기 때문에 단백질 용출량이 감소하고 어육의 수분이 소금으로 대치되어 부패되지 않고 오랫동안 보관이 가능함

삼투압을 이용한 저장법

• 꿀
• 소금(염장)
• 설탕(당장)

3. 냉장

① 어류, 육류의 경우 미생물이 번식하기 쉬우므로 온도가 가장 낮은 곳에 저장해야 함
② 냉장 보관의 경우 2~3일 이내에 조리해야 부패를 방지할 수 있음

4. 냉동 및 해동

① 어류 및 육류는 장기보관 시 냉동 보관함
② 완만냉동 시 얼음결정의 크기가 커지며 드립(Drip)현상이 일어나 식품의 품질이 저하되므로 급속동결을 이용함
③ 냉동식품을 해동할 때는 냉장고에서 저온으로 서서히 완만해동하는 것이 위생적이며 영양 손실이 적음

냉동방법
- 급속동결: -40℃ 이하에서 급속히 동결
- 완만동결: -15~-5℃로 서서히 동결

3 해조류

1. 해조류의 분류

녹조류	클로로필이 풍부하여 녹색을 띰 예 파래, 매생이, 청각, 클로렐라 등
갈조류	카로티노이드계 색소인 β-카로틴과 푸코잔틴(Fucoxanthin)이 풍부함 예 미역, 다시마, 톳, 모자반 등
홍조류	홍색의 피코에리트린 색소가 풍부하며 가열하면 피코시아닌으로 변함 예 김, 우뭇가사리 등

김

무기질, 단백질이 풍부함

2. 해조류의 성분

탄수화물	• 섬유소가 있어 포만감을 주며, 약간의 단맛을 냄(단맛 성분-만니톨, 소르비톨 등) • 에너지원의 역할을 하지 못함
단백질	• 15~60% 정도를 차지하며 필수아미노산을 많이 함유하고 있음 • 메티오닌, 이소루신, 라이신 등은 부족함
지질	2% 미만의 적은 양을 함유함
비타민과 무기질	• 비교적 비타민 C의 양이 많고, 비타민 B_2, 나이아신의 함량이 풍부함 • 나트륨, 칼슘, 칼륨, 인, 철, 요오드가 풍부함
특수 성분	• 디메틸설파이드: 독특한 냄새 • 트리메틸아민: 비린 냄새

다시마의 흰 가루

건조된 다시마 표면의 하얀색 분말은 만니톨 성분이며 이로 인해 단맛을 지님

3. 한천

① 해조류 중 홍조류인 우뭇가사리에서 얻은 물질로 응고하여 젤(Gel)을 형성(식물성 물질)
② 체내에서 소화가 되지 않는 다당류로 식이섬유나 저에너지 식품소재로 많이 이용함
③ 한천을 이용하여 주로 양갱을 제조함
④ 한천으로 만들어진 젤(Gel)은 제품에 수분이 스며 나오는 이장 현상(Syneresis)이 있음
⑤ 당도가 높을수록 젤의 응고력도 높아짐
⑥ 응고 온도는 35~40℃로 실온에서도 응고가 가능함
⑦ 용해 온도는 80~100℃로 높아 여름에도 잘 녹지 않음

01 난이도 중

어육의 육질이 육류에 비해 부드러운 이유와 관련된 성분은?

① 액틴, 미오신
② 포도당, 글리코겐
③ 콜라겐, 엘라스틴
④ 오메가3, 오메가6

| 해설 |
어육의 경우 육류에 비해 결체조직(콜라겐, 엘라스틴)의 함량이 적어 육질이 더 부드럽다.

02 난이도 상

다음 중 어류의 사후경직에 대한 설명으로 적절하지 <u>않은</u> 것은?

① 어류의 최대 경직은 1~4시간 동안 진행된다.
② 실온에 방치할수록 사후경직이 빠르게 일어난다.
③ 어류는 사후경직 후 자가소화와 부패 과정을 거친다.
④ 흰살 생선이 붉은살 생선보다 사후경직이 빨리 시작된다.

| 해설 |
붉은살 생선이 흰살 생선에 비해 사후경직과 부패가 더 빨리 시작된다.

03 난이도 하

다음 중 신선도가 떨어진 생선의 특징에 해당하는 것은?

① 아가미는 선명한 적색을 띠며 단단하다.
② 비늘이 잘 떨어지며 표면에 점액질이 있다.
③ 눈은 외부로 돌출되어 있고 각막이 투명하다.
④ 복부를 손가락으로 눌렀을 때 팽팽하고 탄력이 있다.

| 해설 |
신선한 생선은 광택이 선명하고 표면에 점액질이 없으며 비늘이 단단하게 붙어 있어 잘 떨어지지 않고 배열이 고르다.

04 난이도 중

생선의 비린내를 제거하는 방법으로 옳지 <u>않은</u> 것은?

① 된장을 첨가하여 조리한다.
② 레몬즙이나 식초를 첨가한다.
③ 생선과 동시에 생강을 넣어 준다.
④ 처음에는 뚜껑을 열고 조리한다.

| 해설 |
생강의 경우 생선의 비린내 제거에 효과가 좋으나 반드시 생선이 익은 후 넣어야 그 효과가 있다.

05 난이도 하

냉동된 육류를 해동하는 방법으로 가장 적절한 것은?

① 실온에 꺼내어 둔다.
② 냉장고에 넣고 서서히 해동한다.
③ 전자레인지의 해동 기능을 이용한다.
④ 뜨거운 물에 담가 급속히 해동한다.

| 해설 |
냉동식품의 경우 냉장고에서 저온으로 서서히 해동하는 것이 품질의 변화가 가장 적고 위생적이다.

06 난이도 하

홍조류에 속하며 단백질이 풍부한 식품은?

① 김
② 파래
③ 청각
④ 매생이

| 해설 |
김은 홍조류에 속하며 무기질이 골고루 함유되어 있고 단백질의 함량이 높다. ② 파래, ③ 청각, ④ 매생이는 녹조류에 해당한다.

29 | 유지 및 유지가공품

1 유지의 종류 및 특징

1. 종류

동물성 유지	버터, 우지(소고기), 어유(생선), 라드(돼지고기) 등
식물성 유지	대두유, 땅콩유, 옥수수유, 홍화유, 카놀라유 등
가공 유지	쇼트닝, 마가린 등

2. 특성

① 용해성: 유지는 물에 녹지 않고 유기용매인 에테르, 벤젠, 알코올 등에 녹음

② 비열: 유지의 비열은 0.40~0.47cal/g℃로 작아 온도 변화가 빠르며 튀김 조리 시 차가운 식품을 한 번에 넣으면 온도가 쉽게 내려감

③ 비중: 유지의 비중은 물보다 적어 물과 섞이면 표면 위로 뜨게 됨

④ 융점
- 고체지방이 액체로 녹는 온도
- 지방의 구조 중 탄소의 개수가 많을수록 융점이 높아짐
- 불포화지방산의 융점은 포화지방산보다 낮아 실온에서 액체 상태임

⑤ 유화성: 유지는 일반적으로 물과 섞이지 않지만 친수성(물과 결합)과 소수성(기름과 결합)이 모두 존재하는 유화액과 혼합 시 물과 섞이는 유화성을 지님

⑥ 가소성: 외부의 압력으로 인해 모양이 변형되는 성질로, 이 성질로 인해 제과·제빵 시 모양 성형이 가능함(마가린을 손가락으로 눌렀을 때 누른 모양 그대로 변형됨)

⑦ 발연점: 유지 가열 시 일정한 온도에 도달하면 푸른 연기가 나는데 이때의 온도를 발연점이라 함

- 발연점이 낮아지는 요인
  - 기름의 사용 횟수가 많은 경우
  - 튀김 용기의 표면적이 넓어 공기와의 접촉이 많은 경우
  - 기름에 이물질이 많은 경우(기름을 재사용할 경우 이물질을 제거해야 함)
  - 유리지방산의 함량이 높은 경우(사용 횟수가 많을수록 유리지방산의 함량이 높아짐)
  - 튀김 시 식품에서 물이 많이 나오는 경우

- 기름의 발연점

기름의 종류	발연점	기름의 종류	발연점
대두유	225℃	버터	180℃
옥수수유	227℃	라드	190℃
포도씨유	250℃	면실유	229℃

유(Oil, 油)와 지(Fat, 脂)
- 유(예): 상온에서 액체 상태로 주로 식물성 기름이 해당됨
- 지(Fat): 상온에서 고체 상태로 주로 동물성 지방이 해당됨

유화성을 이용한 식품
- 수중유적형(O/W): 물속에 기름 방울이 분산된 형태
  예 우유, 마요네즈, 아이스크림 등
- 유중수적형(W/O): 기름 속에 물이 분산된 형태
  예 마가린, 버터 등

아크롤레인
- 발연점에 도달하면 나는 연기의 성분
- 몸에 해롭기 때문에 가열하는 조리에는 발연점이 높은 유지를 사용하는 것이 적합함
- 자극적인 냄새 발생

3. 유지의 품질평가

검화가(비누화가) (Saponification value)	• 유지 1g을 검화(비누화)하는 데 필요한 수산화칼륨(KOH)의 mg 수 • 보통 유지의 검화가는 180~200 • 분자량에 저급지방산의 함량이 높을수록 검화가가 커짐
요오드가 (Iodine value)	• 유지 100g에 첨가되는 요오드(I_2)의 g 수 • 유지의 불포화도를 측정하는 데 사용 • 요오드가가 높은 것은 지방산 중 불포화지방산의 함량이 높다는 것을 의미함
산가 (Acid value)	• 유지 1g에 함유되어 있는 유리지방산을 중화하는 데 필요한 수산화칼륨(KOH)의 mg 수 • 유지의 품질 및 산패도를 나타내는 대표적인 수치 • 산패가 많이 진행될수록 산가가 높음
과산화물가 (Peroxide value)	• 유지 1kg에서 생성된 과산화물의 mg당 함유량 • 과산화물가 10 이하이면 신선한 유지

요오드가에 따른 유지의 분류

• 건성유(요오드가 130 이상): 아마인유, 들기름, 호두기름, 잣기름 등
• 반건성유(요오드가 100~130): 참기름, 면실유, 콩기름, 유채유, 옥수수기름 등
• 불건성유(요오드가 100 이하): 올리브유, 동백유, 피마자유, 땅콩기름 등

2 유지의 가공 및 산패

1. 유지의 가공

경화(수소화)처리	• 불포화지방산을 안정화시키기 위해 불포화지방산의 이중결합에 수소를 첨가하는 과정 • 경화처리 시 불포화지방산의 융점이 높아져 상온에서 고체로 존재함 　예 마가린(식물성이지만 고체), 쇼트닝 • 경화과정에서는 다량의 트랜스지방산이 발생되어 건강에 좋지 않음
동유처리	• 액체 상태인 식물성 기름을 차갑게 보관하면 기름이 고체화되면서 하얗고 불투명하게 변하는데 이를 방지하기 위하여 낮은 온도에서 고체지방을 제거하는 과정 　예 샐러드유 • 동유처리한 기름은 녹는점이 낮아져 냉장 보관해도 결정화되지 않음

2. 유지의 산패

① 정의: 유지를 장시간 보관하거나 열을 가하여 조리 시 공기나 자외선, 빛, 효소 등의 작용을 받아 불쾌한 냄새가 나고 거품이 생기며 몸에 해로운 물질이 만들어지는 현상
② 산패된 기름의 특징
 • 유리지방산의 함량이 높아짐
 • 생성된 유리 라디칼끼리 중합되어 점도가 높아지며 불쾌한 냄새가 발생하고 색이 짙어짐
③ 유지의 산패에 영향을 미치는 요인
 • 빛이나 자외선, 공기는 산패를 촉진시킴
 • 철이나 구리 등의 금속류는 산패를 촉진시킴(튀김 용기의 재질이 중요함)
 • 불포화지방산의 함량이 높을수록 산패가 촉진됨(식물성 기름이 동물성 기름보다 산패가 빠름)
 • 온도가 높을수록, 수분이 많을수록 산패가 촉진됨

유지의 산패를 나타내는 값

산가, 과산화물가(두 값의 수치가 높을수록 산패가 많이 진행됨)

1. 유지의 조리

① 쇼트닝성(연화)

- 밀가루 글루텐의 형성과 발달을 방해하여 제품을 부드럽게 하는 성질
- 빵이나 쿠키, 케이크 등의 제과·제빵 시 이용하여 부드럽게 함

② 크리밍성

- 고체지방(버터, 쇼트닝 등)을 교반해주면 공기를 함유하여 부피가 증가되어 색이 희어지고 매우 부드러운 상태가 되는 현상
- 주로 버터크림이나 파운드 케이크를 만들 때 이용

크리밍 작용이 큰 순서

쇼트닝 > 마가린 > 버터

③ 튀김 조리

- 유지는 튀김 조리 시 열의 전달매체로 이용될 뿐만 아니라 풍미와 맛을 향상시키고 질감을 바삭하게 함
- 튀김 기름을 여러 번 사용하면 색이 짙어지고 냄새가 발생(불쾌취)하며 중합되어 점도가 높아지고 거품이 생성됨

④ 마요네즈(유화성을 이용한 대표적 식품)

- 달걀의 천연 유화제 성분인 레시틴을 이용한 대표적인 유화식품
- 신선한 난황을 사용할수록 유화 형성이 잘 됨

2. 유지의 저장

① 온도가 낮고 어두운 곳(착색 병 사용)에서 산소가 차단되는 용기에 밀폐하여 보관
② 사용한 기름은 이물질 제거 후 보관
③ 금속재질의 조리도구나 철분이 많은 육류의 조리에 쓰인 것은 보관을 피해야 함
④ 항산화제와 함께 보관 시 유지의 산패가 늦춰짐

마요네즈가 분리되는 경우

- 초기에 기름을 너무 많이 투입한 경우
- 난황의 양에 비해 기름의 양이 많은 경우
- 젓는 속도가 느리거나 일정하지 않은 경우
- 기름의 온도가 너무 낮아 유화액의 형성이 불완전한 경우
- 기름을 빠른 속도로 넣은 경우

01 난이도 중

버터를 빵에 펴 바르는 것과 같이 외부의 압력으로 인해 모양이 변형되는 유지의 특성은?

① 유화성
② 가소성
③ 크리밍성
④ 쇼트닝성

| 해설 |
유지는 외부의 압력으로 인해 모양이 변형되는 특성이 있는데 이러한 특성을 가소성이라고 한다.
① 유화성: 유화액이 존재하면 물과 기름이 섞이는 성질
③ 크리밍성: 고체지방을 여러 번 교반하면 공기가 혼입되어 희고 부드러워지는 특성
④ 쇼트닝성: 제과·제빵 시 글루텐 형성을 방해하여 반죽을 부드럽게 하는 성질

02 난이도 중

유화적 특성이 같은 것끼리 바르게 연결된 것은?

① 우유, 버터
② 우유, 마요네즈
③ 아이스크림, 버터
④ 마요네즈, 마가린

| 해설 |
유화식품은 크게 수중유적형(O/W), 유중수적형(W/O)으로 구분하며 수중유적형 유화액에는 우유, 마요네즈, 아이스크림 등이 있으며 유중수적형 유화액에는 마가린, 버터 등이 있다.

03 난이도 하

유지의 발연점에 영향을 주는 요인이 아닌 것은?

① 식품의 녹는점
② 유리지방산의 함량
③ 이물질의 존재 유무
④ 튀김 용기의 표면적

| 해설 |
발연점은 기름의 사용 횟수가 많을수록, 유리지방산의 함량이 많을수록, 튀김 용기의 표면적이 넓을수록, 기름에 이물질이 많을수록, 식품에 함유된 물기가 많을수록 낮아진다.

04 난이도 상

유지의 산패에 대한 설명으로 옳지 않은 것은?

① 빛이나 자외선은 산패를 촉진시킨다.
② 철분이나 구리 존재 시 산패를 늦출 수 있다.
③ 항산화제가 함께 존재 시 산패를 늦출 수 있다.
④ 불포화지방산의 함량이 높을수록 산패가 촉진된다.

| 해설 |
철분이나 구리와 같은 금속류는 산패를 촉진시킨다.

05 난이도 상

불포화지방산이 많이 함유되어 있어 요오드가가 가장 높은 유지는?

① 호두기름
② 면실유
③ 동백유
④ 땅콩기름

| 해설 |
요오드가는 유지 100g에 첨가되는 요오드의 g수를 나타낸 값으로 불포화도가 높을수록 요오드가가 높게 나타난다. 요오드가가 130이상으로 높은 건성유는 아마인유, 들기름, 호두기름, 잣기름 등이 있다. 면실유는 요오드가가 100~130인 반건성유, 땅콩기름은 요오드가가 100이하로 낮은 불건성유에 해당한다.

06 난이도 중

마요네즈가 분리되는 경우에 해당하는 것은?

① 난황과 기름의 양이 비슷하다.
② 빠르고 일정한 속도로 젓는다.
③ 젓는 초반에 기름을 많이 넣어 유화시킨다.
④ 난황을 넣은 후 기름을 한 방울씩 떨어뜨린다.

| 해설 |
마요네즈 제조 시 초반에 기름을 너무 많이 넣는 경우, 난황보다 많은 양의 기름을 넣는 경우, 젓는 속도가 느리거나 일정하지 않은 경우 등일 때 마요네즈가 분리된다.

인생의 목적은
끊임없는 전진에 있다.

− 프리드리히 니체(Friedrich Wilhelm Nietzsche)

구매관리

30 | 시장조사 및 구매관리

1 시장조사

1. 시장조사의 정의

기업의 활동을 시장환경에 적응시킴으로써 기업이 추구하는 목표를 달성할 수 있도록 구매활동에 필요한 자료를 수집하고 분석하여 구매방침이나 비용의 절감 방법을 수립하고 장래 구매시장을 예측하는 활동

2. 시장조사의 목적

① 원가계산가격과 시장가격을 기초로 구매예정가격을 결정
② 구매 예상품목의 품질, 구매거래처, 구매시기 등 합리적인 구매계획을 수립
③ 상품의 종류와 경제성, 구입의 용이성, 구입시기 등을 조사하여 신제품을 설계
④ 기존 상품의 새로운 판로 개척이나 원가절감을 목적으로 시장조사를 하여 제품을 개량

3. 시장조사의 내용

품목	제조회사나 대체품을 고려하여 무엇을 구매할 것인지 결정
품질	가격, 물품의 가치를 고려하여 어떠한 품질의 물품을 구매할 것인지 결정
수량	재고, 대량구매에 따른 원가절감 비용, 보존성 등을 고려하여 수량 결정
가격	물품의 가치와 거래조건 등을 고려하여 적정 가격 결정
구매시기	구매가격과 사용시기 및 시장시세를 고려하여 구매시기 결정
구매거래처	최소 두 곳 이상의 업체로부터 견적을 받은 후 적정한 거래처를 선정하고, 식품의 경우 영향을 많이 받는 기후조건이나 시장상황 등을 고려해야 함
거래조건	인수, 지불조건 등을 살펴서 어떠한 조건에 거래할 것인지 결정

4. 시장조사의 종류

일반(기본) 시장조사	관련 업계의 동향, 기초자재의 시가, 관련 업체의 수급 변동 상황, 구입처의 대금결제조건 등에 대해 조사
품목별 시장조사	현재 구매하고 있는 물품의 수급 및 가격 변동에 대한 조사
구매거래처의 업태조사	주거래 업체와 계속적으로 거래하기를 원할 경우 안정적인 거래 유지를 위해 주거래 업체의 개괄적 상황, 기업의 금융 상황, 품질관리 등을 조사
유통경로의 조사	구매가격에 직접적인 영향을 미치는 유통경로를 조사

5. 시장조사의 원칙

비용 경제성의 원칙	시장조사에 사용된 비용과 조사로부터 얻는 이익이 조화가 이루어지도록 해야 함
조사 적시성의 원칙	시장조사는 구매업무가 이루어지는 기간 내에 끝내야 함(시장조사에 필요 이상의 시간을 사용하지 않도록 함)
조사 탄력성의 원칙	시장의 가격 변동 등에 탄력적으로 대처할 수 있는 조사가 이루어져야 함
조사 계획성의 원칙	정확한 시장조사가 될 수 있게 사전 계획을 철저히 세워 준비해야 함
조사 정확성의 원칙	조사하는 내용은 정확해야 함

6. 식품의 구매 계획 시 필요한 사항

① 물가 동향
② 식품 수급 현황 및 가격 변동 상황
③ 식품의 유통기구와 가격
④ 폐기율과 가식부
⑤ 사용계획
⑥ 식재료의 종류와 품질 판정법
⑦ 경기 변동
⑧ 저장 수명

2 구매관리

1. 구매관리의 정의

구입하고자 하는 물품에 대하여 적정 거래처로부터 원하는 적정 시기에 최소의 가격으로 최적의 품질을 가진 물품을 구입하기 위하여 구매활동을 계획·통제하는 관리 활동

2. 구매활동의 내용

① 구입할 물품의 적정 조건과 최적의 품질을 선정
② 구매계획에 따른 구매량 결정
③ 정보자료 및 시장조사를 통한 공급자의 선정
④ 유리한 구매조건으로 협상 및 계약 체결
⑤ 적정량의 물품을 적정 시기에 공급
⑥ 구매활동에 따른 검수·저장·입출고(재고)·원가관리

3. 구매관리의 목적

① 필요한 물품과 용역의 지속적인 공급
② 품질, 가격, 제반 서비스 등을 최적의 상태로 유지
③ 재고와 저장관리 시 손실을 최소화시킴
④ 신용이 있는 공급업체와 원만한 관계를 유지하면서 대체 공급업체를 확보
⑤ 구매 관련의 정보 및 시장조사를 통한 경쟁력 확보
⑥ 표준화·전문화·단순화의 체계 확보

4. 식품의 구매 절차

> 재고량 파악 → 구매량 결정 → 품질기준 설정 → 납품업자 선정 → 구매가격 결정 → 결제조건과
> 납품시기 결정 → 발주 및 입고 → 검수작업 → 기록관리

재고량 파악	• 식재료의 경우 필요한 만큼의 적정 재고량이 항상 유지되어야 함 • 재고량이 적은 경우 서비스의 질이 떨어지며, 재고량이 많은 경우 불필요한 비용이 발생함
구매량 결정	구매계획서를 작성하여 필요한 물품의 소요량을 결정
품질기준 설정	각 식재료에 대한 품질기준을 세워 기준에 맞는 납품업자를 물색
납품업자 선정	지속적으로 품질 및 납품의 관리를 담당할 업자를 선정
구매가격 결정	구매담자는 생산성과 수익성을 고려하여 적정 가격을 결정
결제조건과 납품시기 결정	납품업자와 상의하여 결제조건과 시기를 결정하고 이를 계약서에 정리함
발주 및 입고	발주서와 송장을 확인하고 물품을 주문하고 입고 받음
검수작업	입고된 내역과 주문서의 일치 여부를 확인하고 식재료 상태를 확인
기록관리	주문서 사본, 구매청구서, 반품 시 보고서 등을 작성하여 보관

5. 식품의 구매 순서(작업장 도착 시에는 반대로 냉장 보관)

> 냉장이 필요 없는 식품 → 과채류 → 냉장이 필요한 가공식품 → 육류 → 어패류

6. 공급업체의 선정방법

구분	경쟁입찰 계약방법(공식적)	수의계약방법(비공식적)
특징	참여를 원하는 업체들의 입찰을 통해 최적의 조건을 제시한 업체와 계약 체결	계약내용을 경쟁에 붙이지 않고 이행할 수 있는 자격을 가진 업체들을 대상으로 견적서를 받아 선정
장점	• 공평하며 선정 과정 중에 생기는 부조리를 방지할 수 있음 • 새로운 업체를 발견할 수 있음	절차가 간편하고 선정에 필요한 인건비와 경비를 줄일 수 있으며 신속하고 안전한 구매를 할 수 있음
단점	자격이 부족한 업체가 응찰할 수 있고 업체 간의 담합으로 낙찰이 어려울 수 있음	불리한 가격으로 계약이 될 수 있고 구매자의 구매력이 제한됨
용도	저장성이 높은 식품(쌀, 건어물, 조미료 등)을 정기적으로 구매할 때 사용	비저장품목(생선, 채소, 육류 등)을 수시로 구매할 때 사용, 소규모 급식시설에 적합

01 난이도 하

다음 중 시장조사 시 필요한 내용이 아닌 것은?

① 품목
② 가격
③ 구매거래처
④ 업체의 직원 수

| 해설 |

시장조사 시 필요한 내용으로 품목, 품질, 수량, 가격, 시기, 구매거래처, 거래조건 등이 있다.

02 난이도 중

식품의 구입계획을 세우기 위해 필요한 사항으로 적절하지 않은 것은?

① 식품의 맛
② 식품의 출하시기
③ 폐기율 및 가식부
④ 식재료의 품질 판정법

| 해설 |

식품의 구입계획을 세우기 위해 필요한 사항으로 물가 파악을 위한 자료와 장비, 식품의 출하시기 및 가격 변동 상황, 식품의 유통기구와 가격, 폐기율 및 가식부, 사용계획, 식재료의 종류와 품질 판정법이 있다. 식품의 맛은 구입계획 단계에서 고려되어야 할 사항은 아니다.

03 난이도 중

시장조사의 종류 중 주거래 업체와 계속적으로 거래하기를 원할 경우 주거래 업체의 개괄적 상황 등을 알기 위해 시행하는 조사는?

① 품목별 시장조사
② 유통경로의 조사
③ 일반(기본) 시장조사
④ 구매거래처의 업태조사

| 해설 |

구매거래처의 업태조사는 주거래 업체와 계속적으로 거래하기를 원할 경우 안정적인 거래 유지를 위해 주거래 업체의 개괄적 상황이나 기업의 금융 상황, 품질관리 등을 알아보는 시장조사이다.

04 난이도 하

식품 구매를 계획할 때 가장 먼저 해야 하는 것은?

① 검수작업
② 재고량 파악
③ 구매량 결정
④ 납품시기 결정

| 해설 |

식품 구매를 계획할 때에는 '재고량 파악 → 구매량 결정 → 품질기준 설정 → 납품업자 선정 → 구매가격 결정 → 결제조건과 납품시기 결정 → 발주 및 입고 → 검수작업 → 기록관리' 순으로 진행한다.

05 난이도 중

식품을 직접 구매할 때 가장 나중에 구매해야 할 품목은?

① 과채류
② 어패류
③ 가공식품
④ 냉장이 필요 없는 식품

| 해설 |

식품의 구매는 '냉장이 필요 없는 식품 → 과채류 → 냉장이 필요한 가공식품 → 육류 → 어패류' 순으로 하는 것이 좋다.

31 │ 검수관리 및 재고관리

1 검수관리

1. 검수관리의 정의
주문 내용, 가격이나 품질, 수량, 규격 등이 일치하는지 비교하는 활동

2. 검수관리의 목적
기준 미달의 식재료 인수로 낮은 생산량, 식재료의 품질 저하 등을 유발하여 원가의 효율성을 떨어뜨리고 경영이익에 차질이 발생하는 것을 방지하기 위해 실시함

3. 식품의 검수 절차
① 구매주문서와 물품을 비교하여 대략적인 품목, 수량, 가격 등을 확인(냉장, 냉동식품은 운송차량의 온도 기록과 식품의 온도 점검)
② 송장과 비교하여 주문 물품의 수량, 규격, 가격 등의 내용을 상세히 비교함
③ 식재료의 품질, 위생상태, 등급에 따라 물품인수 또는 반품처리를 함
④ 검수가 끝난 후 인수물품의 신선도 유지를 위해 적당한 위치에서 보관함
⑤ 검수 담당자는 식재료 검수에 대한 모든 사항을 검수일지에 기록하고 문서를 보관함

품목별 검수 순서

냉장식품 → 냉동식품 → 신선식품 (과일, 채소) → 공산품

4. 식품의 검수 방법
① 물리적 방법: 식품의 비중, 경도, 점도, 빙점 등을 측정하는 방법
② 화학적 방법: 영양소 분석, 첨가물, 유해 성분 등을 검출하는 방법
③ 생화학적 방법: 효소 반응, 효소 활성도, 수소이온농도 등을 측정하는 방법
④ 검경적 방법: 현미경을 이용하여 식품의 불순물, 세포나 조직의 모양, 기생충의 유무 등을 판정하는 방법

5. 식품의 검수 시 확인해야 할 사항
① 수량 및 중량
② 운송차량의 온도(냉장 10℃ 이하, 냉동 −18℃ 이하) 확인 및 식품의 녹은 흔적 검사
③ 축산물등급판정서
④ 포장상태, 파손이나 이물질의 혼입 여부
⑤ 신선도, 색, 냄새, 원산지 등
⑥ 공산품의 경우 제조업체, 소비기한

6. 검수에 필요한 기기

① 저울: 디지털 전자저울, 플랫폼형 저울 등
② 온도계: 탐침식 온도계, 비접촉식 온도계 등
③ 측정도구: 계산기, 계량컵, 염도계(소금 측정), 당도계(단맛 측정) 등
④ 운반도구: 운반차, 수레 등

7. 검수장 관리

① 외부 포장이나 오염의 우려가 있는 재료들은 외부 박스나 비닐, 포장용기를 제거한 후 반입함
② 검수대의 조도는 540Lux 이상으로 유지함
③ 검수대는 청결 유지와 교차오염 방지를 위해 세척, 소독을 실시함
④ 공산품, 농산물, 수산물, 육류는 구분하여 각 식재료의 보관 기준에 맞춰 보관함

2 재고관리

1. 재고관리의 목적

① 물품 부족으로 인한 생산계획의 차질을 방지함
② 생산에 요구되는 식품 재료와 부합하는 최소한의 재고량을 유지함으로써 재고관리의 유지비용을 감소시킬 수 있음
③ 최소한의 가격으로 최상의 품질을 구매함
④ 도난과 부주의 및 부패에 의한 손실을 최소화함
⑤ 정확한 재고수량 파악 및 적정 주문량 결정을 통한 구매비용의 절감
⑥ 경제적인 재고관리로 원가절감 및 관리의 효율화 제고

2. 재고관리의 유형

구분	영구재고 시스템 (Perpetual inventory system)	실사재고 시스템 (Physical inventory system)
특징	물품의 출고서 및 입고서에 물품의 수량을 계속 기록하여 적정 재고량을 유지하도록 하는 방법	주기적으로 창고에 보유하고 있는 물품의 수량과 목록을 실사하여 확인하고 기록하는 방법
장점	재고량과 재고금액을 수시로 파악할 수 있으며 적절한 재고 유지가 쉬움	보유한 재고의 정확한 총 가치를 파악할 수 있어 식품비 산출 정보를 제공함
단점	수기로 작업 시 정확도가 떨어지며 관리를 위한 경비가 많이 들어감	시간이 많이 걸리고 진행 속도가 느림
용도	대규모 업체에서 냉동저장고 또는 건조물품창고 등에 보유한 물품의 관리나 고가의 품목관리에 활용	소규모 급식시설에 적합한 방법으로 비저장품목(생선, 채소, 육류) 등을 수시로 구매할 때 사용

3. 재고 소비량 확인 방법

① 계속기록법: 식품의 입출고 상황을 계속적으로 기록
② 재고조사법: 전기의 재고 이월량과 당기 구입량의 합계에서 기말 재고량을 차감
③ 역계산법: 일정 단위를 생산하는 데 필요한 재료의 소비량과 제품의 수량을 곱하여 전체 재료의 필요량을 산출

4. 재고자산 평가법

실제 구매가법 (Actual purchase price method)	재고로 남아 있는 물품을 실제로 구입한 단가로 계산하는 방법
총평균법 (Weighed average purchase price method)	일정 기간 동안 구입한 식품의 총 금액을 구입한 수량으로 나누어 구한 평균값으로 계산하는 방법
선입선출법 (First-in, First-out method)	• 가장 먼저 들어온 식품을 가장 먼저 사용하는 방법으로 남아 있는 재고는 가장 나중에 구입한 식품의 단가로 반영하여 계산하는 방법 • 물가 상승 시 식품비를 최소화하고 재고 가치를 최대화하고 싶을 때 사용
후입선출법 (Last-in, First-out method)	• 가장 최근에 구입한 식품부터 사용하는 방법으로 재고계산 시 가장 오래전에 구입한 식품의 단가로 반영하여 계산하는 방법 • 물가 상승 시 식품비를 최대화하고 재고 가치를 최소화하고 싶을 때 사용
최종 구매가법 (Latest purchase price method)	가장 최근에 구매한 단가로 일괄 계산하는 방법

5. 재고회전율

① 의미: 일정 기간 동안 재고가 얼마나 고갈되었다가 다시 보충되었는가를 나타내는 재고회전속도(주로 1개월에 1회 산출)

재고회전율이 표준보다 낮은 경우	재고회전율이 표준보다 높은 경우
• 재고가 많은 상태 • 종업원이 심리적으로 부주의하게 식품을 낭비할 우려가 있음 • 저장 기간이 길어지고 식품 손실이 커져 경제적으로 효율성이 떨어짐 • 부정 유출의 우려가 있음	• 재고가 적은 상태 • 긴급 상황 발생 시 재고의 보유가 적어 긴급 구매를 해야 하는 상황이 발생할 수 있음 • 식재료 긴급 구매 시 높은 비용이 발생할 수 있으며 생산 지연 등이 발생할 수 있음

② 재고회전율의 계산
   • 재고회전율 = 일정 기간 동안 소요된 식품비(총출고액) ÷ 평균재고액
   • 평균재고액 = (기초재고액 + 마감재고액) ÷ 2

01 난이도 중

식품의 검수 방법에 대한 설명으로 옳지 않은 것은?

① 물리적 방법 – 식품의 비중, 경도, 빙점 등을 측정

② 화학적 방법 – 식품의 첨가물, 유해 성분 등을 검출

③ 생화학적 방법 – 효소 반응, 효소 활성도 등을 측정

④ 검경적 방법 – 식품의 맛을 보거나 냄새를 맡아 측정

| 해설 |

식품의 검수 방법 중 검경적 방법이란 현미경을 이용하여 식품의 불순물, 세포나 조직의 모양 등을 측정하는 방법이다.

02 난이도 하

식품 검수 시 확인해야 할 사항이 아닌 것은?

① 축산물등급판정서

② 운반차량의 소독 유무

③ 소비기한 및 제조업체

④ 운반차량의 냉장, 냉동 온도

| 해설 |

식품 검수 시 확인해야 할 사항으로는 수량 및 중량, 운송차량의 온도, 소비기한 및 제조업체, 축산물등급판정서, 포장상태, 파손이나 이물질의 혼입 여부 등이 있다.

03 난이도 하

재고관리의 목적으로 적절하지 않은 것은?

① 도난과 부주의에 의한 손실을 최소화한다.

② 물품 부족으로 인한 생산의 차질을 방지한다.

③ 경제적인 재고관리로 원가절감 및 관리의 효율화를 제고한다.

④ 최대한 많은 재고를 보유함으로써 긴급 구매비용을 절감한다.

| 해설 |

재고관리 시 생산에 요구되는 식품 재료와 일치되는 최소한의 재고량을 유지함으로써 재고관리의 유지비용을 감소시킬 수 있다.

04 난이도 중

검수관리의 주된 목적으로 가장 적절한 것은?

① 식재료의 품질을 높이기 위해

② 식재료의 가격을 조정하기 위해

③ 식재료의 저장 공간을 최적화하기 위해

④ 식재료의 운송시간을 단축하기 위해

| 해설 |

검수는 주문 내용, 가격이나 품질, 수량, 규격 등이 일치하는지 비교하는 활동으로, 식재료 품질 저하를 예방하고 원가의 효율성을 높인다.

05 난이도 상

물가 상승 시 식품비는 최대화하고 재고 가치는 최소화하고자 할 때 사용하는 재고자산 평가법은?

① 총평균법

② 선입선출법

③ 후입선출법

④ 최종 구매가법

| 해설 |

후입선출법은 가장 최근에 구매한 식품부터 사용하여 가장 오래전에 구입한 식품을 재고로 남기는 원리를 이용한 평가법으로 가장 오래전에 구입한 식품의 단가를 반영하여 재고값을 계산한다. 이 방법은 물가 상승 시 식품비를 최대화하고 재고 가치는 최소화시킬 수 있는 방법이다.

06 난이도 중

재고회전율이 표준보다 낮은 경우 발생할 수 있는 일이 아닌 것은?

① 부정 유출의 위험이 있다.

② 생산 지연이 발생할 수 있다.

③ 종업원들의 심리적 부주의로 인해 식품이 낭비될 수 있다.

④ 저장 기간이 길어지고 식품 손실이 커져 경제적으로 효율성이 떨어진다.

| 해설 |

재고회전율이 표준보다 높은 경우에는 재고가 부족한 상태이므로 긴급 구매를 해야 하는 상황이 발생할 수 있으며 식재료 긴급 구매 시 높은 비용이 발생하여 생산이 지연될 수 있다.

32 | 원가관리

1 원가관리

1. 원가의 3요소

재료비	제품을 제조하기 위하여 투입되는 재료의 원가 예 주요 식재료비, 소모품, 기구, 비품 등
노무비	제품 생산을 위하여 투입되는 노동력의 원가 예 임금, 상여수당, 퇴직급여 충당금, 복리후생비 등
경비	운영비로 제품의 제조를 위해 소비되는 금액 중 재료비, 노무비를 제외한 금액 예 난방비, 세금, 보험, 전기료 등

원가(Cost)

재화나 서비스의 제품을 제조, 판매, 제공하기 위해 소비된 경제적 가치로 경영 목적을 달성해야 함

2. 원가의 분류

① 발생형태에 따른 분류: 원가의 요소를 제품에 직접 부가할 수 있는지 여부에 따라 직접원가와 간접원가로 분류

직접원가	간접원가
특정 제품을 위해서만 소비되어 그 제품 제조의 원가에 부가할 수 있는 가격 • 직접재료비: 주재료비 • 직접노무비: 임금 　예 조리사의 임금 • 직접경비: 특별비, 외주가공비 등	여러 제품에 공통적으로 소비되어 한 제품에만 부가할 수 없는 원가 • 간접재료비: 보조재료비(양념, 조미료 등) • 간접노무비: 수당, 급여 등 　예 초과근무수당, 건물관리인의 임금 등 • 간접경비: 보험료, 전기료 등

② 생산량과 비용에 따른 분류: 제조활동 및 조업도에 비례하여 발생하는 원가의 증감 여부에 따른 분류로 생산량에 관계없이 고정적으로 발생하는 비용을 고정원가, 생산량에 따라 변하는 비용을 변동원가라 함

③ 발생 시점에 따른 분류: 제품의 제조를 기준으로 발생 시점에 따라 산출 원가 분류

예정원가	실제원가	표준원가
• 제품의 제조 이전에 예상되는 원가 • 과거의 실적을 토대로 예상되는 원가를 산출	• 제품의 제조 완료 후에 실제로 발생한 원가 • 확정원가, 보통원가라고도 함	• 기업이 표준적으로 작업을 했을 경우 예상되는 원가 • 영업 수준이 최고에 이르렀을 때 최소 원가의 역할을 하며 실제원가를 통제하는 기능이 있음

표준원가의 기능

• 효율적인 원가 통제
• 책임별 원가관리 가능
• 예산편성을 위한 기초자료
• 제품 제조, 원가산정의 기초자료
• 노무비 절감 효과

3. 원가의 구성

① 직접원가: 직접재료비 + 직접노무비 + 직접경비
② 제조간접비: 간접재료비 + 간접노무비 + 간접경비
③ 제조원가: 직접원가 + 제조간접비
④ 총원가: 판매관리비 + 제조원가
⑤ 판매가격: 총원가 + 이익

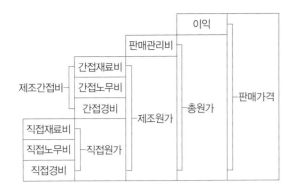

2 원가계산

1. 원가계산의 목적

① 예산편성

② 가격 결정(판매가 결정)

③ 원가절감과 원가관리

④ 재무제표 작성

2. 원가계산의 원칙

진실성의 원칙	제품 제조에 발생한 모든 원가를 사실 그대로 계산
계산경제성의 원칙	원가를 계산할 때 경제성을 고려하여 계산
발생기준의 원칙	모든 비용과 수익의 계산은 발생 시점을 기준으로 계산
확실성의 원칙	여러 가지 방법이 있을 경우 가장 확실한 방법을 선택
정상성의 원칙	정상적으로 발생한 원가만을 계산
상호관리의 원칙	원가계산과 일반회계, 각 요소별·제품별 계산과 상호관리가 가능해야 함
비교성의 원칙	다른 기간 혹은 부문의 원가와 비교가 가능해야 함

3. 원가계산의 절차(제품 단위당 원가계산의 과정)

> 요소별 원가계산 → 부문별 원가계산 → 제품별 원가계산

4. 손익분기점

① 총원가와 매출이 같아지는 지점으로 이익도 손실도 발생하지 않는 지점

② 손익분기점을 기준으로 그 이하에서는 손실이 발생함

③ 손익분기점을 기준으로 그 이상으로 가면 이익이 발생함

5. 감가상각

① 의미: 취득한 기구나 물건 등의 원가를 사용기간에 걸쳐 비용으로 배분하는 과정

② 감가상각의 계산 방법

정액법	시간의 경과에 정비례하여 매년 동일한 금액을 감가상각으로 계산하는 방법
정률법	구입 초기에는 많이 배분되고 사용률에 따라 매년 일정 금액을 곱하여 시간이 경과할수록 가치가 줄어드는 계산법

감가상각의 계산 요소(감가상각의 3요소)

- 취득원가: 구입한 가격
- 내용연수: 사용할 수 있을 것으로 기대되는 기간(유형자산의 수명)
- 잔존가치: 처분 시에 획득할 수 있을 것으로 추정되는 금액(보통 구입가격의 10%를 잔존가격으로 계산)

01 난이도 중

손익분기점에 대한 설명으로 옳은 것은?

① 총원가보다 매출이 더 많은 지점
② 매출과 총원가가 같아지는 지점, 이익이나 손실이 발생하지 않는 지점
③ 매출이 총원가보다 적은 지점, 손실이 발생하는 지점
④ 매출이 총원가를 넘어서면 손실이 발생하는 지점

| 해설 |
손익분기점은 총원가와 매출이 같아지는 지점으로, 이익도 손실도 발생하지 않는 지점을 말한다. 손익분기점을 기준으로 이하에서는 손실이 발생하고 이상에서는 이익이 발생한다.

02 난이도 하

원가계산의 원칙으로 적절하지 않은 것은?

① 진실성의 원칙
② 비효율성의 원칙
③ 상호관리의 원칙
④ 발생기준의 원칙

| 해설 |
원가계산의 원칙에는 진실성의 원칙, 상호관리의 원칙, 발생기준의 원칙, 확실성의 원칙, 정상성의 원칙, 계산경제성의 원칙, 비교성의 원칙이 있다.

03 난이도 중

생산량과 비용에 따라 원가를 분류한 것은?

① 고정비, 변동비
② 직접비, 간접비
③ 직접원가, 제조원가
④ 표준원가, 실제원가

| 해설 |
생산량과 비용에 따라 원가를 분류하면 고정비와 변동비로 나뉜다. 고정비는 생산량과 관계없이 일정하며 변동비는 생산량에 따라 비례하여 증가한다.

04 난이도 중

다음 중 표준원가의 기능으로 적절하지 않은 것은?

① 효율적인 원가의 통제
② 책임별 원가관리 가능
③ 예산편성을 위한 기초자료로 사용
④ 실제원가보다 많은 예산 확보 가능

| 해설 |
표준원가는 기업이 표준적으로 작업을 했을 경우 소요될 것이라고 예상되는 원가이다. 효율적인 원가의 통제와 책임별 원가관리가 가능하고 예산편성을 위한 기초자료로 사용한다.

05 난이도 상

어떤 제품의 제조에 있어 직접원가와 간접원가를 바르게 분류한 것은?

① 직접원가: 주재료비, 임금, 특별비
   간접원가: 보조재료비, 초과근무수당, 보험료
② 직접원가: 보조재료비, 초과근무수당, 보험료
   간접원가: 주재료비, 임금, 특별비
③ 직접원가: 보조재료비, 초과근무수당
   간접원가: 주재료비, 보험료, 특별비
④ 직접원가: 초과근무수당, 보험료
   간접원가: 주재료비, 임금, 특별비

| 해설 |
직접원가는 특정 제품을 위해서만 소비되어 그 제품의 원가에 부가할 수 있는 가격으로 직접재료비, 직접노무비, 직접경비로 구성된다. 간접원가는 여러 제품에 공통적으로 소비되어 한 제품에만 부가할 수 없는 원가로 간접재료비, 간접 노무비, 간접 경비로 구성된다.

06 난이도 중

제품 제조 시 단위당 원가계산의 절차를 순서대로 바르게 나열한 것은?

ⓐ 요소별 원가계산 ⓑ 제품별 원가계산 ⓒ 부문별 원가계산

① ⓐ - ⓒ - ⓑ   ② ⓐ - ⓑ - ⓒ
③ ⓑ - ⓒ - ⓐ   ④ ⓑ - ⓐ - ⓒ

| 해설 |
원가계산의 절차는 '요소별 원가계산 → 부문별 원가계산 → 제품별 원가계산' 순이다.

33 | 계산식 정리

1 식품학 및 식품영양

1. 질소계수

> 100g ÷ 100g에 함유된 질소 함량(%)

예 어떤 단백질의 질소 함량이 15%일 때, 이 식품의 질소계수는?

100g ÷ 15 ≒ 6.66

2. 열량 구하기

① **탄수화물(당질) 열량**: 식품 속 탄수화물 함량(g) × 4kcal

② **단백질 열량**: 식품 속 단백질 함량(g) × 4kcal

③ **지방 열량**: 식품 속 지방 함량(g) × 9kcal

예 수분 40g, 섬유질 5g, 당질 40g, 단백질 7g, 비타민 3g, 지방 2g이 함유되어 있는 식품의 열량은?

40g × 4kcal + 7g × 4kcal + 2g × 9kcal

= 160kcal + 28kcal + 18kcal = 206kcal

∴ 206kcal

2 조리원리

1. 발주량

> 정미중량 ÷ (100 − 폐기율) × 인원수 × 100

예 인원이 40명인 업체에서 정미중량이 50g인 꽃게로 조리를 할 때, 발주량은?

(꽃게의 폐기율은 40%이며, kg 단위로 계산할 것)

50g ÷ (100 − 40) × 40명 × 100 ≒ 3,333g(약 3kg)

2. 대체 식품량

> 원래 식품의 양 × 원래 식품에서 대체할 성분의 수치 ÷ 대체하고자 하는 식품의 해당 성분 수치

예 단백질을 고려하여 소고기 70g을 두부로 대체하고자 할 때 필요한 두부의 양은?

(단, 100g에 함유된 단백질 함량은 소고기 20g, 두부 9g임)

70g × 20g ÷ 9g ≒ 155.55g(약 156g)

가식부율

100 − 폐기율

3. 구입비용

(필요량 × 100 × 1kg당 단가) ÷ 가식부율(100 − 폐기율)

예 고등어 조림을 만드는 데 고등어 50kg가 필요하다. 고등어 1kg의 값은 1,700원이고 가식부율은 95%일 때 고등어의 구입비용은?

(50kg × 100 × 1,700원) ÷ 95% ≒ 89,473원

4. 출고계수

100 ÷ 가식부율

예 가식부율이 80%인 식품의 출고계수는?

100 ÷ 80 = 1.25

5. 필요한 식당의 면적

좌석수 × 1인당 바닥 면적

예 고객이 900명인 식당에서 좌석이 300석, 1인당 면적이 1.5m²일 때 필요한 면적은?

300 × 1.5m² = 450m²

3 구매관리(원가관리)

1. 원가(식재료)비율

식재료비 ÷ 총매출액 × 100

예 돼지고기 10kg으로 탕수육 100인분을 판매한 매출액이 1,000,000원이다. 돼지고기를 1kg당 8,000원에 구입하고 사용한 양념의 비용이 50,000원이라면 원가비율은?

(8,000원 × 10kg + 50,000원) ÷ 1,000,000원 × 100 = 13%

2. 기타

① 직접원가: 직접재료비 + 직접노무비 + 직접경비
② 제조간접비: 간접재료비 + 간접노무비 + 간접경비
③ 제조원가: 직접원가 + 제조간접비
④ 총원가: 판매관리비 + 제조원가
⑤ 판매가격: 총원가 + 이익

예 직접재료비 150,000원, 간접재료비 50,000원, 직접노무비 80,000원, 간접노무비 30,000원, 직접경비 4,000원, 간접경비 70,000원, 판매관리비 15,000원일 때 다음을 각각 계산하면?

- 직접원가: 150,000원 + 80,000원 + 4,000원 = 234,000원
- 제조간접비: 50,000원 + 30,000원 + 70,000원 = 150,000원
- 제조원가: 234,000원 + 150,000원 = 384,000원
- 총원가: 15,000원 + 384,000원 = 399,000원

판매관리비

판매경비 + 일반관리비

01 난이도 중

하루 필요열량이 2,100kcal인 사람이 이 중 20%에 해당하는 열량을 단백질에서 얻고자 할 때 필요한 단백질의 양은?

① 55g

② 85g

③ 105g

④ 140g

| 해설 |

하루 필요열량 2,100kcal 중 20%는 420kcal(= 2,100kcal × 20%)이다.
단백질은 1g당 4kcal의 열량을 내므로 420kcal ÷ 4kcal = 105g이다.
즉, 105g만큼의 단백질이 필요하다.

02 난이도 하

동그랑땡을 만드는 데 돼지고기 10kg이 필요하다. 돼지고기 1kg의 값이 2,000원이고 폐기율은 4%일 때 돼지고기의 구입비용은?

① 20,900원

② 24,800원

③ 31,900원

④ 35,000원

| 해설 |

• 가식부율: 100 − 4% = 96%
• 구입비용: (10kg × 100 × 2,000원) ÷ 96% ≒ 20,833.33원(약 20,900원)

03 난이도 상

다음의 조건에서 단백질을 기준으로 두부 200g을 돼지고기로 대체할 때 필요한 돼지고기의 양은?

> • 두부 100g당 단백질 함량 40.2g
> • 돼지고기 100g당 단백질 함량 51.8g

① 155g

② 184g

③ 192g

④ 213g

| 해설 |

대체 식품량: (원래 식품의 양 × 원래 식품에서 대체할 성분의 수치)
÷ 대체하고자 하는 식품의 해당 성분 수치
∴ 필요한 돼지고기의 양: (200g × 40.2g) ÷ 51.8g ≒ 155.21g(약 155g)

04 난이도 상

다음 자료에 의해서 총원가를 산출하면 얼마인가?

> • 직접재료비 100,000원
> • 간접재료비 50,000원
> • 직접노무비 40,000원
> • 간접노무비 80,000원
> • 직접경비 5,000원
> • 간접경비 84,000원
> • 판매경비 3,500원
> • 일반관리비 20,000원

① 360,000원

② 380,500원

③ 381,000원

④ 382,500원

| 해설 |

• 직접원가: 직접재료비 100,000원 + 직접노무비 40,000원 + 직접경비 5,000원 = 145,000원
• 제조간접비: 간접재료비 50,000원 + 간접노무비 80,000원 + 간접경비 84,000원 = 214,000원
• 판매관리비: 판매경비 3,500원 + 일반관리비 20,000원 = 23,500원
∴ 총원가: 직접원가 145,000원 + 제조간접비 214,000원 + 판매관리비 23,500원 = 382,500원

05 난이도 상

소고기 25kg으로 소고기전골 40인분을 만들어 판매하였다. 매출액은 1,000,000원, 소고기 단가는 1kg당 20,000원, 사용된 양념의 총비용은 50,000원이었다면 이 식품의 원가비율은?

① 45%

② 55%

③ 35%

④ 65%

| 해설 |

사용된 식재료비: 25kg × 20,000원 + 50,000원 = 550,000원
∴ 식품의 원가비율: 식재료비 550,000원 ÷ 총매출액 1,000,000원 × 100 = 55%

에듀윌이
너를
지지할게
ENERGY

운명은 우연이 아닌, 선택이다.
기다리는 것이 아니라, 성취하는 것이다.

– 윌리엄 제닝스 브라이언(William Jennings Bryan)

핵심테마 34~53

한식·양식·중식
·일식·복어

34 | 한식 개요

토막강의
"헷갈리는
식품첨가물 종류,
이렇게 암기하세요!"

1 한국 음식의 특징

1. 한국 음식의 특징

① 곡물을 사용한 음식이 많음

② 주식과 부식의 구분이 뚜렷함

③ 음식의 맛이 다양함

④ 음식에 음양오행과 약식동원의 사상이 깃들어 있음

⑤ 사계절이 있어 절식과 시식의 풍습이 있고 농사의 영향으로 구황식품이 발달함

⑥ 한 번에 한 상으로 푸짐하게 차림

⑦ 음식과 상차림에 따른 식사예법이 발달함

2. 한식 조리법의 특징

① 국, 탕, 찜, 끓이기, 삶기 등 습열 조리법이 발달함

② 간장, 된장, 김치, 젓갈 등 발효 및 저장법이 발달함

③ 조리법이 다양하고 정성과 시간을 들여야 하는 조리가 많음

④ 향신료(파, 마늘, 생강) 및 양념(간장, 고추장, 된장, 참기름, 들기름 등)을 사용함

⑤ 음양오행 사상에 기초하여 오색(五色)과 오미(五味)가 조화되도록 고명, 맛을 사용함

오색

흰색, 검은색, 노란색, 빨간색, 파란색

오미

단맛, 짠맛, 신맛, 쓴맛, 매운맛

2 한식의 상차림

1. 반상의 구분

구분	기본 음식(첩수에 포함되지 않음)	찬류(첩수에 포함됨)
3첩	밥, 국, 김치, 장류	구이(또는 조림), 숙채(또는 생채), 장아찌(또는 젓갈이나 마른 찬)
5첩	밥, 국, 김치류(2가지), 장류(2가지), 찌개(또는 전골이나 찜)	구이, 조림, 전, 숙채(또는 생채), 장아찌(또는 젓갈이나 마른 찬)
7첩	밥, 국, 김치류(2가지), 장류(2~3가지), 찌개, 찜(또는 전골)	구이, 조림, 전, 숙채, 생채, 장아찌(또는 젓갈이나 마른 찬), 편육(또는 회)
9첩	밥, 국, 김치류(3가지), 장류(2~3가지), 찌개(2가지), 찜, 전골	구이, 조림, 전, 숙채, 생채, 장아찌, 젓갈, 마른 찬, 편육(또는 회)
12첩	밥(흰밥, 팥밥 2가지), 국(2가지), 김치류(3가지), 장류(3가지), 찌개(2가지), 찜, 전골	구이(2가지), 조림, 전, 숙채, 생채, 장아찌, 젓갈, 마른 찬, 편육, 회, 수란

반상의 첩수

밥·국·김치·찌개·찜·전골·장류 등을 제외하고 쟁첩에 담긴 반찬의 수를 가리킴

신분에 따른 첩수

• 3~7첩: 서민들의 식사, 경제적 여유가 있을수록 첩수가 많은(5첩, 7첩) 반상을 차림

• 9첩: 사대부나 양반가의 반상차림, 조선시대에 사대부집은 9첩 반상까지만 차리도록 제한함

• 12첩: 궁중에서 임금께 올리는 상차림으로 수라상이라고 함

2. 상차림의 종류

반상	• 밥을 주식으로 하고 찬품을 부식으로 차린 상 • 찬품의 수에 따라 3첩, 5첩, 7첩, 9첩, 12첩 반상으로 나누어짐
죽상	• 죽을 주식으로 하여 차린 상 • 맑은 찌개, 국물김치 등을 함께 차리고 마른 찬이나 포 등을 곁들이기도 함
면상(장국상)	• 국수나 만둣국, 떡국 등을 주식으로 차린 상 • 간단한 점심식사로 많이 사용되며 전유어, 잡채, 배추김치, 나박김치 등을 곁들임
주안상	• 손님에게 술을 대접하기 위해 술과 함께 안주를 차린 상 • 전골이나 찌개, 전, 회, 편육 등을 차림
다과상	• 식사 때가 아닌 때에 손님에게 차리는 상으로 차를 함께 곁들여 차린 상 • 유밀과, 각색편, 다식, 화채 등을 차림
교자상	• 경사가 있거나 명절 등에 많은 사람들이 함께 식사하기 위해 큰 상에 차린 상 • 신선로, 구절판, 잡채 등 다양한 찬을 차림
초조반상	• 주로 궁중의 일상식 • 이른 아침에 일어나자마자 미음이나 응이 등의 유동식과 동치미, 마른 찬 등을 함께 차리는 간단한 죽상
낮것상	• 주로 궁중의 일상식 • 아침수라와 저녁수라 사이에 먹는 간단한 면상이나 다과상
수라상	• 임금님이나 대전, 중전, 대비 등 왕실에서 먹는 아침과 저녁상 • 12첩 반상차림으로 차리고 예법이 까다로움
큰상	혼례, 회갑례 등 잔치를 축하하기 위해 차린 상

입맷상(면상)

탄신·회갑·혼례 등의 경사 때 사용하는 면상으로 큰상(고임상)을 차리기 전에 간단히 대접하는 상

음식발기(=찬품단자)

국혼·출산·탄일 등 조선 왕실의 의례행사에서 소요된 상차림 명칭 대상, 음식, 재료 등을 적은 두루마리 형태의 문서

3 한식의 고명 및 양념

1. 한식의 고명

달걀지단	• 흰자와 노른자로 나누어 사용 • 나물이나 잡채에는 채 썬 모양, 전골이나 찜에는 골패형을 사용	미나리 초대	• 줄기 부분만 꼬치에 끼워 밀가루와 달걀물을 묻힌 후 구워서 사용 • 신선로, 탕, 전골 등에 사용
표고버섯	주로 건표고를 물에 불린 후 채 썰어 사용	석이버섯	• 뜨거운 물에 불려 이끼를 제거한 후 채 썰어 사용 • 잡채 등의 고명으로 사용
고기완자	• 소고기의 살을 곱게 다져 둥글게 빚은 후 지져 사용 • 전골이나 신선로 등의 고명으로 사용	실고추	• 씨를 제거한 붉은 고추를 젖은 행주로 덮어 곱게 채 썰어 사용 • 국수나 나물, 김치의 고명으로 사용
고기고명	• 다진 소고기: 양념하여 볶아 식힌 후 비빔국수나 장국의 고명으로 사용 • 채 썬 소고기: 양념하여 떡국이나 국수의 고명으로 사용	홍고추/ 풋고추	말리지 않은 홍고추나 풋고추는 갈라서 씨를 제거하고 골패형이나 마름모 모양의 완자형으로 썰어 고명으로 사용
대추	단맛이 있어 식혜나 차 등의 고명으로 쓰이거나 떡이나 과자류에 많이 사용	잣	• 통잣: 고깔을 뗀 후 신선로나 탕, 차, 화채의 고명으로 사용 • 잣가루: 구절판, 회, 한과류의 고물로 사용
호두	뜨거운 물에 불린 후 속껍질을 벗겨 전골이나 신선로의 고명으로 사용	은행	번철에 기름을 두르고 볶아 비벼 속껍질까지 제거하여 사용

음양오행에 따른 고명(오방색)

• 붉은색: 실고추, 붉은 고추, 대추, 당근
• 흰색: 달걀 흰자, 밤, 잣
• 노란색: 달걀 노른자
• 녹색: 호박, 미나리, 실파, 오이
• 검은색: 소고기, 석이버섯, 표고버섯

2. 한국 음식의 양념

장류	간장, 된장, 고추장 등
향신채/향신료	식초, 파, 마늘, 생강, 후추, 고추, 겨자, 계피 등
조미료	소금, 설탕, 꿀, 조청 등
젓갈류	새우젓, 멸치액젓 등
기름	참기름, 들기름, 콩기름 등

4 한국의 절식과 시식

절식(節食)은 명절과 각 절기마다 먹는 음식을 말하며, 시식(時食)은 철에 맞는 계절 음식을 뜻함

구분	특징	먹는 음식
설날 (음력 1월 1일)	복을 기원하며 조상께 차례를 드리고 어른께 세배를 드림	떡국, 만두, 전유어, 약식, 약과, 주악, 단자류, 식혜 등
정월대보름 (음력 1월 15일)	달이 가득 찬 날이라고 하여 달맞이를 하고, 재앙과 액을 막는 의미로 답교놀이를 함	오곡밥, 묵은 나물, 약식, 원소병, 귀밝이술 등
중화절 (음력 2월 1일)	농사를 시작하는 날로, 노비일 또는 머슴일로 부르며 그해의 풍년을 기원함	노비송편, 약주, 볶은 콩 등
삼짇날(중삼절) (음력 3월 3일)	강남 갔던 제비가 돌아온다는 날로, 양(陽)이 겹치고 봄이 시작되는 명절	탕평채, 화전, 화면(오미자 화채에 진달래꽃을 띄움) 등
초파일 (음력 4월 8일)	석가모니의 탄생일로 연등하여 경축하는 날	느티떡, 미나리강회, 주악, 녹두찰떡, 쑥편 등
단오 (음력 5월 5일)	편중절, 중오절, 단양이라고 불리며 1년 중 양기가 가장 왕성한 날로 창포물에 머리를 감고 씨름놀이, 그네뛰기 등을 즐김	수리취떡, 증편, 제호탕, 준칫국, 준치만두, 앵두화채 등
유두 (음력 6월 15일)	동쪽 방향으로 흐르는 물에 머리를 감아 모든 부정을 다 떠나보내고, 유두음식을 먹으면 여름을 타지 않는다는 풍습이 있음	편수, 밀쌈, 어채, 상화병, 보리수단 등
칠석 (음력 7월 7일)	견우와 직녀가 만나는 날로, 부녀자들이 길쌈과 바느질을 잘하기 위해 맛있는 음식을 차려 놓고 직녀에게 기도하는 날	밀전병, 증병, 육개장, 복숭아화채, 잉어구이 등
추석 (음력 8월 15일)	우리나라의 가장 큰 명절 중 하나로 그해 추수한 햇곡식과 햇과일로 조상께 예를 차려 제사를 지냄	송편, 토란, 전유어, 닭찜, 갖은 나물, 밤단자 등
중양절 (음력 9월 9일)	삼짇날에 온 제비가 다시 강남으로 떠나는 날	국화전, 국화주, 도루묵찜, 어란 등
동지 (음력 11월)	1년 중 밤이 가장 길고 낮이 가장 짧은 날로, 복조리나 복주머니를 걸어두고 새해 복을 기원하는 날	팥죽, 전약, 식혜, 수정과, 동치미, 곶감 등
그믐 (12월)	한 해를 마무리하고 새로운 마음가짐으로 새해를 맞이하는 날	비빔밥(골동반), 완자탕, 수정과, 식혜 등

주발	• 남성용 밥그릇 • 아래는 좁고 위는 차츰 넓어지며 뚜껑이 있음	종지	• 간장, 초장, 꿀 등을 담는 그릇 • 크기가 가장 작음
바리	• 여성용 밥그릇 • 주발보다 밑이 좁고 배 부분은 오목하고 위쪽은 좁으며 뚜껑에 꼭지가 달림	쟁첩	• 전, 구이, 장아찌 등을 담는 그릇 • 납작하며 뚜껑이 있음 • 그릇 중 가장 많은 수를 차지
탕기	국을 담는 그릇	조치보	• 찌개를 담는 그릇 • 주발과 같은 모양으로 탕기보다 크기가 작음
대접	• 숭늉, 국수 등을 담는 그릇 • 위가 넓고 운두가 낮음	보시기	• 김치류를 담는 그릇 • 쟁첩보다는 크고 조치보보다는 운두가 낮음
합	• 밑이 넓고 평평하며 운두가 낮고 위가 넓은 모양 • 크기가 작은 것은 밥그릇, 큰 것은 찜이나 약식 등의 그릇으로 사용	반병두리	• 떡국, 약식 등을 담음 • 양푼과 비슷한 모양 • 바닥이 편평하며 위쪽이 약간 퍼진 모양
조반기	• 죽, 미음을 담을 때 사용 • 대접처럼 운두가 낮고 뚜껑이 있는 그릇	접시	• 찬, 떡 등을 담는 그릇 • 운두가 낮고 납작함
옴파리	입이 작고 오목한 바리	쟁반	• 주전자, 다른 그릇, 술병 등을 놓거나 받쳐 나를 때 사용 • 운두가 낮고 둥근 모양
밥소라	• 밥, 국수, 떡국 등을 담을 때 사용 • 위가 벌어지고 굽이 있고 둘레에 전이 달림 • 유기 재질로 뚜껑이 없음	놋양푼	• 음식을 데우거나 담는 데 사용 • 운두가 낮고 위가 넓어 반병두리와 비슷한 모양이지만 크기가 더 큼

6 한식의 담음새

1. 색감

① 고명, 음식의 색, 양념 색 등을 고려하여 식기의 색감을 정해야 함

② 일반적으로 한식은 백색의 식기가 가장 잘 어울림

2. 담는 양

식기의 50%	장아찌, 젓갈
식기의 70%	국, 찜, 선, 생채, 나물, 조림, 초, 전유어, 구이, 적, 회, 쌈, 편육, 족편, 튀각, 부각, 포, 김치
식기의 70~80%	탕, 찌개, 전골, 볶음

3. 음식을 담을 때 고려할 사항

① 주재료와 곁들임 재료의 위치

② 식사하는 사람의 편리성

③ 재료와 접시의 크기

④ 음식의 외관

담기의 원칙

• 불필요한 고명은 배제함
• 식사하는 사람의 편리성에 중점을 두어 담음
• 음식에 사용된 재료의 특성을 이해하여 담고 일정한 간격을 둠
• 음식이 흐트러지지 않도록 적당량의 소스를 사용함
• 간결하면서 깔끔하게 담음
• 차가운 음식은 차갑게, 따뜻한 음식은 따뜻하게 담음

지역	특징	주요 음식
서울	• 전국에서 여러 가지 식재료가 모여 음식이 다양하고 화려함 • 간은 중간 정도로 함 • 음식의 분량은 적으나 수가 많고, 모양을 예쁘고 작게 만듦	설렁탕, 장국, 떡국, 비빔국수, 육개장, 탕평채, 너비아니 등
경기도	• 양념을 많이 사용하지 않으며 음식은 소박하면서 다양함(개성 제외) • 간은 서울과 비슷한 중간 정도	조랭이 떡국, 보쌈김치, 삼계탕, 갈비탕, 오미자화채 등
충청도	• 농업이 발달하여 산채와 버섯이 많음 • 서쪽 해안지방은 해산물이 풍부함 • 자연 그대로의 담백한 맛이 특징이며 소박하고 꾸밈이 없음	호박꿀단지, 호박범벅, 콩나물밥, 호박지찌개, 어리굴젓, 쇠머리떡, 청국장찌개 등
강원도	• 산악이나 고원지대가 많아 옥수수, 메밀, 감자 등의 생산이 많음 • 해안지방에는 황태, 오징어, 미역 등의 식품이 풍부하며 이를 이용한 음식이 많음 • 사치스럽지 않고 소박하면서 먹음직스러움	감자밥, 오징어순대, 도토리묵무침, 찰옥수수시루떡, 감자떡, 동태구이, 올챙이묵 등
전라도	• 다른 지방에 비해 식재료가 풍부함 • 음식이 다양하고 사치스러움 • 상차림에 있어 가짓수를 많이 함 • 간이 센 편이고 고춧가루와 젓갈을 많이 사용함	전주비빔밥, 콩나물밥, 두루치기, 홍어회, 꽃게장, 장어구이, 낙지호롱, 추어탕, 고들빼기 김치 등
경상도	• 동해와 남해를 낀 어장이 있어 해산물이 풍부함 • 주변 평야를 가지고 있어 농작물도 풍성함 • 음식의 간이 얼얼하고 센 편 • 사치스럽지 않고 소담함	진주비빔밥, 대구탕, 조개국수, 닭칼국수, 재첩국, 안동식혜, 해물파전, 아구찜 등
제주도	• 쌀이 많이 생산되지 않아 콩이나 보리, 고구마 등을 많이 생산함 • 음식의 주된 재료로 해초가 많고 된장을 이용하여 간을 하는 경우가 많음	전복죽, 옥돔죽, 생선국수, 오메기떡, 빙떡, 전복김치, 고사리전 등

01 난이도 하

한국 음식 조리법의 특징으로 적절하지 <u>않은</u> 것은?

① 발효법이 발달되었다.

② 습열 조리법이 발달되었다.

③ 향신료와 양념을 적게 사용한다.

④ 시간과 정성을 들여야 하는 조리법이 많다.

| 해설 |

한국 음식은 향신료(파, 마늘, 생강)와 양념(간장, 고추장, 된장, 참기름, 들기름 등)을 많이 사용한다.

02 난이도 중

경사스러운 일이나 명절에 여러 사람이 함께 모여 식사하기 위해 차리는 상차림은?

① 주안상

② 낮것상

③ 장국상

④ 교자상

| 해설 |

① 주안상은 술을 대접하기 위해 술과 함께 안주를 차린 상, ② 낮것상은 아침수라와 저녁수라 사이에 먹는 간단한 면상이나 다과상, ③ 장국상은 국수, 떡국 등을 주식으로 차린 상을 말한다.

03 난이도 하

한식의 반상차림은 밥, 국(탕), 김치, 장 외의 반찬 수에 따라 3첩, 5첩, 7첩, 9첩, 12첩 반상으로 나눈다. 이 중 임금님의 수라상은?

① 5첩

② 7첩

③ 9첩

④ 12첩

| 해설 |

한식의 첩수에 따라 3~7첩은 서민들의 식사, 9첩은 사대부나 양반가의 반상차림, 12첩은 궁중에서 임금께 올리는 식사로 수라상이라고 한다.

04 난이도 중

우리나라의 음양오행에 따른 고명 중 오방색의 검은색에 해당하는 고명은?

① 밤

② 대추

③ 석이버섯

④ 달걀 노른자

| 해설 |

검은색에 해당하는 고명에는 소고기, 석이버섯, 표고버섯 등이 있다.

05 난이도 상

중화절(음력 2월 1일)에 먹는 대표적인 음식은?

① 팥죽

② 오곡밥

③ 느티떡

④ 노비송편

| 해설 |

중화절은 농사를 시작하는 날로 노비나 머슴에게 음식을 베풀고 그해의 풍년을 기원하며 노비송편, 약주, 볶은 콩 등의 음식을 먹는다.

06 난이도 중

한식에서 주로 간장이나 초장 등의 장 종류를 담아내는 식기는?

① 쟁첩

② 조치보

③ 종지

④ 반병두리

| 해설 |

지는 간장이나 초장 및 꿀 등을 담는 그릇으로 크기가 가장 작다. ① 쟁첩은 전, 구이 등을 담아내는 그릇으로 납작하며 뚜껑이 있고, ② 조치보는 찌개를 담는 그릇, ④ 반병두리는 떡국이나 약식 등을 담는 그릇이다.

35 | 한식 – 주식 조리

1 밥

1. 밥의 종류

곡류	쌀밥, 보리밥, 현미밥 등
잡곡	콩밥, 조밥, 수수밥, 팥밥, 녹두밥, 오곡밥 등
부재료	밤밥, 감자밥, 김치밥, 콩나물밥, 버섯밥, 굴밥, 고구마밥, 마밥 등
조리법	누룽지밥, 비빔밥, 볶음밥 등

2. 밥 조리

세척 → 불리기(침지) → 물 붓기 → 가열(온도 상승기, 비등기, 증자기) → 뜸 들이기

세척	• 곡류는 맑은 물이 나올 때까지 세척함 • 유해물이나 불미 성분이 없도록 3~5회 반복하여 헹굼 • 수용성 영양소의 손실을 최소화하기 위해 큰 체로 단시간에 씻음
불리기(침지)	• 쌀알 내부에 수분을 흡수시켜 전분의 호화가 잘 일어나도록 도움 • 보통 취반 전 실온에서 30분~1시간 정도 침지시킴(쌀알의 종류, 품종, 저장 기간, 온도 등에 따라 영향을 받음) • 쌀알 내부까지 물을 흡수시키지 않고 조리할 경우 미립 표층부에 호층이 생겨 쌀 내부의 열전도를 막아 밥의 표면만 물컹하고 내부는 딱딱해짐
물 붓기	• 쌀의 용량(부피)의 1.2배 정도의 물이 적당함(중량으로는 1.5배) • 맛있는 밥의 수분은 60~65%이며, 다 된 밥의 중량은 쌀의 2.2~2.4배가 적당함
가열	• 온도 상승기: 강한 화력에서 10~15분, 온도가 상승하기 시작하며 쌀알이 더 많은 수분을 흡수하여 팽윤됨 • 비등기: 중간 화력에서 5분 정도 유지, 쌀의 팽윤이 계속되면서 호화가 진행되어 점도가 높아짐 • 증자기: 약불에서 10~15분 유지, 쌀 입자가 수증기에 의해 쪄지는 상태로 쌀 입자의 내부가 팽윤·호화됨
뜸 들이기	• 불을 끄고 고온 상태로 일정 시간 유지하게 하는 단계 • 쌀알 중심부의 전분까지 호화되어 밥이 맛있어지고 찰기가 형성됨 • 15분 정도로 두었을 때 밥이 가장 부드럽고 향미가 좋음

밥과 죽의 맛에 영향을 주는 요인

- 밥의 수분 함량: 취반한 밥의 수분 함량이 60~65%일 때 가장 맛이 있음
- 물의 pH: pH 7~8일 때 밥맛이 좋음
- 소금의 첨가: 소금을 0.03% 첨가하면 밥맛이 좋음
- 수확 시기: 수확 후 오래 지난 쌀은 지방이 산패되고 맛 성분이 감소하여 맛이 떨어지며, 햅쌀이 맛이 좋음
- 건조 정도: 지나치게 건조된 쌀은 갑자기 수분을 흡수하여 조직이 파괴되면 공간이 생겨 질감이 나빠짐
- 조리기구: 열 전도가 작고 열용량이 큰 무쇠 냄비나 돌솥으로 만든 것이 밥맛이 좋음

2 죽

1. 죽의 정의 및 특징

① 정의: 곡물에 물을 많이 넣고(약 5~7배) 오랜 시간 끓여서 완전히 호화시킨 것
② 특징: 가열시간이 길고 오랫동안 끓여서 소화·흡수가 좋으며, 물을 많이 부어 양을 많게 함으로써 소량의 재료로도 많은 사람이 먹을 수 있음

2. 죽의 분류 및 종류

죽	• 옹근죽: 쌀알 그대로 끓이는 죽 • 원미죽: 쌀을 반 정도 갈아서 만드는 죽 • 무리죽: 쌀알을 완전히 곱게 갈아서 쑤는 죽
미음	곡식을 푹 고아 체에 걸러내어 죽보다 많은 양의 물을 넣고 끓인 음식
응이	곡물을 곱게 갈아 전분을 가라앉혀서 가루로 말렸다가 물에 풀어 익힌 음식
암죽	곡식의 가루를 밥물에 타서 끓인 죽
오자죽	5가지 견과류(잣, 호두, 복숭아 씨, 살구 씨, 깨)를 넣고 끓인 전통 보약죽

3. 죽 조리

① 주재료인 곡물을 물에 충분히 담가 수분을 흡수시킴(2시간 이상)
② 물은 쌀 용량(부피)의 5~7배가 적합하며 물의 함량비로 죽의 조리시간을 조절함
③ 처음에는 강한 화력으로 빠르게 가열하고 한번 끓은 후에는 중불 이하에서 서서히 오랫동안 끓이는 것이 중요함
④ 죽을 저을 때에는 나무주걱을 사용하고 너무 자주 젓지 않음(많이 저을 경우 죽이 삭아서 죽의 점도가 묽어짐)
⑤ 죽의 조리에 사용하는 냄비는 두꺼운 재질이 좋음
⑥ 마지막에 간을 할 경우 약하게 하며, 간을 미리 하면 죽이 식으므로 기호에 따라 간장, 소금 등을 곁들여 내는 것이 좋음

3 국, 탕

1. 용어의 정의

국	• 한식에서 밥과 함께 먹는 요리로 고기, 생선, 채소와 같은 식재료에 물을 많이 붓고 간을 맞추어 끓인 음식 • 국은 크게 맑은장국, 곰국, 된장국, 냉국으로 구분함 • 맑은장국은 주로 소금이나 국간장으로 간을 하고 된장국은 된장으로 간을 함
국물	국, 찌개 따위의 음식에서 건더기를 제외한 물
육수	• 고기를 삶아낸 물 • 육류나 가금류, 뼈, 건어물, 채소류, 향신채 등을 물에 넣고 충분히 끓여 내어 국이나 찌개, 전골 국물로 사용하는 재료

2. 국에 사용되는 육수

쌀뜨물 (쌀 씻은 물)	• 쌀을 처음 씻은 물은 버리고 2~3번째 씻은 물을 사용함 • 국물의 농도를 높여주고 식품의 조직을 부드럽게 함 • 쌀의 수용성 성분이 녹아있어 국물에 구수한 맛을 줌 • 냄새를 흡착하는 성질이 있어 생선의 비린내나 채소의 풋내를 제거해 줌
멸치/조개 육수	• 멸치는 머리와 내장을 제거한 후 살짝 볶아 찬물을 넣어 끓이고 끓기 시작하면 10~15분 정도 더 우려낸 후 체에 걸러 사용함 • 조개 육수에는 모시조개나 바지락을 많이 사용하며 조개는 반드시 육수를 끓이기 전에 해감하여야 함 • 담백하고 개운한 맛이 있어 다양한 국물에 사용함
다시마 육수	• 다시마는 두껍고 검은빛을 띠는 것이 좋음 • 다시마에는 감칠맛을 내는 성분이 많이 함유되어 있음 • 다시마는 단독으로 국물을 내기보다는 멸치나 표고버섯 등을 함께 사용함 • 다시마를 오래 끓이면 국물이 탁해지고 끈적이게 되므로 적당한 때에 건져냄

소고기 육수	• 국이나 전골, 육수 등 오랫동안 끓여야 하는 음식에는 사태나 양지가 적합함 • 국물을 사용할 때는 소고기를 찬물에서부터 넣고 끓임 • 마늘, 대파, 양파 등의 향신채를 함께 넣으면 누린내가 덜함 • 육수가 끓기 전에는 간을 하지 않음
사골 육수	• 소뼈를 이용하여 끓인 육수(사용되는 소뼈는 콜라겐 함량이 높아야 함) • 국, 전골, 찌개 요리에 중심이 되는 맛을 냄 • 소뼈는 흐르는 물에 씻거나 찬물에 1~2시간 정도 담가 핏물을 뺀 후 사용함 (핏물을 빼지 않으면 육수가 검어지고 누린내가 남)

3. 계절별 국의 종류

봄	쑥국, 생고사리국, 맑은장국, 생선 맑은장국, 냉이 토장국, 소루쟁이 토장국 등
여름	미역냉국, 오이냉국, 육개장, 영계백숙, 삼계탕 등
가을	토란국, 무국, 버섯 맑은장국, 배추속댓국 등
겨울	시금치 토장국, 우거짓국, 선짓국, 꼬리곰탕 등

4 찌개

1. 찌개의 분류

찌개	• 물을 넣고 끓이지만 국과는 달리 국물보다는 건더기가 더 많은 음식 (건더기 : 국물 = 6 : 4) • 국물의 양이 조금 많은 찌개는 지짐이라고 함
조치	찌개를 뜻하는 궁중용어
전골	찌개와 비슷하지만 재료를 가지런히 놓고 화로나 불을 준비하여 즉석에서 끓이는 음식 예 만두전골, 각색전골, 신선로, 버섯전골 등
감정	고추장으로만 조미한 찌개 예 게감정, 호박감정, 병어감정 등

2. 찌개의 종류

분류	특징	종류
맑은 찌개	소금이나 새우젓으로 간을 맞춤	두부젓국찌개, 명란젓국찌개, 굴두부찌개
탁한 찌개	된장이나 고추장으로 간을 맞춤	된장찌개, 생선찌개, 순두부찌개, 호박감정, 오이감정, 게감정, 청국장찌개 등

3. 찌개 조리 시 사용되는 육수

기본적인 육수	소고기(양지머리, 사태) 육수, 사골(소고기 뼈) 육수
깔끔한 맛	닭고기 육수
감칠맛	멸치 육수, 다시마 육수
시원한 맛	조개(주로 모시조개, 바지락) 육수

01 난이도 중

밥의 조리 시 적합한 화력과 시간을 바르게 연결한 것은?

① 비등기 – 강한 화력으로 5분

② 뜸 들이기 – 약한 화력으로 5분

③ 증자기 – 약한 화력으로 10~15분

④ 온도 상승기 – 중간 화력으로 10~15분

| 해설 |

밥을 조리할 때에는 강한 화력으로 10~15분(온도 상승기) → 중간 화력으로 5분(비등기) → 약한 화력으로 10~15분(증자기) → 불을 끄고 15분(뜸 들이기) 정도 유지하여 조리한다.

02 난이도 상

밥맛에 영향을 주는 요인으로 옳지 않은 것은?

① 햅쌀이 오래 보관한 쌀보다 맛이 좋다.

② 물의 pH는 7~8일 때 밥맛이 가장 좋다.

③ 밥의 수분 함량은 40~45%일 때 가장 좋다.

④ 밥 조리 시 소금을 0.03% 첨가하면 맛이 좋아진다.

| 해설 |

밥의 수분 함량이 60~65%일 때 밥맛이 가장 좋다.

03 난이도 하

다음 중 고추장을 사용하지 않는 메뉴는?

① 육회

② 제육구이

③ 오징어볶음

④ 굴두부찌개

| 해설 |

굴두부찌개는 소금이나 새우젓으로 간을 맞추는 맑은 찌개이다.

04 난이도 상

다음 중 쌀알 그대로 쑨 죽은?

① 응이

② 옹근죽

③ 무리죽

④ 원미죽

| 해설 |

① 응이는 곡물을 곱게 갈아 전분을 가라앉혀서 가루로 말렸다가 물에 풀어 익힌 것이며, ③ 무리죽은 쌀알을 완전히 곱게 갈아서 끓인 죽, ④ 원미죽은 쌀알을 반 정도 갈아서 끓인 죽이다.

05 난이도 중

오자죽에 대한 설명으로 옳지 않은 것은?

① 환자들에게 좋은 보양식이다.

② 다섯가지 재료를 넣어 만든 죽이다.

③ 잣, 호두, 복숭아 씨, 살구 씨, 깨 등을 넣고 끓인 보양죽이다.

④ 서민들이 즐겨먹던 음식이다.

| 해설 |

오자죽은 왕실에서 즐겨먹던 보양죽으로 5가지 견과류(잣, 호두, 복숭아 씨, 살구 씨, 깨 등)을 넣고 끓인 보약죽이다.

06 난이도 중

고추장으로만 조미한 찌개를 일컫는 말은?

① 조치

② 지짐

③ 전골

④ 감정

| 해설 |

① 조치는 찌개를 뜻하는 궁중용어, ② 지짐은 국물의 양이 조금 많은 찌개, ③ 전골은 찌개와 비슷한 것으로 화로나 불에서 재료를 즉석으로 끓이는 음식을 말한다.

36 | 한식 – 반찬류 조리

1 전/적

1. 전/적의 정의 및 분류

① 전: 육류, 가금류, 어패류, 채소류 등을 지지기 좋은 크기로 얇게 저미거나 채 썰어 소금과 후추로 조미한 후 밀가루와 달걀물을 묻혀 기름을 두르고 부쳐낸 음식

전	• 기름을 두르고 지졌다는 뜻으로 우리나라 음식 중 기름을 가장 많이 섭취할 수 있는 음식 • 전유어, 저냐, 전 등으로 불리며 궁중에서는 전유화라고 함
지짐	밀가루 푼 것에 재료를 넣고 함께 섞어서 기름에 지져낸 음식 예 빈대떡, 파전 등

② 적: 재료를 꼬치에 꿰어 불에 구워내는 음식

산적	날 재료를 양념하여 꼬챙이에 꿰어 굽거나, 살코기 편이나 섭산적처럼 다진 고기를 모양을 만들어 석쇠로 굽는 것 예 소고기산적, 섭산적, 장산적, 닭산적, 생치산적, 어산적, 해물산적, 두릅산적, 떡산적 등
누름적	• 재료를 꿰어서 굽지 않고 밀가루, 달걀물을 입혀 번철에 지져 익히는 것 예 김치적, 두릅적, 잡누름적 등 • 재료를 썰어 번철에 기름을 두르고 익혀 꿴 것을 의미하며 언제, 어떻게 쓰이게 되었는지 확실한 근거는 규명되지 않음 예 화양적

적(炙) 조리 시 주의사항

적의 재료를 꼬치에 꿸 때에는 처음 재료와 마지막 재료가 같아야 함(그 재료에 따라 적의 이름이 명명됨)

2. 전의 반죽

① 밀가루와 달걀물의 활용 방법

밀가루, 달걀물 순서로 입혀서 지짐	재료를 준비하거나 꼬치에 꿴 후 옷을 입혀 지질 때 사용하며 거의 모든 전이 해당됨 예 동그랑땡, 꼬지전, 동태전, 깻잎전 등
밀가루와 달걀물을 혼합하여 지짐	재료를 다져서 밀가루와 달걀물을 섞어 먹기 편한 크기로 떠놓아 지지는 방법 예 양동구리, 오징어전 등
밀가루 반죽 물에 재료를 섞어 지짐	밀가루 또는 곡물, 녹두 등을 갈아 만든 반죽 물에 재료를 썰어 넣고 섞어서 지지는 방법 예 녹두전, 파전 등

② 반죽의 상태에 따라 재료를 이용하는 방법

- 반죽이 너무 묽어 전의 모양을 만들거나 뒤집기 어려울 때 밀가루나 멥쌀가루, 찹쌀가루 등을 추가함
- 도톰하거나 딱딱하지 않고 부드러운 전을 만들고 싶을 때 또는 흰색을 유지할 때 달걀 흰자와 전분을 사용함
- 전의 모양을 잡거나 점성을 높일 때 달걀과 밀가루, 멥쌀가루, 찹쌀가루를 사용함
- 속재료를 추가하면 전이 딱딱해지지 않으면서 점성을 높일 수 있음

3. 전 조리의 특징

① 음식 재료의 제약을 받지 않고 여러 가지 재료를 사용하여 만들 수 있음

② 식재료에 달걀, 곡물을 기름에 부쳐 내는 방법으로 조리방법이 상호 보완 작용을 함

③ 각기 다른 재료로 만든 전을 한 접시에 담아 모듬전 형태로 만들거나 전을 이용하여 신선로나 전골을 만들 수 있음

④ 식물성 기름을 사용한 건강식품으로 재료에 따라 기본 영양소(탄수화물, 단백질, 지방) 외에 비타민, 무기질과 같은 미량 영양소까지 보유할 수 있음

2 생채/회

1. 생채/회의 정의

생채	• 싱싱한 재료를 익히지 않고 날로 무친 나물로 계절마다 나오는 채소들을 주로 이용하여 초장, 고추장, 겨자장으로 무친 반찬 • 자연의 색, 향, 맛 그대로와 씹을 때의 식감을 느낄 수 있음 ⓔ 무생채, 도라지생채, 오이생채, 더덕생채 등
회	육류, 어패류, 채소류를 날로 썰어서 초간장, 초고추장, 소금, 기름 등에 찍어 먹는 조리법 ⓔ 생선회, 가자미회, 육회 등

생채의 영양적 특성

생식하는 음식으로 가열한 음식보다 영양소의 손실이 적고 풍부한 비타민을 섭취할 수 있음

숙회

육류, 어패류, 채소류를 끓는 물에 삶거나 데쳐서 익힌 후 썰어서 초고추장 등에 찍어 먹는 조리법
ⓔ 오징어숙회, 문어숙회, 미나리강회, 두릅회 등

2. 생채 조리

① 날로 먹는 음식으로 재료의 신선도가 맛을 결정하므로 신선한 재료를 사용함

② 나쁜 맛이 없고 조직은 연해야 하며 위생적으로 다루어야 함

③ 파, 마늘, 기름을 많이 쓰지 않고 진한 맛보다 산뜻한 맛을 내는 것이 좋음

④ 생채 조리 시 재료를 너무 많이 섞어 물이 생기지 않도록 주의함

⑤ 양념이 잘 스며들게 하려면 고추장이나 고춧가루로 미리 버무려야 함

3 조림/초

1. 조림/초의 정의 및 특징

조림	• 큼직하게 썬 고기, 생선, 감자, 두부 등에 간을 하고 처음에는 센 불에서 가열하다가 중불에서 간이 배도록 조리고 약불에서 서서히 오래 익히는 조리법 • 궁중에서 '조리니', '조리개'라고 부름 ⓔ 소고기장조림, 생선조림, 두부조림, 감자조림 등
초	• 초(炒)란 볶는다는 뜻으로 조림과 비슷하지만 윤기가 나는 것이 특징임 • 싱겁고 달콤하며 국물이 거의 없는 음식 ⓔ 해삼초, 전복초, 홍합초, 삼합초 등

삼합초

양념한 소고기에 육수와 양념을 넣고 끓이다가 홍합, 해삼, 전복을 넣어 국물이 자작해질 때까지 조린 요리

2. 조림 조리

① 작은 냄비보다는 바닥에 닿는 면이 넓은 큰 냄비를 사용하여 재료가 균일하게 익고 조림장이 골고루 배어들게 함

② 생선을 이용하여 조림을 할 경우 흰살 생선은 주로 간장 양념을 사용하고 붉은살 생선이나 비린내가 나는 생선은 고추장, 고춧가루를 사용함

③ 화력은 센 불로 하다가 끓기 직전에 중불로 줄이고 거품을 걷어내며 마지막에 약불로 오랫동안 익힘

3. 초 조리

① 재료의 크기와 써는 모양에 따라 맛이 좌우되므로 일정한 크기를 유지함

② 양념을 적게 써야 식재료의 고유한 맛을 살릴 수 있음

③ 삶기, 데치기를 할 때는 끓는 물에서 재빨리 데쳐 찬물에 헹굼

④ 대부분의 음식은 센 불에서 조리하다가 양념이 배기 시작하면 불을 줄여 속까지 익히며 국물을 끼얹으면서 조림

⑤ 남은 국물을 10% 이내로 하여 간이 세지 않도록 조리함

⑥ 바닥 면이 넓은 조리기구를 사용해야 균일하게 익고 양념이 골고루 배어 듦

조미료의 순서

- 분자량이 작은 것부터 넣어야 침투가 잘 됨
- 설탕 → 소금 → 식초 → 간장

4 구이

1. 구이의 정의

가장 오래된 조리법으로 육류, 가금류, 어패류, 채소류 등의 재료를 소금을 치거나 양념을 하여 불에 직접 굽거나 철판 및 도구를 사용하여 구워서 익힌 음식

2. 구이 조리

양념 후 너무 오래 재워두면 육즙이 빠져 질겨지므로 30분이 가장 적당하며, 팬 등을 이용할 경우에는 팬이 충분히 달궈진 후 식재료를 놓아야 육즙이 빠져나가지 않아 맛이 좋아짐

구이 조리 순서

- 초벌구이: 유장을 발라 살짝 익힘
- 재벌구이: 양념을 2회로 나누어 사용하며 타지 않게 주의함
- 뒤집기: 자주 뒤집으면 모양 유지가 어렵고 부서지기 쉬움

① 식재료에 따른 구이 방법

수분 함량이 많은 식품	• 생선처럼 수분 함량이 많은 식품으로 구이를 할 경우 화력이 강하면 겉만 타고 속이 안 익을 수 있음 • 제공하는 면을 먼저 갈색이 되도록 구운 다음 뒷면을 약한 불로 천천히 구워 속까지 완전히 익힘
지방 함량이 많은 식품	• 직화구이 시 기름이 불 위에 떨어져 쉽게 탐 • 지방 함량이 높은 덩어리 고기는 저열에서 구우면 지방이 흘러나와 맛과 색이 향상됨
고기 종류	• 고기의 구이 조리 시 화력이 너무 약할 경우 육즙이 흘러나와 맛이 없어지므로 중불 이상에서 구움 • 너비아니구이의 경우 고기를 결대로 썰면 질기므로 결 반대 방향으로 썰어 구움

② 양념에 따른 구이 방법

소금구이	• 양념으로 소금만 사용함 • 생선은 육질 자체의 맛을 즐기기 위한 것이므로 가능한 한 선도 높은 것을 사용하며 소금은 생선 무게의 약 2% 정도가 적당함 예 방자구이, 청어구이, 고등어구이, 김구이 등
간장 양념구이	• 간장, 다진 대파, 다진 마늘, 설탕, 후추, 참기름, 청주 등의 양념을 사용함 • 양념 후 30분 정도 재워두는 것이 좋으며 오래 재워두면 육즙이 빠져 질겨짐 예 가리구이, 너비아니구이, 장포육, 염통구이, 닭구이, 생치(꿩)구이, 도미구이, 민어구이, 삼치구이, 낙지호롱 등
고추장 양념구이	• 고추장, 고춧가루, 간장, 소금, 다진 대파, 다진 마늘, 설탕, 후추, 참기름, 청주 등의 양념을 사용함 • 양념장은 3일 정도 숙성해야 고춧가루의 거친 맛이 사라지고 맛이 깊어짐 • 고추장 양념을 하기 전 유장(간장 : 참기름 = 1 : 3)으로 애벌구이를 함 예 더덕구이, 오징어구이, 병어구이 등

방자구이

고기를 양념하지 않고 석쇠나 철판에 구우면서 소금과 후추를 뿌려서 간을 하여 먹는 요리

5 숙채

1. 숙채의 정의 및 특징

① 데치거나 삶거나 찌거나 볶는 등 익혀서 조리하는 나물을 뜻함
② 재료의 쓴맛이나 떫은맛을 없애고 부드러운 식감을 줄 수 있음

2. 숙채 조리법

끓이기와 삶기	• 채소를 데칠 때에는 나물에 적합한 질감이 될 정도로 데쳐야 함 • 끓이기와 삶기의 경우 수용성 영양소 손실의 우려가 있음
데치기	• 끓는 물에 데치는 녹색 채소는 선명한 푸른색을 띠어야 하고 비타민 C의 손실이 적어야 함 • 채소를 찬물에 넣으면 채소의 온도를 급격히 저하시켜 비타민 C의 자가분해를 방지할 수 있음
찌기	• 가열된 수증기로 식품을 익힘 • 식품 모양의 유지가 쉬움 • 끓이거나 삶는 것보다 수용성 영양소의 손실이 적음 • 녹색 채소의 조리법으로는 적당하지 않음
볶기	• 냄비나 프라이팬에 기름을 두르고 센 불에서 타지 않게 뒤적이며 조리함 • 지용성 비타민의 흡수를 돕고 수용성 영양소의 손실이 적음

6 볶음

1. 볶음의 정의

소량의 지방을 이용해 뜨거운 팬에서 음식을 익히는 방법

2. 볶음 조리 시 주의사항

① 소량의 기름을 두르고 높은 온도에서 단시간에 볶음(낮은 온도에서 볶을 경우 재료에 기름이 많이 흡수됨)
② 양념이 고루 배도록 바닥 면적이 넓고 두꺼운 팬을 사용해야 함
③ 완성된 볶음 요리는 재빨리 팬에서 내린 후 식혀야 갈변을 방지할 수 있음

3. 식재료에 따른 볶음 조리법

육류	• 팬에 기름을 넣고 연기가 올라올 정도로 달궈지면 육류를 넣고 색을 냄 • 육류 볶음 시 팬 손잡이를 위로 들어 불꽃을 팬 안쪽으로 유도하면 불향이 입혀져 특유의 향을 낼 수 있음
채소류	• 색깔이 있는 채소류(오이, 당근 등)는 미리 소금에 절이지 않고 볶으면서 소금을 첨가함 • 기름을 많이 넣으면 채소의 색이 누레짐 • 마른 표고버섯 등 건 식재료를 볶을 때에는 수분을 조금 첨가함 • 생 버섯은 물기가 많이 나오므로 센 불에 재빨리 볶거나 소금에 살짝 절인 후 볶음 • 연기가 날 정도의 센 불에 부재료로 넣는 채소(낙지볶음 등의 야채)를 먼저 넣고 볶은 후 주재료를 넣고 양념함

어채

비리지 않은 흰살 생선을 포를 떠서 녹말가루를 묻히고 끓는 물에 잠깐 데친 숙회

숙채의 대표적인 식재료

• 시금치: 끓는 물에 소금을 넣고 뚜껑을 연 채 살짝 데침
• 고사리: 건고사리를 사용할 경우 미지근한 쌀뜨물에 불려 잡내를 제거하고, 삶은 후 헹궜다가 사용하면 부드러워짐

건고사리 불리기

• 미지근한 쌀뜨물에 불리면 고사리가 부드러워지고 특유의 잡내가 없어짐
• 고사리를 삶아도 부드럽지 않을 경우 물기를 짜서 냉동실에 얼린 후 냉장에 녹여 사용하면 수분이 팽창되어 부드러워짐
• 오래된 건고사리는 뻣뻣하고 질길 수 있으므로 식소다를 넣고 데침(부드러워지며 채소가 물러지는 것을 방지함)

1. 김치의 정의

① 절임 채소에 고춧가루, 마늘, 생강, 파, 무 등의 양념류와 젓갈을 혼합하여 제품의 보존 및 숙성을 위하여 저온에서 젖산 생성을 통해 발효시킨 것
② 정착 농경생활을 시작한 삼국 형성기 이전에 등장했으며, 조선 후기 임진왜란 이후 오늘날의 김치로 발전함
③ 소금의 발견과 더불어 동절기 영양 섭취의 주요 방법이었음

2. 김치의 역사

삼국시대	• 산채류와 야생채류를 이용한 소금절임 위주의 김치 등장 • 〈삼국지 위지동이전〉: 저(菹, 소금절임)라는 단어 등장 • 〈정창원고문서〉: 수수보리저(오늘날 김치와 비슷함)라는 단어 등장 • 〈제민요술〉: 김치 담그는 방법
통일신라	〈삼국사기(신문왕)〉: 혜(醯, 김치무리)라는 용어 등장
고려시대	• 순무장아찌(여름), 순무소금절임(김치류)이 있었으며 김치는 단순히 겨울용 저장 식품일 뿐만 아니라 계절에 따라 즐겨 먹는 조리 가공식품이었음 • 〈한약구급방〉: 배추에 관한 기록 등장 • 〈산촌잡영〉: 소금절이 김치 소개 • 〈동국이상국집〉: 순무를 절이는 방법
조선 전기	• 절임채소의 종류와 향신료의 사용이 다양해짐 • 〈태조실록〉: '침장고'라는 용어 등장 • 〈사시찬요초〉: 침채저(沈菜菹) • 〈수운집방〉: 무김치, 가지김치 등 소개
조선 후기	• 고추 및 결구 배추의 도입으로 오늘날과 같은 김치로 발전함 • 〈음식디미방〉: 산갓김치, 생치김치, 나박김치, 생치 짠지, 생치지 등 소개 • 〈증보산림경제〉: 마늘, 파, 부추를 양념으로 사용함 • 〈농가월령가〉: 여름의 장과 겨울의 김치는 민가의 중요한 1년 계획임

3. 김치의 효능

① 항균 작용: 김치의 유산균으로 김치 내 유해 미생물의 번식을 억제하고 사람의 장 내에서 나쁜 균의 증식을 억제하여 이상발효를 막고 정정 작용을 함
② 중화 작용: 주재료가 알칼리성 식품이므로 혈액의 산성화를 막고 산 중독을 예방함
③ 다이어트: 수분이 많아 에너지가 낮고 식이섬유가 풍부하여 다이어트 효과가 있음
④ 항암 작용, 항산화 작용, 항노화 작용, 동맥경화, 혈전증 예방 작용을 함

4. 김치의 조리

① 배추 절이기: 소금의 삼투압 작용으로 염분이 식물 세포에 침투하고 세포 안의 수분이 외부로 용출되는 과정으로 봄, 여름에는 농도 7~10%로 8~9시간, 겨울에는 농도 12~13%로 12~16시간 정도 절임
② 배추 세척 및 물 빼기: 배추의 소금 농도를 2~3% 정도로 맞추고 3~4회 세척함
③ 부재료 양념 준비: 고춧가루, 대파, 생강, 마늘, 갓, 새우젓, 양파 등
④ 버무리기
⑤ 숙성하기

김치의 최종 염도
• 일반 김치: 2.5~3%
• 저염 김치: 1~1.5%

5. 김치 담그기

① 김치를 잘 담그기 위한 조건

좋은 재료의 선택	• 배추: 중간 크기로 흰 줄기를 눌렀을 때 단단하고 탄력이 있으며 배추의 중심에서 단맛이 나고 잎 두께가 얇으면서 연녹색인 것이 좋음 • 고춧가루: 좋은 품질의 고춧가루를 사용해야 김치의 맛과 색이 좋음
절임 조건	• 주재료의 조직감을 아삭아삭한 상태로 유지하기 위해 천일염을 사용함 • 채소의 수분을 빨리 배출하고, 조미료가 주재료에 쉽게 침투하도록 돌로 눌러주는 등 압력을 가함
저장온도	4℃ 이하의 저온을 유지하며 저장해야 유산균이 맛있는 성분을 만들고 생성된 이산화탄소가 날아가지 않아 탄산수 같은 맛을 냄
공기	김치에 존재하는 유산균은 통성혐기성균으로 산소가 없어도 잘 생육하고 김치를 부패시키는 젖산균 등은 호기성균이므로 김치 보관 중 김치에 공기가 들어가지 않도록 밀폐하여 뚜껑을 자주 열지 않고 잘 밀봉함

② 김치의 산패 원인

김치의 주재료 및 부재료가 청결하지 못한 경우	• 김치 발효 초기에 과량의 산패균이 존재하는 경우 유산균에 의한 김치의 숙성을 위한 젖산 발효까지 많은 시간이 걸림 • 유산균이 아닌 다른 균들이 성장하면 김치 특유의 맛을 내지 못하고 김치의 풍미가 저하됨
김치의 저장온도가 높거나 소금 농도가 낮은 경우	유산균이 아닌 상대적으로 성장 속도가 빠른 호기성균들이 성장하여 김치를 부패시킴
김치 발효 마지막에 곰팡이나 효모에 오염된 경우	• 낮은 pH와 높은 소금 농도로 대부분의 호기성 세균이 성장하지 못하지만 내염성과 내사성이 뛰어난 효모나 곰팡이는 김치에서 성장할 수 있음 • 효모는 김치의 풍미를 증가시키지만 산소가 풍부한 조건에서 성장하면 곰팡이와 더불어 김치의 외관을 손상하여 품질을 저하시킴

③ 김치의 숙성(발효) 중 변화

맛 성분의 변화	• 유기산과 이산화탄소가 증가되어 pH가 감소함(일반적으로 pH 4.0 정도일 때 김치가 가장 맛있음) • 김치의 숙성 중 가장 많이 생성되는 물질: 젖산, 구연산, 주석산 • 리신, 아스파르트산, 글루탐산, 발린, 메티오닌, 이소루신, 루신 등의 유리아미노산 함량이 높아 김치의 맛을 좋게 하고 김치의 pH 감소를 방지함
그 밖의 변화	• 김치는 숙성시기에 비타민 C 함량이 가장 많음(배추 속의 포도당과 갈락투론산으로부터 비타민 C가 생성됨) • 초기에는 호기성 발효 세균들이 김치 숙성에 관여하지만 중기 이후에는 혐기성 세균인 젖산균이 숙성을 함

01 난이도 중

도톰하면서 희고 부드러운 전을 만들 때 사용하는 반죽법은?

① 달걀 흰자와 전분을 사용한다.
② 밀가루 반죽물에 재료를 섞는다.
③ 밀가루에 수분의 양을 많이 첨가한다.
④ 달걀과 멥쌀가루, 찹쌀가루를 혼합한다.

| 해설 |
달걀 흰자와 전분을 사용하여 반죽하면 색이 희고 도톰하며 딱딱하지
않고 부드러운 전을 만들 수 있다.

02 난이도 중

직접 불에 굽는 직화구이로 적절하지 않은 것은?

① 제육구이
② 더덕구이
③ 너비아니구이
④ 두부구이

| 해설 |
두부는 수분 함량이 많은 식품으로 직접 구이를 할 경우 겉만 타고 속
이 덜 익을 수 있기 때문에 제공하는 면을 팬에서 먼저 구운 후 약불로
서서히 속까지 굽는 방법이 좋다.

03 난이도 중

숙채를 하기 위해 건고사리를 데칠 때 함께 첨가하면 좋은
재료는?

① 식초
② 소금
③ 식소다
④ 고추장

| 해설 |
건고사리를 데칠 때 식소다를 넣어주면 고사리가 부드러워지며, 물러지는
것을 방지할 수 있다.

04 난이도 상

양동구리에 대한 설명으로 옳지 않은 것은?

① 양의 모양을 살려 조리한다.
② 손질할 때는 끓는물을 사용한다.
③ 양동구리는 전으로 초장을 곁들여서 먹는다.
④ 소의 내장을 이용한 음식이다.

| 해설 |
양은 질기므로 전을 부칠 때에는 곱게 다진 후 녹말가루와 달걀을 섞어
사용한다.

05 난이도 중

생채 조리법으로 적절하지 않은 것은?

① 생채 조리에 기름은 사용하지 않는다.
② 신선한 재료를 사용하여 위생적으로 다루어야 한다.
③ 날로 먹는 음식이므로 파와 마늘 등의 양념을 진하게
　사용하여 조리한다.
④ 고추장이나 고춧가루에 미리 버무려 두면 양념이 잘
　배게 할 수 있다.

| 해설 |
생채 조리는 재료 본연의 신선한 맛과 아삭아삭한 식감을 중요시하는
조리법으로, 파와 마늘 등의 양념을 적게 사용하는 것이 좋다.

06 난이도 중

삼합초에 해당하는 재료가 아닌 것은?

① 홍합
② 호두
③ 전복
④ 소고기

| 해설 |
삼합초란 양념한 소고기에 육수와 양념을 넣고 끓이다가 홍합, 해삼, 전
복을 넣어 국물이 자작해질 때까지 조린 요리이다.

37 | 양식-기초조리

토막강의
"헷갈리는
식품첨가물 종류,
이렇게 암기하세요!"

1 양식 기초조리

1. 양식 조리의 나라별 특징

프랑스	• 식품 재료가 다양하며 맛은 물론 시각적 효과를 중요시함 • 다른 나라의 음식 문화를 수용하면서 발달함 • 식사시간이 여유롭고 식사시간을 중요하게 여김 • 아침은 간단하게 먹고 점심, 저녁을 푸짐하게 먹는 문화가 있음 • 다양한 소스, 향신료, 와인, 빵, 치즈 등 가공품이 발달하였고 세계적으로 유명함 • 와인을 마시는 용도 외 음식에도 다양하게 사용함 • 대표 요리: 부야베스, 캐비아, 푸아그라, 브리오슈, 바게트, 에스카르고 등
이탈리아	• 각 지역 도시의 빈번한 전쟁으로 음식 문화가 지역별로 독자적으로 발달함 • 와인과 올리브유를 다양하게 활용함 • 식재료가 풍부하고 육류 요리가 발달함 • 파스타는 이탈리아 전 지역에서 일반적인 음식임 • 많은 국민들이 음식에 대한 자긍심이 높고 대식가임 • 대표 요리: 피자, 파스타, 젤라또, 미네스트로네, 판나코타 등
독일	• 돼지고기, 빵, 소시지, 감자 등을 먹는 검소하고 소박한 음식 문화가 있음 • 소시지와 햄은 독일에서 가장 기본적이고 중요한 음식임 • 가금류, 버섯, 민물고기, 버찌, 온갖 열매, 딸기, 녹색 야채, 다닥냉이, 콩류, 양상추 등의 식재료가 풍부함 • 대표 요리: 전통 요리인 소시지, 아이스바인(Eisbein)이라고 불리는 돼지 허벅지살 요리, 경단, 감자 샐러드, 흑빵, 사우어크라우트 등
미국	• 인디언, 유럽의 음식 문화를 그대로 계승하거나 변형시켜 특유의 음식 문화를 이룸 • 미국 이민자들은 인디언들로부터 신대륙의 작물인 옥수수, 호박, 토마토, 칠면조, 땅콩, 블루베리 등을 얻어 구대륙의 레시피로 새로운 미국 요리를 창조함 • 육류 위주의 식생활로 육류를 다량 섭취하고 빵, 감자, 옥수수 등을 곁들여 먹음 • 음식의 양념을 미리 하지 않고 주로 조리한 뒤 소스를 뿌려 먹음 • 오븐을 이용한 조리법을 많이 사용함 • 식생활에 소비되는 비용과 시간, 노력을 절약하기 위해서 냉동식품, 반조리 식품, 인스턴트 식품 등이 발달했으며 외식을 즐김 • 인간관계 형성을 위한 파티 문화가 발달함 • 대표 요리: 핫도그, 햄버거, 애플파이, 에그 베네딕트 등

세계 3대 진미

푸아그라, 캐비아, 트러플

사우어크라우트

독일식 김치로 양배추를 잘게 썰어 발효시킨 것으로 유산균이 풍부하며 신맛이 남

2. 서양 음식의 분류

조식(Breakfast)	보통 오전 10시까지 제공되는 메뉴로 지역별로 메뉴 구성에 차이가 있음
브런치(Brunch)	• 오전 10시에서 12시 사이, 즉 아침과 점심 사이에 간단히 제공되는 메뉴 • 조식보다는 무겁게, 디너보다는 가볍게 구성
점심(Lunch)	• 주로 낮 12시부터 오후 2시까지, 아침과 저녁 사이에 제공되는 식사 • 미국에서는 런치(Lunch), 유럽에서는 런천(Luncheon)이라고 불림
오후 메뉴 (Afternoon menu)	관광객, 학생, 쇼핑객 등 늦은 오후에 식사를 하는 사람들을 위한 메뉴
정찬(Dinner)	저녁에 먹는 식사로 하루 식사 중 가장 비중 있는 식사
서퍼(Supper)	보통 디너를 마친 후 잠들기 2시간 전인 밤 10시경에 이루어지는 식사

3. 양식 조리도구

에그 커터 (Egg cutter)	• 삶은 계란을 자르는 용도 • 1/2로 자르기, 슬라이스로 자르기 등	만돌린 (Mandoline)	• 채칼이라고도 함 • 과일이나 야채를 다양한 모양으로 썰 때 사용
제스터 (Zester)	오렌지나 레몬의 껍질을 실처럼 길게 벗기는 기구	푸드 밀 (Food mill)	익힌 감자나 고구마 등을 으깨는 도구
시노와 (Chinois)	스톡이나 소스 또는 수프를 곱게 거를 때 사용	차이나 캡 (China cap)	토마토 소스처럼 입자가 약간 살아 있도록 식재료를 거를 때 사용
베지터블 필러 (Vegetable peeler)	야채나 과일 등의 껍질을 벗기는 도구	스쿱 (볼 커터, Scoop)	아이스크림이나 수박, 멜론 등의 식재료를 원형 또는 반원형 모양으로 덜 때 사용하는 도구
롤 커터 (Roll cutter)	얇은 반죽이나 피자를 자를 때 사용	자몽 칼 (Grapefruit knife)	반으로 자른 자몽을 통째로 돌려가며 과육만 바르는 도구
그레이터 (Grater)	야채나 치즈 등을 원하는 형태로 가는 도구	콜렌더 (Colander)	많은 양의 식재료의 물기를 제거하거나 거를 때 사용하는 도구
스키머 (Skimmer)	• 스톡이나 소스 안에 있는 식재료를 건져낼 때 사용하는 도구 • 기름 찌꺼기나 거품을 걸러낼 때 사용	솔드 스푼 (Soled spoon)	스푼이 길어서 롱 스푼이라고도 하며, 음식물을 볶거나 섞을 때, 뜰 때 사용
시트 팬 (Sheet pan)	식재료를 담아두거나 옮길 때 사용하는 도구로 카트(Cart)에 끼울 수 있는 쟁반 형태의 도구	호텔 팬 (Hotel pan)	음식물을 보관할 때 쓰는 도구로 넓이와 높이가 다양함
래들 (Ladle)	• 한식에서는 국자라고 함 • 육수나 소스 드레싱을 뜰 때 사용	스패츌러 (Spatula)	• 주걱 모양 또는 편편한 막대 모양의 도구 • 작은 음식을 옮길 때, 부드러운 재료를 섞을 때, 재료를 깨끗이 긁어 모을 때 등 용도에 따라 크기가 다름
키친 포크 (미트 포크, Kitchen fork)	음식물을 옮기거나 뜨겁고 큰 육류 등을 고객 앞에서 썰 때 고정시켜 주는 용도로 사용되는 도구	버터 스크레이퍼 (Butter scraper)	버터를 모양 내서 긁는(얼음물에 담가 놓으면 형태 유지) 도구

4. 양식 기초 썰기

① 주사위 모양 썰기

큐브 (Cube)	• 사방 2cm 정도의 정육면체로 써는 방법(썰기 중 가장 큼) • 스튜나 샐러드에 사용	미디엄 다이스 (Medium dice)	• 큐브보다는 작은 크기인 사방 1.2cm 정도의 정육면체로 써는 방법 • 샐러드 메인 요리의 사이드 요리에 사용
스몰 다이스 (Small dice)	• 미디엄 다이스의 반 정도의 크기로 사방 0.6cm의 정육면체로 써는 방법 • 샐러드나 볶음 요리에 사용	브뤼누아즈 (Brunoise)	• 스몰 다이스의 반 정도의 크기로 사방 0.3cm의 정육면체로 써는 방법 • 가니쉬(Garnish), 수프나 소스의 첨가제에 사용
콩카세 (Concasser)	사방 0.5cm의 정육면체 모양으로 써는 방법		

② 막대 모양 썰기

쥘리엔느 (Julienne)	• 재료를 얇게 자른 뒤 포개어 놓고 얇고 길게 써는 형태로 두께는 약 0.3cm 정도임 • 샐러드, 수프, 소스, 에피타이저 등 여러 요리에 사용	파인 쥘리엔느 (Fine julienne)	• 쥘리엔느 두께의 반 정도인 약 0.15cm로 써는 형태 • 롤의 속재료나 쥘리엔느와 비슷한 용도로 사용
쉬포나드 (Chiffonade)	• 채소를 실처럼 얇게 채 써는 방법 • 메인 요리나 샐러드 요리 등의 가니쉬로 사용	바토네 (Batonnet)	• 식재료를 감자튀김(프렌치프라이) 형태로 써는 것 • 샐러드용 야채나 과일, 육류나 가금류 등에 사용

③ 기타 모양 썰기

슬라이스 (Slice)	• 식재료를 써는 것으로 바토네, 쥘리엔느 등의 초기 작업 • 식재료를 직각으로 써는 방법	페이잔느 (Paysanne)	• 1.2cm × 1.2cm × 0.3cm 크기의 직육면체 모양으로 써는 방법 • 야채 수프에 많이 사용
촙 (Chop)	• 식재료를 잘게 칼로 다지는 방법 • 양파에 많이 사용되며 주로 야채의 샐러드나 볶음 요리, 소스 등에 사용	샤토 (Chateau)	• 길이 5~6cm 정도로 끝은 뭉뚝하고 배가 나온 원통 형태의 모양으로 써는 방법 • 메인 요리의 사이드로 당근이나 감자 등을 낼 때 많이 사용
올리베트 (Olivette)	• 길이 4cm 정도로 샤토보다는 길이가 짧고 끝이 뾰족한 형태 • 올리브 모양으로 깎는 방법		

01 난이도 하

야채나 치즈 등을 원하는 형태로 갈 때 쓰는 조리도구는?

① 시노와(Chinois)

② 그레이터(Grater)

③ 푸드 밀(Food mill)

④ 롤 커터(Roll cutter)

| 해설 |

① 시노와(Chinois)는 스톡이나 소스 또는 수프를 곱게 거를 때, ③ 푸드 밀(Food mill)은 익힌 감자나 고구마를 으깰 때, ④ 롤 커터(Roll cutter)는 얇은 반죽이나 피자를 자를 때 사용한다.

02 난이도 하

스톡 조리 시 육수 안의 식재료를 건질 때 사용하는 도구는?

① 스쿱(Scoop)

② 스키머(Skimmer)

③ 콜렌더(Colander)

④ 솔드 스푼(Soled spoon)

| 해설 |

스키머(Skimmer)는 스톡이나 소스 안에 있는 재료를 건져낼 때 사용하는 도구로 구멍이 뚫린 국자의 형태로 되어 있다.

03 난이도 중

양식의 기초 썰기 중 모양이 다른 하나는?

① 큐브(Cube)

② 미디엄 다이스(Medium dice)

③ 쥘리엔느(Julienne)

④ 브뤼누아즈(Brunoise)

| 해설 |

쥘리엔느(Julienne)는 재료를 얇게 자른 뒤 포개어 놓고 길게 써는 형태이다. 큐브(Cube), 미디엄 다이스(Medium dice), 브뤼누아즈(Brunoise)는 모두 정육면체 모양이다.

04 난이도 중

편 썰기에 해당하는 방법으로 쥘리엔느(Julienne)나 바토네(Batonnet)와 같은 모양을 썰기 전에 하는 썰기는?

① 촙(Chop)

② 슬라이스(Slice)

③ 페이잔느(Paysanne)

④ 쉬포나드(Chiffonade)

| 해설 |

슬라이스(Slice)는 가장 기초적인 썰기 방법으로 식재료를 직각으로 편 썰기 하는 것이다. 주로 다른 썰기를 하기 전에 초기 작업으로 많이 사용한다.

05 난이도 중

양식의 기초 썰기 중 콩카세(Concasser)의 크기와 모양으로 옳은 것은?

① 3cm의 정육면체

② 2cm의 막대모양

③ 1cm의 막대모양

④ 0.5cm의 정육면체

| 해설 |

양식 썰기에서 콩카세(Concasser)란 사방 0.5cm의 정육면체 모양으로 써는 것을 말한다.

38 | 양식−조식 조리

1 양식 조식 조리

1. 조식의 종류

유럽식 조식 (Continental breakfast)	일반적으로 달걀 요리가 제공되지 않고 조식용 빵에 주스가 제공되며 커피나 홍차를 곁들임
미국식 조식 (American breakfast)	유럽식 조식에 달걀 요리가 추가된 형태로 감자 요리나 베이컨, 소시지를 곁들이기도 함
영국식 조식 (English breakfast)	조식 중 가장 무거운 형태로 빵과 주스, 달걀 및 감자 요리에 생선이나 육류 요리가 함께 제공됨

2. 조식의 식재료

① 빵

  • 조식용 빵의 종류

토스트 브레드 (Toast bread)	식빵을 0.7~1cm 두께로 얇게 썰어 구운 빵
데니쉬 페이스트리 (Danish pastry)	• 덴마크의 전통 빵 • 많은 양의 유지를 중간에 층층이 끼워서 만든 페이스트리 반죽에 잼, 과일, 커스터드 등의 속재료를 채워 구운 빵
크루아상 (Croissant)	버터를 켜켜이 넣어 만든 페이스트리 반죽을 초승달 모양으로 만든 프랑스의 대표적인 빵으로 '크루아상'은 프랑스어로 초승달을 의미함
베이글 (Bagel)	밀가루, 이스트, 물, 소금으로 반죽해서 가운데 구멍이 뚫린 링 모양으로 만들어 발효시키고 끓는 물에 익힌 후 오븐에 한 번 더 구워낸 빵
잉글리시 머핀 (English muffin)	• 영국의 대표적인 빵으로 영국에서 주로 아침 식사용으로 사용 • 달지 않은 납작한 빵
프렌치 브레드 (French bread)	• '바게트(Baguette)'라고도 함 • 밀가루, 이스트, 물, 소금만으로 만든 프랑스의 대표적인 전통 빵 • 모양이 길쭉한 몽둥이 모양으로 질감이 바삭함
호밀 빵 (Rye bread)	• 호밀을 주원료로 하는 독일의 전통 빵 • 속이 꽉 차있고, 향이 강하며 섬유소가 많은 건강 빵
브리오슈 (Brioche)	• 프랑스의 전통 빵으로 주로 아침 식사용으로 사용 • 밀가루, 버터, 이스트, 설탕 등으로 달콤하게 만든 빵
스위트 롤 (Sweet roll)	• 건포도, 향신료, 시럽 등의 재료를 겉에 입히지 않는 모든 롤빵을 의미함 • 일반적으로 롤 사이에는 계핏가루를 첨가함
하드 롤 (Hard roll)	• 껍질은 바삭하고 속은 부드러운 빵 • 주로 강력분으로 반죽을 만들며 속을 파내고 채소나 파스타를 넣기도 함
소프트 롤 (Soft roll)	• 둥글게 만든 빵으로 모닝 롤이라고도 함 • 하드 롤보다 설탕, 유지가 많이 들어가고 달걀을 첨가하여 속이 매우 부드러움

• 조식용 빵의 조리

프렌치 토스트 (French toast)	• 건조해진 빵을 활용하기 위해 만들어진 조리법 • 프랑스에서는 못 쓰게 된 빵이라는 뜻의 '팽 페르뒤(Pain perdu)'라고도 함 • 계핏가루, 설탕, 우유를 넣은 달걀물에 빵을 담갔다가 버터를 두른 팬에 구워 잼과 시럽을 곁들여 먹음
팬케이크 (Pancake)	• 밀가루, 달걀, 물 등으로 반죽하여 프라이팬에 구운 후 버터와 메이플 시럽을 곁들여 먹음 • 뜨거울 때 먹어야 맛있으므로 '핫케이크'라고도 함
와플 (Waffle)	표면이 벌집 모양이며 식감이 바삭한 서양과자의 한 종류로 조식과 브런치 및 디저트에 모두 활용함
시나몬 토스트 (Cinamon toast)	프렌치 토스트 겉면에 시나몬 슈가를 묻힌 토스트
크레이프 (Crepe)	• 밀가루에 달걀, 버터, 소금을 넣어 얇게 부쳐내듯 익힌 것 • 얇게 부쳐낸 크레이프에 과일이나 시럽, 초콜릿 등을 넣어 먹기도 하고 겹겹이 쌓아 케이크의 형태로 먹기도 함 • 디저트용 크레이프는 반죽에 설탕이 들어감 • 반죽 시 글루텐이 많이 형성되어야 반죽에 힘이 생겨 내용물을 넣어도 터지지 않음
멜바 토스트 (Melba toast)	• 식빵을 얇게 썰어서 오븐에 바삭하게 구운 빵으로 두께 2mm, 가로 3cm, 세로 5cm 정도의 크기로 만듦 • 포치드 에그를 위에 얹어서 제공할 때 많이 사용

와플의 종류
• 미국식 와플: 반죽에 베이킹파우더를 첨가하고 설탕을 많이 넣어 달게 먹음
• 벨기에식 와플: 반죽에 이스트를 넣어 발효시킨 뒤 달걀 흰자를 거품 내어 반죽해서 구운 것으로 반죽 자체가 달지 않아 과일이나 휘핑 크림을 얹어 먹음

② 시리얼

• 차가운 시리얼(Cold cereals)

콘플레이크 (Cornflakes)	옥수수를 구워서 얇게 으깨어 만든 것
올 브랜 (All bran)	섬유질을 함유하고 있는 밀기울을 으깨어 가공한 것
라이스 크리스피 (Rice krispy)	쌀을 바삭하게 튀긴 것
레이진 브랜 (Raisin bran)	• 구운 밀기울 조각에 달콤한 건포도를 넣은 것 • 섬유소와 필수 비타민 및 미네랄을 함유
쉬레디드 휘트 (Shredded wheat)	밀을 조각내고 으깨어 사각형 모양으로 만든 비스킷 형태의 시리얼
버처 뮤즐리 (Bircher muesli)	오트밀, 과일, 견과류 등을 플레인 요구르트나 우유에 넣고 냉장고에 하루 정도 보관한 뒤 먹는 시리얼

• 더운 시리얼(Hot cereals)

오트밀 (Oatmeal)	• 귀리를 볶은 다음 거칠게 부수거나 납작하게 누른 것 • 육수나 우유를 넣고 죽처럼 조리해서 섭취함 • 식이섬유소가 풍부함
그래놀라 (Granola)	오트밀, 견과류, 건조 과일, 건조 코코넛, 시럽 등을 오븐으로 구운 후 메이플 시럽, 꿀 등에 버무려 식힌 음식

③ 달걀

• 습식열 달걀 조리

포치드 에그 (Poached egg)	90℃ 정도의 비등점 아래 뜨거운 물에 식초를 넣고 껍질을 제거한 달걀을 넣어 익히는 것
보일드 에그 (Boiled egg)	100℃ 이상의 끓는 물에 달걀을 넣고 익히는 것으로 삶은 달걀이라고도 함 • 커들드 에그(Coddled egg): 100℃의 끓는 물에 30초 정도 살짝 익힌 달걀 • 반숙 달걀(Soft boiled egg): 100℃의 끓는 물에 3~4분간 삶아 노른자가 1/3 정도 익힌 달걀 • 중반숙 달걀(Medium boiled egg): 100℃의 끓는 물에 5~7분간 삶아 노른자가 반 정도 익힌 달걀 • 완숙 달걀(Hard boiled egg): 100℃의 끓는 물에 10~14분간 삶아 노른자가 완전히 익은 달걀

• 건식열 달걀 조리

달걀 프라이 (Fried egg)	프라이팬을 이용하여 조리한 달걀 • 서니 사이드 업(Sunny side up): 달걀의 한쪽 면만 익힌 상태 • 오버 이지(Over easy): 달걀의 양쪽 면을 살짝 익혀 흰자는 익고 노른자는 익지 않은 상태 • 오버 미디엄(Over medium): 달걀의 양쪽 면을 익혀 흰자는 익고 노른자는 반 정도 익은 상태 • 오버 하드(Over hard): 달걀의 양쪽 면을 모두 완전히 익힌 상태
스크램블 에그 (Scrambled egg)	팬에 버터나 식용유를 두르고 달걀을 넣어 빠르게 휘저어 만든 달걀 요리
오믈렛 (Omelet)	• 달걀을 스크램블 에그 형태로 만들다가 럭비공 모양으로 만든 달걀 요리 • 속에 넣는 재료에 따라 오믈렛의 종류가 다양함
에그 베네딕트 (Egg benedict)	구운 잉글리시 머핀에 햄, 포치드 에그(Poached egg)를 얹고 홀랜다이즈 소스(Hollandaise sauce)를 올린 미국의 대표 요리

오믈렛(Omelet)의 종류

• 치즈(Cheese) 오믈렛: 슬라이스 치즈를 0.5cm 사각으로 썰어 넣는 오믈렛
• 스패니쉬(Spanish) 오믈렛: 양파, 버섯, 피망, 베이컨, 토마토를 0.5cm × 0.5cm로 잘라서 볶은 후 토마토 페이스트를 넣고 볶아 만든 오믈렛
• 버섯(Mushroom) 오믈렛: 버섯을 작은 주사위 모양으로 잘라 버터에 볶은 다음 넣는 오믈렛
• 토마토(Tomato) 오믈렛: 토마토를 끓는 물에 삶아 껍질을 벗겨 씨를 제거하고 작은 주사위 모양으로 잘라 넣어 만든 오믈렛

01 난이도 중

에그 베네딕트를 만들 때 필수적인 요소가 <u>아닌</u> 것은?

① 포치드 에그
② 햄(또는 베이컨)
③ 홀랜다이즈 소스
④ 바닐라 소스

| 해설 |
에그 베네딕트는 구운 잉글리시 머핀에 햄, 포치드 에그를 얹고 홀랜다이즈 소스를 올린 미국의 대표 달걀 요리이다.

02 난이도 하

더운 시리얼로 육수나 우유를 넣어 죽처럼 조리해서 섭취하는 시리얼은?

① 오트밀(Oatmeal)
② 올 브랜(All bran)
③ 라이스 크리스피(Rice krispy)
④ 쉬레디드 휘트(Shredded wheat)

| 해설 |
오트밀(Oatmeal)은 귀리를 볶은 다음 거칠게 부수거나 납작하게 누른 것으로 주로 육수나 우유를 넣고 죽처럼 따뜻하게 조리해서 먹는다.

03 난이도 중

달걀의 한쪽 면만 익힌 상태의 달걀 프라이는?

① 오버 하드(Over hard)
② 오버 이지(Over easy)
③ 서니 사이드 업(Sunny side up)
④ 오버 미디엄(Over medium)

| 해설 |
① 오버 하드(Over hard)는 달걀의 양쪽 면을 모두 완전히 익힌 상태. ② 오버 이지(Over easy)는 달걀의 양쪽 면을 살짝 익힌 상태. ④ 오버 미디엄(Over medium)은 달걀의 양쪽 면을 익힌 상태의 프라이를 말한다.

04 난이도 중

조식에서 제공되는 달걀요리 중 건식열 달걀조리 방법으로 조리한 것이 <u>아닌</u> 것은?

① 스크램블 에그
② 달걀 프라이
③ 포치드 에그
④ 에그 베네딕트

| 해설 |
건식열 달걀 조리는 물을 사용하지 않는 조리로 달걀 프라이, 스크램블 에그, 오믈렛, 에그 베네딕트 등이 있으며, 습식열 달걀 조리는 물을 사용하여 달걀을 익히는 조리로 포치드 에그와 보일드 에그 등이 있다.

05 난이도 하

바게트로 불리는 프랑스의 전통 빵으로 물, 이스트, 밀가루, 소금만 사용하여 달지 않은 빵은?

① 베이글(Bagel)
② 크레이프(Crepe)
③ 크루아상(Croissant)
④ 프렌치 브레드(French bread)

| 해설 |
프렌치 브레드(French bread)는 물, 이스트, 밀가루, 소금만으로 만든 프랑스의 전통 빵으로 다른 말로 '바게트(Baguette)'라고도 하며 길쭉한 몽둥이 모양이다.

39 | 양식-스톡 조리(소스, 수프)

1 스톡

1. 스톡의 재료

부케가르니 (Bouquet garni)	통후추, 월계수 잎, 셀러리 줄기, 정향, 파슬리 줄기, 마늘, 타임 등을 통째로 넣어 맛과 향을 추출하는 것
미르포아 (Mirepoix)	스톡에 향을 강화하기 위해 사용하는 양파, 당근, 셀러리의 혼합물 • 기본 미르포아: 양파 50%, 당근 25%, 셀러리 25%의 비율로 끓여냄 • 화이트 미르포아: 기본 미르포아에 당근을 넣지 않고 파의 흰 부분이나 무, 대파, 버섯과 같은 흰색 채소를 이용하여 끓임
뼈 (Bone)	스톡에 향과 색을 부여하기 위한 중요한 재료로 조리 시 뼈는 절단기를 이용하여 8~10cm의 작은 조각으로 잘라주어야 맛, 젤라틴, 영양분을 빠르고 완전하게 추출할 수 있음 • 소뼈와 송아지 뼈: 6~8시간 조리하는 것이 좋으며 근육과 뼈를 연결하는 콜라겐과 연골이 많이 포함되어 있음 • 닭 뼈: 5~6시간 정도 조리하는 것이 좋으며 양질의 스톡을 위해서는 목과 등뼈를 사용하는 것이 좋음. 가격이 저렴하고 소뼈에 비하여 조리시간이 짧아 많이 사용됨 • 생선 뼈: 조리시간이 대략 1시간 이내로 짧고 넙치, 가자미와 같이 기름기가 적은 생선이 적합함 • 기타 잡뼈: 요리 목적에 따라 양, 칠면조, 가금류, 햄 뼈 등을 사용할 수 있으며, 조리 시에는 되도록 혼합 사용을 피하고 허브(Herb)와 스파이스(Spice)를 곁들여 특정 냄새를 줄이는 것이 좋음

2. 스톡의 종류

브라운 스톡 (Brown stock)	• 닭, 송아지, 소 등의 뼈와 미르포아, 부케가르니를 넣고 은근히 끓여 만든 스톡 • 기본이 되는 뼈와 야채를 오븐이나 그리들 등에 태워 갈색으로 만든 후 7~11시간 정도 은근히 끓임 • 토마토 페이스트와 같은 토마토 부산물이 첨가됨
화이트 스톡 (White stock)	• 찬물에 주로 닭, 송아지, 소, 생선 등의 뼈와 미르포아, 부케가르니를 넣어 색이 나지 않게 끓여 만든 스톡 • 함께 끓이는 야채도 당근과 같은 색이 나는 것은 사용하지 않고 주로 대파나 양파 등의 야채를 사용하여 만듦
쿠르부용 (Court bouillon)	• 야채, 부케가르니, 식초나 와인 등의 산성 액체를 넣어 은근히 끓여 만든 스톡 • 주로 야채나 해산물을 포칭(Poaching)하는 데 사용함

3. 스톡의 조리 및 완성

① 스톡 조리 시에는 재료가 충분히 잠길 정도의 물을 붓고 찬물에서부터 가열해야 함

② 스톡이 끓기 시작하면 온도를 약 90℃ 정도로 유지하며 은근히 끓여 주어야 뼈 속에 포함되어 있는 맛과 향이 물속으로 충분히 용해될 수 있음

③ 스톡은 다양한 용도로 사용하며, 조리 시 졸여서 사용할 수 있으므로 스톡 조리 시에는 절대로 간을 하지 않음

사세데피스

부케가르니보다 좀 더 작은 조각의 향신료들을 소창에 싸서 향을 추출하는 것

뼈의 재료에 따른 스톡의 명칭

• 소뼈: 비프(Beef) 스톡
• 송아지 뼈: 빌(Veal) 스톡
• 닭 뼈: 치킨(Chicken) 스톡
• 생선 뼈: 피시(Fish) 스톡

향신료

• 허브(Herb): 식물의 잎, 줄기, 꽃봉오리 등을 신선한 형태로 말린 것
• 스파이스(Spice): 식물의 씨, 나무 껍질, 뿌리 또는 이것을 가루로 만든 것
• 클로브: 못처럼 생겨서 정향이라고 하며 양고기, 피클, 청어 절임, 마리네이드 절임 등에 사용

페이스트(Paste)

과실, 야채, 견과류, 육류 등 모든 식품을 갈거나 체에 으깨어 부드러운 상태로 만든 것. 또는 고체와 액체의 중간 굳기를 뜻함

나지(Nage)

생선 뼈나 갑각류의 껍데기를 쿠르부용에 넣어 끓이는 것

④ 깨끗한 스톡을 만들기 위해서 표면 위로 떠오르는 불순물을 스키머(Skimmer)로 계속 제거해야 하며, 깨끗하고 투명한 스톡을 유지하기 위해서 조리된 후 내용물과 스톡을 분리하고 표면에 떠오르는 기름기를 걷어내야 함

⑤ 스톡을 거른 후에는 재빨리 냉각시키는 것이 좋으며, 식기 전에는 뚜껑을 덮지 않아야 함(1차로 2시간 이내 21℃로, 2차로 4시간 동안 5℃ 이하로 냉각시키는 것이 좋음)

⑥ 냉각된 스톡의 기름기는 슬로티드 스푼(Slotted spoon) 등의 기구로 떠내어 제거함

⑦ 완성된 스톡은 냉장의 경우 3~4일, 냉동의 경우 5~6개월까지 보관이 가능함

4. 스톡의 품질평가

문제점	원인	해결방안
맑지 않음	• 조리 시 불 조절에 실패함 • 더운물에서 스톡을 조리함 • 이물질이 첨가됨 • 거품을 걷어내지 않음	• 은근히 끓이면서 조리함 • 찬물에서 스톡 조리를 시작함 • 이물질을 소창으로 걸러냄
향이 적음	• 충분히 조리되지 않음 • 뼈와 물의 불균형	• 조리시간을 늘림 • 뼈를 추가로 더 넣음
색상이 옅음	뼈와 미르포아가 충분히 타지 않음	뼈와 미르포아를 갈색이 나도록 태움
쓴맛이 남	뼈와 미르포아를 지나치게 많이 태워 조리함	뼈와 미르포아를 옅은 불에서 적당히 조리함
무게감이 없음	뼈와 물의 불균형	뼈를 추가로 더 넣음
짠맛이 남	조리 중에 소금이 첨가됨	스톡에 간을 하지 않고 다시 조리함
신맛이 남	스톡이 식기 전에 뚜껑을 덮음	스톡 조리 후 충분히 냉각하고 뚜껑을 덮음

2 소스

1. 소스의 기본 재료

부케가르니, 미르포아, 향신료, 농후제

2. 농후제(Liaison)의 종류와 특성

루 (Roux)	버터와 밀가루를 혼합하여 고소한 풍미가 나도록 볶은 것 • 화이트 루(White roux): 색이 나기 직전까지만 볶은 것 • 브론즈 루(Brond roux): 약간의 갈색이 돌 때까지 볶은 것 • 브라운 루(Brown roux): 색이 짙은 소스를 만들 때 사용하며 루의 색깔이 갈색을 띰
뵈르 마니에 (Beurre manie)	녹은 버터에 동량의 밀가루를 섞은 것으로 향이 강한 소스의 농도를 맞출 때 사용함
전분 (Starch)	감자, 옥수수, 고구마 등의 야채에 함유되어 있는 녹말가루로 찬물에 섞어 두었다가 농후제로 사용함
달걀 (Egg)	노른자를 이용하여 농도를 맞출 수 있음 예 앙글레이즈 소스, 홀랜다이즈 소스, 마요네즈 소스
버터 (Butter)	높은 온도에서는 물과 기름이 분리되어 농후제 역할을 할 수 없으나 60℃ 정도에서는 포마드 상태의 버터를 넣고 잘 저어 주면 농도를 더할 수 있음 예 뵈르블랑 소스

3. 소스의 종류

① 5대 기본 소스(모체 소스)

베샤멜 소스 (Bechamel sauce)	• 버터에 양파, 대파, 넛맥을 넣고 볶다가 밀가루를 넣어 화이트 루를 만들고 우유를 넣어 만든 화이트 소스 • 야채나 육류, 생선 등에 사용
에스파뇰 소스 (Espagnole sauce)	• 브라운 스톡과 브라운 루를 이용하여 만든 브라운 소스 • 육류에 많이 사용
토마토 소스 (Tomato sauce)	• 토마토를 이용하여 만든 적색 소스 • 파스타와 피자 등에 사용
홀랜다이즈 소스 (Hollandaise sauce)	• 정제 버터와 달걀 노른자, 레몬주스 등을 이용하여 만든 황색 소스 • 달걀 요리, 야채 요리, 생선 요리 등에 사용
벨루테 소스 (Veloute sauce)	• 화이트 루에 화이트 스톡을 넣어 만든 브론즈색 소스 • 생선류나 가금류 등에 사용

② 육수 소스

갈색 육수 소스	• 에스파뇰 소스(Espagnole sauce)를 의미하며, 다른 용어로 폰드보(Fond de veau), 데미글라스(Demi glace)라고도 함 • 뼈는 오븐에 넣어 색을 내고 야채는 팬에 볶아 황갈색을 낸 뒤 향신료와 함께 끓여 만든 육수 • 파생 소스: 비가라드 소스, 마르살라 소스, 징가라 소스, 리요네즈 소스, 포트와인 소스, 마데이라 소스 등	
흰색 육수 소스	• 벨루테 소스(Veloute sauce)를 의미함 • 송아지, 닭, 생선 등의 육수에 연갈색의 브론즈 루를 넣어 만듦 • 파생 소스	
	비프벨루테	알망드 소스, 카르프 소스, 샴피뇽 소스
	치킨벨루테	슈프림 소스, 아이보리 소스, 풀레 소스
	생선벨루테	화이트 소스, 샤프랑 소스, 피스토 소스, 낭투아 소스

③ 토마토 소스

토마토 퓌레	토마토를 파쇄한 뒤 조미하지 않고 그대로 농축한 것
토마토 쿨리	토마토 퓌레에 약간의 향신료를 가미한 것
토마토 페이스트	토마토 퓌레를 더 강하게 농축하여 수분을 날린 것
토마토 홀	토마토 껍질만 제거한 뒤 통조림으로 만든 것

④ 우유 소스

베샤멜 소스	우유와 화이트 루에 향신료를 가미한 소스
크림 소스	• 생크림이나 우유를 조린 소스 • 생선 육수 등을 첨가하거나 화이트 와인을 넣어 사용할 때는 뵈르 마니에(Beurre manie)로 농도를 맞추기도 함

⑤ 유지 소스

식용유 이용	• 주로 올리브유와 포도씨유를 이용하며 샐러드 소스가 많음 • 파생 소스: 비네그레트 소스, 마요네즈 소스
버터 이용	파생 소스: 홀랜다이즈 소스, 베르블랑 소스

⑥ 디저트 소스

크림 소스	앙글레이즈 소스[= 커스터드(Custard) 소스]
리큐어 소스	• 과일즙이 주재료로 사용된 소스에 약간의 리큐어나 럼을 넣어 만듦 • 어떠한 과일이든 본연의 맛에 시럽을 첨가하여 더 달콤하게 만든 소스

베샤멜 소스 적정 비율

양파:밀가루:버터:우유 = 1:1:1:20

토마토 소스의 파생 소스

• 볼로네이즈 소스
• 푸타네스카 소스
• 이탈리안 미트 소스
• 멕시칸 살사 소스
• 토마토 칠리 소스
• 징가라 소스

비네그레트 소스 적정 비율

• 기름:식초 = 3:1
• 식초의 산도에 따라 2:1 또는 4:1 로도 사용함

4. 주요 소스의 재료

① 비가라드 소스: 브라운 스톡, 포도잼, 오렌지, 레몬, 브랜디, 레드와인 식초
② 아메리칸 소스: 바닷가재, 꽃게나 새우, 생선 육수, 토마토 페이스트, 토마토, 마늘 등
③ 비네그레트 소스: 식초, 오일(샐러드용), 허브
④ 홀랜다이즈 소스: 달걀 노른자, 녹인 버터, 레몬즙, 소금, 후추
⑤ 베르블랑 소스: 양파, 화이트와인, 식초, 월계수 잎, 버터
⑥ 앙글레이즈 소스: 달걀 노른자, 설탕, 바닐라향을 넣어 끓인 우유
⑦ 타르타르 소스: 마요네즈, 양파, 달걀, 피클, 파슬리, 레몬

몽테(Monter)

소스나 수프 조리 시 마지막 단계에서 풍미를 더하기 위해 버터나 올리브유를 둘러 코팅하는 것으로 소스나 수프 표면에 막이 형성되는 것을 막아줌

홀랜다이즈 소스

홀랜다이즈 소스는 조리 후 반드시 따뜻하게 보관해야 함

3 수프

1. 수프의 구성요소

스톡(Stock)	수프의 맛을 좌우하는 가장 기본이 되는 요소
농후제	전분 성분을 지닌 야채를 비롯하여 버터, 뵈르 마니에, 달걀 노른자, 크림, 쌀 등 다양하게 사용할 수 있으나 밀가루를 볶은 루(Roux)를 가장 많이 사용함
가니쉬 (Garnish)	수프의 맛을 증가시켜 주는 역할 • 수프에 첨가(Garnish): 국수, 라비올리, 달걀지단, 채소, 버섯 등 • 수프에 장식(Topping): 크림, 크루통, 잘게 썬 차이브 등 • 수프와 따로 제공(Accompanish): 달걀, 빵, 토마토 콩카세 등
허브와 향신료	수프의 풍미를 더해 주고 식욕을 촉진시킴

2. 수프의 종류

① 농도에 의한 분류

맑은 수프 (Clear soup)	맑은 스톡을 사용하며 농축하지 않아 투명한 색의 수프 • 콩소메(Consomme): 소고기, 닭, 생선 • 미네스트로네(Minestrone): 맑은 채소 수프
진한 수프 (Thick soup)	걸쭉하고 농도가 진하게 만든 수프 • 크림(Cream): 베사멜 수프(화이트 루), 벨루테 수프(브론즈 루) • 포타주(Potage): 콩을 사용하여 만들며 별도의 농후제를 사용하지 않음 • 퓌레(Puree): 야채를 잘게 분쇄한 것으로 부용(Bouillon)을 넣어 만들며 크림은 사용하지 않음 • 차우더(Chowder): 게살, 감자, 우유를 사용한 수프 • 비스크(Bisque): 갑각류를 사용한 수프

② 온도에 의한 분류

뜨거운 수프 (Hot soup)	대부분의 진한 수프나 맑은 수프
차가운 수프 (Cold soup)	• 가스파초(Gazpacho): 토마토, 양파, 피망 등의 채소로 만든 차가운 수프 • 비시스와즈(Vichyssoise): 감자를 삶은 후 체에 내려 퓌레로 만든 차가운 수프

③ 재료에 의한 분류

고기 수프 (Meat soup)	• 보르시지(Borscht) 수프 • 굴라시(Goulash) 수프
채소 수프 (Vegetable soup)	미네스트로네(Minestrone) 수프
생선 수프 (Fish soup)	부야베스(Bouillabaisse) 수프

④ 지역에 의한 분류

부야베스 (Bouillabaisse)	남부 프랑스 지방의 수프로 생선 스톡에 여러 가지 생선과 바닷가재, 채소, 올리브유를 넣고 끓인 수프
굴라시 (Goulash)	헝가리의 대표적인 수프로, 파프리카 고추로 진하게 양념한 매콤한 소고기에 야채를 함께 넣고 끓인 수프
미네스트로네 (Minestrone)	이탈리아의 야채 수프로 각종 야채와 베이컨, 파스타를 넣고 만든 수프
옥스테일 수프 (Ox-tail soup)	영국의 수프로 소꼬리(Ox-tail), 베이컨(Bacon), 토마토 퓌레(Tomato puree)를 넣고 끓인 수프
보르쉬 (Borsch)	러시아와 폴란드식 수프로 신선한 비트를 이용하여 만들며 생크림으로 장식함

01 난이도 상

작은 조각의 향신료들을 소창에 싸서 향을 추출하는 것을 뜻하는 용어는?

① 사세데피스
② 부케가르니
③ 나지
④ 몽테

| 해설 |
부케가르니는 통으로 넣어 향을 추출하는 방법이고 사세데피스는 부케가르니보다 더 작은 향신료 조각들을 소창에 싸서 향을 추출하는 방법이다.

02 난이도 상

완성된 스톡이 맑지 않을 때의 원인에 해당하지 않는 것은?

① 이물질이 첨가되었다.
② 거품을 걷어내지 않았다.
③ 조리 시 센 불에서 조리하였다.
④ 찬물에서 스톡 조리를 시작하였다.

| 해설 |
찬물에서 스톡 조리를 시작해야 맑은 스톡을 만들 수 있다. 더운물에서 스톡 조리를 시작할 경우 맑지 않고 혼탁한 스톡이 만들어진다.

03 난이도 하

비가라드 소스에 사용하는 과일로 적절한 것은?

① 망고
② 딸기
③ 오렌지
④ 토마토

| 해설 |
비가라드 소스는 브라운 스톡에 오렌지나 레몬을 이용하여 만든 소스이다.

04 난이도 중

다음 중 진한 수프에 해당하지 않는 것은?

① 퓌레(Puree)
② 비스크(Bisque)
③ 차우더(Chowder)
④ 콩소메(Consomme)

| 해설 |
콩소메(Consomme)는 맑은 수프에 해당한다.

05 난이도 중

다음 중 토마토 소스에서 파생된 소스가 아닌 것은?

① 살사 소스
② 아이보리 소스
③ 푸타네스카 소스
④ 볼로네이즈 소스

| 해설 |
토마토 소스의 파생 소스로는 볼로네이즈 소스, 푸타네스카 소스, 이탈리안 미트 소스, 멕시칸 살사 소스, 토마토 칠리 소스 등이 있다. 아이보리 소스는 치킨 벨루테 소스에서 파생된 소스이다.

06 난이도 하

다음 중 헝가리의 대표적인 수프로 매콤한 맛이 특징인 수프는?

① 미네스트로네(Minestrone)
② 굴라시(Goulash)
③ 옥스테일 수프(Ox-tail soup)
④ 보르쉬(Borsch)

| 해설 |
굴라시(Goulash)는 헝가리의 대표적인 수프로 파프리카 고추를 사용하여 양념에서 매콤한 맛이 나는 것이 특징이다.

40 | 양식-전채 요리(샐러드, 샌드위치)

1 전채 요리

1. 전채 요리의 정의

전채란 식전에 나오는 모든 요리를 총칭하는 용어로 오르되브르(Hors-d'oeuvre), 애피타이저(Appetizer)라고도 함

2. 전채 요리의 분류

플레인 (Plain)	• 식재료 본연의 형태와 맛이 유지된 것 • 햄 카나페, 생굴, 캐비아, 올리브, 토마토 렐리시, 살라미, 소시지, 새우 카나페, 앤초비, 치즈, 과일, 거위 간(푸아그라), 연어 등
드레스드 (Dressed)	• 요리사의 아이디어와 기술로 가공된 것 • 과일 주스, 칵테일, 육류 카나페, 게살 카나페, 소시지 말이, 구운 굴, 스터프트 에그 등

푸아그라(Foie gras)
프랑스 고급 요리에 사용하는 크고 지방이 많은 거위 간

3. 전채 요리의 주요 종류

칵테일 (Cocktail)	• 주재료로 해산물과 산뜻한 과일을 주로 사용하며 크기가 작음 • 차갑게 제공되는 요리로 모양이 예쁘고 맛이 좋음
카나페 (Canape)	• 빵을 얇게 썰어 여러 모양으로 잘라 구운 후 그 위에 버터를 바르고 여러 가지 재료를 올린 요리 • 빵 대신 크래커(Cracker)를 사용하기도 함
렐리시 (Relish)	• 생채소를 예쁘게 다듬어 마요네즈 같은 소스를 곁들이는 음식 • 주로 셀러리, 무, 올리브, 피클, 채소 스틱 등을 사용함

4. 전채 요리의 콩디망(Condiment)

① 콩디망(Condiment)의 정의: 양념을 통칭하는 용어로 전채 요리에 어울리는 양념, 향신료, 조미료 등을 말하며, 전채 요리에 뿌리거나 작은 접시에 따로 제공됨

② 전채 요리에 사용되는 콩디망의 종류

비네그레트 (Vinaigrette)	기본 비네그레트는 오일과 식초를 3:1의 비율로 섞고 소금과 후추로 간을 한 소스로 해산물이나 채소 요리에 어울림 • 허브 비네그레트(Herb vinaigrette): 기본 비네그레트에 허브를 섞어서 사용 • 베지터블 비네그레트(Vegetable vinaigrette): 양파, 홍피망, 청피망, 파프리카, 마늘, 파슬리 등을 작은 주사위 모양으로 잘라 기본 비네그레트에 섞어서 사용 • 머스터드 비네그레트(Mustard vinaigrette): 기본 비네그레트에 머스터드를 섞어서 사용
토마토 살사 (Tomato salsa)	토마토를 작은 주사위 모양으로 잘라서 다진 양파, 올리브유, 적포도주, 식초, 파슬리 다진 것을 넣어 섞고 소금과 후추로 간을 함
마요네즈 (Mayonnaise)	식초와 기름에 유화제(달걀 노른자)를 첨가한 반고체 식품으로 만든 소스로 채소와 같이 먹거나 무쳐서 사용

발사믹 소스 (Balsamic sauce)	포도주 식초의 일종으로 발사믹 식초를 반으로 졸여 올리브유와 소금, 후추로 간을 하며 샐러드 드레싱, 생선, 육류 요리용으로 많이 사용하고 올리브유에 한 방울 떨어뜨려 빵에 찍어먹기도 함 • 레드 발사믹 식초: 떫은맛이 있으며 깊은 맛을 내 드레싱, 조림용 소스로 사용 • 화이트 발사믹 식초: 산뜻한 맛이 강하며 깔끔하고 가벼워 주로 마리네이드(절임)의 재료로 사용하고 생선 요리에 어울림
칵테일 소스 (Cocktail sauce)	토마토케첩에 잘게 다진 케이퍼(Caper), 호스래디시, 백포도주, 핫소스를 넣고 섞은 후 레몬즙과 소금, 후추로 간을 한 소스

5. 전채 요리의 특징

① 신맛과 짠맛이 적당히 있음

② 주요리보다 소량으로 만듦

③ 모양, 색채, 맛 등 예술성이 뛰어남

④ 계절별, 지역별 식재료를 다양하게 사용함

⑤ 주요리에 사용되는 재료나 조리법을 중복하여 사용하지 않음

2 샐러드

1. 샐러드의 정의

샐러드란 차가운 소스를 곁들여 주요리가 제공되기 전에 신선한 채소, 과일 등을 드레싱과 함께 섞어 제공하는 요리를 말함

2. 샐러드의 기본 구성

바탕 (Base)	그릇을 채워주는 역할과 사용된 본체와의 색 대비를 이루는 것을 목적으로 하여 잎상추, 로메인 상추와 같은 샐러드 채소로 구성됨
본체 (Body)	샐러드의 종류가 본체에 사용된 재료의 종류에 따라 결정되므로 샐러드의 중요한 부분임
드레싱 (Dressing)	일반적으로 모든 종류의 샐러드와 함께 차려내며, 샐러드의 맛을 증가시키고 가치를 돋보이게 하며 소화를 도움
가니쉬 (Garnish)	완성된 제품을 아름답게 보이도록 하며 때에 따라 형태를 개선하고 맛을 증가시키는 역할을 함

3. 샐러드의 분류

순수 샐러드 (Simple salad)	• 여러 가지 채소를 적절히 배합하여 영양, 맛, 색상 등이 서로 조화를 이루도록 만든 샐러드(주로 잎채소를 사용함) • 대부분 드레싱을 버무리지 않고 먹기 직전에 채소 위에 드레싱을 올려서 제공(먹는 사람이 드레싱을 어느 정도 선택할 수 있음) • 곁들임 요리 또는 세트 메뉴에 코스용 샐러드로 사용함
혼합 샐러드 (Compound salad)	• 양념이나 조미료 등을 첨가하지 않고 그대로 제공할 수 있도록 향신료나 소금, 후추 등이 혼합된 완전한 상태의 샐러드 • 경채류나 근채류, 과채류, 화채류가 많이 사용됨 • 제공 전 이미 드레싱에 버무려짐(먹는 사람이 드레싱을 별도로 선택할 수 없음) • 애피타이저나 뷔페에 사용됨
더운 샐러드 (Warm salad)	• 낮은 불에서 드레싱을 데워 재료와 버무려 만든 샐러드 • 프랑스어로 살라드 티에드(Salad tiedes)라고 함

그린 샐러드 (Green salad)	• 한 가지 또는 그 이상의 샐러드를 드레싱과 곁들여 만든 샐러드 • 가든 샐러드(Garden salad)라고도 함

4. 드레싱의 종류

<table>
<tr><td rowspan="3">차가운
유화
소스류</td><td>비네그레트
(Vinaigrette)</td><td>• 기름, 식초, 소금, 후추를 주재료로 한 드레싱(오일 : 식초 = 3 : 1)
• 일시적 유화 소스로 시간이 지나면 다시 분리됨</td></tr>
<tr><td>마요네즈
(Mayonnaise)</td><td>• 달걀 노른자에 오일, 머스터드, 소금, 식초, 설탕을 넣고 유화시켜 만든
 드레싱
• 한번 유화되면 형태가 파괴되지 않음
• 파생 드레싱 : 사우전 아일랜드 드레싱, 아이올리 등</td></tr>
<tr><td>유제품
소스류</td><td colspan="1">• 샐러드 드레싱 또는 디핑 소스(Dipping sauce)로도 사용됨
• 우유나 생크림, 사워크림, 치즈를 주재료로 함
• 대표적인 드레싱 : 허브 크림 드레싱</td></tr>
<tr><td>살사류</td><td>• 상큼한 맛을 내기 위해 감귤류의 주스나 식초, 포도주와 같은 산을 첨가함
• 대표적인 드레싱 : 멕시칸 토마토 살사, 처트니, 렐리시, 콩포트</td></tr>
<tr><td>쿨리와
퓌레</td><td>• 쿨리(Coulis) : 소스와 같은 농도에 날 것이나 요리된 과일, 채소를 넣어 달콤한 형태의
 맛과 모양으로 만든 것
• 퓌레(Puree) : 과일이나 채소를 블렌더나 프로세서로 갈아 다시 걸러진 부드러운 질감의
 액체 형태 음식</td></tr>
</table>

> **처트니**
> 과일이나 채소에 향신료를 넣어 만든
> 인도식 소스

5. 샐러드 제공 시 주의사항

① 채소의 물기는 반드시 제거하고 담도록 함

② 주재료와 부재료의 크기를 고려하여 부재료가 주재료를 가리지 않게 함

③ 주재료와 부재료의 모양과 색상, 식감은 항상 다르게 준비함

④ 드레싱의 양이 샐러드의 양보다 많지 않게 담도록 함

⑤ 드레싱의 농도가 너무 묽지 않게 함

⑥ 드레싱은 미리 뿌리지 말고 제공할 때 뿌리도록 함

⑦ 샐러드를 미리 만들면 반드시 덮개를 씌워서 채소가 마르는 일이 없도록 함

⑧ 가니쉬는 절대로 주재료와 중복해서 사용하지 않도록 함

3 샌드위치

1. 샌드위치의 분류

① 온도에 따른 분류

핫 샌드위치 (Hot sandwich)	빵 사이에 넣는 뜨거운 속재료(고기, 어패류, 그릴 야채)가 주재료인 샌드위치
콜드 샌드위치 (Cold sandwich)	빵 사이에 넣는 차가운 속재료(마요네즈에 버무린 야채, 참치캔, 파스트라미, 살라미, 하몽 등)가 주재료인 샌드위치

② 형태에 따른 분류

오픈 샌드위치 (Open sandwich)	• 빵에 속재료를 넣고 위에 덮는 빵을 올리지 않는 샌드위치 • 종류 : 브루스케타(Brustchetta), 카나페(Canape) 등
클로우즈드 샌드위치 (Closed sandwich)	속재료를 넣고 위와 아래 모두 빵으로 덮는 형태의 샌드위치
핑거 샌드위치 (Finger sandwich)	일반 식빵을 클로우즈드 샌드위치로 만들어 손가락 모양으로 길게 3~6등분 으로 썰어 제공하는 샌드위치

> **브루스케타**
> 1cm 정도 두께로 자른 빵(주로 바게트)
> 위에 마늘, 올리브유를 바르고 속재
> 료를 올린 샌드위치

롤 샌드위치 (Roll sandwich)	• 빵을 넓고 길게 잘라 속재료(크림치즈, 게살, 훈제연어 등)를 넣고 둥글게 만 후 썰어 제공하는 형태의 샌드위치 • 종류: 딸기 롤 샌드위치, 또르티야, 게살 롤 샌드위치 등

2. 샌드위치의 구성

빵 (Bread)	• 단맛이 덜하고 보기 좋게 썰 수 있는 정도의 조직이 있는 빵이 적합함 • 샌드위치에 적합한 빵의 종류: 식빵, 포카치아, 바게트, 햄버거 빵, 피타, 치아바타, 크루아상, 베이글 등
스프레드 (Spread)	• 코팅제(속재료의 수분 때문에 빵의 눅눅해짐 방지), 촉촉한 감촉 부여, 접착성 및 맛을 향상시키는 역할을 함 • 스프레드의 종류: 마요네즈, 잼, 버터(가장 많이 사용), 머스터드, 크림치즈, 땅콩버터, 바질 페이스트 스프레드, 감자 퓌레 등
주재료−샌드위치의 속재료(Filling)	• 샌드위치의 가장 핵심이 되는 재료 • 핫 샌드위치 속재료: 육류 패티, 생선 패티, 그릴 야채, 익힌 달걀 등 • 콜드 샌드위치 속재료: 파스트라미, 살라미, 프로슈토, 하몽, 소시지, 훈제 연어, 모짜렐라 치즈, 마요네즈에 버무린 재료, 과일, 생야채 등
부재료−가니쉬 (Garnish)	• 샌드위치를 보기 좋게 하는 요소로 상품성 있게 만드는 재료 • 주로 사용되는 가니쉬: 양상추, 로메인, 루꼴라, 토마토, 야채의 싹류, 과일 류 등
양념 (Condiment)	• 샌드위치에 사용하는 양념은 조미료나 음식의 소스 혹은 드레싱을 뜻함 • 여러 가지 맛을 제공하므로 맛을 개성 있게 표현함 • 습한 양념: 올리브류(그린올리브, 블랙올리브), 피클류 등 • 건조한 양념: 소금, 후추, 허브 솔트, 카이엔 페퍼 등

01 난이도 중

다음 중 전채 요리의 콩디망(Condiment)으로 사용하지 않는 것은?

① 토마토 홀
② 비네그레트
③ 토마토 살사
④ 발사믹 소스

| 해설 |
전채 요리의 콩디망(양념)으로는 비네그레트, 토마토 살사, 발사믹 소스, 마요네즈 등을 사용한다.

02 난이도 중

과일이나 채소에 향신료를 넣어 만든 인도식 소스는?

① 렐리시
② 처트니
③ 쿨리
④ 비네그레트

| 해설 |
처트니는 과일이나 채소에 향신료를 넣어 만든 인도식 소스로 다양한 곳에 활용하는 전통 양식 소스 중 하나이다.

03 난이도 중

샐러드에 적합한 드레싱을 선택하는 기준으로 적절하지 않은 것은?

① 드레싱은 샐러드 재료의 맛을 강화해야 한다.
② 드레싱은 샐러드 재료와 조화를 이루어야 한다.
③ 드레싱은 샐러드보다 짠 맛이 강해야 한다.
④ 드레싱은 샐러드 재료에 잘 흡수되어야 한다.

| 해설 |
샐러드 드레싱은 샐러드의 맛을 증가시키고 가치를 돋보이게 하는 역할로, 너무 자극적이지 않게 만들어야 한다.

04 난이도 하

샌드위치에 사용하는 가니쉬(garnish)로 적절하지 않은 것은?

① 양상추
② 토마토
③ 치즈
④ 아이스크림

| 해설 |
샌드위치에 사용하는 가니쉬는 샌드위치를 보기 좋게 하는 요소로 샌드위치를 상품성 있게 만들어 주는 역할을 한다. 주로 양상추, 토마토, 치즈, 과일류 등을 사용하며 아이스크림처럼 수분이 많은 재료를 사용할 경우 샌드위치 본연의 질감을 해칠 수 있다.

05 난이도 하

다음 중 대표적인 오픈 샌드위치 형태인 것은?

① 또르티야
② 브루스케타
③ 클럽 샌드위치
④ 핑거 샌드위치

| 해설 |
브루스케타는 1cm 정도 두께로 자른 빵(주로 바게트) 위에 마늘, 올리브유를 바르고 속재료를 올리는 대표적인 오픈 샌드위치이다.

06 난이도 중

샌드위치에서 스프레드의 역할이 아닌 것은?

① 속재료의 접착성을 향상시킨다.
② 샌드위치에 촉촉한 감촉을 준다.
③ 빵이 눅눅해지는 것을 방지한다.
④ 속재료 영양소의 손실을 방지해 준다.

| 해설 |
샌드위치에서 스프레드는 속재료의 접착성 향상, 촉촉한 감촉 부여, 코팅제의 역할(빵이 눅눅해지는 것을 방지함) 등을 한다.

41 | 양식-주요리(육류, 파스타)

1 양식 육류 조리

1. 양식에 사용되는 육류의 종류 및 특징

소고기 (Beef)	• 근섬유가 결이 잘고 탄력이 크며 마블링이 좋음 • 맛이 좋고 부드러운 부위(안심, 등심, 우둔, 갈비, 채끝살)는 스테이크용으로 쓰며, 결합조직이 많아 질긴 부위(목살, 양지)는 갈아서 패티나 소시지로 사용함
송아지고기 (Veal)	• 담적색이고 지방이 섞여 있지 않음 • 근섬유가 가늘고 수분이 많아서 연하지만 육즙이 적어 풍미가 적음 • 연해서 숙성할 필요가 없으나 변패되기 쉽고 보존성이 짧음
돼지고기 (Pork)	• 암수 구별 없이 7개월~1년의 어린 돼지고기를 식육으로 사용함 • 지방 함량이 많고 근섬유는 가늘며, 고기 사이에 지방이 적절하게 분포되어 있음 • 스테이크용 부위: 등심, 안심, 갈비 • 베이컨용 부위: 삼겹살 • 바비큐용 부위: 갈비, 다리, 삼겹살 • 소시지용 부위: 어깨살
양고기 (Lamb)	• 생후 1년 이하의 어린 양고기는 램(Lamb), 그 이상은 머튼(Mutton)이라고 함 • 지방이 많고 부티르산이 많아 특유의 누린내가 있어 향신료를 사용함 • 어린 양고기는 육질이 연하고 부드러우며 냄새가 없음 • 스테이크용 부위: 등심, 안심, 갈비 • 스튜용 부위: 다리
닭고기 (Chicken)	• 소고기에 비해 육색소인 미오글로빈의 함량이 적어 색이 연하고 지방 함량이 적어 맛이 담백함 • 근섬유의 길이가 짧고 두께가 짧아 연하며, 다른 육류에 비하여 지방이 적고 단백질 함량이 높음 • 가슴살은 스테이크용으로, 다릿살은 스튜나 브레이징으로 조리
오리고기 (Duck)	• 인체에 유익한 불포화지방산을 많이 함유하고 있으며 혈액순환에 도움이 됨 • 단백질이 풍부하고 다른 육류에 비하여 부드럽고 풍미가 있음
거위고기 (Goose)	• 야생기러기를 길들여 식육용으로 개량하여 서양 요리에 많이 사용함 • 특유의 누린내가 있고 선홍색을 띠고 있으며 지방이 적음 • 강알칼리성으로 인체에 필요한 리놀레산, 리놀렌산 지방산을 함유하고 있음
칠면조고기 (Turkey)	• 미국, 멕시코에서 많이 사용함 • 육질이 부드럽고 독특한 향이 있으며 닭고기보다 맛이 좋음 • 소화율이 높아 통째로 굽는 요리에 많이 사용함

스테이크 조리법

• 그릴링
• 브로일링
• 로스팅

2. 육류 조리 시 마리네이드(밑간)

① 고기를 조리하기 전에 간을 배게 하거나 육류의 누린내를 제거하고 맛을 내게 함

② 육질이 질긴 고기를 부드럽게 해 줌(주로 식초, 레몬즙)

③ 육류에 마리네이드를 하면 향미와 수분을 주어 맛이 좋아짐

④ 식용유, 올리브유, 레몬즙, 식초, 와인, 간 과일, 향신료 등을 사용함

3. 육류 조리 시 주방 도구

뼈 칼 (Boning knife)	육류 손질 시 뼈와 살을 분리할 때 사용	도끼 칼 (Cleaver knife)	두께가 두껍고 무거우며 닭, 오리, 생선 등의 뼈를 토막 낼 때 사용
카빙 칼 (Carving knife)	햄이나 두꺼운 육류를 얇게 썰 때 사용	부처 칼 (Butcher knife)	정육점에서 생고기를 자를 때 많이 사용
햄 슬라이서 (Ham slicer)	햄을 얇게 썰 때 사용	고기포크 (Meat/Kitchen fork)	뜨거운 육류 또는 덩어리 고기를 집을 때 사용
육류 절단기 (Meat saw)	뼈나 단단한 고기를 자를 때 사용	미트 텐더라이저 (Meat tenderizer)	고기를 두드려 연하게 하거나 모양을 잡을 때 사용
톱 절단기 (Saw machine)	언 고기나 뼈를 전기톱을 이용하여 절단	미트 민서 (Meat mincer)	'육세절기'라고도 하며 고기를 거칠게 갈 때 사용

4. 육류의 조리법

건열식 조리법	브로일링(Broilling)	열원이 위에 있어 불 밑에 육류를 넣어 익힘
	그릴링(Grilling)	열원이 아래에 있어 직접 불로 굽는 방법(철판, 석쇠)
	로스팅 (Roasting)	• 육류나 가금류를 통째로 오븐에 넣어 굽는 방법 • 저온에서 장시간 구울수록 연하고 맛이 좋음
	굽기(Baking)	오븐에서 굽는 방법
	볶기 (Sauteing)	• 팬에 소량의 기름을 넣고 약 160~240℃로 조리 • 영양소의 손실이 적고 육즙의 손상을 방지
	튀김(Frying)	재료의 수분과 육즙의 유출을 막고 영양분의 손실이 가장 적은 조리법
	그라티네이팅 (Gratinating)	조리한 재료 위에 버터, 치즈, 크림, 소스, 크러스트, 설탕 등을 올려 오븐이나 브로일러 등에서 뜨거운 열을 가해 색을 내는 방법
	시어링(Searing)	팬에 강한 열을 가하여 짧은 시간에 육류나 가금류의 겉만 누렇게 지지는 방법으로 오븐에 넣기 전에 사용
습열식 조리법	포칭(Poaching)	• 비등점 이하(약 65~92℃ 정도)의 온도에서 물, 스톡, 와인 등의 액체에 육류 등의 재료를 잠깐 넣어 익히는 것 • 단백질의 손실과 재료가 딱딱해지는 것을 방지
	삶기, 끓이기 (Boilling)	물이나 육수 등의 액체에 재료를 삶거나 끓이는 방법
	시머링 (Simmering)	• 약 85~93℃ 액체에 넣고 약한 불에서 식지 않을 정도로 조리하는 것 • 스톡 조리 시 사용
	증기찜 (Steaming)	• 물을 끓여 수증기로 조리하는 방법 • 물에 삶는 것보다 재료의 형태 유지가 잘 되고 영양소의 손실이 적음
	데치기 (Blanching)	많은 양의 물이나 기름에 재료를 짧게 데친 후 찬물에 식히는 조리 방법
	글레이징 (Glazing)	버터나 과일즙, 육즙 등과 꿀, 설탕을 졸여서 재료에 입혀 코팅시키는 방법으로 육류 조리 시 윤기가 흐르게 해 줌
복합식 조리법	브레이징 (Braising)	• 팬에서 색을 낸 고기에 볶은 야채, 소스, 육즙 등을 브레이징 팬에 넣은 다음 뚜껑을 덮고 천천히 조리하는 방법 • 주로 질긴 육류 요리에 적합함
	스튜잉 (Stewing)	육류, 가금류, 미르포아, 감자 등을 작은 크기로 썰어 뜨겁게 달군 팬에 기름을 넣고 색을 낸 후 소스나 스톡을 넣어 110~140℃의 온도에 끓여 조리하는 방법

기타 육류 조리법	수비드 (Sous vide)	• 진공 저온 조리법 • 완전 밀폐가 가능한 위생 플라스틱 비닐 속에 재료와 부재료 및 양념을 넣은 상태로 포장한 후 일반적인 조리 온도보다 낮은 온도(약 55~65℃)에서 장시간 조리하는 방법 • 육류의 맛과 향, 수분, 질감 및 영양소가 보존됨

5. 육류 조리 시 익힘 정도와 온도

익힘 정도	내부 온도	특징
레어(Rare)	55~60℃	겉표면은 연한 갈색이지만 내부는 선홍색으로 육즙이 풍부하고 소고기 특유의 향미를 느낄 수 있음
미디엄 레어(Medium rare)	61~65℃	레어보다 조금 더 익힌 상태로 내부는 핑크빛이 며 육즙이 있음
미디엄(Medium)	65~70℃	겉표면은 갈색을 띠며 내부는 약간의 핑크빛임
미디엄 웰던(Medium well done)	70~75℃	겉표면은 짙은 갈색이고 내부는 연한 갈색임
웰던(Well done)	75~80℃	고기의 겉표면과 내부 모두 진한 갈색으로 육즙 이 적고 퍽퍽함

2 양식 파스타 조리

1. 파스타 면의 제조 및 분류

① 듀럼 밀(경질 소맥): 파스타 면의 제조에 주로 사용하는 밀로 일반 밀(연질 소맥)보다 글루텐 함량이 높고 카로티노이드 색소가 많이 포함되어 있어 노란색을 띰

② 파스타 면의 분류

건조 파스타	• 듀럼 밀을 거칠게 제분한 세몰리나를 이용하여 면의 형태를 만든 후 건조시 켜 사용함 • 긴 파스타와 여러 가지 모양의 짧은 파스타가 있음
생면 파스타	• 세몰리나에 밀가루를 섞거나 밀가루(강력분)만을 사용함 • 식감이 부드럽고 다른 재료와의 혼합으로 색의 조화가 쉬움

세몰리나

듀럼 밀을 도정하여 얻는 거친 느낌 의 알갱이로 이것을 이용해 건조 파 스타를 만듦

2. 생면 파스타의 종류

오레키에테 (Orecchiette)	• '작은 귀'라는 의미로 귀처럼 오목한 모양의 파스타 • 반죽을 원통형으로 만들어 자르고 가운데를 누른 형태로 소스가 잘 입혀지도록 안쪽 면에 주름이 잡혀야 함 • 부서지지 않고 휴대가 용이하여 뱃사람들이 많이 이용함
탈리아텔레 (Tagliatelle)	• 칼국수처럼 길고 납작한 모양으로 소스가 잘 묻는다는 장점이 있음 • 쉽게 부서지는 단점이 있어 보관 시 둥글게 말아서 사용함 • 주로 소고기나 돼지고기로 만든 진한 소스를 사용함
탈리올리니 (Tagliolini)	• 탈리아텔레보다 좁고 가늘며 스파게티보다는 두꺼운 모양 • 이탈리아 중북부 리구리아 지방에서 사용함 • 파스타 면에 주로 달걀과 다양한 채소를 섞어 면을 만듦 • 소스는 크림이나 치즈, 후추 등을 많이 사용함
파르팔레 (Farfalle)	• 나비넥타이 모양 또는 나비가 날개를 편 모양 • 부재료로 주로 닭고기와 시금치를 사용함 • 크림 소스, 토마토 소스와 잘 어울림

스파게티

세몰리나를 길고 가늘게 뽑아 말린 단단한 막대 모양

토르텔리니 (Tortellini)	• 버터, 치즈 등으로 속을 채우고 반을 접어 반지 모양으로 만든 파스타 • 맑고 진한 수프에 사용하거나 크림을 첨가하여 사용함
라비올리 (Ravioli)	• 두 개의 면 사이에 치즈나 시금치, 고기, 채소 등으로 속을 채운 만두와 비슷한 형태의 파스타면 • 사각형 모양을 기본으로 반달, 원형 등의 모양을 만들 수 있음

3. 파스타 소스의 종류

조개 육수	• 기본적인 해산물 파스타 요리에 주로 사용되는 육수 • 바지락, 모시조개, 홍합 등을 이용함 • 오래 끓이면 맛이 변하므로 30분 이내로 끓이는 것이 좋음 • 농축된 육수는 올리브유에 유화시켜 소스 대신 사용함
토마토 소스	• 당도가 적당하고 농축이 잘 되어 감칠맛 있는 토마토를 사용하는 것이 좋음 • 사용하는 목적에 따라 여러 가지 다른 재료를 첨가하기도 함 • 믹서기를 사용하면 토마토의 씨 부분이 갈리면서 신맛이 나기 때문에 토마토를 으깬 후 끓여서 사용하는 것이 좋음
볼로네제 소스 (라구 소스)	• 돼지고기와 소고기, 채소와 토마토를 넣고 오랜 시간 끓여낸 이탈리아식 미트 소스 • 치즈, 버터, 올리브유 등을 사용해 부드러운 맛을 냄
화이트 크림소스	• 밀가루, 버터, 우유를 주재료로 만든 소스 • 치즈와 크림 등을 첨가하여 파생 소스를 만들기도 함
바질 페스토 소스	• 바질을 주재료로 사용하여 만든 소스 • 보관 기간 동안 페스토가 산화되거나 색이 변하는 것을 방지하기 위해 바질을 끓는 소금물에 데쳐 사용함

페스토

바질을 빻은 후 올리브 오일, 치즈, 잣 등과 함께 갈아 만든 녹색 소스

4. 파스타 면과 소스와의 조화

길고 가는 형태의 파스타	가벼운 토마토 소스나 올리브유를 이용한 소스가 잘 어울림
길고 넓적한 형태의 파스타	파르미지아노 레지아노 치즈, 프로슈토, 버터 등과 잘 어울림
짧은 파스타	가벼운 소스와 진한 소스 모두 잘 어울림
짧고 작은 파스타	수프의 고명으로 많이 사용됨

5. 파스타의 조리

① 깊이가 있는 냄비에 삶는 게 좋음

② 파스타 면은 씹히는 정도의 식감인 알덴테(Al dente)로 삶는 것이 좋음

③ 파스타를 삶을 때는 파스타 양의 10배 정도의 물을 넣어 삶는 것이 좋음(약 1L 정도의 물에 파스타의 양은 100g 정도가 적합함)

④ 파스타를 삶을 때 면이 서로 달라붙지 않도록 분산해서 넣고 잘 저어 주어야 함

⑤ 파스타를 삶을 때 소금을 첨가하면 파스타의 풍미를 살려주고 파스타 면에 탄력을 줌

⑥ 면수(파스타를 삶은 물)를 첨가하면 파스타 소스의 농도를 잡아주고 올리브유가 분리되지 않고 유화될 수 있도록 해 줌

⑦ 삶아진 파스타 겉면의 수증기가 증발하면서 남아 있는 전분이 소스와 어우러져 파스타의 품질을 좋게 하므로 파스타 면은 삶은 후 바로 사용하는 것이 좋음

01 난이도 중

스테이크 조리 시 고기의 마블링이 중요한 이유는?

① 고기의 조리 시간을 단축시킨다.

② 고기가 더욱 단단해지게 한다.

③ 고기의 맛과 육즙을 향상시킨다.

④ 고기의 보관 기간을 연장시킨다.

| 해설 |

스테이크 조리 시 마블링이 잘 되어 있는 부위를 고르면 식감이 연하고 육즙이 풍부하여 맛을 향상시킨다.

02 난이도 중

육류 조리 시 미디엄(Medium) 굽기의 내부 온도로 알맞은 것은?

① 61~65℃

② 65~70℃

③ 70~75℃

④ 75~80℃

| 해설 |

육류 굽기 단계 중 미디엄(Medium)의 내부 온도는 65~70℃ 정도로 고기의 겉표면은 갈색을 띠며 내부는 약간의 붉은색을 나타낸다.

03 난이도 중

강한 불에서 조리하다가 끓으면 불을 줄여서 은근히 끓이는 방법으로 육류의 스톡 조리 시 주로 사용하는 조리법은?

① 시어링(Searing)

② 스튜잉(Stewing)

③ 글레이징(Glazing)

④ 시머링(Simmering)

| 해설 |

육류의 스톡 조리 시 센 불에서 끓이다가 아주 뜨겁지 않고 식지 않을 정도의 60~90℃에서 은근히 끓이는 조리방법을 시머링(Simmering)이라고 한다.

04 난이도 하

'작은 귀'라는 의미로 귀처럼 오목한 모양의 파스타는?

① 라비올리(Ravioli)

② 파르팔레(Farfalle)

③ 탈리아텔레(Tagliatelle)

④ 오레키에테(Orecchiette)

| 해설 |

오레키에테(Orecchiette)는 '작은 귀'라는 뜻으로 반죽을 원통형으로 잘라 가운데를 누른 형태의 오목한 모양이다.

05 난이도 중

파스타 조리 시 면을 삶는 물의 양으로 적절한 것은?

① 파스타 면의 2배

② 파스타 면의 3배

③ 파스타 면의 5배

④ 파스타 면의 10배

| 해설 |

파스타를 삶을 때 적절한 물의 양은 파스타 양의 10배 정도다.

06 난이도 하

돼지고기와 소고기, 채소와 토마토를 넣고 오랜 시간 끓여 낸 이탈리아의 파스타 소스는?

① 봉골레 소스

② 볼로네제 소스

③ 바질 페스토 소스

④ 이탈리아 크림 소스

| 해설 |

볼로네제 소스는 라구 소스라고도 하며 이탈리아식 미트 소스이다.

42 | 중식-기초조리

1 중국 음식의 특징

1. 중국 음식의 특징

① 영토가 넓어 지역별 기후나 풍습 등에 따라 다양한 음식이 발달함

② 기름을 사용하는 음식이 많고 조리법이 다양함

③ 다른 나라에 비해 강한 화력을 사용함

2. 중국 음식의 지역별 특징

북경 요리 (산동 요리)	• 궁중 요리, 고급 요리가 발달함 • 화북 평야의 광대한 농경지에서 생산되는 소맥, 과일 등 농작물이 풍부함 • 짧은 시간에 조리하는 튀김 요리나 볶음 요리가 발달함 • 대표 요리: 오리구이(베이징덕), 면 요리, 전병, 만두 등
상해 요리 (강소 요리)	• 해산물을 많이 이용함 • 진한 간장과 설탕을 사용한 요리가 발달함 • 조림 요리가 발달함 • 대표 요리: 게요리, 동파육, 볶음밥 등
사천 요리	• 사계절 산물이 풍부해 다양한 식재료를 사용함 • 추위를 이겨내기 위해 매운 고추, 마늘, 생강, 파 등 향신료를 많이 사용함 • 소금에 절인 저장식품이 발달함 • 대표 요리: 마파두부, 궁보계정, 간사오밍샤, 산라탕 등
광동 요리	• 자연의 맛을 살리기 위해 살짝 익히고 기름을 적게 사용함 • 외국과의 교류가 많아 국제적인 요리관이 정착함 • 비교적 간을 싱겁게 하여 담백함 • 상어 지느러미, 제비집, 녹용 등 재료의 사용 범위가 넓고 조리 기술이 다양함 • 대표 요리: 광동식 탕수육, 팔보채, 딤섬 등

지역별 기후

• 북경: 봄은 건조하고 여름은 고온 다습함, 겨울이 춥고 길며 여름과 기온차가 매우 큼

• 상해: 온대성 기후

• 사천: 여름은 덥고 겨울은 춥고 건조함

• 광동: 열대성 기후

마파두부

• 사천지방의 대표적인 음식

• 얽다는 의미의 '마(麻)'와 할머니를 뜻하는 '파(婆)'가 합쳐진 말로 얼굴에 곰보 자국이 있는 할머니가 만든 음식을 뜻함

산라탕

돼지고기, 두부, 죽순 등을 넣고 시큼하고 매콤하게 끓인 중국 사천지역의 탕 요리

2 중국 음식의 조리

1. 중국 음식의 기초 썰기

① 조(條): 채 썰기

② 니(泥): 잘게 다지기

③ 정(丁): 깍둑 썰기

④ 사(絲): 가늘게 채 썰기

⑤ 편(片): 편 썰기

⑥ 미(米): 쌀알 크기 정도로 썰기

⑦ 곤도괴(滾刀塊): 재료를 돌리면서 도톰하게 썰기

도공법

사(絲) 형태로 썬 것을 다시 미(米) 형태로 잘게 써는 것

2. 중식 조리 시 사용되는 도구

① 조리도구

채도(菜刀)	채소를 썰 때 사용하는 칼	딤섬도 (點心刀)	딤섬의 소를 넣을 때 사용하는 칼
조각도 (雕刻刀)	식재료를 조각할 때 쓰는 칼	중화팬 – 웍(Wok)	음식을 볶을 때 사용하는 밑이 둥근 형태의 무쇠 냄비
편수 팬	프라이팬 모양으로 구멍이 뚫려 있어 물이나 기름에서 식재료를 건져낼 때 사용함	팟(Pot)	소스를 대량으로 만들거나 닭 뼈, 생선 뼈 등 육수를 끓일 때 사용하는 커다란 용기
중식 찜기	보통 대나무 재질을 많이 사용하며 식재료나 딤섬을 찔 때 사용함	대나무 솔	뜨겁고 무거운 웍을 씻을 때 주로 사용함

② 중식 식기

챵야오판 (타원형 접시)	• 장축이 17~66cm 정도인 타원형 접시 • 길면서 둥근 모양이거나 장방형 음식을 담을 때 적합함 • 생선, 오리, 기타 육류의 머리와 꼬리 부분을 담을 때 사용함
위엔판 (원형 접시)	• 지름이 13~66cm 정도인 원형 접시 • 중식에서 가장 많이 사용하는 그릇 • 수분이 없거나 전분으로 농도를 잡은 음식을 담을 때 사용함
완 (사발)	• 지름이 3.3~53cm 정도 사이로 다양한 크기의 사발 • 탕이나 갱, 소스를 담을 때 사용함

3 중국 음식의 양념 및 향신료

1. 중식에 사용되는 주요 양념류

소금	• 음식의 맛을 증강시키고 맛을 조절하는 작용 • 적절한 소금 용액의 농도는 0.8~1.0%
간장	• 중식에서 음식의 간을 맞추는 기본 양념 중 하나로 짠맛, 감칠맛 등을 냄 • 담근 햇수가 1~2년 정도 되는 묽은 간장은 국 조리에 쓰이고, 중간장은 찌개나 나물, 담근 햇수가 5년 이상 되어 오래된 진간장은 약식(藥食)이나 전복초(全鰒炒) 등을 만들 때 쓰임 • 종류: 두장청(豆醬淸), 청장(淸醬), 생추(生抽), 노추(老抽), 시유(柿油), 용패(龍牌), 차륜패(車輪牌) 등
노추	• 관동 일대에서 쓰이는 색이 진한 간장으로 노두유라고도 불림 • 짠맛이 강하지 않고 단맛이 강하며 색을 진하게 내고 싶을 때 주로 사용함
설탕	중국의 설탕은 사탕수수당, 사탕무당, 활당으로 분류됨
꿀	• 요리 시 설탕을 대체하여 사용함 • 조림, 굽는 요리, 튀김 요리 등을 만들 때 음식의 표면에 발라 윤기를 낼 때 사용함 • 식품의 부드러운 맛을 낼 때 사용함
식초	• 초산 외에 아미노산, 당, 알코올, 유기산 등이 함유되어 있는 신맛을 내는 조미료 • 비린내 및 지방 성분을 분해시켜 느끼한 맛을 없애 주고 청량감을 증가시킴

식초의 종류

• 미초: 쌀을 발효한 식초로 농도가 진하고 알코올 성분이 많이 들어 있음
• 흑초: 검은콩을 발효한 식초로 독특한 향기와 맛이 있음

2. 중식에 사용되는 주요 향신료

인삼	• 사포닌이 들어 있으며 맛이 달고 씀 • 원기를 회복시키고 정신을 안정시키며 혈액을 맑게 하고 혈당을 내려주는 약리효과가 있음
숙지황	생강의 뿌리 줄기를 찐 것으로 단맛이 남
팔각	• 회향나무의 열매로 대회향이라고 함 • 향기 성분인 아네톨(Anethole)이 있어 음식의 향기를 증진시킴 • 중식에서 동파육과 같이 푹 고는 요리나 밑 양념을 했다가 만드는 요리에 사용함
구기자	• 구기자 나무의 열매로 맛이 달고 자극적이지 않음 • 눈을 맑게 하여 눈이 침침할 때 섭취하면 효과가 있음
산마	참마의 줄기를 말린 것으로 달고 평한 성질이 있음
산사	• 산사나무의 익은 열매를 햇볕에 밀린 것으로 식욕을 돋우고 소화를 돕는 효과가 있음 • 설사를 멎게 하는 효능이 있어 장염에 좋음
당귀	• 참당귀의 뿌리로 쿠마린이 들어있음 • 단맛, 매운맛이 나며 따뜻한 성질이 있어 대표적인 보혈제로 쓰임
감초	감초의 뿌리를 말린 것으로 껍질이 얇고 붉은빛을 띠며 맛이 달수록 좋음
계피	• 독특한 향이 있고 청량감, 단맛, 매운맛이 있음 • 과자류에 향을 내거나 피클을 만들 때, 오래 끓이는 요리에 주로 사용함
정향	• 정향나무의 꽃봉오리를 말려서 사용하며 음식에 사용하면 구취를 없애주는 효능이 있음 • 고기나 생선 조림에 주로 사용함
동충하초	• 겨울은 벌레, 여름은 풀의 형태를 띠며 항암 작용이 있음 • 동충하초 오리탕, 동충하초 샥스핀 등 중식에 다양하게 사용함
산초	• 고기의 잡냄새를 없애주고 향이 진해서 절임 요리 등의 향을 낼 때 사용함 • 마라 요리 등 매운맛을 내는 중국 요리에 널리 사용함
생강	중국 요리에 많이 쓰이는 향신료로 쓴맛이 나며 육류의 누린내, 어패류의 비린내를 잡아주는 역할을 함
오향분	팔각, 회향, 정향, 산초, 계피 5가지를 가루로 섞은 향신료

4 오방색과 중국 음식

예로부터 중국을 중심으로 한 동양 문화권에서는 음양오행에 따라 음식을 다섯 가지 색 위주로 만들고, 그 맛 또한 다섯 가지로 구분하여 나타냄

노란색 (황색)	• 오행 중 토(土)에 해당 • 중국은 노란색을 부와 재산의 상징으로 여기며 오방색의 중심으로 가장 고귀한 색으로 인식하여 임금만이 황색 옷을 입을 수 있었음 • 해당 식재료: 당근, 고구마, 생강, 바나나, 콩, 죽순, 옥수수 등
빨간색 (적색)	• 오행 중 화(火)에 해당 • 중국인들이 가장 좋아하는 색으로 경사와 기쁨을 상징 • 해당 식재료: 홍고추, 홍피망, 팥, 석류, 토마토 등
흰색 (백색)	• 오행 중 금(金)에 해당 • 해당 식재료: 양배추, 양파, 양송이, 새송이, 무, 마늘, 인삼 등
청색	• 오행 중 목(木)에 해당 • 해당 식재료: 청경채, 오이, 파, 완두콩, 풋고추, 부추, 피망 등
검은색	• 오행 중 수(水)에 해당 • 해당 식재료: 검정콩, 다시마, 우엉, 가지, 표고버섯 등

01 난이도 중

중국에서 자연의 맛을 살리기 위해 살짝 익히고 기름을 적게 사용하는 지역 요리는?

① 사천 요리
② 북경 요리
③ 상해 요리
④ 광동 요리

| 해설 |
광동 요리는 자연의 맛을 살리기 위해 살짝 익히고 기름을 적게 사용하며 비교적 간을 싱겁게 해서 담백하다.

02 난이도 중

상해 요리의 대표적인 요리로 알맞은 것은?

① 딤섬
② 동파육
③ 베이징덕
④ 마파두부

| 해설 |
상해 지역은 진한 간장과 설탕을 사용한 요리가 발달했으며 돼지고기를 사용하여 진하게 조린 동파육이 유명하다.

03 난이도 중

사천지방의 대표적인 음식으로 곰보 할머니라는 별명이 붙은 음식은?

① 탕수육
② 궁보계정
③ 마파두부
④ 간사오밍샤

| 해설 |
'마파두부'는 얽다는 의미의 '마(麻)'와 할머니를 뜻하는 '파(婆)'를 합친 말로 얼굴에 곰보 자국이 있는 할머니가 만든 음식이라는 뜻이다.

04 난이도 상

중식에 많이 사용되는 향신료로 '대회향'이라고 불리며 향기 성분인 아네톨(Anethole)을 함유하고 있는 것은?

① 산초
② 팔각
③ 회향
④ 숙지황

| 해설 |
팔각은 '대회향'이라고 불리며 향기 성분인 아네톨(Anethole)이 있어 음식의 향기를 증진시킨다.

05 난이도 하

중국 음식의 식재료 중 음양오행에 따라 노란색을 나타내는 것은?

① 무
② 마늘
③ 죽순
④ 양송이

| 해설 |
노란색에 해당하는 식재료에는 당근, 고구마, 생강, 바나나, 콩, 죽순, 옥수수 등이 있다. 무, 마늘, 양송이는 흰색의 재료에 해당한다.

06 난이도 하

중식에서 사용하는 오향분에 해당하는 재료가 아닌 것은?

① 팔각
② 노추
③ 정향
④ 산초

| 해설 |
오향분은 중식에서 많이 사용되는 향신료로 팔각, 회향, 정향, 산초, 계피 등의 5가지 재료를 혼합하여 만든다. 노추는 중국 관동일대에서 많이 사용하는 진한 간장으로 노두유라고도 불리는 식재료이다.

43 | 중식-육수, 소스

1 육수

1. 중식에서 사용되는 주요 육수

닭 육수	• 닭 뼈, 닭발, 대파, 생강 등을 넣어 끓인 육수 • 닭 뼈는 다른 뼈에 비해 가격이 저렴해서 중국 요리에서 가장 많이 사용됨 • 주요리: 게살수프, 팔보채, 팔진탕면
돈 육수	• 돈등뼈, 돈잡뼈, 돈사골을 배합하여 대파, 생강 등을 넣어 끓인 육수 • 주요리: 훠궈(중국식 샤브샤브), 탄탄면(사천식 매운탕면)
해물 육수	• 갑각류, 조개류, 생선, 다시마 등과 무, 대파, 마늘 등을 넣어 끓인 육수 • 중국 요리에 해물류를 자주 사용함 • 주요리: 생선완자탕, 삼선탕, 짬뽕
상탕	• 노계, 돼지 방심, 중국 햄, 돼지 정강이뼈, 대파, 생강 등을 넣어 끓인 육수 • 주요리: 삭스핀 수프, 불도장, 제비집 요리

2. 육수 조리 순서 및 방법

1. 찬물에서 조리 시작	• 찬물은 뼈 속에 남아 있는 핏기와 불순물을 용해함 • 뜨거운 물로 육수를 끓이기 시작하면 불순물이 빨리 굳어지고 뼈 속에 있는 맛들이 우러나지 않고 혼탁해짐
2. 센 불에서 끓이다가 약한 불로 줄여 은근히 끓임 = 시머링(Simmering)	• 육수가 끓기 시작하면 육수의 온도가 90℃ 정도로 유지되도록 한 후 은근히 끓여 주어야 함 • 은근히 끓이는 동안 뼈 속의 맛 성분과 향이 물 속으로 용해되어 육수의 맛이 좋아짐 • 센 불에서 조리 시 육수의 내용물의 움직임이 빨라지며 불순물과 기름기가 물과 엉켜 혼탁해짐
3. 거품 및 불순물 제거	• 끓어오르기 시작할 때 불순물이 가장 많이 올라오므로 이때부터 계속 불순물을 걷어 내야 함 • 불순물을 제거하지 않으면 육수가 혼탁해짐
4. 육수 걸러내기	• 완성된 육수는 내용물과 국물을 서로 분리해야 함 • 육수를 맑게 유지하기 위해서는 육수에 야채나 뼈, 다른 불순물이 섞이지 않도록 해야 함
5. 냉각	• 육수를 거른 후에는 재빨리 식혀야 박테리아 증식을 막을 수 있음 • 빠른 냉각을 위해 열 전달이 빠른 금속 용기를 사용하는 것이 좋음
6. 저장	• 냉장 보관 시 육수는 3~4일 이내에 사용하고, 냉동 보관 시 육수는 5~6개월까지도 보관이 가능함 • 냉각시킨 육수는 뚜껑이 있는 용기에 옮겨 담아 냉장 보관함(뚜껑에 날짜, 시간 등을 기록하는 것이 좋음)

1. 소스의 구성요소

육수	• 소스의 맛을 결정하는 가장 중요한 요소 • 소고기, 닭고기, 돼지고기, 갑각류, 어패류, 향신료 같은 재료 본래의 맛을 낸 국물로 맛에 깊이가 있어야 함

농후제	• 녹말이 끈끈하게 젤라틴화되는 성질을 사용하여 소스의 점성을 높임
	• 중식에서는 주로 옥수수, 감자, 고구마 전분 등을 사용함
	• 중식에서 농후제의 역할
	  – 수분과 기름이 분리되지 않도록 융화시키는 역할을 함
	  – 재료를 고온으로 처리하면 표면의 질감이 거칠어지는데 녹말 처리를 하면 식품의 표면이 매끄러워짐
	  – 중식은 뜨거울 때 먹는 음식이 많으므로 녹말을 사용하여 잘 식지 않도록 함

2. 중식 소스의 종류

파기름	• 파를 뜨거운 기름에 끓여 만듦 • 파의 감칠맛과 풍미가 있어 중식의 모든 요리에 두루 쓰임 • 산화가 잘 되기 때문에 냉장 보관해야 함
굴소스	• 중식에서 가장 많이 사용하는 소스로 한자로는 호유(蠔油)라고 함 • 신선한 생굴을 으깬 다음 끓여서 농축시켜 만듦 • 해산물 요리에 간장과 함께 사용하면 시원한 맛을 낼 수 있음
흑초	• 검은콩을 발효시켜 만드는 식초로 광동 요리에 많이 사용함 • 중국에서는 여름에 체력 소모를 방지하기 위해 흑초와 소금을 냉수에 타서 마시기도 함
미추	• 쌀을 발효시켜 만든 중국의 전통 식초로 알코올 성분이 다량 포함되어 있어 주로 소독 하는 데 사용함 • 우리나라 사과식초보다 농도가 강하고 은은한 막걸리 맛이 남 • 요리에 뿌려 먹거나 무침에 많이 사용함
고추기름 (라유)	사천 요리에 빠뜨릴 수 없는 조미료로 식용유를 끓여서 팔각, 파, 생강, 양파 등의 향신 료와 채소를 으깨서 받친 다음, 고춧가루로 매운맛과 향을 낸 것
두반장	• 발효시킨 메주콩에 고추를 갈아 넣고 양념을 첨가하여 만든 것 • 매콤하면서 짭짤한 맛을 냄 • 중국의 사천 지역에서 발달한 소스로 마파두부 조리에 사용함
막장	• 검은콩, 밀, 누에콩, 고추를 발효시켜 만든 것으로 검고 윤기가 나는 것이 좋음 • 찜 요리, 무침 요리 등에 사용하며 생선에 얹어서 먹음
해선장	• 대두에 물, 식초, 설탕, 쌀, 밀가루, 고추, 마늘을 넣어 발효시킨 소스로 북경 요리에 많이 사용함 • 짠맛과 단맛이 나고 고소한 향이 있음
겨자장	• 사천 요리에 많이 사용됨 • 해파리, 해산물 등의 무침에 사용되고 요리를 찍어 먹기도 함
XO소스	• 고추기름에 관자, 새우, 건고추, 게, 전복 등을 볶아 감칠맛을 향상시킨 소스 • 매운맛을 내는 중국 요리에 많이 사용함 • 고급스러운 소스라는 뜻으로 제조 시 고급 재료가 많이 들어가 값이 비싼 편임
치킨 파우더	• 일반 가정집에서 닭 뼈 육수 대신으로 많이 사용함 • 물과 함께 끓여 국물을 내거나 볶음 요리에 첨가함
홍초 (레드 식초)	쌀 식초, 찹쌀, 이니스, 계피, 정향 등으로 만든 식초로 딤섬과 함께 제공
황두대장 (황두장)	• 밀가루, 대두, 소금, 누룩을 섞은 후 4개월 이상 발효해서 만듦 • 북경 요리에 많이 사용하고 양념과 디핑 소스로도 많이 사용함 • 닭고기와 소고기, 생선을 포함한 해산물에도 잘 어울림

01 난이도 중

중식에서 닭 육수를 사용하는 요리가 <u>아닌</u> 것은?

① 팔보채
② 탄탄면
③ 팔진탕면
④ 게살수프

| 해설 |
탄탄면은 사천식 매운탕면으로 돼지 육수를 사용한다.

02 난이도 중

소스에 첨가되어 식품의 표면이 매끄럽게 느껴지도록 하며
음식이 잘 식지 않도록 도와주는 재료는?

① 육수
② 설탕
③ 녹말
④ 알코올

| 해설 |
녹말은 소스에 첨가하면 끈끈해지는 성질을 이용하여 소스의 점성을
높이고 식품의 표면을 매끄럽게 하며 음식이 잘 식지 않도록 도와주는
농후제 역할을 한다.

03 난이도 하

발효시킨 메주콩에 고추를 갈아 넣고 양념을 첨가한 것으로
매콤하면서 짭짤한 맛을 내는 중식 소스는?

① 미추
② 막장
③ 두반장
④ 해선장

| 해설 |
두반장은 마파두부에 주로 사용되는 소스로 발효시킨 메주콩에 고추를
갈아 넣어 맵고 짭짤한 맛을 낸다.

04 난이도 중

다음 중 '호유(蚝油)'는 어떠한 소스를 가리키는 것인가?

① 흑초
② 굴소스
③ XO소스
④ 고추기름

| 해설 |
호유(蚝油)는 굴소스를 나타내는 한자어로 중식에서 가장 많이 사용하는
소스 중 하나이다.

05 난이도 상

중국 음식 중 샥스핀, 불도장, 제비집 요리에 많이 쓰이는
육수는?

① 상탕
② 닭 육수
③ 돈 육수
④ 해물 육수

| 해설 |
상탕은 노계, 돼지 방심, 중국 햄, 돼지 정강이뼈, 대파, 생강 등을 넣어
끓인 육수로 주로 샥스핀, 불도장, 제비집 요리에 사용한다.

06 난이도 중

중식에 많이 사용하는 소스인 '라유'가 뜻하는 것은?

① 미추
② 굴소스
③ 해선장
④ 고추기름

| 해설 |
고추기름은 중식 요리 중 매콤함을 내는 사천 요리 등에 필수적인 재료
로 식용유를 끓인 후 팔각, 파, 생강 등의 재료와 고춧가루를 사용하여
제조하며 라유라고도 불린다.

44 | 중식-주식(밥, 면)

1 밥

1. 중식 밥 요리의 종류 및 특징

종류	주재료	조리법 및 특징
유산슬 덮밥	고기, 해삼, 죽순, 노두유, 청주, 굴소스 등	• 유산슬의 '산(三)'은 '3가지 재료'인 고기, 해삼, 죽순을 뜻함 • 유산슬과 조리법은 같으나 육수를 조금 더 만듦
잡탕밥	각종 해산물, 파, 생강, 청주, 굴소스, 파기름 등	• 전분물로 농도를 맞춤 • 잡탕밥 조리 시 고추기름을 사용하면 매콤한 잡탕밥이 됨
송이덮밥	송이, 죽순, 청경채, 파, 마늘, 당근 등	• 자연산 송이를 사용해야 하지만 대체제로 양송이를 사용하기도 함 • 송이를 기름에 살짝 데치면 송이 향이 더 풍부해짐
마파두부 덮밥	두부, 고추기름, 두반장, 다진 고기	• 두반장을 사용함 • 두부를 데칠 때 끓는 물에 소금을 넣으면 두부가 잘 부서지지 않음 • 두부 대신 연두부를 사용하면 부드러운 질감의 요리가 됨
잡채밥	당면, 고기, 피망, 표고버섯, 굴소스, 노두유 등	• 당면을 물에 데치지 않고 바로 사용할 경우 육수를 더 넣고 같이 끓여서 조리함 • 잡채밥 조리 시 당면은 충분히 불려야 간이 배어 맛이 좋음
새우 볶음밥	새우, 다진 야채, 달걀, 기름, 소금 등	• 마지막에 파를 넣고 볶아야 파 향이 잘 살아남 • 큰 새우를 사용할 때는 잘게 잘라 사용하며 알시바를 사용하기도 함
XO볶음밥	베이컨, 양파, 당근, 달걀, XO소스 등	XO소스에 기본으로 간이 되어 있으므로 약간의 소금으로만 간을 함
게살 볶음밥	게살, 아스파라거스, 달걀 등	보통은 소금으로 간을 하지만 XO소스를 넣고 볶으면 맛과 향이 더 좋아짐
삼선 볶음밥	새우, 해삼, 갑오징어, 죽순, 당근, 표고버섯 등	일반적으로 '삼선'은 3가지 해물인 새우, 해삼, 갑오징어를 뜻함

알시바

보통 하인이라고 하며 작은 새우를 뜻함

2 면

1. 면의 주요 재료

곡분 또는 전분류	• 면의 주원료로 주로 밀가루, 옥수수전분, 쌀가루 등이 사용됨 • 밀가루는 단백질의 함량에 따라 강력분, 중력분, 박력분으로 나뉘는데 일반적으로 단백질 함량이 높은 강력분과 중력분 혹은 다목적용 밀가루가 제면용으로 사용됨 (이 중 중력분이 가장 많이 사용됨)
소금	• 대부분의 면 제조 시 밀가루 기준 2~6% 함량의 소금을 사용함 • 면 제조 시 소금을 첨가하면 글루텐의 점탄성을 증가시켜 맛과 풍미를 향상시키고, 삶는 시간이 단축되어 보존성을 향상시킴 • 건면의 경우 이상 건조, 낙면을 방지함

물	• 면 제조 시 가장 중요한 부분이 물이며, 반죽할 때의 물은 배합수임 • 제면 공정 전체에서 사용하는 물의 35% 이상을 반죽하는 데 사용함 • 이 외에 면을 삶을 때나 수세할 때도 물을 사용함

2. 원재료에 따른 주요 면의 분류

중국식 국수	• 밀가루 + 알칼리용액 • 주로 노란색을 띰 • 만드는 방법에 따른 3가지 분류		
	수타면	손으로 반죽을 쳐서 면을 가닥내어 만들며 수타의 특성상 면의 굵기가 일정하지 않음	
	기계면	제면기를 사용하여 면 반죽을 절출기를 통과시켜 뽑아내는 것으로 면발의 굵기에 따라 알맞은 번호의 기계를 사용해야 하며 제조 후에는 타분의 과정을 거침	
	도삭면	면 반죽을 넓게 밀어 타분한 후 칼로 잘라낸 면	
한국식/일본식 국수	밀가루 + 소금 + 물		
파스타	세몰리나(듀럼 밀) + 물		
냉면	밀가루 + 메밀가루 + 알칼리제		
당면	고구마 전분 또는 옥수수 전분 + 알루미늄 명반		

3. 면발에 대한 이해

① 면대와 면발

면대	다단 롤러를 사용하여 반죽을 넓고 얇게 핀 것
면발	면대를 썰어서 만든 면 가닥으로 절출기나 칼날을 사용하여 다양한 굵기로 만듦

② 면발의 굵기에 따른 면의 종류

세면	• 일반적으로 면의 굵기가 가장 가는 면 • 중국이나 일본에서 많이 사용함
소면	• 세면보다 약간 굵은 면발로 잔치국수나 비빔면 등에 사용함 • 메밀면은 소면의 면발과 유사하거나 약간 굵음
중화면	소면보다 약간 굵은 면발로 자장면, 짬뽕 등에 사용함
칼국수면	• 중화면보다 약간 굵은 면발로 넓적하고 얇은 형태의 면발도 있고 상대적으로 좁고 굵은 면발도 있음 • 면발이 넓고 두께가 얇은 면: 고기 국물이나 닭육수로 만든 칼국수에 사용함 • 면발의 폭이 좁고 두께가 두꺼운 면: 해물칼국수, 팥칼국수 등에 사용함
우동면	• 칼국수면보다 약간 굵은 면발 • 우동 등에 사용하며 일반적으로 일본 사누끼 지방에서 사용하는 우동 면발의 두께를 표준으로 함

③ 면발의 규격

폭	• 일반적으로 번호로 정하여 나타냄 • 번호의 의미는 30mm의 길이를 해당 번호로 나눈 값이 그 면발의 폭임 　예) 10번 면의 폭 → 30mm ÷ 10 = 3mm • 폭은 #뒤에 번호로 표기함 예) #10, #20 등
두께	• 면의 두께는 정해진 규격이 없으며 면 특성, 소비자의 기호도에 따라 결정함 • 우동면의 경우에는 면발의 폭과 두께의 비율이 4:3인 것이 소비자의 선호도가 가장 높다고 알려져 있음

전분(기타 부재료)

밀가루의 점도 및 성형을 위해 주로 타피오카 전분, 감자 전분, 고구마 전분, 옥수수 전분 등을 사용함

타분

기계면 제조 시에 반죽이 절출기를 통과하면 면 가닥이 분리되는데 이때 면 가닥이 서로 달라붙는 것을 방지하기 위해 저수분의 전분가루를 뿌려주는 것

유탕면

면발을 익힌 후 유탕처리를 한 면

4. 면 삶기

① 기계면, 수타면, 도삭면 등 각 면류에 따라 삶는 방법을 달리해야 함

② 물이 끓지 않은 상태에서 면을 뽑으면 뽑힌 면이 엉킬 수 있으므로 면을 뽑기 전에 물을 충분히 끓여야 함

③ 끓는 물에 소금을 넣고 면을 삶으면 면발의 탄력성을 유지하고 삶는 시간을 단축할 수 있음

④ 면이 익으면 바로 찬물에 담가 두 번 정도 씻어 잡냄새를 제거하고 면발의 탄력을 유지해야 함

⑤ 면은 서로 엉겨 붙는 성질이 있기 때문에 삶을 때 잘 저어가며 익혀야 함

01 난이도 상

다음 중 유산슬 덮밥의 재료가 <u>아닌</u> 것은?

① 고기
② 송이
③ 죽순
④ 해삼

| 해설 |
유산슬의 '산(三)'은 3가지 재료인 고기, 죽순, 해삼을 의미한다.

02 난이도 중

새우, 해삼, 갑오징어, 죽순 등으로 조리한 중국식 밥 요리의 명칭은?

① 잡채밥
② 송이덮밥
③ XO볶음밥
④ 삼선 볶음밥

| 해설 |
일반적으로 '삼선'이란 3가지 해물인 새우, 해삼, 갑오징어를 뜻한다.

03 난이도 하

마파두부 덮밥에 사용하는 소스는?

① 흑초
② 노두유
③ 두반장
④ 막장 소스

| 해설 |
마파두부 덮밥에는 두반장을 사용한다. 두반장은 발효시킨 메주콩에 고추를 갈아 넣고 양념을 첨가한 것으로 맵고 짭짤한 맛을 낸다.

04 난이도 중

다음 중 면 반죽을 넓게 밀어 타분한 후 칼로 잘라낸 면을 뜻하는 용어는?

① 세면
② 소면
③ 수타면
④ 도삭면

| 해설 |
① 세면은 일반적으로 면의 굵기가 가장 가는 면, ② 소면은 세면보다 약간 굵은 면, ③ 수타면은 손으로 반죽을 쳐서 만든 면을 뜻한다.

05 난이도 중

면을 만들 때 사용하는 소금에 대한 설명으로 옳지 <u>않은</u> 것은?

① 삶는 시간이 단축된다.
② 면 제조 시 밀가루 기준의 10% 정도 첨가한다.
③ 글루텐의 점탄성을 증가시켜 풍미를 향상시킨다.
④ 소금 첨가 시 건면의 경우 이상 건조를 방지한다.

| 해설 |
면 제조 시 소금의 함량은 밀가루의 2~6% 정도가 적합하다.

45 | 중식-주요리(조림, 볶음, 튀김)

1 조림

1. 조림의 정의

식재료(육류, 생선류, 채소, 가금류, 두부)를 손질한 후 팬에 담고 불에 올려 양념을 하면서 불 조절을 하여 육수가 거의 없을 때까지 자박하게 끓여 내는 것

2. 중식의 대표적인 조림 조리법

홍소(紅燒)/ 홍샤오(hóng shāo)	생선류, 육류, 해삼류 등의 식재료를 뜨거운 기름이나 끓는 물에 데친 후 부재료와 함께 볶아 간장 소스에 조리는 것
민(燜)/먼(mèn)	'뜸을 들이다, 띄우다'라는 의미가 있으며, 뚜껑을 닫고 약한 불에 굽거나 익히는 것을 의미함

3. 대표적인 중식 조림 요리의 종류 및 특징

종류	주요 재료	특징
난자완스	돼지고기(등심), 죽순, 청경채, 표고버섯, 굴소스, 마늘, 생강 등	• 돼지고기 또는 소고기를 사용함 • 한자로 남전환자(南煎丸子), 중국어로 '난젠완쯔'라고 읽음[주로 중국 남쪽 지방에서 즐겨 먹는 요리라 '남녘 남(南)'자가 들어감]
오향장육	소고기(사태), 팔각, 대파, 오향, 노두유, 고량주, 생강, 건고추 등	오향으로 만든 간장에 돼지고기를 조려 얇게 썬 음식
홍소도미	도미, 표고버섯, 죽순, 대파, 양송이버섯, 굴소스, 팔각 등	중국식 조림 조리법 중 하나인 홍샤오(紅燒)를 사용하여 도미를 조린 음식
홍소두부	두부, 돼지고기(등심), 건표고버섯, 죽순, 마늘, 생강, 청경채, 굴소스 등	중국식 조림 조리법 중 하나인 홍샤오(紅燒)를 사용하여 두부를 조린 음식
오향땅콩조림	땅콩, 오향, 소금 등	오향에 땅콩을 조려낸 음식

오향(五香)

회향, 계피, 산초, 정향, 진피의 다섯 가지 향신료

2 볶음

1. 중식에서 기름의 역할

볶거나 튀기는 요리가 많은 중식에서 기름은 매우 많이 사용하는 식재료임

조리용 매개체	• 기름이 조리과정 중 열 전달체를 하여 음식을 익힘 • 볶음과 튀김 음식의 주된 열 매체 • 다른 나라와 다르게 중식에서는 식재료를 볶기 전에 높지 않은 온도의 물이나 기름에서 전처리한 후 사용하는 경우가 많음
영양 공급원	• 음식의 부드럽고 고소한 맛을 증가시키고 1g당 9kcal의 열량을 냄 • 지용성 비타민의 흡수를 도움
풍미 증진	• 음식의 향을 증가시킴 • 고소한 맛과 함께 음식 자체의 맛에 볶음 과정으로 인한 풍미를 더함

2. 중식 볶음 요리의 식재료 및 조리법

육류	• 돼지고기, 소고기, 닭고기, 오리고기를 많이 사용함 • 중국 요리에서 육(肉, 러우)은 돼지고기를 뜻함(돼지고기 사용이 많음) • 오리나 닭을 사용한 요리도 발달함 • 중식에서 육류의 볶음 요리는 주로 센 불을 사용하여 단시간에 완성시키므로 잘 익지 않는 재료들은 끓는 물이나 저온의 기름으로 미리 데쳐 사용하며, 육류는 맛이 잘 스며들지 않으므로 밑간하여 조리하는 것이 좋음
해물류	• 여러 가지 생선, 오징어, 새우, 해삼 등을 사용하며 해삼 요리는 볶는 요리가 많음 • 오징어는 중식에서 자주 사용하는 식재료로 너무 익히면 맛이 저하되므로 살짝 볶는 것이 좋음
채소류	• 중식은 다양한 채소를 사용함 • 채소 요리는 제철 채소 위주로 단시간에 데치거나 볶아 내어 질감과 맛이 좋고 비타민의 손실도 적음 • 채소는 센 불에서 한 번에 볶아 수분이 많이 빠지지 않도록 하는 것이 좋음
두부	• 고기요리나 채소요리에 두루 사용되어 범위가 넓음 • 사천 요리의 마파두부, 산동 요리의 삼미두부, 광동 요리의 호유두부 등이 대표적임

3. 볶음과 관련된 중식의 대표적인 조리법

초(炒, 차오)	• 전분을 사용하지 않는 볶음류의 대표적인 조리법 • 초는 '볶는다'는 뜻으로 중식 조리에서 가장 많이 사용됨 • 솥에 기름을 넣고 알맞은 크기의 재료를 센 불이나 중간 불에서 단시간에 섞으며 조리하는 방법 • 가열시간이 짧아 열이나 산화에 의한 영양소의 손실이 적음 • 대표 요리: 부추잡채(소구차이), 고추잡채(칭지아오러우시), 당면잡채, 토마토 달걀 볶음 등
류(溜, 려우)	• 전분을 사용하는 볶음류의 대표적인 조리법 • 조미료에 잰 재료를 전분이나 밀가루 튀김옷을 입혀 기름에 먼저 튀기거나 삶거나 찌는 방식으로 조리하는 방법 • 여러 가지 조미료와 혼합하여 걸쭉한 소스를 만들어 재료 위에 뿌리거나 조리한 음식을 소스에 버무려 묻혀 내는 조리법으로 주재료의 맛이 깔끔하며 부드럽고 연한 맛을 유지할 수 있음 • 대표 요리: 라조육, 마파두부, 유산슬, 부용게살, 마라우육, 전가복, 란화우육 등
폭(爆, 빠오)	• 식재료를 1.5cm 정도의 정육면체로 썰거나, 가늘게 채 썰고 혹은 꽃 모양으로 만들어 칼집을 낸 재료를 먼저 뜨거운 물이나 탕, 기름이 담긴 솥에 빠른 속도로 열 처리한 뒤 볶아내는 방법 • 재료 본연의 맛과 부드럽고 아삭아삭한 식감을 살릴 수 있음 • 가장 빨리 만드는 조리법 • 대표 요리: 궁보계정
전(煎, 젠)	• 기름을 두르고 재료를 지지는 조리법 • 우리나라의 전과 비슷한 조리법이나 전보다 더 많은 기름을 사용함 • 대표 요리: 난자완스

전분을 사용하는 볶음 요리

중식에서 전분을 사용하는 볶음 요리의 경우 뜨거울 때 전분을 첨가하면 재료와 전분이 잘 어우러지고 음식의 온도를 유지할 수 있음

1. 주요 중식 식재료의 튀김 온도 및 시간

식재료	튀김 온도	튀김 시간
육류	1차: 165~170℃ 2차: 190~200℃	1차: 8~10분 2차: 1~2분
어류	170~180℃	1~2분
채소류	160~170℃	3분
뿌리채소류 (연근, 고구마, 감자)	180~190℃	2~3분
두부	160℃	3분
크로켓	185~200℃	1분

2. 튀김 조리 시 온도에 따른 재료의 상태(기름 온도 확인법)

140℃	바닥에 가라앉아 떠오르지 않음
150~160℃	튀김옷이 냄비 밑까지 가라앉았다가 서서히 떠오름
170~180℃	기름의 중간 정도에서 바로 떠오름
190~200℃	튀김옷을 넣자마자 바로 떠오름

3. 튀김과 관련된 중식의 대표적인 조리법

작(炸)	• 전처리 과정을 마친 식재료를 겉표면은 바삭하고 속은 촉촉하게 튀겨내는 방법 • 표면은 타지 않으면서 속은 부드럽고 재료 표면에 색과 윤기가 돌고, 눅눅하지 않으면서 바삭한 식감의 요리로 완성하는 것이 중요함
팽(烹)	• 손질을 마친 튀김 재료에 튀김옷을 입혀 기름에 튀겨낸 후 준비된 다른 팬에 부재료와 양념을 넣고 다시 한번 강한 불에서 튀겨내는 방법 • 완성된 튀김 재료를 마무리하는 조리 기법으로 소스가 재료에 스며들어 맛이 상승됨

4. 중식 튀김옷 재료

① 주재료

전분	감자 전분, 옥수수 전분, 고구마 전분을 주로 사용하며 두 종류를 혼합하여 사용하기도 함
밀가루	튀김에는 글루텐이 적고 탈수가 잘 되는 박력분을 사용함

② 부재료(튀김옷 반죽 첨가 재료)

물	단백질의 수화를 늦추고 글루텐 형성을 저해하기 위해 찬물을 사용함
달걀	• 튀김옷의 경도를 높이고 맛을 좋게 함 • 튀김이 오래되면 눅눅해지고 식감이 떨어짐
식소다	튀김 반죽에 소량의 식소다를 넣으면 가열 중 탄산가스가 방출되고 수분이 증발되어 바삭하게 튀겨짐(단, 쓴맛이 날 수 있음)
설탕	튀김 반죽에 소량의 설탕을 첨가하면 튀김옷의 색이 적당히 갈변되고 글루텐 형성이 저해되어 튀김옷이 바삭해짐

5. 튀김 조리 시 주의사항

① 튀김 조리 시 재료에 수분이 있으면 기름이 튈 수 있고 전분을 묻힐 때 덩어리지므로 반드시 재료의 물기를 제거해야 함
② 기름 온도를 반드시 확인해야 함
③ 육류의 경우 풍미 증진을 위해 두 번 정도 튀기는 것이 좋으며 2차 때 1차보다 높은 온도에서 튀기면 재료에 남아있던 수분과 기름기를 제거할 수 있음
④ 기름에 튀김을 넣고 조리용 젓가락으로 살짝 흔들어주면 가지런한 튀김을 만들 수 있음
⑤ 한꺼번에 많은 양의 재료를 투입하면 기름의 온도가 급격하게 떨어져 흡유량이 증가하므로 튀김 조리 시 재료는 기름 양의 60%를 넘지 않도록 함
⑥ 두꺼운 팬을 사용해야 온도 변화가 적어 맛있는 튀김이 됨
⑦ 물 반죽의 경우 재료 표면에 전분가루를 묻혀서 튀기면 마찰력이 커져서 튀김옷이 잘 붙고 단정한 모양으로 튀길 수 있음

6. 중식 튀김 요리의 가니쉬(Garnish)-식품 조각

① 중식에서 튀김 요리 후 접시에 식품 조각을 곁들이면 음식을 돋보이게 장식할 수 있음
② 주로 중식당이나 일식당에서 많이 쓰이며, 접시의 중앙 혹은 가장자리나 접시 주위에 돌려서 음식과 같이 세팅함
③ 조각 작품의 높이는 접시 길이 1/2을 넘지 않아야 하고, 조각 작품이 접시에서 차지하는 넓이의 비율은 1/3을 넘지 않는 것이 좋음
④ 식품 조각 방법

착도법(戳刀法)	• U형도나 V형도로 재료를 찔러서 조각하는 도법 • 주로 새의 날개, 생선 비늘, 옷 주름, 꽃 조각, 수박 조각 등에 많이 사용함
절도법(切刀法)	• 원재료를 조각하는 사물의 큰 형태를 만들 때 활용하는 조각법 • 위에서 아래로 썰기할 때 사용함
각도법(刻刀法)	• 식품 조각 시 가장 많이 사용하는 조각법 • 주도를 사용하여 재료를 위에서 아래 방향으로 깎을 때 사용함
선도법(旋刀法)	• 칼로 타원을 그리며 재료를 깎는 조각법 • 꽃을 조각할 때 많이 사용함
필도법(筆刀法)	• 칼로 그림을 그리듯 재료 표면에 외형을 그릴 때 사용하는 도법 • 세밀한 부분의 조각과 외형을 그릴 때 사용함

01 난이도 상

사태, 팔각, 대파, 건고추 등으로 만드는 중국 조림 요리는?

① 홍소도미
② 오향장육
③ 어향가지
④ 난자완스

| 해설 |
오향장육은 주요 재료로 소고기의 사태와 팔각, 대파, 오향 향신료, 건고추 등을 사용해서 만든 음식이다.

02 난이도 중

오향장육에 들어가는 향신료가 <u>아닌</u> 것은?

① 산초
② 감초
③ 회향
④ 계피

| 해설 |
오향장육에서 '오향'이란 5가지 향신료로 산초, 회향, 계피, 정향, 진피를 의미한다.

03 난이도 하

다음 중 전분을 사용하지 <u>않는</u> 중국 요리는?

① 유산슬
② 마파두부
③ 고추잡채
④ 마라우육

| 해설 |
전분을 사용하지 않는 중식의 조리법은 초(炒)이며 대표 요리에는 부추 잡채, 고추잡채, 토마토 달걀 볶음 등이 있다.

04 난이도 중

궁보계정 등에 사용하는 조리법으로 고온에서 단시간에 열 처리하며 볶아내는 조리법은?

① 초(炒)
② 류(溜)
③ 폭(爆)
④ 전(煎)

| 해설 |
폭(爆)은 식재료를 정육면체로 썰거나 가늘게 채 썰어 뜨거운 물이나 탕, 기름에 먼저 열처리한 뒤 볶아내는 방법으로 가장 빨리 만들 수 있는 조리법이다.

05 난이도 중

중국 남쪽 지방에서 즐겨먹는 요리라는 뜻으로 '남전환자(南煎丸子)'라고 불리는 중국 전통 요리는?

① 오향장육
② 홍소도미
③ 난자완스
④ 동파육

| 해설 |
난자완스는 한자로 남전환자(南煎丸子), 중국어로 '난젠완쯔'라고 읽는 요리로 주로 중국 남쪽 지방에서 즐겨 먹는 요리라 '남녘 남(南)'자가 들어간다.

06 난이도 상

라조육, 마파두부, 유산슬의 공통적인 조리법은?

① 초(炒, 차오)
② 류(溜, 려우)
③ 폭(爆, 빠오)
④ 전(煎, 젠)

| 해설 |
류(溜, 려우)는 전분을 사용하는 볶는 요리로 라조육, 마파두부, 유산슬 등이 해당된다. 초(炒, 차오)는 전분을 사용하지 않고 볶는 요리로 주로 고추잡채, 토마토 달걀 볶음 등이 해당된다.

46 | 중식-절임&무침, 냉채, 후식

1 절임

1. 절임과 무침의 정의

① 절임: 채소나 과일, 수산물 등을 주원료로 하여 식염, 식초, 당류 또는 장 등에 절인 후 그대로 두거나 다른 식품을 첨가하여 가공한 조리법

② 무침: 채소나 말린 생선, 해초 등의 식재료에 갖은 양념을 하여 국물 없이 무치거나 볶아서 식초, 설탕 등의 양념을 넣고 버무려서 제공하는 조리법

미추

쌀을 발효하여 만든 중국 전통 식초로 중식의 무침 요리에 많이 사용함

2. 중식에서 절임과 무침에 사용되는 채소류

자차이(榨菜)	• 잎이 배추와 비슷하며 뿌리는 울퉁불퉁하고 무와 비슷하게 생김 • 무처럼 생긴 뿌리를 소금과 양념에 절여 장아찌 반찬으로 자주 사용하며, 가늘게 채 썰어 물에 헹군 후 짠맛을 제거하고 설탕, 식초, 고추기름, 참기름 등을 버무려 먹기도 함
향차이(芫荽)	• 파슬리과에 속하는 일년초 채소로 줄기와 어린잎은 중국 및 인도, 동남아시아 지역에서 중요한 스파이스로 사용함 • 오이 피클이나 육류제품, 수프의 향신료로 이용함
청경채	• 전체가 녹색인 경우 청경채, 잎과 줄기가 백색일 경우 백경채라고 함 • 중국 채소이지만 현재는 전 세계적으로 많이 사용하고 있으며, 주로 절임과 무침 요리에 사용함
무(萝卜)	• 십자화과의 뿌리채소로 껍질에 비타민 C가 풍부함 • 김치, 깍두기, 단무지, 피클 등 쓰임새가 매우 다양함
당근(胡萝卜)	기름에 조리하여 섭취하면 영양 성분을 더 잘 흡수할 수 있음
양파(洋葱)	• 고추, 마늘 등과 더불어 여러 가지 요리에 향신료와 조미료로 많이 이용함 • 피클로 먹기도 하며 썰어서 양념 형태로 조리하거나 무침의 재료로 활용함
마늘(大蒜)	다지거나 저며서 다양한 요리에 활용하며 통째로 장아찌 형태로 절여 먹기도 함
고추(辣椒)	• 생식하거나 조림, 절임, 장아찌, 전, 잡채, 튀김 등 다양한 요리에 활용함 • 말린 후 갈아서 고춧가루 형태로도 사용함
배추(白菜)	• 한자어로는 숭채(菘菜) 또는 백채(白菜)라고 함 • 소금에 절여 김치 형태로 많이 사용하며 국이나 쌈을 싸서 섭취하기도 함
양배추 (圓白菜)	피클, 김치, 생식, 쌈, 샐러드, 즙 등으로 다양하게 활용함
땅콩(花生)	물에 불려서 소금을 넣고 삶아 반찬으로 먹거나 볶음 요리에 많이 사용함

2 냉채

1. 냉채의 정의

① 중국 음식은 순서에 맞춰 요리를 한 가지씩 제공하는데 이때 맨 처음 상에 나가는 요리로 차갑게 두었다가 제공되는 것을 냉채(冷菜)라고 함

② 지역에 따라 량반(凉盤), 냉반(冷盤), 냉훈(冷燻) 등 조금씩 다르게 지칭함

2. 냉채의 특징

① 냉채는 소화가 잘 되도록 구성해야 함

② 온도는 4℃ 정도일 때 가장 좋음

③ 연회에 대한 성격을 상징적으로 표현할 수 있어야 하며, 뒤에 나올 음식에 대해서도 기대감을 가질 수 있도록 제공해야 함

④ 반드시 신선하고 향이 있어야 하며 부드러워야 함

⑤ 국물이 없고 만들어진 요리에 이미 맛이 들어있어야 하며 느끼하지 않아야 함

3. 냉채에 사용되는 주요 재료

주재료	새우, 해파리와 해파리 머리, 오징어, 갑오징어, 숭어, 송화단(피단, 삭힌 오리알), 분피, 오이, 셀러리, 땅콩 등
향신료 및 양념	산초, 후추, 팔각, 계피, 감초, 진피, 초과, 정향, 월계수 잎, 파, 마늘, 생강, 간장, 소금, 설탕, 식초, 레몬즙, 겨잣가루, 고추기름, 참기름, 볶은 참깨, 토마토케첩, 고수 등

송화단(피단)

삭힌 오리알로 완전히 익은 것을 좋아하면 냉채 제공 시 찜통에 찐 후 익혀서 사용함

4. 중식 냉채의 조리법

무치기	• 부드럽고 상큼하고 깔끔한 맛이 나게 하는 것이 좋음 • 양념으로는 소금, 간장, 설탕, 식초, 다진 마늘, 파기름, 생강즙, 산초기름, 고추기름, 겨잣가루, 후춧가루, 고수, 참기름 등을 사용함
장국물에 끓이기	• 냉채에 사용할 재료를 양념과 향료 등을 넣어서 만든 국물에 넣고 약한 불로 끓이는 조리법 • 장국물에 끓여 만든 냉채는 깊은 맛이 나고 부드러움
소금물에 담그기	• 냉채에 이용할 식재료를 소금으로 문지른 다음 소금물에 넣어 담그는 방법으로 담그는 동안 수분이 빠지고 소금물이 침투하여 단단한 질감을 줌 • 여름은 3~5일, 겨울은 5일이 지나야 숙성이 됨 • 배추, 무, 셀러리 등은 소금물에 절였다가 물기를 제거하고 바로 냉채로 낼 수 있음
간장에 담그기	• 간장에 절였다가 사용하는 방법으로 배추 밑동, 오이 등과 같은 신선한 채소를 절여 사용할 수 있음 • 살아 있는 재료를 간장에 담글 때는 담근 후 약 10일이 지나야 숙성이 됨
술에 담그기	• 소흥주(찹쌀로 빚은 술)에 소금을 넣어 절이는 방법 • 게, 새우 등을 담가 이 재료들이 술에 취한 후 가열하여 상에 제공 • 술에 담그는 재료는 술에 담근 후로부터 하루가 지나면 숙성이 됨
설탕과 식초에 담그기	• 설탕과 식초에 담그기 전 소금에 절여 채소의 수분을 뺀 다음 단맛이 스며들게 하는 방법 • 오이를 설탕과 식초에 담그면 최소 8시간이 지나야 숙성이 됨 • 양배추, 무, 당근 등을 넣으면 최소 4~5일이 지나야 먹을 수 있음
수정처럼 만들기	• 돼지 껍질 등 콜라겐 성분이 많은 것을 끓여서 차갑게 만들어 두면 수정처럼 맑게 응고되는 원리를 이용하여 조리함 • 돼지다리, 생선살, 새우, 닭고기, 게살 등으로 냉채를 만들 때 사용함 • 단맛이 나게 만들 때는 귤, 수박, 파인애플 등을 첨가하기도 함

훈제하기	• 가공하거나 재웠던 재료를 삶거나 찌는 방법, 장국물에 삶거나 튀기는 방법을 이용하여 익힌 후 설탕, 찻잎, 쌀 등을 솥에 넣고 밀봉하여 냉채로 이용할 재료에 훈연한 향이 배도록 하는 조리법 • 색이 붉은빛을 띠며 독특한 맛이 남 • 달걀, 돼지고기, 닭, 오리, 돼지의 내장 각 부위, 오징어, 소라, 생선 등을 이용할 수 있음 • 일반적으로 훈제하기 전 재료를 끓는 물에 끓인 다음 맛을 더하는 과정을 거치거나 재운 다음 다시 찌거나 튀겨서 익힘

5. 중식 냉채의 종류

무치는 냉채	• 해파리 머리 무침 • 피단(송화단) 냉채 • 미역냉채 무침 • 닭가슴분피 무침 • 자차이 무침	데치는 냉채	• 오징어 무침 • 파생강 갑오징어 • 새우와 닭고기 무침 • 양장피
삶는 냉채	• 마늘소스 삼겹살 • 오향장육 • 오향땅콩	양념에 담그는 냉채	• 사천포채 • 매운맛 오이 • 술 취한 새우 • 진피무
수정 모양의 냉채	수정 돼지고기	훈제 냉채	훈제 숭어

6. 냉채 소스

겨자 소스	겨잣가루 2큰술에 뜨거운 물 1큰술을 넣어 갠 다음 찜통에 넣어 10분간 증기로 쪄서 사용
케첩 소스	토마토케첩, 간장, 술, 소금, 설탕, 물 등을 혼합하여 하루가 지난 후 사용
춘장 소스	두반장, 춘장, 간장, 설탕, 술을 혼합하여 하루가 지난 후 사용
레몬 소스	레몬, 설탕, 물, 소금, 녹말가루, 참기름을 혼합하여 하루가 지난 후 사용
콩장 소스	콩장, 술, 소금, 설탕, 간장을 혼합하여 하루가 지난 후 사용

7. 냉채 기초 장식

기초 장식이란 냉채 요리가 제공될 때 음식을 아름답게 보이기 위해 꾸며 주는 것을 말함

① 냉채 기초 장식에 사용되는 주요 재료 및 특징

무	• 기초 장식의 재료로 가장 많이 사용함 • 크기가 커서 원하는 장식을 만들기 쉽고 부드럽기 때문에 모양을 쉽게 만들 수 있음 • 색깔이 희어 원하는 색으로 물들이기 쉬움 • 수분을 많이 함유하고 있어 보관 시 물과 함께 담아 냉장 보관해야 함
당근	• 색이 붉기 때문에 중국에서 기초 장식의 재료로 많이 사용함 • 앵무새나 장미꽃 등을 만듦 • 밀폐 용기에 물과 함께 담아 냉장고에 2일 정도 보관할 수 있음
오이	• 가장 간단한 방법으로 접시의 가장자리를 두르는 기초 장식에 사용함 • 토마토 또는 레몬과 함께 썰어 장식하기도 함 • 1회에 한하여 사용 가능하며 보관이 불가능함
감자	• 흰 꽃을 표현할 때 사용함 • 색이 변하는 갈변 현상이 나타나므로 반드시 물에 담가 냉장 보관해야 함
가지	• 굵기가 굵고 속이 꽉 차 있으며 꼭지가 길게 붙어있는 것을 사용함 • 색이 변하기 때문에 1회에 한하여 사용 가능하며 보관이 불가능함

숙성 소스

• 탕수 소스: 설탕과 식초(또는 레몬즙)를 넣어서 설탕이 모두 녹을 때까지 20~30분간 숙성하여 사용
• 깐쇼 소스: 물, 소금, 참기름, 토마토케첩, 고추장 등을 넣고 잘 섞은 뒤 1시간 정도 숙성하여 사용

발효 소스

간장, 두반장, 춘장 등

양파	• 동그란 모양의 것으로 주로 뿌리가 있는 채로 사용함
	• 쉽게 물러지기 때문에 1일 정도 사용할 수 있음
고추/피망	• 청고추, 홍고추, 피망 등 색깔별로 사용할 수 있음
	• 고추로는 꽃을 만들 수 있으며, 피망은 소스를 담는 그릇으로 활용할 수 있음
	• 밀폐 용기에 물과 함께 담아 냉장 보관할 수 있음

② 냉채 종류별 어울리는 기초 장식

해물 냉채	색이 희거나 미색인 해물 냉채 (파생강 갑오징어, 해파리 머리 무침)	무, 오이, 당근, 고추 등 여러 색의 장식을 구분 없이 사용할 수 있음
	색깔이 있는 해물 냉채 (술 취한 새우, 훈제 숭어)	흰색이나 붉은 계통의 기초 장식이 어울림
육류	마늘소스 삼겹살 냉채	무, 오이, 양파 등 흰색과 갈색이 나는 장식을 사용함
	오향장육	색이 짙으므로 흰색 장식을 사용함

3 후식

1. 중국 후식의 종류 및 특징

더운 후식	빠스류	• 중국어로 빠스(拔絲)는 '실을 뽑다'라는 의미로 설탕을 녹여 시럽을 만든 후 여러 식재료에 입히는 후식을 의미 • 고구마 빠스, 바나나 빠스, 은행 빠스, 귤 빠스 등 종류가 다양함
찬 후식	시미로	• 전분의 한 종류인 타피오카를 주재료로 사용한 후식 • 중국 음식의 느끼함을 정리해 주는 후식으로 모든 과일에 사용함 • 소화력이 우수하고 비병원성 박테리아, 이스트, 산도 등을 다량 함유하 고 있음 • 멜론 시미로, 망고 시미로, 연시 시미로 등이 있음
	행인두부	• '행인'은 살구 씨를 말하며, 행인두부는 살구 씨 안쪽의 흰 부분을 갈아 서 사용한 요리임 • 두부처럼 하얗고 부드러워서 행인두부라는 명칭이 붙음
	과일	제철과일을 주로 사용하며 하우스 과일이 많이 생산되면서 사계절 내내 다양한 과일을 사용함
	무스류	• 무스(Mousse)는 프랑스어로 '거품'이라는 뜻으로 거품처럼 차가운 크림 상태의 과자를 뜻함 • 무스는 계란과 휘핑크림을 주재료로 사용하며, 몰드에 넣어 냉각시켜 모 양을 내는 아이스크림과 젤리의 중간 형태임 • 딸기 무스, 단호박 무스 등이 있음

중국 요리의 후식 제공 순서

다양한 후식이 제공될 때에는 더운
후식 → 찬 후식 순서로 제공함

01 난이도 하

중국의 전통 식초로 쌀을 발효하여 만들며 무침 요리에 주로 사용하는 식초는?

① 미추
② 흑초
③ 청장
④ 산초

| 해설 |
미추는 쌀을 발효하여 만든 중국의 전통 식초로 살균 작용이 강해 소독제로 쓰이며, 무침 요리에도 많이 사용된다.

02 난이도 하

한자어로 숭채(菘菜) 또는 백채(白菜)라고 하며 중국 음식의 절임류에 많이 쓰이는 채소는?

① 배추
② 청경채
③ 자차이
④ 양배추

| 해설 |
배추는 숭채(菘菜) 또는 백채(白菜)라고 불리며 소금에 절여 김치 형태로 많이 사용되는 대표적인 절임류 채소이다.

03 난이도 중

다음 중 냉채에 사용하는 소스가 아닌 것은?

① 겨자 소스
② 육류 소스
③ 레몬 소스
④ 콩장 소스

| 해설 |
냉채에 사용되는 소스에는 겨자 소스, 케첩 소스, 춘장 소스, 레몬 소스, 콩장 소스가 있다.

04 난이도 상

다음 중 중국 음식의 냉채에 대한 설명으로 옳지 않은 것은?

① 냉채는 소화가 잘 되게 구성되어야 한다.
② 국물이 없어야 하고 느끼하지 않아야 한다.
③ 제공될 때에는 온도가 10℃ 정도가 되어야 적합하다.
④ 냉채는 맨 처음 제공되는 음식으로 연회에 대한 성격도 상징적으로 나타낼 수 있어야 한다.

| 해설 |
냉채 제공 시 온도는 4℃ 정도가 적합하다.

05 난이도 중

중식 소스 중 만든 후 숙성하여 사용하는 대표적인 소스는?

① 깐쇼 소스
② 간장
③ 두반장
④ 춘장

| 해설 |
깐쇼 소스는 물, 소금, 참기름, 케첩, 고추장 등을 넣고 잘 섞은 뒤 1시간 정도 숙성해서 사용하는 숙성 소스이다. 간장, 두반장, 춘장은 발효소스이다.

06 난이도 중

중국의 후식 중 행인두부의 주재료는 무엇인가?

① 호두
② 은행
③ 고구마
④ 살구 씨

| 해설 |
'행인'은 살구 씨를 말하며 행인두부는 살구 씨 안쪽의 흰 부분을 갈아서 사용한 요리이다.

47 | 일식 개요

1 일본 음식 문화

1. 일본 음식 문화의 배경

① 약 70~80%가 산간 지역으로 평야가 적고 지역 차가 많음

② 민속 신앙과 불교 문화가 음식 문화에도 깃들어 있음

③ 섬나라의 특성상 어장이 풍부하여 해산물 요리가 발달함

④ 대륙 음식 문화의 유입이 적어 독특한 음식 문화가 형성됨

2. 지역별 일본 음식 문화

관동 요리 (에도 요리)	• 도쿄 중심으로 생선요리, 민물장어구이, 소바 등이 대표적임 • 무가 및 사회적 지위가 높은 사람에게 제공하기 위한 의례음식에서 유래된 요리가 많음 • 토양과 수질이 거칠어 간이 세고 단맛이 강함 • 설탕과 진한 간장 조미료를 많이 사용함 • 요리에 국물이 적음		
관서 요리 (가미가다 요리)	• 오사카 중심으로 전통적인 일본 요리가 발달하였으며 역사가 깊음 • 식재료의 맛을 최대한 살리며, 담백하고 연한 맛이 특징임		
		교토	담백한 채소와 두부가 유명하며 야채와 건어물을 사용한 요리가 발달함
		오사카	양질의 어패류를 사용한 생선요리가 발달함

2 일본 음식의 특징 및 종류

1. 일본 음식의 특징

① 시각적인 면을 중요시하며, 섬세하고 정교함

② 주식과 부식이 구별되어 있으며, 보통 1즙 3채(1가지의 국과 3가지의 음식)를 기본식으로 함

③ 식재료 본연의 맛과 멋을 중요시하여 조미료를 강하게 쓰지 않아 음식이 담백하고 깔끔함

④ 면류가 발달하였으며, 계절 요리를 매우 중요시함

⑤ 세계 최대의 어장으로 다양한 수산물 음식이 발달함

2. 일본 음식의 종류

본선 요리 (혼젠 요리, 本膳料理)	• 관혼상제 등의 의식에 쓰이는 요리 • 기본상(1즙 3채, 2즙 5채, 3즙 7채), 변형상(1즙 5채, 2즙 7채, 3즙 9채) • 상은 검은색을 사용하며 상차림은 5개(혼젠, 니노젠, 산노젠, 요노젠, 고노젠)임 • 호화롭지만 규칙이 까다로움

혼젠 요리 상차림

• 혼젠: 첫째상(기본상)
• 니노젠: 둘째상
• 산노젠: 셋째상
• 요노젠: 넷째상(구이 요리)
• 고노젠: 다섯째상(술안주, 생과자)

회석 요리 (懷石料理)	• 일본의 다도에서 차를 내기 전에 간단히 먹는 식사 • 승려들이 공복에 차를 마시기 전에 간단히 먹었던 음식
쇼진 요리 (정진 요리, 精進料理)	불교식 사찰 요리
가이세키 요리 (회석 요리, 會席料理)	• 연회용 요리로 작은 그릇에 담긴 음식이 순서대로 나옴 • 제철 재료를 사용하며 계절에 맞는 장식 등 시각적인 면을 중요시함 • 3, 5, 7, 9, 11품이 있음(단, 밥과 김치는 품수에서 제외)

3 일식 기본 조리법

1. 일식 기본 조리법의 분류

일본의 5가지 요리법(오법)

날것, 구이, 튀김, 조림, 찜

맑은국 (스이모노, すいもの)	대합 맑은국, 도미머리 맑은국 등
생선회 (사시미, さしみ)	붉은살 생선회, 활어회, 흰살 생선회 등
구이 (야키모노, やきもの)	간장 양념구이, 소금구이 등
튀김 (아게모노, あげもの)	새우튀김, 고구마튀김, 연근튀김 등
조림 (니모노, にもの)	도미조림, 채소조림 등
찜 (무시모노, むしもの)	달걀찜, 생선술찜 등
무침 (아에모노, あえもの)	채소두부무침, 깨무침 등
초회 (스노모노, すのもの)	문어초회, 모듬초회 등
냄비 (나베모노, なべもの)	복어냄비, 전골냄비, 샤브샤브 등
면류 (멘루이, めんるい)	라멘, 우동 등

2. 일식의 곁들임 음식(아시라이, あしらい)

아시라이(あしらい)는 곁들임 음식을 뜻하는 용어로 섬세한 조화와 아름다운 음식의 미를 추구하는 일본 요리에서 다양하게 사용되고 있으며, 주재료에 첨가하여 시각적으로 돋보이게 하거나 주재료와의 조화로 맛을 돋우어 주는 역할을 함

① 주요 음식에 사용되는 곁들임 재료

조림, 찜 요리	우엉조림, 생강채 등	생선회	무갱, 오이꽃, 고추냉이, 당근으로 만든 스프링(요리닌징, よりにんじん), 레디쉬 채 등
구이 요리	무 국화꽃, 매실조림 등	튀김 요리	푸른 채소 등
맑은국	산초잎, 유자 등	무침 요리	통깨 등
면, 덮밥	쑥갓, 김 채 등	초밥 요리	초생강, 간장 등

② 주요 곁들임 용어

시라가네기(しらがねぎ)[= 하리네기(はりねぎ)]	가는 대파 채(흰 부분)
하리노리(はりのり)	가는 김 채
하리쇼가(はりしょが)	가는 생강 채

4 일식의 기본 양념

1. 일식의 기본 양념 조미 순서

생선 종류에 맛을 낼 때	청주 → 설탕 → 소금 → 식초 → 간장
채소 종류에 맛을 낼 때	설탕 → 소금 → 간장 → 식초 → 된장

일식 정통 조미 순서

설탕 → 소금 → 식초 → 간장 → 된장

2. 일식의 주요 조미료 및 향신료

<table>
<tr>
<td rowspan="3">된장
(미소, みそ)</td>
<td colspan="2">• 된장은 색에 따라 크게 담백한 맛이 좋은 붉은 된장(赤味, 아카미소)과 단맛과 순한맛이 특징인 흰 된장(白味, 시로미소)으로 구분함
• 주로 붉을수록 단맛이 적고 짠맛이 많으며, 흴수록 단맛이 많고 짠맛이 적음
• 된장(미소)의 종류와 특징</td>
</tr>
<tr>
<td>센다이미소</td>
<td>당분, 염분(약 12~13%)이 많고 장기간 숙성시켜 맛이 좋음</td>
</tr>
<tr>
<td>핫초미소</td>
<td>콩 된장으로 떫은맛, 쓴맛, 특유의 풍미가 있음</td>
</tr>
<tr>
<td rowspan="1"></td>
<td>사이교미소</td>
<td>크림색에 가깝고 향기가 좋고 단맛이 남</td>
</tr>
<tr>
<td></td>
<td>신슈미소</td>
<td>단맛과 짠맛이 있는 담황색 된장</td>
</tr>
</table>

간장 (쇼유, しょうゆ)	• 음식의 간을 맞추는 기본 양념 중 하나로 주로 콩과 밀을 함께 이용하여 제조함(우리나라 간장은 콩을 주원료로 함) • 간장(쇼유)의 종류와 특징	
	진간장 (고이구치쇼유, こいくちしょうゆ)	• 향기가 강해 생선의 풍미를 좋게 함 • 비린내 제거에 효과가 좋음 • 염도 15~18%로 생선회나 구이 등을 먹을 때 곁들이는 간장으로 많이 사용함
	엷은 간장 (우스구치쇼유, うすくちしょうゆ)	• 재료 본연의 색, 맛, 향기를 살리는 데 적합함 • 염도가 진간장보다 약 2% 높고 국물 요리에 적합함
	백간장 (시로쇼유, しろしょうゆ)	엷은 간장보다 색이 훨씬 연하며 거의 투명에 가까움
	다마리간장 (다마리쇼유, たまりしょうゆ)	맛간장으로 독특한 향과 진한 맛을 내며 짙은 흑색으로 부드럽고 농후하며 단맛이 남
	생간장 (나마쇼유, 生しょうゆ)	• 열을 가하지 않은 간장으로 향과 풍미가 좋음 • 오랜 시간 끓여도 향이 날아가지 않는 것이 특징이며 냉장 보관해야 함

맛술 (미림)	• 찐 찹쌀, 쌀 누룩, 소주 또는 알코올을 원료로 40~60일 동안 당화 숙성시키며 쌀 누룩의 효소가 작용하여 찹쌀 전분과 단백질이 분해되어 각종 유기산, 아미노산, 향 성분이 생성되어 특유의 풍미가 있는 요리 술 • 열을 가하면 재료의 알코올이 증발하면서 나쁜 향을 없애줌 • 설탕보다 포도당과 올리고당이 다량 함유되어 있어 식재료가 부드러워지고 재료의 표면에 윤기가 생김 • 찹쌀에서 나온 아미노산과 펩타이드 등의 감칠맛 성분이 다른 성분과 어우러져 깊은 향과 맛을 냄 • 단맛 성분인 아미노산, 유기산 및 당류 등이 재료에 스며들어 맛이 배어남

<table>
<tr>
<td rowspan="2">식초</td>
<td colspan="2">• 곡류, 알코올, 과실 등을 원료로 발효한 것으로 4% 이상의 산도를 함유
• 식욕을 돋우고 입안을 상쾌하게 하는 역할을 함
• 방부 효과, 살균 효과가 있으며 생선살을 단단하게 하고 비린내를 제거함
• 식초의 종류</td>
</tr>
<tr>
<td>양조식초</td>
<td>풍미가 있으며 가열해도 풍미가 살아 있음</td>
</tr>
<tr>
<td></td>
<td>합성식초</td>
<td>코 끝이 찡한 자극을 주며 가열하면 산미만 남음</td>
</tr>
</table>

5 일식의 기본조리(썰기)

1. 일식 기본 썰기

와기리(わぎり)	둥글게 썰기(당근, 무, 오이, 고구마 등)
한게츠기리(はんげつぎり)	반달 썰기
이쵸기리(いちょぎり)	은행잎 썰기
지가미기리(ちがみぎり)	부채꼴 모양 썰기
나나메기리(ななめぎり)	어슷하게 썰기(대파 썰기 등)
효시키기리(ひょうしきぎり)	사각기둥 모양 썰기
사이노메기리(さいのめぎり)	주사위 모양 썰기(사방 약 1cm 정도)
아라레기리(あられぎり)	작은 주사위 모양 썰기(사방 약 5mm 정도)
미진기리(みじんぎり)	곱게 다져 썰기(양파, 마늘, 생강 등)
고구치기리(こぐちぎり)	잘게 썰기(실파, 셀러리 등)
센기리(せんぎり)	채 썰기
센록폰기리(せんろっぽんぎり)	성냥개비 두께로 썰기
하리기리(はりぎり)	바늘 굵기로 썰기(장식용으로 쓸 생강, 김 등)
단자쿠기리(たんざくぎり)	얇은 사각 채 썰기
이로가미기리(いろがみぎり)	색종이 모양 자르기
가쓰라무키기리(かつらむきぎり)	돌려 깎기
요리우도기리(よりうどぎり)	용수철 모양 썰기(생선회 등의 곁들임 재료)
란기리(らんぎり)	멋대로 썰기(칼로 듬성듬성 썬 삼각형 모양)
사사가키(ささがき)	대나무잎 모양 썰기
구시가타기리(くしがたぎり)	빗 모양 썰기
다마네기미징기리(玉ねぎみじんぎり)	양파 다지기

2. 일식 모양 썰기

멘토리기리(めんとりぎり)	각을 없애는 썰기(모서리를 깎아 재료의 깨짐 방지)
긱카기리(きっかぎり)	국화잎 모양 썰기(주로 무 사용)
스에히로기리(すえひろぎり)	부채살 모양 썰기(주로 죽순 사용)
하나카타기리(はなかたぎり)	꽃 모양 썰기(당근을 장식으로 사용할 때)
네지우메기리(ねじうめぎり)	매화꽃 모양 썰기(주로 당근 사용)
마쓰바기리(まつばぎり)	솔잎 모양 썰기
오레마쓰바기리 (おれまづばぎり)	접힌 솔잎 모양 썰기(유자껍질, 레몬껍질, 어묵 등을 달걀찜 등에 장식으로 사용할 때)
기리치가이큐리기리 (ぎりちがいきゅうりぎり)	원통 뿔 모양 썰기(주로 오이 사용)
자바라큐리기리 (じゃばらきゅうりぎり)	자바라 모양 썰기
가쿠도큐리기리 (かくどきゅうりぎり)	나사 모양으로 오이 썰기
하나랭콩기리 (はなれんこんぎり)	연근 꽃 모양 썰기
야바네랭콩기리 (やばねれんこんぎり)	화살의 날개 모양 썰기(주로 연근이나 오이)
자카고랭콩기리 (じゃかごれんこんぎり)	연근 돌려 깎아 썰기

자센나스기리 (ちゃせんなすぎり)	차센(차를 젓는 기구) 모양 가지 썰기
구다고보기리 (くだごぼうぎり)	원통형 우엉 썰기(우엉을 초절임이나 조림에 사용할 때 사용)
타츠나기리(手綱切り)	말고삐 곤약 썰기(주로 곤약을 냄비 요리나 조림 요리에 사용할 때 사용)
무스비가마보코기리 (むすびかまぼこぎり)	어묵 매듭 모양 만드는 썰기(어묵, 곤약 등)
후데쇼우가기리 (ふでしょうがぎり)	붓끝 모양 썰기(곁들임이나 구이용 햇생강)
이카리후우보우기리 (いかりふうぼうぎり)	갈고리 모양 썰기
마쓰카사이카기리 (まつかさいかぎり)	오징어 솔방울 모양 썰기
가라쿠사이카기리 (からくさいかぎり)	오징어 당초무늬 썰기
아야메기리(あやめぎり)	붓꽃 모양 썰기(주로 당근 사용)
다이콩노아미기리 (ダイコンのあみぎり)	무 그물 모양 썰기(주로 무 사용)

6 일식 조리도구

1. 일식 칼의 종류

회칼-사시미보초 (さしみぼうちょう)	• 생선회를 자를 때 사용하며 칼날이 27~30cm 정도로 다른 칼에 비해 가늘고 긴 것이 특징임 • 칼끝이 뾰족한 버들잎 모양의 생선회 칼인 야나기(바)보초(柳刃包丁, やなぎばぼうちょう)를 많이 사용함
절단칼-데바보초 (でばぼうちょう)	• 생선을 손질하거나 포를 뜰 때 또는 굵은 뼈를 자를 때 사용함 • 두껍고 무거움
채소칼-우스바보초 (うすばぼうちょう)	• 주로 채소를 자르거나 무 등을 돌려 깎기할 때 사용함 • 칼날이 얇아서 뼈가 있거나 단단한 재료에는 사용하지 않음
장어칼-우나기보초 (うなぎぼうちょう)	• 민물장어나 바다장어 등을 손질할 때 사용함 • 칼 끝이 45° 정도 기울어져 있고 뾰족함

2. 일식 주방도구

집게 냄비(얏토코나베, やっとこ鍋)	깊이가 낮은 평평한 모양으로 손잡이가 없음
편수 냄비(가타테나베, かたてなべ)	가장 많이 사용하는 냄비로 손잡이가 있음
양수 냄비(료우테테나베, りょうてなべ)	다량의 재료를 삶거나 조릴 때 사용함
튀김 냄비(아게나베, あげなべ)	튀김용 냄비로 두껍고 깊이가 있음
달걀말이 팬 (타마고야키나베, たまごやきなべ)	사각형 형태의 팬으로 열 전달이 균일한 구리 재질이 좋음
덮밥 냄비 (돈부리나베, どんぶりなべ)	덮밥(돈부리) 전용 냄비
쇠 냄비(데쓰나베, てつなべ)	전골 냄비라고도 함
도기 냄비 (유키히라나베, ゆきひらなべ)	운두가 낮고 두꺼운 도기로 죽을 조리할 때 사용함

질 냄비(호로쿠나베, ほうろくなべ)	크고 편평한 냄비로 주로 찜 구이, 참깨를 볶는 데 사용함
토기 냄비(도나베, どなべ)	두꺼운 뚜껑이 있는 냄비로 양쪽에 손잡이가 있으며 1인용으로 식탁에 오르는 음식에 사용함
찜통(무시키, むしき)	목재나 스테인리스 등의 재질이 있으며 찔 때 사용함
조림용 뚜껑(오토시부타, おとしぶた)	냄비 중앙에 재료를 덮어 재료나 국물이 직접 닿게 하여 조림이 빨리 되고 양념이 고루 스며들도록 하는 역할을 하는 뚜껑
강판(오로시가네, おろしがね)	무나 고추냉이, 생강 등을 갈 때 사용함
절구통(스리바치, すりばち) / 절구 방망이(스리코기, すりこぎ)	재료를 으깨어 잘게 만들거나 계속 끈기가 나도록 하는 데 사용함
굳힘 틀(나가시캉, ながしかん)	사각 형태의 스테인리스 재질로 두 겹이며 달걀, 두부 등의 찜요리, 참깨두부 같은 네리모노, 한천을 이용한 요세모노 등을 만드는 데 사용함
눌림 통(오시바코, おしばこ)	목재로 된 상자초밥용과 밥을 눌러 모양을 찍어내는 두 종류가 있음
쇠꼬챙이(가네쿠시, かねくし)	일식에서 생선구이에 많이 사용하는 쇠꼬챙이로 대나무나 스테인리스로 만든 제품이 있음
소쿠리 (자루, ざる / 다케카고, たけかご)	대나무나 스테인리스 재질로 만들며 주로 재료의 물기를 빼는 데 사용함
초밥 비빔용 통(항기리, はんぎり)	초밥을 비빌 때 사용하는 통으로 주로 노송나무로 된 재질을 사용함
김발(마키스, まきす)	김초밥을 만들거나 달걀 모양을 잡을 때 사용함
조리용 핀셋(호네누키, ほねぬき)	생선의 치아이(ちあい, 생선 살 사이에 있는 붉은 살 부위) 부근의 잔가시나 뼈를 제거하거나 유자 등의 과육을 빼내는 데 사용함
장어 고정시키는 송곳(메우치, めうち)	뱀장어나 갯장어, 바다장어 등을 손질할 때 눈을 찔러서 고정할 때 사용함
비늘치기 (우로코히키, うろこひき / 고케히키, こけひき)	생선 비늘을 제거할 때 사용함
요리용 붓(하케, はけ)	튀김 재료에 밀가루나 녹말가루 등을 골고루 바를 때 사용하는 붓으로 장어구이나 생선 요리에 사용함
파는 기구(구리누키, くりぬき)	채소류, 과일류의 씨앗을 제거할 때 사용함
찍는 틀(누키카타, ぬきかた)	원하는 형태로 찍어 눌러 만드는 도구
체(우라고시, うらごし)	원형의 목판에 망을 씌운 도구로 체를 내릴 때, 가루나 국물 등을 거를 때, 재료의 건더기를 걸러낼 때 사용함
말린 대나무 껍질 (다케노카와, たけのかわ)	재료를 감쌀 때를 제외하면 물이나 뜨거운 물에 불려 사용하며 잔 칼집을 내어 바닥에 깔아 재료가 눌어붙는 것을 방지함
엷은 판자종이(우스이타, うすいた)	삼나무나 노송나무를 종잇장처럼 얇게 깎아 만든 것으로 요리를 감싸거나 포를 뜬 생선을 싸서 보관하거나 장식할 때 등 다양하게 사용함
그물망 국자 (아미자쿠시, あみじゃくし)	튀김 요리를 할 때 찌꺼기를 건져냄

01 난이도 중

일식에서 곁들임 음식을 뜻하는 말로 주재료의 맛을 돕우는 역할을 하는 것은?

① 멘루이(めんるい)
② 나베모노(なべもの)
③ 아시라이(あしらい)
④ 스이모노(すいもの)

| 해설 |
아시라이(あしらい)는 일식에서 곁들임 음식을 뜻하는 용어로 주재료에 첨가하여 시각적으로 돋보이게 하거나 주재료와의 조화로 맛을 돋우어 주는 역할을 한다.

02 난이도 중

일식에서 많이 쓰이는 곁들임 장식으로 대파 흰 부분을 가늘게 채썬 것을 가르키는 것은?

① 하리노리(はりのり)
② 하리쇼가(はりしょうが)
③ 하리네기(はりねぎ)
④ 하리우치(はりうち)

| 해설 |
하리네기(はりねぎ) 또는 시라가네기(しらがねぎ)는 대파의 흰 부분을 채로 가늘게 썰어 일식의 여러 요리에 곁들임으로 사용하는 장식이다. 하리노리(はりのり)는 가는 김 채, 하리쇼가(はりしょうが)는 가는 생강 채를 뜻한다.

03 난이도 중

일식에서 생선 요리를 할 때 조미 순서로 알맞은 것은?

① 청주 → 설탕 → 소금 → 식초 → 간장
② 청주 → 소금 → 설탕 → 식초 → 간장
③ 설탕 → 청주 → 소금 → 식초 → 간장
④ 설탕 → 소금 → 청주 → 식초 → 간장

| 해설 |
일식 양념의 조미 순서는 생선 요리의 경우 '청주 → 설탕 → 소금 → 식초 → 간장'이며, 채소 요리의 경우 '설탕 → 소금 → 간장 → 식초 → 된장'이다.

04 난이도 하

전분과 단백질이 분해되어 생성된 유기물과 알코올이 주성분으로 재료의 나쁜 향을 없애주는 조미료는?

① 된장
② 간장
③ 식초
④ 맛술

| 해설 |
맛술(미림)은 찹쌀 전분과 단백질이 분해되어 각종 유기산, 아미노산, 향 성분이 생성되어 특유의 풍미가 있는 요리 술이다.

05 난이도 중

일본식 된장 미소(みそ)에 대한 설명으로 옳지 못한 것은?

① 사이교미소는 크림색에 가까운 된장이다.
② 아카미소는 적된장으로 담백한 맛이 있다.
③ 핫초미소는 콩 된장으로 특유의 풍미가 있다.
④ 색이 붉을수록 단맛이 많고 흴수록 짠맛이 많다.

| 해설 |
보통 일본의 된장은 색이 붉을수록 단맛이 적고 짠맛이 많으며, 색이 흴수록 단맛이 많고 짠맛이 적다.

48 | 일식-주식(면, 밥, 롤, 초밥)

1 면

1. 면발의 정의

면발은 면대를 썰어서 만든 면 가닥으로 절출기나 칼날을 이용하며 굵기가 다양함

2. 면발의 굵기에 따른 면의 종류

세면	• 일반적으로 면의 굵기가 가장 가는 면 • 중국이나 일본에서 많이 사용함
소면	• 세면보다 조금 굵은 면발로 잔치국수나 비빔면 등에 사용함 • 메밀면은 소면의 면발과 유사하거나 조금 굵음
중화면	소면보다 조금 굵은 면발로 자장면, 짬뽕 등에 사용함
칼국수면	• 중화면보다 조금 굵은 면발로 넓적하고 얇은 형태의 면발도 있고 상대적으로 좁고 굵은 면발도 있음 • 면발이 넓고 두께가 얇은 면: 고기 국물이나 닭 육수로 만든 칼국수에 사용함 • 면발의 폭이 좁고 두께가 두꺼운 면: 해물칼국수, 팥칼국수 등에 사용함
우동면	• 칼국수면보다 조금 굵은 면발 • 우동 등에 사용하며 일반적으로 일본 사누끼 지방에서 사용하는 우동 면발의 두께를 표준으로 함

3. 일식에 주로 사용하는 면의 종류 및 조리 특성

메밀국수 (소바, そば)	• 메밀가루로 만든 국수를 뜨거운 국물이나 차가운 간장에 무, 파, 고추냉이를 넣고 찍어 먹는 면 요리 • 메밀면은 조리 시 끓는 물에 소금을 넣어 삶고 면이 끓어 오르면 찬물로 온도를 낮추는 동작을 3~4회 반복하여 익힘
우동 (うどん)	• 밀가루를 넓게 펴서 칼로 썰어서 만든 굵은 국수로 일본의 대표적인 면 요리 • 우동면은 조리 시 끓는 물에 면을 넣고 잘 저어주면서 가라앉은 면을 위로 올려주며 고르게 익혀야 함 • 삶은 우동면을 찬물에 담가 보관하면 면의 탄력을 유지할 수 있음
라멘 (ラーメン)	• 중국 요리인 '납면'을 기원으로 한 면 요리로 면과 국물로 이루어진 일본의 인기 있는 대중 음식 • 향신료에 따른 라멘의 종류<table><tr><td>쇼유라멘</td><td>간장</td><td>시오라멘</td><td>소금</td></tr><tr><td>미소라멘</td><td>된장</td><td>돈코츠라멘</td><td>돼지뼈</td></tr></table>
소면 (素麵)	• 밀가루 반죽을 길게 늘려서 막대기에 면을 감아 당긴 후 가늘게 만드는 국수 • 소면을 삶을 때는 물이 끓어 오르면 준비된 얼음이나 찬물을 부어 면의 익힘과 탄력을 일정하게 유지하며 이러한 과정을 2~3회 반복하며 익혀야 함 • 소면의 종류<table><tr><td>납면(拉麵)</td><td>국수 반죽을 양쪽에서 당기고 늘려 만든 면</td></tr><tr><td>압면(押麵)</td><td>국수 반죽을 구멍이 뚫린 틀에 넣고 밀어 끓는 물에 넣어 만든 면</td></tr><tr><td>절면(切麵)</td><td>밀대로 밀어 얇게 만든 반죽을 칼로 썰어 만든 면</td></tr></table>

면 삶기

• 소금 첨가: 글루텐이 형성되어 밀가루의 점도와 끈기가 좋아지며 삼투압을 이용하면 면을 쫄깃하게 유지할 수 있음
• 얼음 첨가: 면의 바깥쪽 부분이 많이 익는 것을 방지하기 위해 넣음

4. 일식 면 요리 국물

① 일식 맛국물 주요 재료

가다랑어포 (가쓰오부시)	• 일식 요리 맛국물에 기본이 되는 역할을 함 • 가다랑어(참치)를 손질하고 훈연, 건조하여 포로 깎아 육수에 사용함 • 곰팡이가 핀 것과 곰팡이가 피지 않은 일반 가다랑어포로 구분하여 사용함
다시마 (콘부, こんぶ)	• 다시마는 '喜ぶ(기쁘다)'의 어원에서 파생된 단어로 영양학적으로 몸에 좋은 식재료라는 의미임 • 일식에서는 맛국물뿐만 아니라 조림이나 밥, 냄비 요리에도 많이 사용함 • 육수 조리 시 다시마는 끓기 전에 건져내야 맑은 국물을 낼 수 있음(오래 끓이면 다시마의 점액질이 나와 국물이 탁해지며 냄새가 남)

② 일본 면 요리에 사용되는 맛국물의 비율

메밀국수	다시 7:진간장 1:맛술 1
찬 우동	다시 5~6:진간장 1:맛술 1
볶음 메밀국수, 볶음 우동	간장 1:청주 1:맛술 1:물 2
따뜻한 면류	다시 14:진간장 1:맛술 1

5. 면 요리의 곁들임 재료

아게다마 (텐까스, 天かす)	• 밀가루에 물과 계란을 풀어 튀긴 것 • 다진 새우와 오징어 등의 향을 입히기도 함 • 국물이 있는 면류, 차가운 면류, 덮밥류 등의 장식으로 사용 • 조리 시에 반죽은 '박력분:물 = 1:1.5'의 비율로 만듦
시치미 (七味)	• 7가지 향신료(고춧가루, 산초, 진피, 삼씨(마자유), 파란 김, 검은깨, 생강)를 배합하여 만든 것 • 지역별로 배합이나 재료가 조금씩 차이가 있음 • 우동 등의 면 요리에 취향에 따라 곁들여 먹음
하리노리 (はりのリ)	• 마른 김을 가위나 칼로 바늘처럼 가늘게 잘라서 면류의 마지막 고명으로 올리는 것 • 주로 푸른색 채소와 함께 마지막 곁들임으로 사용하며, 차가운 면류와 라멘에 올림

2 밥

1. 차밥(오차즈케, おちゃずけ)

① 따뜻한 밥 위에 뜨거운 차를 부어 먹는 요리

② 녹차를 우릴 때에는 80~90℃ 정도의 뜨거운 물을 사용하고 제공 직전에 우려내야 함

③ 맛이 진한 녹차를 사용하며 가쓰오부시와 다시마를 사용하여 만든 맛국물을 사용할 경우 소금과 맛술로 간을 함

④ 녹차와 가쓰오부시를 혼합하여 사용하기도 하며, 이때 맛국물을 먼저 낸 후 제공 직전에 녹차를 넣고 우려냄

⑤ 차밥의 종류

히야시차즈케	차가운 차를 밥에 부어 먹음
우메차즈케	매실장아찌를 넣음
사케차즈케	연어 구이를 올림

2. 덮밥(돈부리모노, どんぶりもの)

① 돈부리모노를 줄여서 '돈부리'라고도 함

② 조리도구로 돈부리나베(どんぶりなべ)를 사용함

③ 덮밥에 올리는 재료에 따른 소스의 비율

익히지 않은 재료(생선회 등)	간장 3:맛술 2:청주 1
튀김 재료	다시 4:간장 1:맛술 1:청주 0.2:설탕 0.2
구운 재료	간장 5:맛술 2:청주 2:설탕 3

④ 덮밥 위에 올리는 재료에 따라 덮밥 이름이 달라짐

텐동(天丼)	튀김	부타동(豚丼)	돼지고기
규동(牛丼)	소고기 조림	우나동(鰻丼)	장어 구이
가츠동(カツ丼)	돈까스	텟카동(鉄火丼)	참치회
가이센동(海鮮丼)	여러 가지 회	오야코동(親子丼)	닭, 달걀조림

돈부리

사발 형태의 깊이가 있는 식기를 말하며 밥과 반찬을 함께 담아 제공함

돈부리나베(どんぶりなべ)

• 턱이 낮고 가벼운 덮밥용 냄비
• 작은 프라이팬처럼 생겼으며, 손잡이가 직각임
• 재료를 익히는 과정에서 맛국물이 너무 졸여지는 것을 방지하기 위해 뚜껑이 있음

3. 죽

① 오카유(粥, おかゆ): 물을 충분히 넣고 오래 끓여 부드럽게 먹는 죽

② 재료에 따른 오카유의 종류

시라가유(白粥)	흰쌀 죽
료쿠도우가유(綠豆粥)	녹두죽
아즈키가유(小豆粥)	팥죽
이모가유(芋粥)	참마, 감자 또는 고구마를 넣고 끓인 죽
챠가유(茶粥)	차를 넣고 끓인 죽

③ 조우스이(雜炊, ぞうすい): 국물 요리를 먹고 난 후 남은 맛국물에 밥을 넣고 짧은 시간에 끓여 간단하게 먹는 죽

3 롤 초밥

1. 일식 롤 초밥의 주재료

초밥용 쌀	• 초밥용 쌀은 밥을 지었을 때 적당한 탄력과 끈기가 있어야 함 • 쌀 품종은 고시히카리를 많이 사용함 • 햅쌀은 전분이 굳지 않고 남아있어 배합초의 흡수율이 낮아 밥이 질어지므로 **초밥용으로는 햅쌀보다 묵은 쌀이 적합함** • **초밥 조리 시에는 평상시보다 밥을 되게 짓는 것이 좋음(물의 양 = 쌀의 1.1배)**		
고추냉이	• 고추냉이에는 시니그린(Sinigrin)이라는 매운맛을 내는 성분이 있어 살균 작용, 생선의 비린 맛 감소 등의 역할을 하며 식욕을 촉진시킴 • 고추냉이의 종류		
	생고추냉이 (스리와사비)	• 매운맛의 휘발성이 강해 필요할 때마다 강판에 갈아서 사용함 • 고추냉이의 상단과 중간에 매운맛이 분포되어 있기 때문에 윗부분부터 갈아주는 것이 좋음	
	가루 고추냉이 (네리와사비)	필요할 때마다 차가운 물과 1:1의 비율로 개어 사용함	

초밥용 밥 조리 시 물의 양

계량컵을 사용할 경우 쌀의 1.1배 정도의 물을 넣음

배합초	• 주재료는 식초, 설탕, 소금이며 필요에 따라 레몬이나 다시마를 넣기도 함 • 배합초 비율은 식초 6 : 설탕 2 : 소금 1로 함 • 밥에 배합초를 첨가할 때 '밥 15 : 배합초 1'의 비율이 좋음 • 배합초 조리 시 센 불에서 끓이면 식초의 향이 없어지므로 소금, 설탕이 녹을 정도의 약불에서 끓여야 함 • 밥이 식으면 흡수력이 떨어지므로 반드시 밥이 뜨거울 때 뿌려줌 • 배합초를 뿌린 후 주걱으로 골고루 섞어 배합초가 밥에 충분히 스며들면 부채질 또는 바람을 이용해 여분의 수분을 날려 보낸 후 사용함(처음부터 부채질을 하면 밥에 배합초가 잘 스며들지 않음) • 수분을 날려 보내고, 36.5℃ 정도로 초밥이 식었을 때 보온밥통에 보관하여 사용하는 것이 좋음

초밥의 적정 온도

36.5℃

2. 일식 롤 초밥의 부재료

김	• 김초밥에 사용함 • 잘 건조되어 검은 광택이 나고 향이 좋으며, 일정한 두께로 약간 도톰하면서 감촉이 매끄러운 것이 좋음 • 수분이 스며들지 않도록 사용하기 직전에 꺼내 바삭하게 굽고 한 장보다는 두 장을 겹쳐서 바삭하게 굽는 것이 좋음
박고지	• 식용 박이 여물기 전에 껍질을 벗겨 얇고 길게 썬 후 말려서 사용함 • 필요할 때는 물에 씻고 불려서 사용함 • 항노화 물질이 있고 섬유질이 풍부하여 소화 작용을 증진시킴 • 일식에서는 박고지를 불려 소금물에 씻은 후 다시마 물, 간장, 설탕, 맛술, 청주에 조려서 부드럽게 사용함
<u>오보로</u>	• 흰살 생선의 살을 삶은 후 수분을 제거한 것 • 일반적으로 핑크색 식용 색소로 색을 입히고 설탕, 소금으로 간을 해서 사용함
참치	• 참치의 종류에는 참다랑어, 눈다랑어, 황다랑어 등이 있으며 뱃살 부위가 가장 비쌈 • 냉동참치의 경우 해동 후 사용하며 계절별 해동법이 다름 <table><tr><td>여름</td><td>18~25℃, 3~5%의 식염수에 해동</td></tr><tr><td>겨울</td><td>30~33℃, 3~4%의 식염수에 해동</td></tr><tr><td>봄, 가을</td><td>27~30℃, 3%의 식염수에 해동</td></tr></table>
달걀	• 영양이 풍부하여 일식에서 많이 사용함 • 깨뜨렸을 때 노른자가 도톰하게 올라와 있고 노른자의 색이 선명하며, 흰자가 퍼지지 않는 것이 신선함
오이	• 수분을 공급해 주고 비타민의 우수한 공급체로 주로 생식으로 사용하지만 절임, 피클 등으로도 사용함 • 일식에서 초회 요리, 김초밥, 오싱코(절임), 샐러드 등에 많이 사용함

3. 일식 롤 초밥의 곁들임 재료

① 초생강, 락교, 단무지, 야마고보(산우엉), 우메보시(절인 매실) 등을 주로 사용하며 초생강을 가장 많이 사용함

② 초생강의 조리법

• 초생강은 통생강을 얇게 저며야 곁들임 재료가 부드럽고 매운맛이 적음

• 통생강의 껍질을 벗기고 얇게 편으로 썰어 데친 다음 배합초를 넣음

• 초생강에 사용되는 배합초로 다시물, 식초, 설탕, 소금을 사용함

  (5인분 기준: 다시물 90cc, 식초 70cc, 설탕 15g, 소금 7g)

4. 롤 초밥 조리도구

초밥용 비빔통 (항기리, はんぎり)	• 작게 쪼갠 나무를 여러 개 이어서 둥근 모양으로 넓고 높지 않게 만들어 초밥에 배합초를 섞을 때 사용함 • 마른 통을 사용할 경우 밥이 붙고 배합초를 섞기 불편하기 때문에 반드시 수분을 축여서 사용해야 함
김밥용 발 (마키스, まきす)	• 롤 초밥을 만들 때 반드시 필요한 도구 • 둥근 껍질의 대나무를 튼튼한 끈으로 잘 묶어 놓은 것이 좋음

5. 롤 초밥 및 초밥의 종류

① 후토마키(ふとまき): 굵은 김초밥(김 1장 사용)

② 호소마키(ほそまき): 얇은 김초밥(김 1/2장 사용)

③ 데카마키(鐵火卷き): 참치 김초밥

④ 갓파마키(かっぱまき): 오이 김초밥

⑤ 데마키(手卷き): 손으로 가볍게 말은 초밥

⑥ 니기리스시(握りすし): 생선 초밥

⑦ 하꼬스시(箱すし): 상자 초밥

⑧ 이나리스시(いなりすし): 유부 초밥

⑨ 지라시스시(散らしすし): 흩뿌림 초밥

초밥 용어

• 고항: 밥
• 노리: 김
• 마구로: 참치
• 스시지: 배합초
• 오보로: 생선가루
• 와사비: 고추냉이

01

밀가루에 물과 계란을 풀어 튀긴 것으로 일식에서 면 요리의 고명에 해당하는 것은?

① 시치미(七味)
② 콘부(こんぶ)
③ 아게다마(揚げ玉)
④ 하리노리(はりのり)

[해설]
아게다마(揚げ玉)는 밀가루에 물과 계란을 풀어 튀긴 것으로 국물이 있는 면류, 차가운 면류, 덮밥류 등의 장식으로 사용한다.

02

시치미(七味)의 재료가 <u>아닌</u> 것은?

① 계피
② 생강
③ 산초
④ 고춧가루

[해설]
시치미는 7가지 향신료를 배합하여 만든 것으로 주로 생강, 산초, 고춧가루, 진피, 삼씨, 파란 김, 검은깨를 조합하여 만든다.

03

닭고기나 달걀이 주재료인 일식 덮밥은?

① 오야코동
② 부타동
③ 우나동
④ 가이센동

[해설]
일식 덮밥은 올리는 주요 재료에 따라 덮밥의 이름이 달라진다. 닭이나 달걀조림이 올라갈 경우 오야코동, 돼지고기가 올라가면 부타동, 장어구이를 사용할 경우 우나동, 여러 가지 회를 사용할 경우 가이센동이라 표현한다.

04

일식에서 국물 요리를 먹고 난 후 남은 맛국물에 간단히 끓여 먹는 죽은?

① 시라가유
② 조우스이
③ 이모가유
④ 우메차즈케

[해설]
조우스이(ぞうすい)는 일본의 죽 요리로, 국물 요리를 먹고 난 후 남은 맛국물에 밥을 넣어 짧은 시간에 간단히 끓여 먹는 죽이다.

05

다음 중 초밥의 배합초 비율로 적절한 것은?

① 식초 6 : 설탕 1 : 소금 1
② 식초 6 : 설탕 2 : 소금 1
③ 설탕 6 : 식초 3 : 소금 1
④ 설탕 6 : 식초 2 : 소금 1

[해설]
배합초는 일식 초밥에 사용하는 주재료로 식초, 설탕, 소금을 섞어서 만들며, 비율은 '식초 6 : 설탕 2 : 소금 1'이 적절하다.

06

롤 초밥 제조 시 밥과 배합초를 섞기 위해 사용하는 조리 도구는?

① 마키스(まきす)
② 항기리(はんぎり)
③ 가네쿠시(かねくし)
④ 돈부리나베(どんぶりなべ)

[해설]
항기리(はんぎり)는 작게 쪼갠 나무를 여러 개 이어서 둥글게 넓고 높지 않게 만든 통으로 초밥에 배합초를 섞을 때 사용한다.

49 | 일식–주요리(국물, 찜, 조림)

1 국물

1. 국물 요리의 분류

맑은 국물 요리	• 맑은 다시를 쓰는 국물 요리 • 일본의 코스 요리인 회석 요리에서 많이 사용함 예 조개 맑은국, 도미 맑은국 등
탁한 국물 요리	• 식사와 함께 주로 제공됨 • 된장을 풀어 끓인 미소 된장국이 대표적임

2. 국물 요리의 구성

주재료 (완다네)	• 일식에서는 주재료로 어패류를 가장 많이 사용하며 도미, 대합 등이 있음 • 육류와 채소류도 사용함
부재료 (쯔마)	• 제철 채소, 해초류를 많이 사용함 • 맑은국: 주로 죽순, 두릅 등을 사용함 • 탁한국: 주로 미역을 사용함

향
(스이구치)
	• 국물 요리에서 주재료의 맛을 살리는 역할을 함
	• 일식에서 국물 요리 향신료로 주로 유자, 산초를 사용함
	• 맑은국에는 유자껍질, 레몬껍질을 사용하며 된장국에는 산초가루를 사용함
	• 계절에 따라 사용하는 재료가 다름
	  – 봄, 여름: 산초, 새순
	  – 여름: 파란 유자
	  – 가을: 노란 유자껍질

3. 주요 국물 요리의 재료

구분	도미 맑은국	조개 맑은국	된장국
주재료(완다네)	도미	조개	된장
부재료(쯔마)	죽순, 대파	쑥갓	두부, 미역
향(스이구치)	레몬	레몬	산초가루, 실파

4. 맛국물의 주요 재료

가다랑어포 (가쓰오부시)	• 일본 맛국물 재료 중 가장 대표적임 • 가다랑어(참치)를 찌거나 삶아서 훈연 상자에 넣고 훈연, 건조한 것 • 훈연시키면서 푸른 곰팡이를 발생시킨 것과 발생시키지 않은 것으로 나뉘는데 곰팡이를 발생시켜 제조할 경우 독특한 감칠맛(이노신산)이 생성됨 • 깎아 놓은 가다랑어포는 투명한 빛깔을 내며 포를 통해 사물이 보이는 것이 좋음 • 가다랑어포는 분홍색이 좋고, 검은색이 많은 것은 피가 섞여 있어 좋지 않음 • 물의 온도가 약 80~90℃ 정도로 식었을 때 가다랑어포를 넣고, 불을 켜지 않은 채로 15분 정도 우려내어 사용함 • 가쓰오부시의 종류

혼부시	큰 가다랑어를 4등분하여 만든 것으로 풍미가 좋음
가메부시	작은 가다랑어를 3등분하여 만든 것으로 풍미는 떨어지지만 경제적임
아라부시	가다랑어를 훈연, 건조한 것
가쓰오케즈리부시	아라부시를 깎아서 판매하는 것
혼카레부시	아라부시에 곰팡이를 피워 햇볕에 말린 것
가쓰오부시케즈리부시	혼카레부시를 깎아서 판매하는 것

다시마 (곤부)	• 해조류로 감칠맛 성분인 글루타민산이 많아 국물 요리에 많이 사용함 • 물과 함께 처음부터 넣어 조리하며 물이 끓은 후에는 다시마를 제거해야 함 • 다시마의 종류

마곤부(참다시마)	최고급품 다시마로 두꺼우면서 길고 풍미가 좋음
리시리곤부	참다시마보다 작고 가늘고 단단하며 일반 국물용으로 일반음식점에서 많이 사용함
라우스곤부	다시마의 향과 맛이 강하게 느껴지며 육수가 탁해지기 때문에 조림에만 사용함
미쓰이시곤부, 하다카곤부	가늘고 길며 얇은 다시마로 빨리 부드러워져 맛국물보다는 다시마를 이용한 물이나 조림용으로 사용함

가쓰오부시케즈리부시

가다랑어를 훈연, 건조한 후 곰팡이를 피워 말린 것을 깎은 것으로 일본에서는 법적으로 가쓰오부시라는 말을 가쓰오부시케즈리부시에만 사용할 수 있음

5. 맛국물의 종류

다시마 다시	다시마만을 사용한 맛국물로 찬물에 담가 천천히 우려내는 경우와 다시마를 넣고 끓어오르기 직전까지 우려내는 경우가 있음
일번 다시	• 다시마와 가쓰오부시만을 사용하여 짧은 시간에 맛을 우려내 최고의 맛과 향을 낸 맛국물 • 고급 국물 요리에 많이 사용함
이번 다시	• 일번 다시를 만들고 난 후의 다시마와 가쓰오부시를 재활용하여 남아 있는 감칠맛 성분을 약한 불에서 천천히 다시 우려낸 맛국물 • 이 과정에서 새로운 가쓰오부시를 첨가하기도 함 • 일번 다시보다는 맛이 약하므로 조림이나 된장 국물 등에 사용함
니보시 다시	• 멸치, 새우, 다시마 등 여러 가지 해산물을 이용하여 만든 맛국물 • 상온에서 찬물에 장시간 우린 후에 끓여서 면보에 걸러 사용함 • 조림, 찜, 된장국 등에 사용함

2 찜

1. 일식 찜(무시모노, むしもの) 요리의 종류

① 조미료에 따른 종류

사카무시(술)	도미, 대합, 전복, 닭고기 등에 소금을 뿌린 뒤 술을 부어 찐 요리
미소무시(된장)	• 된장을 사용하여 냄새를 제거하고 향기를 더해 풍미를 살려 찐 요리 • 빠른 시간 내에 쪄야 함

② 재료에 따른 종류

가부라무시(무청)	• 무청을 강판에 갈아 재료를 듬뿍 올려서 찐 요리 • 매운맛이 적고 싱싱한 것으로 풍미가 달아나지 않게 빨리 쪄야 함
신주무시	재료 속에 메밀을 넣고 표면을 다양하게 감싸서 찐 요리
조요무시	강판에 간 산마를 곁들여 주재료에 감싸 찐 요리
도묘지무시	찐 찹쌀을 가루로 만들어 재료를 감싸거나 재료에 올려 찐 요리

③ 형태에 따른 종류

도빙무시	송이버섯, 닭고기, 장어, 은행 등을 찜 주전자에 넣고 다시 국물을 넣어 찐 요리
야와라카무시	문어, 닭고기 등을 아주 부드럽게 찐 요리
호네무시	'치리무시'라고도 하며 강한 불에서 뼈까지 충분히 익힌 후 다시 물에 생선 감칠맛을 우려낸 요리
사쿠라무시	흰살 생선을 벚꽃 나뭇잎으로 말아서 다른 재료와 함께 찐 요리

2. 일식 찜 요리 양념

폰즈	• 감귤류에서 짠 즙으로 등자(스다치)를 주로 사용함 • 냄비 요리나 찐 생선, 기름에 튀긴 요리 등에 사용함 • 찜 조리 시 양념은 '즙 1 : 간장 1'의 비율로 하는 것이 좋음		
야쿠미 (やくみ)	• 일식에서 요리에 첨가하는 향신료나 양념 • 음식의 풍미를 살리고 식욕을 증진시키는 역할을 함 • 주요 음식의 야쿠미		
		튀김	무즙, 생강즙, 실파 등
		메밀국수	실파, 와사비
		우동	시치미[고춧가루, 산초, 진피, 삼씨(마자유), 파란 김, 검은깨, 생강을 배합한 것]
모미지오로시 (もみじおろし)	• '아카오로시'라고도 함 • 무즙에 고추즙(고운 고춧가루)을 개어 빨간색을 띤 무즙 • 마치 붉은 단풍을 물들인 것과 같은 적색을 띠고 있어 '모미지'라고 함 • 폰즈나 초회 등에 곁들이거나 복어 껍질 무침 등에 사용함		

3. 일식 찜의 조리법

① 전처리 조리법 – 시모후리(しもふり)

- 어류나 육류 등을 사용하기 전 처리법
- 재료의 표면에 끓는 물을 붓거나 재료를 직접 끓는 물에 데쳐 표면을 하얗게 만든 후 바로 찬물에 담그는 방법
- 표면의 점액질, 비늘, 피, 냄새 등의 불순물과 여분의 수분 등을 제거함과 동시에 표면을 응고시켜 본래의 맛이 달아나지 않도록 처리함

② 찜 조리 시 불의 세기

강한 불	날 것일 때 단단하며 쪘을 때 부드러워지는 식재료는 주로 강한 불에 찜 예 생선, 닭고기, 찹쌀
약한 불	원래 부드럽지만 찐 후 딱딱해지는 식재료는 주로 약한 불에 찜 예 달걀, 두부, 산마, 생선살 간 것

③ 찜 조리 시간

흰살 생선	살짝 데친 정도로만 찜(익힘 정도는 95%가 적당함)
등 푸른 생선	지방이 많고 특유의 냄새가 있어 완전히 익히는 것이 좋음
붉은색 육류(소고기, 오리고기)	중심부가 붉은빛이 도는 정도로 찜(익힘 정도는 약 80%)
흰색 육류(닭고기, 돼지고기)	완전히 익힘
조개류	익힐수록 단단해지며 입을 벌리면 잘 익은 것임
채소류	색과 씹히는 맛이 중요하므로 아삭할 정도로 살짝 익힘

3 조림

1. 일식의 조림(니루, 煮る)

일식에서 조림은 니루(煮る)라고 하며 재료와 국물을 함께 끓여서 맛이 속으로 스며들게 하는 요리로 밥반찬이며 식단(곤다테, こんだて)을 마무리 짓는 역할을 함

2. 일식 찜과 조림 요리에서 많이 사용되는 재료

도미 (다이, たい)	• '돔'이라고 불리며 살색이 희고 육질이 연해서 뛰어난 횟감으로 쓰이며 맛이 좋기 때문에 일식에서 여러 요리에 사용됨 • 색이 선명하고 살이 통통하며 눌렀을 때 탄력이 있고 배 쪽이 단단한 것이 좋으며 눈의 빛깔이 선명하고 지느러미를 눌렀을 때 위로 올라오는 것이 좋음
대합 (하마구리, はまぐり)	• 구워 먹기도 하고 술을 넣어 찌기도 함 • 가을부터 이듬해 봄까지가 제철이며 3년생과 3~5월에 잡히는 것이 가장 맛이 좋음 • 조리하기 전에 옅은 소금물에 해감하여 사용해야 함

3. 일식 조림 양념의 종류

단 조림	맛술, 청주, 설탕을 넣어 조림
짠 조림	주로 간장으로 조림
보통 조림	장국, 설탕, 간장으로 적당히 조미하여 맛의 배합을 생각하며 조림
소금 조림	소금으로 조림
된장 조림	된장으로 조림
초 조림	식품을 조림한 다음 식초를 넣어 조림
흰 조림(푸른 조림)	색상을 살려 간장을 쓰지 않고 소금을 사용하여 단시간에 조림

4. 조미료를 넣는 방법

① 소금은 설탕보다 입자가 작아서 재료에 스며들기 쉬우므로 처음에 넣으면 재료의 표면을 단단하게 만들어 다른 조미료 등이 스며들기 어려움
② 처음에는 술, 설탕 등을 먼저 넣어 재료를 부드럽게 해 줌

01 난이도 중

일식에 사용하는 육수로 멸치, 새우, 다시마 등을 찬물에 우려 사용하는 것은?

① 다시마 다시
② 일번 다시
③ 이번 다시
④ 니보시 다시

| 해설 |
니보시 다시는 일식에 사용하는 대표적인 맛국물로 쪄서 말린 멸치, 새우, 다시마 등을 찬물에 우려 만든다.

02 난이도 중

일식에서 국물 요리에 주로 사용하는 향(스이구치) 재료는?

① 죽순, 두릅
② 유자, 산초
③ 실파, 계피
④ 산초, 쑥갓

| 해설 |
향(스이구치)은 국물 요리에서 주재료의 맛을 살리는 역할을 하는 향신료로 주로 유자, 산초를 사용한다.

03 난이도 중

일식 찜 요리에서 사카무시에 사용하는 주된 조미료는?

① 술
② 간장
③ 된장
④ 말린 멸치가루

| 해설 |
일식에서 사카무시는 술찜을 뜻하는 용어로 주된 조미료로 술을 사용한다.

04 난이도 상

일식 요리에서 찜을 하기 위해 어류를 전처리하는 방법으로 끓는 물을 재료에 부어 하얗게 만든 후에 찬물로 식히는 조리법은?

① 야쿠미(やくみ)
② 시모후리(しもふり)
③ 아에모노(あえもの)
④ 모미지오로시(もみじおろし)

| 해설 |
시모후리(しもふり)는 일식에서 찜 요리 시 어류나 육류를 전처리하기 위해 많이 사용하는 방법으로 재료의 표면에 끓는 물을 붓거나 재료를 직접 끓는 물에 데쳐 표면을 하얗게 만든 후 찬물에 담그는 조리법이다.

05 난이도 하

모미지오로시(もみじおろし)의 주재료로 알맞은 것은?

① 무
② 당근
③ 오이
④ 가지

| 해설 |
모미지오로시(もみじおろし)는 고추즙(고운 고춧가루)에 무즙을 개어 만든 것으로 찜 요리의 양념이나 복어 껍질 무침 등에 사용한다.

06 난이도 하

일식에서 사용되는 도미의 선별법으로 옳지 <u>않은</u> 것은?

① 색이 선명하고 살이 통통한 것이 좋다.
② 지느러미를 눌렀을 때 올라오지 않는 것이 좋다.
③ 눈의 빛깔이 선명하고 살이 탄력 있는 것이 좋다.
④ 배 쪽이 단단하며 냄새가 나지 않는 것을 고른다.

| 해설 |
지느러미를 눌렀을 때 위로 올라오는 것이 신선한 도미이다.

50 | 일식-부요리(구이, 초회, 무침)

1 구이

1. 일식 구이의 정의 및 특징

① 구이는 가열 조리법 중 가장 오래된 조리법임

② 불에 직접 굽는 직화구이와 오븐과 같은 대류나 재료를 싸서 직접 열을 차단하여 굽는 간접구이가 있음

③ 구이는 재료의 표면이 뜨거운 열에 노출되어 굳기 때문에 재료의 감칠맛이 새어 나오지 않아 맛이 더욱 좋음

2. 일식 구이의 종류

① 양념에 따른 종류

시오야끼 (소금구이)	신선한 재료를 선택하여 소금으로 밑간을 하여 굽는 구이
데리야끼 (간장 양념구이)	구이 재료를 데리(간장 양념)로 발라가며 굽는 구이
미소야끼 (된장 구이)	미소(된장)에 구이 재료를 재웠다가 굽는 구이

② 조리기구에 따른 종류

스미야끼 (숯불구이)	숯불에 굽는 구이
데판야끼 (철판구이)	철판 위에서 굽는 구이
쿠시야끼 (꼬치구이)	• 노보리 쿠시: 작은 생선을 통으로 구울 때 꼬챙이를 꽂는 방법으로 생선이 헤엄쳐 물살을 가로질러 올라가는 모양으로 꽂음 • 오우기 쿠시: 자른 생선살을 꽂을 때 사용하는 방법으로 꼬치 앞쪽은 폭이 좁게 꽂고 끝은 넓게 꽂아 부채 모양 같다고 붙여진 이름 • 가타즈마 오레: 생선 껍질 쪽을 도마 위에 놓고 앞쪽 한쪽만 말아 꽂는 방법 • 료우즈마 오레: 생선 껍질 쪽을 도마 위에 놓고 양쪽을 말아 꽂는 방법 • 누이 쿠시: 주로 오징어와 같이 구울 때 많이 휘는 해산물에 사용하는 방법으로 살 사이에 바느질하듯이 꼬치를 꽂고 꼬치와 살 사이에 다시 꼬치를 꽂아 휘는 것을 방지하는 방법

3. 구이 전 식재료의 전처리

어류(해산물)	• 어류는 비늘과 내장을 제거하고 어취를 제거하는 것이 좋음 • 큰 생선은 1인분 크기로 자르고 두꺼운 부분은 살 안쪽까지 열이 들어갈 수 있도록 칼집을 냄 • 작은 생선은 형태를 그대로 살려서 준비함
육류	육류는 기름과 힘줄을 제거하고 양념에 재워 둠

어취 제거 방법

• 물에 씻음
• 식초나 레몬즙을 뿌림
• 맛술 등 휘발성 알코올 사용
• 우유에 담근 후 씻음
• 향신 채소를 사용

야채	• 구이에는 주로 단단한 야채를 사용함 • 야채류는 수분이 많아 굽는 도중에 간이 약해지기 때문에 처음에 간을 강하게 하는 경우가 많음

4. 일식 구이에 사용되는 구이양념

소금구이	소금 사용(소금은 감미의 역할도 있지만 열전도가 좋아 재료를 고루 익힘)
간장 양념구이 (데리야끼)	간장 1 : 청주 1 : 미림(맛술) 1의 비율로 기호에 따라 설탕을 가미함
된장 절임구이 (미소쯔게야끼)	미소쯔게(미소 500g, 미림 1/4컵, 청주 1/4컵)에 구이 재료를 재워 둠
유안야끼	데리 소스에 유자를 넣고 재료를 재워 사용함

5. 식재료에 따른 구이 방법과 양념

작은 생선	• 작은 생선은 비늘을 제거하고 통으로 굽는 경우가 많아 양념에 재워 두지 않고 칼집을 내어 소금구이함 • 지느러미는 타지 않도록 굽기 직전에 소금을 발라 구움 ⑩ 은어 소금구이, 전갱이 소금구이 등
흰살 생선	흰살 생선은 구이 조리에 맞게 토막 내어 된장이나 소금으로 양념하고 구움 ⑩ 도미 소금구이
붉은살 생선	붉은살 생선은 특유의 냄새가 있으므로 주로 데리야끼 양념이나 유안지로 구움 ⑩ 삼치 유안야끼, 꽁치 내장 소스구이
육류	육류는 여분의 기름과 힘줄을 제거하고 조리 용도에 맞게 자른 후 된장이나 소금, 데리야끼 등의 조미 방법으로 구움 ⑩ 돼지고기 된장구이, 소고기 우엉말이(데리 소스 사용)
가금류	• 가금류는 구이 조리 용도에 맞게 손질하여 번철이나 숯불에 구움 • 가금류는 껍질이 있는 상태로 조리하며 껍질의 지방이 고기 내부로 스며들어 재료의 지방이 흐르지 않게 돌려가며 굽는 것이 좋음 • 데리야끼나 소금구이를 주로 사용함 ⑩ 닭고기 데리야끼, 오리고기 철판구이(데리 소스 사용)

6. 일식 구이의 곁들임

① 곁들임 양념장

폰즈	• 감귤류(유자, 영귤)의 즙에 간장, 청주, 다시마, 가다랑어포를 첨가하여 1주일 정도 숙성시켜 만든 간장 양념장 • '유자즙 : 진간장 = 1 : 1'의 동량 비율 소스에 다시마와 가다랑어포를 약간씩 추가 하여 넣음
다데즈	• 여뀌잎을 갈고 쌀죽을 넣어 만든 양념장으로 주로 은어구이에 사용함 • 여뀌잎 40g, 식초 60cc, 알코올을 날린 청주 20cc, 쌀죽 20g에 소금을 약간 첨가함

② 곁들임 음식(아시라이, あしらい)

아시라이(あしらい)는 구이 제공 시 반드시 함께 나오는 곁들임 음식으로 구이를 먹고
난 후 입안을 헹구어 주는 역할을 하며 입안의 비린내를 제거해 주는 효과가 있음

초절임	• 초절임으로 쓰이는 재료에는 연근, 무, 햇생강대(하지카미) 등이 있음 • 단촛물에 재료를 재워서 사용하며 단촛물의 비율은 설탕 20g, 식초 50cc, 물 50cc가 적합함
단조림	• 단조림은 주로 밤, 고구마, 금귤 등을 사용함 • 단조림 양념의 비율은 설탕과 물을 1 : 1로 사용함

간장 양념조림	• 주로 우엉, 꽈리고추 등의 식재료를 사용함 • 간장 양념 절임 형태로 진하지 않게 연한 간장 20cc, 다랑어포 육수 300cc, 청 주 10cc를 끓여서 식힌 후 재료를 재워 사용함
감귤류	• 감귤류는 주로 레몬이나 영귤(스다치)을 사용함 • 구이에 뿌려 먹거나 먹고 난 후 입을 헹굴 때 사용함

2 초회

1. 초회(스노모노, すのもの)의 정의 및 특징

① 초회란 식재료를 손질하여 혼합초를 곁들이거나 재료를 다양한 초에 담그는 조리임

② 주요리는 아니지만 계절감이 있고 다과나 식전에 식욕을 촉진시킴

③ 초회 조리 시에는 재료 본연의 맛과 특징을 그대로 살려내는 것이 중요함

④ 날것을 그대로 사용할 때에는 신선한 재료를 선택해야 함

⑤ 일본 요리에서 초회에 많이 쓰이는 재료로 문어, 해삼, 새조개, 새우 등이 있음

2. 초회에 사용하는 혼합초(아와세즈, あわせず)

이배초 (니바이즈)	• '식초 1:간장 1'의 비율로 섞어 끓인 후 식혀서 사용함(다시물을 첨가하기도 함) • 해산물 초무침이나 생선구이에 사용함
삼배초 (삼바이즈)	• '식초 2:간장 1:설탕 1'의 비율로 살짝 끓여 식힌 후 밀폐 용기에 담아 냉장고 에 보관하며 사용함(다시물을 첨가하여 제조하기도 함) • 익힌 해산물과 채소, 해초류에 사용함
폰즈	• 감귤류의 즙에 간장을 더한 양념으로 식초나 미림, 맛국물 등을 더하기도 함 • 싱싱한 해산물, 채소, 해초류에 어울림
배합초	• '식초 3:설탕 1:소금 1/2'의 비율로 잘 혼합하거나 살짝 끓여서 사용함 • 초밥용으로 사용함
덴다시	• '다시 5:간장 1:미림 1'의 비율로 살짝 끓여서 사용함 • 고소하고 바삭한 튀김에 사용함

3. 초회의 곁들임 재료

야쿠미 (やくみ)	• 일식에서 요리에 첨가하는 향신료나 양념 • 요리에 첨가하면 매우 좋은 맛을 내며 식욕을 촉진시킴
모미지오로시 (もみじおろし)	• 무즙에 고춧가루나 고추즙을 섞어 빨갛게 만든 것으로 '아카오로시'라고도 함 • 붉은 단풍을 물들인 것처럼 적색을 띠므로 '모미지(단풍)'라고도 함 • 폰즈나 초회에 곁들여 사용함

3 무침

1. 일식 무침 요리의 정의 및 특징

① 무침이란 재료와 향신료 등을 섞어 무친 것을 말함

② 무침 재료는 신선한 것으로 준비하고 재료에 따라서 가열하거나 밑간을 먼저 함

③ 재료는 가열 시 충분히 식혀서 사용해야 하며 먹기 전에 미리 무쳐두면 수분이 생겨 색과 맛이 떨어지기 때문에 제공 직전에 무쳐야 함

2. 일식 무침 요리에 많이 사용되는 주요 재료

갑오징어	살집이 두꺼워 얇게 채 썰어서 초회나 무침으로 즐겨 먹음
명란젓	• 명태의 난소를 소금에 절여 저장한 음식으로 멘타이코(めんたいこ)라고 함 • 날명태의 알을 소금에 절인 후 보름이 지나서 명란의 색이 흰색으로 변하면 명란에서 나온 물에 새우젓 국물을 섞고 고운 고춧가루, 파, 마늘, 설탕 등 갖은 양념을 하여 하루 재웠다가 먹음 • 찜, 구이, 샐러드, 무침 등에 다양하게 활용함
곤약	• 구약나물의 땅속줄기를 가공한 식품 • 곤약의 탄수화물은 글루코만난으로 식이섬유과에 속하여 칼로리가 거의 없으므로 다이어트에 좋음
피조개	• 사새목 꼬막조갯과에 속하며 헤모글로빈이 있어 살이 붉음 • 타우린 및 각종 미네랄을 함유하고 있음 • 주로 초밥용 재료에 많이 쓰이며 회로도 이용하고 데쳐서 무침에도 이용함

3. 일식 무침 요리의 곁들임 재료

차조기 잎 (시소, しそ)	• 깻잎처럼 생긴 채소로 붉은 것과 푸른 것이 있고 일본에서 장식 재료로 많이 사용함 • 무침 요리 시 밑에 받치는 용도나 플레이팅의 장식 재료로 많이 사용함
무순 (가이와레, カイワレ)	• 무의 씨앗을 뿌려 5~7일 동안 길러서 쌍떡잎이 열린 상태의 어린 싹 • 메틸메르캅탄(Methyl mercaptan)과 배당체 시니그린(Sinigrin)의 분해로 생긴 머스터드 오일(Mustard oil)로 인하여 특유의 톡 쏘는 듯한 매운맛과 향기가 있음 • 일본 요리에서 무침이나 초밥 등의 장식으로 자주 사용함

01 난이도 상

일식 구이에 사용하는 유안야끼 소스에 들어가는 과일은?

① 배
② 사과
③ 포도
④ 유자

| 해설 |
유안야끼 소스는 데리야끼 소스에 유자를 넣고 재료를 재워서 사용하는 소스이다.

02 난이도 중

일식 구이의 종류와 특징이 옳지 않은 것은?

① 쿠시야끼 – 재료를 꼬치에 끼워 굽는 것
② 스미야끼 – 재료를 된장에 재운 후 굽는 것
③ 시오야끼 – 재료를 소금으로 밑간하여 구운 것
④ 데리야끼 – 재료를 양념간장 소스를 발라서 구운 것

| 해설 |
스미야끼는 숯불구이로 숯불에 굽는 구이 방법을 말한다. 재료를 된장에 재운 후 굽는 것은 미소야끼의 특징이다.

03 난이도 중

일식 튀김에 주로 사용하는 양념으로 다시, 간장, 미림을 끓여서 만든 것은?

① 이배초
② 배합초
③ 야쿠미
④ 덴다시

| 해설 |
덴다시는 다시 5 : 간장 1 : 미림 1의 비율로 섞어서 살짝 끓여 사용하는 혼합초로 고속하고 바삭한 튀김에 곁들임으로 주로 활용한다.

04 난이도 하

초회에 주로 사용하는 조미료가 아닌 것은?

① 고춧가루
② 식초
③ 간장
④ 설탕

| 해설 |
초회란 '스노모노(すのもの)'라고 하며 식재료를 손질하여 혼합초를 곁들이거나 재료를 다양한 초에 담그는 조리로 주로 식초, 간장, 설탕을 기본으로 사용한다.

05 난이도 중

멘타이코(めんたいこ)라 불리는 식재료로 일식에서 찜이나 무침 등에 다양하게 활용되는 것은?

① 곤약
② 대합
③ 명란젓
④ 피조개

| 해설 |
명란젓은 명태의 난소를 소금에 절여 저장한 음식으로 멘타이코(めんたいこ)라고 하며 일식에서 찜, 구이, 샐러드, 무침 등에 다양하게 활용된다.

06 난이도 하

깻잎처럼 생긴 채소로 일본에서 장식 재료로 많이 사용되는 것은?

① 시소(しそ)
② 가부(かぶ)
③ 나스(なす)
④ 쇼가(しょうが)

| 해설 |
시소는 차조기 잎으로 깻잎처럼 생겼으며 붉은 것과 푸른 것이 있고 일본에서 무침 요리 시 밑에 받치는 용도나 음식의 장식 재료로 많이 사용한다. ② 가부(かぶ)는 순무, ③ 나스(なす)는 가지, ④ 쇼가(しょうが)는 생강을 뜻한다.

| 정답 | 01 ④ 02 ② 03 ④ 04 ① 05 ③ 06 ①

51 | 복어-재료 및 양념장

1 복어 음식의 유래

1. 복어 요리의 유래

복어 요리의 본고장은 동아시아로 한국, 일본 등에서 오래전부터 먹었을 것으로 추정함

창녕의 교동 고분군 가야 시대 무덤	• 복어 식용의 흔적, 백제 왕실의 복어 뼈 흔적이 있음 • 조선왕조실록의 기록에 따라 우리나라에서 고대부터 현대까지 복어를 섭취하였다는 것을 알 수 있음
허균의 성소부부고	복어 요리를 최고의 술안주로 칭함
규합총서	복어 요리법 소개

2. 복어 회-텟사(てっさ)의 유래

① 일본의 도요토미 히데요시(豊臣秀吉) 시대에 복어 식용을 금지하였으며, 250년 동안
  금지령이 유지됨
② 복어에 대한 사람들의 수요가 줄지 않아 은밀하게 복어를 식용하였으며, 복어라는
  단어 대신 '뎃포(鐵砲)'라는 은어를 사용함
③ '복어 독(ふぐの毒)을 먹으면 죽는다. = 총[鉄砲(てっぽう)]에 맞으면 죽는다.'라는
  의미에서 복어를 뎃포라고 칭했으며, 복어 회는 뎃포사시미(てっぽう + さしみ)의
  줄임말인 '텟사(てっさ)'로 불리게 됨

2 복어 음식의 특징

1. 복어의 영양 성분적 특징

저칼로리, 고단백, 저지방, 각종 무기질 및 비타민 함유

2. 복어의 효능

① 혈전과 노화를 방지함
② 수술 전후 환자의 회복 및 신경통, 두통, 해열, 혈압 강하, 치질 예방에 도움을 줌
③ 갱년기 장애에 도움을 주며 폐경 연장에 효과가 있음
④ 종양 예방 및 치료에 사용함
⑤ 당뇨병 및 신장 질환의 식이요법으로 사용함

3 복어의 종류와 독성(주재료)

1. 식용 가능한 복어의 종류(식품의약품안전처 권고 21종)

참복과 (Tetraodontidae)	• 이빨은 윗턱과 아래턱에 모두 2개씩 있고 꼬리자루 길이는 비교적 짧으며, 꼬리 지느러미의 뒷가장자리가 둥근 모양임 • 종류: 복섬, 흰점복, 졸복, 매리복, 검복, 황복, 눈불개복, 참복, 자주복, 까치복, 황점복, 까칠복, 민밀복, 은밀복, 흑밀복, 불룩복
가시복과 (Diodontidae)	• 꼬리 지느러미는 정상적인 모양이고 부레가 있으며, 피부에는 긴 가시가 있음 • 종류: 가시복, 리투로가시복, 잔점박이가시복, 강담복
거북복과 (Ostraciidae)	• 머리 부분과 꼬리자루 부분을 제외한 체표면에 골판(5~6각형의 갑)이 있음 • 종류: 거북복

2. 복어의 독 – 테트로도톡신(Tetrodotoxin)

① 무색, 무미, 무취인 복어의 독성 성분으로 마비 증상을 일으킴

② 산란기(4~6월)에 독성이 가장 강함

③ 치사율은 60%, 치사량은 2mg임

④ 부위별 독의 양: 난소 > 간 > 피부 > 장 > 근육

⑤ 복어독의 성질

열, 효소, 염류, 햇빛(일광)	영향을 받지 않으며 거의 분해되지 않음
알코올	잘 분해되지 않으며 액체 알코올이 아닌 것은 전혀 분해되지 않음
산	• 보통의 유기산: 전혀 분해되지 않음 • 염산: 분해가 됨
알칼리성	알칼리성에 비교적 약해 탄산소다, 중조 등에서도 분해되지만 알칼리의 농도가 약하거나 짧은 시간에는 잘 분해되지 않음

⑥ 복어독 중독 증상: 잠복기는 30분~8시간(4~6시간 사이에 가장 많이 발생됨)

제1도 (초기 증상)	• 입술과 혀끝이 가볍게 떨리며 혀끝의 지각이 마비되고 무게에 대한 감각이 둔화됨 • 보행이 자연스럽지 않고 구토 및 제반 증상이 나타남
제2도 (부분 운동마비)	• 손발의 운동장애와 호흡곤란 증상이 나타남 • 언어 장애가 나타나고 혈압이 현저하게 떨어짐
제3도 (완전 운동마비)	• 운동이 불가능하며 호흡곤란과 혈압 강하가 심해지며 언어 장애로 의사전달이 불가능함 • 산소 결핍으로 얼굴이 파랗게 보이는 현상(청색증)이 나타남
제4도 (의식소실)	• 완전히 의식 불능 상태가 됨 • 호흡곤란과 심장 운동의 정지로 사망할 수 있음

3. 복어의 가식 부위와 불가식 부위

가식 부위	입, 혀, 머리, 몸살, 뼈, 겉껍질, 속껍질, 지느러미, 정소
불가식 부위	피, 아가미, 안구, 내장(쓸개, 심장, 간, 장, 위, 식도, 난소), 피가 배어 있는 점막이나 조직의 파편

4. 복어의 가식 부위 손질하기

손질 전 가식 부위, 불가식 부위를 담는 용기를 따로 준비하여 내장 부위, 안구, 피, 피가 배어 있는 잔뼈 등의 불가식 부위는 불가식 부위 용기에 담음(단, 정소 섭취 가능 복어의 경우 정소를 가식 부위 용기에 담음)

입	이빨 사이에 칼을 넣어 자른 후 반으로 벌려 끓는 물에 살짝 데치고 찬물에 식혀 굳어진 이물질과 점액질을 깨끗이 제거함
지느러미	두꺼운 지느러미는 얇게 저미고 소금을 뿌려 박박 문질러 이물질과 점액질을 제거한 후 흐르는 물에 닦아 물기를 제거하고 쟁반에 펴 말림
머리	머리 부분에 남아 있는 뇌수나 잔뼈, 피 찌꺼기, 점액질 등을 칼을 이용해 깨끗이 제거하고 가식 부위 용기에 담음
몸통	몸통 부위에 남아 있는 뼈를 제거하고 배꼽살을 분리한 후 점막과 실핏줄 등을 제거하고 가식 부위 용기에 담음
아가미살	두 개로 분리한 아가미살에 붙어 있는 아가미뼈를 제거한 후 남아 있는 잔뼈, 피 찌꺼기, 점액질 등을 깨끗이 제거한 후 가식 부위 용기에 담음

5. 제독 방법

가식 부위와 불가식 부위를 구별해 가식 부위만 제독을 함	• 손질한 가식 부위를 용기에 담고 흐르는 물을 틀어놓음 • 가식 부위에 남아 있는 핏줄이나 피 찌꺼기 등을 제거함 • 척추뼈와 몸통의 살 사이에 들어 있는 피도 제거함
물의 색이 맑아질 때까지 계속해서 물을 갈아줌	• 수작업으로 피를 제거해도 실핏줄에 배어 있는 피는 제거가 어려우므로 물에 계속 담가 놓음 • 물에 핏기가 모두 없어질 때까지 물을 계속 갈아줌

6. 복어 독성 부위의 폐기

① 복어 독성 부위는 음식물 쓰레기가 아닌 종량제 봉투에 넣어 폐기해야 하며 독이 있다는 표시를 해야 함

② 복어 독성 부위의 별도 폐기를 위한 폐기물 수거 직원을 대상으로 교육을 통해 복어 독성 부위 폐기물이 잘 관리되도록 함(만약 폐기물 수거 직원이 바뀌면 다시 교육함)

③ 복어 폐기물이 썩거나 냄새가 나는 것을 방지하기 위해 폐기물 수거 시간이 길어지면 냉장 보관하였다가 수거 시간에 맞추어 내어놓음

④ 폐기물 협력 업체로부터 복어 독성 부위를 어떻게 처리하는지에 대한 의견을 듣고 적합한 방법인지 판단한 후 의견을 제시함

⑤ 복어의 독성 부위를 일반 생선 내장으로 착각하여 사료나 친환경 비료를 만드는 곳에 보내져 피해가 생기는 것을 방지하기 위해 복어 독의 안전한 폐기가 중요함

4 채소(부재료)

1. 복어 조리에 사용하는 주요 부재료의 종류 및 특성

배추 (학사이, はくさい)	• 대표적인 잎채소로 비타민 C가 많아 면역력과 피로회복에 좋음 • 심 부분에는 감칠맛을 내는 글루탐산이 응축되어 있어 가열하면 단맛이 많아짐 • 바깥 잎은 녹색이 선명하고, 누런 부분이나 반점이 없는 것이 좋으며 잎사귀가 확실하게 말려 있고 묵직하면서 흰 줄기 부분이 윤기나는 것이 신선함
당근 (닌징, にんじん)	• 녹황색 채소 중 베타-카로틴의 함유량이 많음 • 색상이 균일하고 탄력이 있으면서 단단한 것이 좋음 • 주로 벚꽃 모양을 내서 복어지리에 사용함
미나리 (세리, せり)	• 봄철 채소로 입맛을 돋우며 철분, 식이섬유 등이 풍부함 • 녹색이 선명하고 줄기가 너무 굵지 않으면서 잎 길이가 가지런한 것이 좋음 • 복어회의 곁들임이나 복어껍질 무침에 사용할 때는 마디가 없고 깨끗한 부분을 가지런히 정리하여 5cm 정도의 길이로 잘라서 사용함 • 복어지리나 복어탕에 사용할 때는 7cm 정도의 길이로 사용함
파 (네기, ねぎ)	• 매운맛인 알리신(Allicin)에는 항산화 작용이 있음 • 비타민 B_1이 풍부하여 피로회복에 좋음 • 잎이 진한 녹색이고 흰 부분과의 차이가 명확하며 흰 부분이 길고 단단하면서 윤이 나고 무거운 것이 좋음 • 주로 5~8cm로 어슷 썰어 복어 요리 중 지리나 탕에 사용함
무 (다이콘, だいこん)	• 뿌리에는 아밀레이스라는 소화효소가 들어있어 소화를 돕고 칼륨이 풍부함 • 머리 부분이 밝은 녹색이고 탄력이 있으며 손으로 들었을 때 묵직한 것이 좋음 • 복어지리나 복어탕에 사용할 경우 반달 모양으로 자른 다음 은행잎 모양으로 잘라 사용하고 회에 곁들이는 폰즈 소스의 양념으로 사용할 때에는 무를 강판에 갈아서 빨간 고추물을 들여 아카오로시를 만들어 사용함
표고버섯 (시이타케, しいたけ)	• 식이섬유가 풍부하고 저칼로리로 다이어트에 좋음 • 함유되어 있는 에르고스테롤은 햇빛을 쏘이면 비타민 D로 전환됨 • 복어지리나 탕에 주로 사용하며, 버섯 갓의 흙이나 이물질을 잘 제거한 후에 갓의 중앙부에 칼집을 내어 별 모양으로 만들어 사용함
실파 (고네기, こねぎ)	• 송송 썰어 물에 헹궈 키친타월이나 거즈로 감싼 후 짜내어 파의 진액을 제거하고 고슬고슬하게 준비함 • 주로 복어지리, 탕이나 튀김(가라아게)에 사용함
팽이버섯 (에노키다케, えのきだけ)	• 밑동을 잘라내고 가닥가닥 찢어서 준비함 • 주로 복어지리나 탕에 사용함
죽순 (다케노코, たけのこ)	• 대부분 통조림으로 저장된 죽순을 쌀뜨물에 삶아서 사용함 • 죽순에 하얀 결정이 있으면 젓가락 등으로 긁어내고 빗살무늬를 잘 살려서 자름 • 밑동의 어린 뿌리는 돌려 깎아 깔끔하게 정리함 • 주로 복어지리나 탕에 사용함
복떡	• 물을 침전시킨 쌀가루를 찌고 절구를 사용하여 만듦 • 떡은 노화가 빠르기 때문에 굽지 않고 사용하면 형태의 변형이 생기므로 구워서 사용함 • 보통 쇠꼬챙이에 꽂아 직화로 구워 사용하며, 구운 후에는 반드시 재빨리 얼음물에 담가 떡을 식혀야 함 • 얼음물에 담가 식힌 후에는 물기를 제거하고 복어의 지리 국물이 끓으면 떡을 넣음

5 양념장

1. 양념장의 재료

가다랑어포 (가쓰오부시, かつおぶし)	• 가다랑어포를 활용하여 맛국물(다시)을 뽑아냄 • 가다랑어를 포 뜨기 해서 증기로 한 번 찐 후 말려서 단단해진 것을 대패로 얇게 깎은 것 • 아노신산 성분이 감칠맛을 냄 • 깎아 놓은 것을 한 장 들었을 때 맞은편이 보일 정도로 투명한 것이 좋음
다시마 (곤부, こんぶ)	• 가다랑어포(가쓰오부시)와 함께 맛국물(다시)을 만듦 • 잘 건조되고 두툼하며 표면의 흰 가루가 전체적으로 고르게 분포된 것이 좋음 • 너무 오래 끓이면 구수한 맛이 쓴맛으로 변하므로 한소끔 끓인 후에 건져내는 것이 국물 맛이 좋음
간장 (쇼유, しょうゆ)	• 콩과 밀을 원료로 누룩을 만들고 식염수를 넣어 진한 액체를 만든 후 발효와 숙성을 거쳐 만듦 • 발효와 숙성 과정에서 독특한 색과 맛이 생김 • 간장은 재료에 감칠맛(우마미)을 더하고 소재가 갖는 풍미를 끌어내어 재료가 갖는 불필요한 냄새를 제거함
식초 (스, しょくず)	• 초산을 주성분으로 한 조미료로 쌀 등의 곡물을 발효시켜 제조함 • 신맛을 내거나 살균 및 방부 효과를 위해서 사용함 • 식초의 맛은 맛을 지배하는 맛이라고 하여 미각이 약한 산성의 음식 쪽에 맛의 깊이를 더 느낌 • 단백질을 응고시키는 역할을 하여 생선에 식초를 뿌리면 단단해짐
고춧가루 (토우가라시코, とうがらしこ)	고추를 말려 빻은 가루로 음식에 매운맛과 붉은색을 내기 위해 쓰는 향신료
카보스 (かぼす)	• 유자의 일종으로 칼륨, 비타민 C가 풍부하며 일본 요리에 잘 어울림 • 과즙은 국물 요리, 복어 요리에 사용하고 껍질은 말려서 향신료로 사용함

2. 복어 요리에 사용하는 양념장 및 소스

맛국물 (다시, だし)	• 국물이 있는 복어 요리에 기본적으로 사용함 • 다시마와 가쓰오부시로 만듦
초간장 (폰즈, ポンず)	• 감귤류의 즙에 간장을 더한 양념으로 식초와 미림, 맛국물 등을 첨가하기도 함 • 복어지리, 백숙, 샤브샤브 등의 요리나 회, 두부, 생선구이, 찜 등에 다양하게 사용함
야쿠미 (やくみ)	• 요리에 곁들이는 향신료나 양념을 뜻함 • 대표적인 야쿠미로 무를 갈아서 만든 오로시가 있음 • 복어 요리에서 초간장과 함께 곁들이는 야쿠미에는 강판에 무를 갈고 매운맛을 제거한 후 고운 고춧가루로 버무린 붉은 무즙(아카오로시), 실파 등이 있음
참깨 소스 (고마다래, ごまだれ)	• 볶은 깨를 갈아서 만든 것에 간장, 미림 등의 양념을 넣어서 맛을 낸 양념장 • 향이 좋고 농후한 소스로 담백한 재료를 구워 먹을 때나 담백한 식재료의 냄비 요리 등에 찍어 먹을 때 사용함

오로시(おろし)

• 무나 와사비 등을 갈아서 만든 것
• 주로 생선 요리에 함께 내는 곁들임 소스
• 생선 특유의 냄새를 제거하고 해독 작용 및 풍미 증진의 역할을 함
• 다이콘 오로시: 무로 만든 즙
• 쇼가 오로시: 생강즙
• 와사비: 고추냉이로 만든 즙

01 난이도 ❸

다음 중 식용 가능한 복어가 아닌 것은?

① 졸복
② 눈불개복
③ 황해흰점복
④ 잔점박이가시복

| 해설 |

황해흰점복은 중국에서 복어류 중 독이 가장 강한 종으로 알려져 있으며 난소와 간에 맹독이 있고 정소, 표피, 장에는 강한 독이 있어 식용이 불가능한 복어이다.

02 난이도 ❸

일반적으로 복어의 독성분이 가장 많이 존재하는 장기는?

① 장
② 난소
③ 피부
④ 근육

| 해설 |

복어의 독성분은 난소에 가장 많이 존재하며 산란기(4~6월)에 복어의 독성이 가장 강하게 나타난다.

03 난이도 ❸

복어독(테트로도톡신, Tetrodotoxin)에 대한 설명으로 옳지 않은 것은?

① 알칼리성에는 비교적 약해 탄산소다에서도 분해된다.
② 산에는 약하므로 식초에 담가두면 서서히 분해되기 시작한다.
③ 알코올에는 잘 분해되지 않아 알코올로 닦는 것은 아무 소용이 없다.
④ 열에는 영향을 받지 않으며 높은 온도로 끓여도 거의 분해되지 않는다.

| 해설 |

복어독인 테트로도톡신은 보통의 유기산으로는 전혀 분해되지 않으므로 식초에 담가두는 것은 제독에 효과가 없다.

04 난이도 ❸

복어의 식용 가능한 부위로 적절한 것은?

① 위
② 안구
③ 정소
④ 난소

| 해설 |

복어의 정소는 복어의 내장 부위 중 유일하게 식용 가능한 부위이다.

05 난이도 ❸

복어의 제독에 대한 설명으로 옳지 않은 것은?

① 가식 부위만 제독을 한다.
② 손질한 가식 부위는 용기에 담고 흐르는 물을 틀어 놓는다.
③ 담가둔 부분의 핏기가 모두 없어질 때까지 물을 계속 갈아준다.
④ 손질한 불가식 부위는 먹지 못하는 부위이므로 음식물 쓰레기통에 버린다.

| 해설 |

복어의 불가식 부위에는 독성이 있으므로 종량제 봉투에 넣어서 폐기해야 하며 독이 있다는 표시를 해야 한다.

06 난이도 ❸

복어 요리에 첨가하는 양념 및 향신료를 총칭하는 용어는?

① 도사즈(とさず)
② 야쿠미(やくみ)
③ 시이타케(しいたけ)
④ 토우가라시코(とうがらしこ)

| 해설 |

야쿠미(やくみ)는 일식에서 요리에 사용하는 양념이나 향신료를 총칭하는 용어이다. ① 도사즈는 혼합초, ③ 시이타케는 표고버섯 ④ 토우가라시코는 고춧가루를 뜻한다.

52 | 복어-껍질초회, 회 조리

1 복어 껍질초회

1. 초회용 껍질 준비하기

복어 껍질 손질	복어의 껍질은 미끈한 점액질이 많고 냄새가 많이 나기 때문에 굵은 소금으로 잘 문질러 씻어주고 맑은 물에 헹구어 사용함
복어 껍질 분리하기	데바칼을 이용하여 복어 껍질을 제거한 후 겉껍질과 속껍질을 분리함
가시 제거	칼을 이용하여 복어 껍질의 가시를 제거함
껍질 데치기	엄지와 검지로 눌러 보았을 때, 무른 느낌이 들 정도로 부드럽게 데침
찬물에 식히기	데친 껍질은 얼음물에 헹구고 타월로 물기를 제거함
건조하기	물기가 제거된 껍질은 최대한 반듯하게 만들어 냉장고에 건조함(랩을 이용하여 반듯하게 고정시키면 좀 더 편평하게 건조할 수 있음)
채 썰기	초회용으로 껍질을 사용할 때에는 두껍지 않게, 가늘게 채로 만드는 것이 식감이 좋으며 겉껍질과 속껍질의 사용 비율은 9:1 정도가 적당함

2. 초회에 사용하는 혼합초(아와세즈, あわせず)

이배초 (니바이즈)	• '식초 1:간장 1'의 비율로 섞어 끓인 후 식혀서 사용함(다시물을 첨가하기도 함) • 갯장어 등 생선과 야채의 혼합요리에 사용함
삼배초 (삼바이즈)	• '식초 2:간장 1:설탕 1'의 비율로 살짝 끓여 식힌 후 밀폐 용기에 담아 냉장고에 보관하여 사용함(다시물을 첨가하여 제조하기도 함) • 해산물, 채소의 초회 등 일반적으로 가장 많이 사용함
도사즈 (とさず)	• 삼배초(삼바이즈)에 미림, 가쓰오부시를 첨가한 것 • 삼배초(삼바이즈)보다 고급요리에 사용함
아마즈 (あまず)	• 미림 또는 설탕 등을 식초와 똑같은 양으로 섞고 소금, 간장 등을 다시 넣어 단맛을 낸 단식초 • 삼배초(삼바이즈) 중에 단맛을 가장 세게 만든 것

3. 초회에 사용하는 간장 소스

초간장	일번 다시에 간장, 식초, 레몬즙, 맛술, 설탕을 섞어 만듦
깨간장	• 흰깨, 설탕, 간장으로 참깨를 곱게 갈아 설탕, 간장을 넣으며 섞음 • 야채류 무침에 사용함
고추간장	물에 갠 겨자와 간장, 맛술을 혼합하여 사용함
땅콩 간장	• 땅콩과 설탕, 간장으로 만듦 • 땅콩을 칼로 곱게 다지고 양념 절구에 넣어 더욱 부드럽게 갈아 설탕, 간장을 넣어 혼합함 • 야채류에 많이 사용함

데바칼

주로 어류나 수조육류를 오로시(손질)하는 데 사용하며, 사바쿠(뼈에서 살을 발라냄)하거나 뼈를 자르는 데 사용함

복어 껍질의 종류
• 구로가와: 검은 껍질
• 시로가와: 흰 껍질

일번 다시

다시마와 가쓰오부시만을 사용하여 짧은 시간에 맛을 우려내 최고의 맛과 향을 지닌 맛국물로 고급 국물 요리에 많이 사용함

2 회 조리(국화 모양)

1. 복어 전처리(생선 포 뜨기)

복어는 일반적으로 세 장 뜨기 방법으로 뼈와 살을 분리하며, 무게 500g 이하의 작은 복어는 다이묘 포 뜨기를 해도 무방함

① 생선 포 뜨기의 종류 및 특성

두 장 뜨기 (니마이오로시, にまいおろし)	생선 머리를 자르고 난 후 씻어서 살을 포 뜨기 하고 중앙 뼈가 붙어 있지 않게 살을 2장으로 나누는 방법
세 장 뜨기 (산마이오로시, さんまいおろし)	• 기본적인 생선 포 뜨기로 생선을 위쪽 살, 아래쪽 살, 중앙 뼈의 3장으로 나누는 것 • 생선의 중앙 뼈에 붙어 있는 살의 뼈를 아래에 둔 뒤 뼈를 따라서 칼을 넣고 살을 분리함
다섯 장 뜨기 (고마이오로시, ごまいおろし)	• 생선의 중앙 뼈를 따라 칼집을 넣어 일차적으로 뱃살을 떼어내고, 등 쪽의 살도 떼어 냄 • 결과물이 배 쪽 2장, 등 쪽 2장, 중앙 뼈 1장이 됨 • 평평한 생선인 광어나 가자미에 주로 사용함
다이묘 포 뜨기 (다이묘오로시, だいみょおろし)	• 세 장 뜨기의 한 종류로 생선의 머리 쪽에서 중앙 뼈에 칼을 넣고 꼬리 쪽으로 단번에 포를 뜨는 방법 • 중앙 뼈에 살이 남아 있기 쉬움 • 보리멸, 학꽁치 등 작은 생선에 주로 사용함

2. 횟감용 살 준비

① 손질

비린내 제거	• 생선 비린내의 주 성분인 트리메틸아민(TMA)은 수용성이므로 물로 씻어서 제거함 • 생선 조리 시 산(식초)을 첨가함 • 날생선을 간장에 담가두면 단백질 중 글로불린을 용출시키는 동시에 비린내가 제거됨 • 된장은 콜로이드상의 조미료로 생선의 비린내 성분을 흡착하여 비린내를 제거함
복어 살의 얇은 막 제거	• 복어 살 표면의 얇은 막은 질겨서 횟감용으로 부적합하므로 칼을 이용하여 칼집을 넣고 칼을 비스듬하게 하여 막을 제거함 • 제거한 얇은 막은 끓는 물에 데쳐서 회의 곁들임용으로 사용할 수 있음
어취와 수분 제거	전처리한 복어 살은 소금물에 담가 어취와 수분을 제거하고 마른 행주에 말아 횟감용으로 사용함

② 숙성

- 전처리한 횟감용 살은 숙성시켜 사용하기도 함
- 숙성 시에는 살이 안정되면서 근육과 지방질이 적절히 섞여 미각에 많은 영향을 미침

복어 횟감의 온도별 숙성시간

- 4℃에서 24~36시간
- 12℃에서 20~24시간
- 20℃에서 12~20시간

3. 복어회 뜨기(모양 내기)

복어 살과 같이 단단하면서 흰살인 생선은 얇게 썰기(우스즈쿠리) 방법으로 용기의 밑바닥이 훤히 보일 정도로 얇게 썰어야 생선의 쫄깃함과 담백한 맛을 느낄 수 있음(참치나 방어와 같은 붉은살 생선의 경우 두껍게 써는 것이 좋음)

① 생선회 뜨기(모양 내기)의 종류 및 특징

평 썰기 (히라즈쿠리, 平造リ)	• 생선회 뜨기 중 가장 많이 쓰이는 방법 • 두께는 생선에 맞게 조절하며 칼 손잡이 부분에서 시작하여 그대로 잡아 당기듯이 자름 • 생선 자른 면이 광택이 나고 각이 있도록 자른 후에는 오른쪽으로 자른 살을 밀어 가지런히 겹쳐 담음 • 주로 참치회 썰기에 사용함
잡아당겨 썰기 (히키즈쿠리, 引造リ)	• 칼을 비스듬히 눕혀서 써는 방법 • 평 썰기와 같은 방법으로 칼 손잡이 부분에서 시작하여 칼끝까지 당기면서 썬 후 오른쪽으로 보내지 않고 칼을 빼 냄 • 살이 부드러운 생선의 뱃살 부분을 썰 때 사용함
깎아 썰기 (소기즈쿠리, 削造リ)	• 포 뜬 생선살의 얇은 쪽을 자기 앞쪽으로 하고 칼을 오른쪽으로 45° 눕혀서 깎아 내듯이 써는 방법 • 사시미 아라이(얼음물에 씻는 회)나 모양이 좋지 않은 회를 썰 때 사용함
얇게 썰기 (우스즈쿠리, 薄造リ)	• 높은 기술을 요구하는 방법으로 얇게 썰어야 하므로 선도가 좋지 않은 생선에는 사용할 수 없으며 살아 있는 생선에 사용함 • 주로 복어처럼 살에 탄력이 있는 흰살 생선에 사용함
가늘게 썰기 (호소즈쿠리, 細造リ)	• 칼끝을 도마에 대고 손잡이가 있는 부분을 띄어 위에서 아래로 끊어 내려가면서 써는 방법 • 주로 광어, 도미, 한치 등을 가늘게 썰 때 사용함
각 썰기 (가쿠즈쿠리, 角作リ)	• 생선을 직사각형 또는 사각으로 자르는 방법 • 참치나 방어 등의 붉은살 생선에 적합함 • 산마를 갈아서 그 위에 생선살을 얹어주는 야마카케(山掛)가 대표적임
실 굵기 썰기 (이토즈쿠리, 糸作リ)	• 실처럼 가늘게 써는 방법으로 싱싱하지 않으면 찢어질 수 있고 씹는 맛이 없으므로 싱싱하지 않은 생선에는 부적합함 • 주로 광어나 도미, 오징어 등을 가늘게 썰 때 사용함
뼈째 썰기 (세고시, 背越)	• 작은 생선을 손질한 후 뼈째 썰어서 얼음물에 씻어 수분을 잘 제거하고 회로 먹는 방법 • 전어, 전갱이, 병어, 은어 등의 살아 있는 생선에 사용함 • 얇게 자른 뼈와 함께 섭취하기 때문에 한층 더 고소한 맛을 느낄 수 있음

② 복어회 국화 모양 내기

• 복어회의 국화 모양을 내기 위해 횟감용 살을 두 개로 나눔(각 살의 폭은 3:2 비율이 적합하며 폭이 넓은 쪽은 바깥쪽의 국화 모양, 작은 쪽은 안쪽의 국화 모양으로 사용함)

• 큰 폭의 복어 살을 먼저 사용하고 복어 살을 왼손으로 살짝 눌러 고정시키면서 칼날 전체를 사용하여 비스듬하게 위에서 아래로 당기듯이 잘라냄(폭 2~3cm, 길이 6~7cm)

• 자른 복어회 단면에 넓은 쪽으로 비스듬히 칼을 넣어 복어 살의 끝부분이 찢어지지 않도록 끝부분을 접음(삼각 모양 접기)

• 국화 모양으로 표현하기 위해 삼각 모양을 유지함

• 접시 바깥쪽의 국화 모양 부위보다 안쪽의 국화 모양 부위를 짧게 잘라 국화꽃잎을 표현하며 자름

4. 국화 모양 회 담기

① 담을 때 사용하는 젓가락의 종류 및 특징

담기용 스테인리스 젓가락 (스테인리스세이 모리바시, ステンレス製もりばし)	• 얼룩을 쉽게 닦을 수 있고 쉽게 부패하지 않음 • 일반 젓가락보다 가격이 비쌈 • 무게가 무거워 많은 훈련이 필요함 • 끝이 매우 날카롭고 뾰족해서 핀셋을 사용한 것과 같이 세밀한 재료 담기가 가능함 • 조림 등의 재료에는 미끄러져서 사용이 부적합함
담기용 대나무 젓가락 (다케세이 모리바시, 竹製盛箸)	• 스테인리스 젓가락에 비해 끝이 부드럽고 그릇에 흠이 나지 않으며 재료를 잡기가 수월함 • 과도하게 힘을 주면 부러지기 쉽고 사용한 후에는 충분히 건조시켜야 함

② 복어회–국화 모양 담기
- 시계 반대 반향으로 원을 그리듯 일정한 간격으로 겹쳐 담음
- 안쪽은 바깥쪽보다 작은 크기의 국화 모양으로 원을 그리듯이 시계 반대 방향으로 놓음
- 중앙에는 복어회를 말아 꽃 모양으로 만들어 올림
- 복어 살에서 제거한 엷은 막은 끓는 물에 데쳐 복어 지느러미와 함께 나비 모양으로 장식함

5. 곁들임 재료

① 손질한 복어 껍질
② 폰즈 소스: 감귤류의 즙에 간장, 청주, 가다랑어포 등을 첨가하여 숙성시킨 소스
③ 야쿠미(양념): 실파, 모미지오로시(빨간 무즙), 반달로 자른 레몬

01 난이도 상

복어 초회용으로 껍질을 준비할 때 겉껍질과 속껍질의 사용 비율로 적절한 것은?

① 겉껍질 9:속껍질 1

② 겉껍질 7:속껍질 1

③ 겉껍질 3:속껍질 1

④ 겉껍질 1:속껍질 1

| 해설 |

초회용으로 껍질을 사용할 때에는 가늘게 채로 만드는 것이 좋으며, 겉껍질과 속껍질의 사용 비율은 9:1이 좋다.

02 난이도 중

무게 500g 이하의 작은 복어나 학꽁치와 같은 작은 생선에 주로 사용하는 포 뜨기 방법은?

① 두 장 뜨기

② 뼈째 뜨기

③ 다섯 장 뜨기

④ 다이묘 포 뜨기

| 해설 |

다이묘 포 뜨기(다이묘오로시, だいみょおろし)는 세 장 뜨기의 한 종류로 생선의 머리 쪽에서 중앙 뼈에 칼을 넣고 꼬리 쪽으로 단번에 포를 뜨는 방법으로 주로 작은 생선에 사용한다.

03 난이도 하

복어회를 써는 방법으로 가장 적절한 것은?

① 평 썰기(히라즈쿠리)

② 각 썰기(가쿠즈쿠리)

③ 깎아 썰기(소기즈쿠리)

④ 얇게 썰기(우스즈쿠리)

| 해설 |

얇게 썰기(우스즈쿠리, 薄造り)는 주로 복어처럼 탄력이 있는 흰살 생선에 적합한 방법으로 투명할 정도로 얇게 회를 썰어내는 방법이다.

04 난이도 상

횟감으로 전처리한 복어 살의 숙성시간과 온도로 적절하지 않은 것은?

① 4℃에서 24시간

② 30℃에서 6시간

③ 12℃에서 20시간

④ 20℃에서 12시간

| 해설 |

전처리한 횟감용 생선살의 온도별 숙성시간은 4℃에서 24~36시간, 12℃에서 20~24시간, 20℃에서 12~20시간이 가장 적절하다.

05 난이도 상

복어회를 국화 모양으로 표현하기 위한 방법으로 옳지 않은 것은?

① 횟감용 살은 폭의 넓이가 다른 두 개로 나누어 준비해야 한다.

② 큰 폭의 복어 살을 먼저 사용하여 약 6cm 정도로 당기듯이 잘라낸다.

③ 국화 모양으로 표현하기 위해서는 사각 모양 접기를 하여 모양을 유지한다.

④ 접시 바깥쪽의 국화 모양보다 안쪽의 국화 모양 부위를 더 짧게 잘라야 한다.

| 해설 |

복어회를 국화 모양으로 표현하기 위해서는 살의 끝부분이 찢어지지 않도록 삼각 모양 접기를 해야 한다.

06 난이도 하

복어회를 접시에 담을 때 사용하는 도구로 적절한 것은?

① 하케(はけ)

② 메우치(めうち)

③ 모리바시(もりばし)

④ 고케히키(こけひき)

| 해설 |

모리바시(もりばし)는 끝이 매우 날카롭고 뾰족한 젓가락으로 주로 수분이 있는 회와 같은 재료를 플레이팅할 때 사용한다.

53 | 복어−죽, 튀김 조리

1 복어죽 조리

1. 죽의 종류 및 특징

오카유 (おかゆ)	• 쌀을 갈아서 사용하여 밥알의 형체가 없는 일반적인 죽 • 불린 쌀이나 밥으로 만들 수 있음 • 불린 쌀 이용: 쌀을 반만 갈아서 맛국물을 넣고 끓임 • 밥 이용: 밥에 물을 넣고 국자로 밥알을 으깨면서 끓임
조우스이 (ぞうすい)	• 주로 냄비 요리, 국물 요리에서 남은 육수에 부재료와 밥을 넣고 다시 끓인 죽 • 복어죽의 경우 복어 냄비 요리를 먹고 난 뒤 남은 국물에 밥을 넣으면 조우스이 가 되고, 떡을 넣으면 조우니(ぞうに)가 됨

2. 복어죽의 재료

쌀	죽을 만들 때 불린 쌀과 물의 비율은 1:8이 좋음
육수(국물)	• 맛국물(곤부 다시): 다시마는 찬물에 넣어 끓으면 건져내고 준비함 • 복어뼈 맛국물: 냄비에 물, 다시마를 넣고 올려 끓기 시작하면 다시마는 건져 내고 복어의 중간 뼈, 머리 뼈, 아가미 뼈의 순서로 충분히 맛국물을 우려내서 뼈만 체로 건져냄(뼈의 살이 부족하면 살만 조금 썰어 넣음)
실파, 미나리	손질 후 곱게 썰어 흐르는 물에 씻어 물기를 제거함
김	살짝 구워 잘게 부수거나 곱게 채 썰어 준비함(하리노리)
달걀	달걀은 모두 풀어 넣으며 기호에 따라 노른자만 사용하기도 함
참기름	향기와 맛을 증가시키기 위해 사용하며 기호에 따라 깨를 사용하기도 함
복어 살	세 장 뜨기 한 복어 살을 작은 토막으로 썰어서 사용함
복어 정소	복어의 정소는 소금으로 씻어 흐르는 물에 담가 실핏줄과 핏물을 제거하고, 한입 크기로 잘라 넣거나 고운 체에 걸러 준비함

3. 복어죽의 조리

복어 오카유 (ふぐのおかゆ)	• 복어 살을 얇게 포 뜬 후 가늘게 썰고 참나물 줄기를 끓는 물에 데쳐서 흐르는 물에 씻어 1cm로 썰어 둠 • 김은 불에 살짝 구워 손으로 부수거나 가위로 자름 • 실파는 곱게 썰어 흐르는 물에 씻은 후 체에 밭쳐 수분을 제거함 • 냄비에 다시마 맛국물과 밥을 넣고 중불에서 끓이다가 표면에 떠오르는 거품을 건져내고 어느 정도 죽이 되면 손질해둔 복어 살을 넣고 약불에서 천천히 끓임 • 소금과 국간장으로 간을 하고 계란을 푼 후 기호에 따라 참기름, 깨 등 을 첨가하고 그릇에 담아 실파와 김으로 장식함
복어 조우스이 (ふぐ ぞうすい)	• 복어 뼈 맛국물에 기호에 따라 소금과 국간장으로 간을 한 것으로 육수 에 밥과 복어 살을 넣고 끓임 • 끓기 시작하면 불을 끄고 그릇에 풀어 둔 계란과 썰어둔 실파를 넣어 3∼4분 정도 뜸을 들임 • 기호에 따라 폰즈를 곁들여 그릇에 담아 먹음

복어 정소(이리)죽	• 정소는 실핏줄을 제거하고 흐르는 물에 담가 핏물을 제거함 • 핏물이 제거된 복어의 정소는 적당히 잘라 넣거나, 고운 체에 걸러 준비함 • 복어 오카유, 복어 조우스이와 동일한 방법으로 불린 쌀이나 밥에 복어 살 대신 정소를 넣고 중불로 끓임 • 소금과 국간장으로 간을 하고 계란을 풀어 넣음 • 실파와 김을 고명으로 장식함

2 복어 튀김 조리

1. 튀김의 종류

스아게(すあげ)	튀김옷을 묻히지 않고 식재료를 그 자체로 튀기는 것으로 재료의 색과 형태를 그대로 살릴 수 있음
고로모아게(ころもあげ)	박력분이나 전분으로 튀김옷(고로모)을 묻혀 튀기는 방법
가라아게(からあげ)	양념한 재료를 그대로 튀기거나 튀김옷을 묻혀 튀기는 방법

2. 튀김에 사용되는 조리용어

아게다시(あげだし)	• 튀긴 재료 위에 조미한 조림 국물을 부어 먹는 요리 • 국물의 비율 = 다시 7:연간장 1:미림 1
덴다시(てんつゆ)	• 튀김을 찍어 먹는 간장 소스 • 소스의 비율 = 다시 4:진간장 1:미림 1
고로모(ころも)	박력분이나 전분으로 튀김을 튀기기 위한 튀김옷
덴카스(てんかす)	고로모를 방울지게 튀긴 것으로 튀길 때 재료에서 떨어져 나온 여분의 튀김을 의미함

3. 복어 튀김의 조리 순서

① 복어는 깨끗하게 손질하여 수분을 제거함

② 복어 살에는 칼집을 넣음

③ 실파는 얇게 썰어 준비함

④ 소스는 국간장 1T, 미림 1T, 정종 1T, 참기름을 넣고 혼합하여 만듦

⑤ 복어 살을 소스에 1분간 절여 두었다가 체에 밭쳐 건져 둠

⑥ 유자껍질을 다져서 복어 살에 묻힘

⑦ 복어를 건져서 전분에 묻혀 하나씩 튀겨냄

⑧ 완성 접시에 기름종이를 깔고 가지런히 담아냄

01 난이도 하

복어죽 조리 시 사용할 수 있는 복어 부위가 <u>아닌</u> 것은?

① 살
② 뼈
③ 정소
④ 안구

| 해설 |
복어 안구는 가식 부위가 아니므로 사용할 수 없다.

02 난이도 하

복어 냄비 요리의 남은 육수에 떡을 넣어 끓여 먹는 요리는?

① 오카유(おかゆ)
② 조우니(ぞうに)
③ 멘루이(めんるい)
④ 센기리(せんぎり)

| 해설 |
복어 냄비 요리. 국물 요리를 이용하고 남은 육수에 밥을 넣어 끓이면
조우스이(ぞうすい)가 되고 떡을 넣어 끓이면 조우니(ぞうに)가 된다.

03 난이도 중

복어죽을 만들 때 필요한 재료로 바르게 연결된 것은?

① 쌀, 달걀, 실파
② 김, 레몬, 시소
③ 쌀, 생강, 검은깨
④ 고춧가루, 달걀, 식초

| 해설 |
복어죽의 주요 재료로는 쌀, 달걀, 실파, 김, 참기름 등이 있다.

04 난이도 중

식재료의 색과 형태를 그대로 살릴 수 있는 튀김 요리로 튀김
옷을 입히지 않는 조리법은?

① 스아게(すあげ)
② 가라아게(からあげ)
③ 야키모노(やきもの)
④ 고로모아게(ころもあげ)

| 해설 |
스아게(すあげ)는 튀김옷을 묻히지 않고 식재료를 그 자체로 튀기는 것
으로 재료의 색과 형태를 그대로 살릴 수 있다는 장점이 있다.

05 난이도 중

복어 튀김을 찍어 먹는 소스로 적절한 것은?

① 고로모(ころも)
② 덴다시(てんつゆ)
③ 덴카스(てんかす)
④ 하리노리(はりのり)

| 해설 |
덴다시(てんつゆ)는 튀김을 찍어 먹는 간장 소스로 다시, 진간장, 미림
을 넣어 만든다.

| 정답 | 01 ④ 02 ② 03 ① 04 ① 05 ②

기출복원
모의고사

* 모의고사 5회분의 1~50번은 공통 출제 범위로 구성하였으므로

응시 종목에 상관없이 문제 풀이가 가능합니다.

01회 | 기출복원 모의고사

01

식품첨가물과 사용 목적의 연결이 옳지 않은 것은?

① 조미료 – 식품의 맛 향상
② 감미료 – 식품에 단맛 부여
③ 발색제 – 변색된 식품의 색 복원
④ 산화방지제 – 유지 성분에 의한 산패 방지

02

「식품위생법」상 '판매의 목적으로 식품을 제조·가공한 영업자가 그 식품으로 인해 위생상의 위해가 발생할 우려가 있다고 인정하는 경우'일 때 다음 내용 중 옳은 것은?

① 영업자는 그 사실을 국민에게 알리고 유통 중인 당해식품 등을 회수하도록 노력하여야 한다.
② 자진회수제도는 자동차 등에는 규정되어 있으나 식품과 관련하여서는 식품위생법에 아직 정해진 규정이 없다.
③ 위생상의 위해가 발생할 우려가 있다는 점만으로는 아무런 조치를 취하지 않아도 된다.
④ 이러한 경우는 식품의 위해요소중점관리기준에 따라 처리된다.

03

어류 비린내의 원인 성분으로 선도 평가에 이용되는 지표 성분은?

① 진저론
② 커큐민
③ 암모니아
④ 트리메틸아민

04

자외선에 의한 인체 건강장애가 아닌 것은?

① 설안염
② 결막염
③ 군집독
④ 피부 홍반

05

황색포도상구균의 특징이 아닌 것은?

① 잠복기가 길다.
② 독소형 식중독을 유발한다.
③ 설사, 복통 등의 증상이 나타난다.
④ 엔테로톡신(Enterotoxin)을 생성한다.

06

복숭아 씨에 함유되어 있는 독성 성분은?

① 솔라닌
② 아미그달린
③ 리신
④ 시큐톡신

07

황변미 중독을 일으키는 오염 미생물은?

① 곰팡이
② 효모
③ 세균
④ 기생충

08

식품 변질의 원인으로 가장 적절하지 않은 것은?

① 압력
② 온도
③ 수분
④ 효소

09

식품 유지의 화학적 특성에 대한 설명 중 옳은 것은?

① 버터는 대두유보다 높은 비누화가(검화가)를 나타낸다.
② 쇠기름(우지)은 야자유보다 높은 폴렌스케가를 나타낸다.
③ 올리브유는 대두유보다 높은 요오드가를 나타낸다.
④ 정제유는 조제유(crude oil)보다 높은 산가를 나타낸다.

10

다음 설명에 해당하는 감염형 식중독의 원인이 되는 균은?

> • 달걀, 우유 등의 섭취로 감염될 수 있다.
> • 가열 섭취 시 예방 가능하다.
> • 주요 증상에는 발열이 있다.

① 살모넬라균
② 병원성 대장균
③ 장염비브리오균
④ 클로스트리디움 퍼프리젠스균

11

다음 중 조리작업장에서 일어날 수 있는 화상사고 예방대책이 아닌 것은?

① 짧은 소매의 조리복을 착용한다.
② 뜨거운 기름에 물을 붓지 않는다.
③ 취사기 등에 열 차단 방열판을 설치한다.
④ 뜨거운 조리도구를 잡을 때에는 장갑을 착용한다.

12

전분이 함유된 식품의 노화를 억제하는 방법으로 옳지 않은 것은?

① 설탕을 첨가한다.
② 유화제를 사용한다.
③ 식품을 냉장 보관한다.
④ 식품의 수분 함량을 15% 이하로 한다.

13

효소적 갈변 반응을 방지하는 방법으로 옳지 않은 것은?

① 산을 첨가한다.
② 온도를 낮춘다.
③ 찬물에 담가 둔다.
④ 철제 조리도구를 사용한다.

14

다음 중 요구르트를 제조하는 우유 단백질의 성질은?

① 팽윤
② 수화
③ 응고성
④ 용해성

15

소독력을 나타내는 기준 물질로, 금속 부식성이 있으며 오물소독에 이용하는 소독제는?

① 생석회
② 석탄산
③ 과산화수소
④ 차아염소산나트륨

16

소화 시 담즙의 기능으로 옳지 않은 것은?

① 지방을 유화시킨다.
② 비타민 K를 흡수한다.
③ 단백질을 가수분해한다.
④ 지용성 비타민의 흡수를 돕는다.

17

조리 시 열에 의해 가장 손실되기 쉬운 비타민은?

① 비타민 A
② 비타민 D
③ 비타민 C
④ 비타민 E

18

미생물이 번식할 수 있는 최저 수분활성도(Aw)가 높은 순서대로 나열한 것은?

① 세균 > 효모 > 곰팡이
② 세균 > 곰팡이 > 효모
③ 곰팡이 > 세균 > 효모
④ 효모 > 곰팡이 > 세균

19

전통적인 식혜 제조방법에서 엿기름에 대한 설명으로 옳지 않은 것은?

① 엿기름의 효소는 수용성이므로 물에 담그면 용출된다.
② 엿기름을 가루로 만들면 효소가 더 쉽게 용출된다.
③ 엿기름 가루를 물에 담가 두면서 주물러 주면 효소가 더 빠르게 용출된다.
④ 식혜 제조에 사용되는 엿기름의 농도가 낮을수록 당화 속도가 빨라진다.

20

편육을 할 때 삶기 방법으로 가장 적절한 거은?

① 찬물에서부터 고기를 넣고 삶는다.

② 끓는 물에 고기를 덩어리째 넣고 삶는다.

③ 끓는 물에 고기를 잘게 썰어 넣고 삶는다.

④ 찬물에서부터 고기와 생강을 넣고 삶는다.

21

밀가루 25g에서 젖은 글루텐 9g을 얻었다면 건조 글루텐 함량(%)은?

① 3%

② 12%

③ 30%

④ 36%

22

다음 중 신선한 달걀이 아닌 것은?

① 흔들 때 내용물에서 소리가 난다.

② 10%의 소금물에 넣으면 가라앉는다.

③ 햇빛(전등)에 비출 때 공기집의 크기가 작다.

④ 깨뜨려 접시에 놓으면 노른자가 볼록하고 흰자의 점도가 높다.

23

어류의 사후경직에 대한 설명으로 옳지 않은 것은?

① 육류와 다르게 사후경직 후 숙성의 기간이 없다.

② 단백질 분해 효소의 작용에 의해 자가소화가 된다.

③ 생선은 사후경직 시기 후에 섭취하는 것이 가장 맛이 좋다.

④ 붉은살 생선의 사후경직이 흰살 생선보다 빠르게 시작된다.

24

경구감염병과 비교했을 때 세균성 식중독의 특징으로 옳은 것은?

① 잠복기가 짧다.

② 감염을 예방하기 어렵다.

③ 2차 발병률이 매우 높다.

④ 소량의 균에 의해 발생한다.

25

곰팡이독(Mycotoxin)과 관계가 깊은 것은?

① 라이신(Lysine)

② 테트로도톡신(Tetrodotoxin)

③ 엔테로톡신(Enterotoxin)

④ 아플라톡신(Aflatoxin)

26

조리장 설비에 대한 설명으로 옳지 않은 것은?

① 충분한 내구력이 있는 구조여야 한다.

② 조리원 전용의 위생적 수세시설을 갖춰야 한다.

③ 바닥으로부터 5cm까지의 조리장 내벽은 수성 자재를 사용해야 한다.

④ 조리장에는 식품 및 식기류의 세척을 위한 위생적인 세척시설을 갖춰야 한다.

27

과일잼을 만들 때 젤리화 조건과 관련 없는 것은?

① 산

② 당

③ 펙틴

④ 젤라틴

28

식품에 존재하는 물의 형태 중 자유수에 대한 설명으로 옳지 않은 것은?

① −20℃에서도 얼지 않는다.

② 식품을 건조시킬 때 쉽게 제거된다.

③ 100℃에서 증발하여 수증기가 된다.

④ 식품에서 미생물의 번식에 이용된다.

29

닭고기 10kg으로 닭강정을 만들어 총 400,000원에 판매하였다. 닭고기를 1kg당 12,000원에 구입하였고 총 양념비용으로 40,000원이 들었다면 식재료의 원가비율은?

① 25%

② 30%

③ 35%

④ 40%

30

「식품위생법」상 명시된 식품위생 감시원의 직무가 <u>아닌</u> 것은?

① 시설기준의 적합 여부의 확인 · 검사
② 생산 및 품질관리일지의 작성 및 비치
③ 표시 또는 광고기준의 위반 여부에 관한 단속
④ 조리사 및 영양사의 법령 준수사항 이행 여부의 확인 · 지도

31

「식품위생법」상 필요한 경우 조리사에게 교육을 받을 것을 명할 수 있는 자는?

① 관할 시장
② 관할 경찰서장
③ 보건복지부장관
④ 식품의약품안전처장

32

우유의 균질화(Homogenization)에 대한 설명으로 옳지 <u>않은</u> 것은?

① 지방의 소화를 용이하게 한다.
② 큰 지방구의 크림층 형성을 방지한다.
③ 탈지유를 첨가하여 지방의 함량을 맞춘다.
④ 지방구의 크기를 0.1~2.2μm 정도로 균일하게 만들 수 있다.

33

식품의 위생과 관련된 곰팡이의 특징이 <u>아닌</u> 것은?

① 건조식품을 잘 변질시킨다.
② 곰팡이독을 생성하는 것도 있다.
③ 일반적으로 생육 속도가 세균에 비하여 빠르다.
④ 대부분 생육에 산소가 필요한 절대 호기성 미생물이다.

34

CA저장에 가장 적합한 식품은?

① 육류
② 우유
③ 과일류
④ 생선류

35

다음에서 설명하는 맛의 현상은?

> 국을 끓일 때 국간장과 소금으로 간을 하는데, 맛을 여러 번 보면 짠맛에 둔해져 간이 짜게 될 수 있다.

① 피로 현상
② 상쇄 현상
③ 변조 현상
④ 상승 현상

36

브로멜린(Bromelin)이 함유되어 있어 고기를 연화시키는 데 이용되는 과일은?

① 귤
② 사과
③ 복숭아
④ 파인애플

37

다음 중 산화 방지를 위해 사용하는 식품첨가물은?

① 아스파탐
② 디부틸히드록시톨루엔
③ 아황산나트륨
④ 데히드로초산

38

원가계산의 목적으로 옳지 <u>않은</u> 것은?

① 제품의 판매가격을 결정한다.
② 원가의 절감방안을 모색한다.
③ 예산편성의 기초자료로 활용한다.
④ 제품가격에서 경영손실을 만회한다.

39

다음의 설명에서 구매한 식품의 재고관리 시 적용되는 방법은?

> 최근에 구입한 식품부터 사용하는 것으로 가장 오래된 물품이 재고로 남는다.

① 총평균법
② 후입선출법
③ 선입선출법
④ 실제 구매가법

40

자색양배추로 샐러드를 만들 때 약간의 식초를 넣은 물에 담그면 고운 적색을 띠는 것은 어떤 색소 때문인가?

① 클로로필(Chlorophyll)
② 미오글로빈(Myoglobin)
③ 안토잔틴(Anthoxanthin)
④ 안토시아닌(Anthocyanin)

41

요오드가에 따라 유지를 분류할 때 불건성유인 것은?

① 들기름
② 대두유
③ 땅콩기름
④ 옥수수기름

42

전분에 물을 가하지 않고 고온으로 가열하면 전분이 분해되는 현상으로 누룽지나 뻥튀기를 만들 때 사용하는 과정은?

① 호화
② 노화
③ 당화
④ 호정화

43

알칼리성 식품에 해당하는 것은?

① 육류
② 곡류
③ 어류
④ 해조류

44

세균성 식중독에 속하지 않는 것은?

① 장구균 식중독
② 비브리오 식중독
③ 노로바이러스 식중독
④ 병원성 대장균 식중독

45

냉동 생선을 해동하는 방법으로 가장 위생적이며 영양 손실이 적은 방법은?

① 미지근한 흐르는 물에 담가 둔다.
② 냉장고 속에서 서서히 해동한다.
③ 20~25℃ 정도의 실온에 꺼내 둔다.
④ 뜨거운 물에 담가 신속히 해동한다.

46

멥쌀떡이 찹쌀떡보다 빨리 굳는 이유는?

① pH가 높기 때문에
② 수분 함량이 많기 때문에
③ 아밀로오스의 함량이 높기 때문에
④ 아밀로펙틴의 함량이 높기 때문에

47

쌀에서 식용으로 하는 부분은?

① 미강층
② 배유
③ 배아
④ 외피

48

식품 구매 시 폐기율을 고려한 총 발주량 계산식은?

① (100 − 폐기율) × 100 × 인원수
② (1인당 사용량 − 폐기율) × 인원수
③ 정미중량 ÷ (100 − 폐기율) × 인원수 × 100
④ (정미중량 − 폐기율) ÷ (100 − 가식률) × 100

49

호흡기를 통해 감염되는 감염병이 아닌 것은?

① 풍진
② 파라티푸스
③ 인플루엔자
④ 유행성이하선염

50

젤라틴의 응고 온도에 관한 설명으로 옳지 <u>않은</u> 것은?

① 염류는 젤라틴의 응고를 방해한다.
② 설탕의 농도가 높을수록 응고에 방해가 된다.
③ 젤라틴의 농도가 높을수록 빨리 응고된다.
④ 단백질 분해효소를 사용하면 응고력이 약해진다.

51

오자죽에 대한 설명으로 옳지 않은 것은?

① 곡식의 가루를 밥물에 타서 끓인 죽
② 우리나라 전통 보약죽
③ 다섯 가지 씨앗으로 만든 죽
④ 잣, 호두, 복숭아 씨 등을 사용하여 끓인 죽

52

일반적인 김치의 최종 염도는?

① 1.5~2%
② 2.5~3%
③ 3.5~4%
④ 4.5~5%

53

다음 한식 중 불을 사용하여 조리한 음식은?

① 북어 보푸라기
② 육회
③ 어채
④ 더덕생채

54

양동구리에 대한 설명으로 옳지 <u>않은</u> 것은?

① 양을 곱게 다져 사용한다.
② 기름을 사용하는 음식이다.
③ 양 반죽을 누르면서 지져야 잘 부쳐진다.
④ 양의 손질 시 끓는 물에 잠시 담근다.

55

월과채의 특징으로 옳은 것은?

① 불을 사용하지 않는 생채이다.
② 사용된 주재료는 애호박이다.
③ 고명으로 실고추를 사용한다.
④ 메밀가루로 전병을 만들어 곁들인다.

56

생치구이에 사용된 주재료는?

① 소고기
② 오리
③ 도미
④ 꿩

57

한식 반상기 중 반찬을 담는 그릇은?

① 바리
② 쟁첩
③ 주발
④ 종지

58

전복죽, 오메기떡 등의 향토음식이 유명한 지역은?

① 제주도
② 경상도
③ 전라도
④ 강원도

59

삼합초에 대한 설명으로 옳지 <u>않은</u> 것은?

① 홍합, 해삼, 전복 등을 사용한다.
② 국물이 거의 없이 조리한다.
③ 자연의 색을 그대로 느낄 수 있도록 윤기 없이 조리한다.
④ 소고기 육수를 사용한다.

60

죽의 제조 시 일반적으로 물은 쌀의 몇 배를 넣는 것이 적합한가?

① 3~4배
② 5~7배
③ 10배
④ 20배

01회 | 정답 및 해설

01	③	02	①	03	④	04	③	05	①
06	②	07	①	08	①	09	①	10	①
11	①	12	③	13	④	14	①	15	②
16	③	17	③	18	①	19	④	20	②
21	②	22	①	23	③	24	①	25	④
26	③	27	①	28	①	29	④	30	②
31	④	32	③	33	①	34	③	35	①
36	④	37	②	38	④	39	②	40	④
41	③	42	④	43	③	44	③	45	②
46	③	47	①	48	①	49	②	50	①
51	①	52	②	53	③	54	③	55	②
56	④	57	②	58	①	59	③	60	②

01 핵심테마 04 > 식품첨가물과 유해물질 　　　　| 정답 | ③

변색된 식품의 색 복원은 착색료의 사용 목적에 대한 설명이다. 발색제는 자체에는 색을 함유하고 있지 않지만 식품 중의 성분과 결합해 색을 나타내거나 고정하는 데 사용하는 식품첨가물이다.

02 핵심테마 06 > 식품위생관계법규 　　　　| 정답 | ①

식품위생법 상 판매 목적으로 식품 등을 제조 · 가공 · 소분 · 수입 또는 판매한 영업자는 해당 식품 등이 위해와 관련 있는 규정을 위반한 사실을 알게 된 경우에는 지체 없이 유통 중인 해당 식품 등을 회수하거나 회수하는 데 필요한 조치를 하여야 한다.

03 핵심테마 22 > 식품의 맛과 냄새 　　　　| 정답 | ④

생선이 세균에 의해 부패되기 시작하면 트리메틸아민의 생성량이 많아지고 비린내가 강해져 생선의 선도 평가에 이용된다.

| 오답풀이 |
① 진저론은 생강의 매운맛 성분. ② 커큐민은 강황의 매운맛 성분. ③ 암모니아는 홍어 등 어류의 비린내 성분이다.

04 핵심테마 12 > 환경보건 　　　　| 정답 | ③

군집독은 다수가 밀폐된 공간에 있을 때 실내의 산소 감소와 이산화탄소 증가, 습도 및 온도의 상승이 원인이 되어 발생하는 질병이다.

05 핵심테마 08 > 식중독 　　　　| 정답 | ①

황색포도상구균의 잠복기는 평균 3시간 정도로 짧다.

06 핵심테마 08 > 식중독 　　　　| 정답 | ②

아미그달린은 청매, 살구나 복숭아 등의 핵과류 씨앗에 함유되어 있는 독성 성분이다.

| 오답풀이 |
① 솔라닌은 싹이 난 감자에 함유되어 있는 독성 성분이다.
③ 리신은 피마자에 함유되어 있는 독성 성분이다.
④ 시큐톡신은 독미나리에 함유되어 있는 독성 성분이다.

07 핵심테마 08 > 식중독 　　　　| 정답 | ①

황변미 중독은 페니실리움속 푸른 곰팡이가 쌀에 번식하여 시트리닌이라는 신장독을 생산하며 일으킨다.

08 핵심테마 02 > 식품위생 　　　　| 정답 | ①

식품 변질의 원인에는 미생물의 번식(수분, 온도, 영양분), 식품 자체의 효소 작용, 공기 중에서의 산화로 인한 비타민 파괴 및 지방 산패 등이 있다.

09 핵심테마 29 > 유지 및 유지가공품 　　　　| 정답 | ①

검화가(비누화가)는 저급지방산의 함량이 높을수록 커지는데 버터는 대두유보다 지방산의 사슬길이가 짧아 더 높은 검화가를 가진다.

10 핵심테마 08 > 식중독 　　　　| 정답 | ①

| 오답풀이 |
② 병원성 대장균은 배설물이나 보균자 등과의 접촉으로 감염되는 식중독으로, 가열 섭취, 분변오염 방지 등으로 예방이 가능하다.
③ 장염비브리오균은 어패류를 날것으로 섭취했을 때 감염되는 식중독으로, 가열 섭취 시 예방이 가능하다.
④ 클로스트리디움 퍼프리젠스균은 가열 후 장시간 실온에 보관한 식품의 섭취로 감염되는 식중독으로, 식품의 냉장 · 냉동 보관, 식품 섭취 전 재가열로 예방이 가능하다.

11 핵심테마 10 > 안전관리 　　　　| 정답 | ①

조리작업장에서는 화상에 대비하여 긴 소매의 조리복을 착용해야 한다.

12 핵심테마 26 > 농산물의 조리/가공/저장 　　　　| 정답 | ③

전분의 노화는 0~4℃의 냉장고 온도에서 가장 빠르며 이를 방지하기 위해서는 온도를 0℃ 이하 또는 60℃ 이상으로 유지해야 한다.

① 설탕은 탈수제 역할을 하여 노화를 억제한다.
② 지방이나 유화제를 첨가하여 노화를 방지할 수 있다.
④ 수분 함량은 15% 이하 또는 60% 이상이어야 한다.

13 핵심테마 21 > 식품의 색 | 정답 | ④

금속과 접촉 시 효소가 활성화되어 갈변 반응이 촉진된다.

14 핵심테마 27 > 축산물의 조리/가공/저장 | 정답 | ③

요구르트는 우유나 탈지우유에 함유되어 있는 유당의 응고성을 이용한 유제품이다. 유당을 이용하는 유산균을 넣어 발효시키면 유기산이 발생하고, 우유 단백질인 카제인과 만나 응고된다.

15 핵심테마 03 > 식품 살균과 소독 | 정답 | ②

| 오답풀이 |
① 생석회는 가장 경제적이며, 변소 소독에 적합하다.
③ 과산화수소는 피부에 자극이 적어 상처나 피부 소독에 사용한다.
④ 차아염소산나트륨은 수돗물의 소독에 사용하며 과일, 채소 등 먹는 제품에도 사용 가능하다.

16 핵심테마 19 > 식품 성분 – 지질 | 정답 | ③

담즙은 지질의 소화를 돕는 역할을 하며, 단백질의 가수분해와는 관련이 없다.

17 핵심테마 20 > 식품 성분 – 비타민&무기질 | 정답 | ③

조리과정에서 열에 의한 손실이 가장 큰 비타민은 비타민 C이다.

18 핵심테마 02 > 식품위생 | 정답 | ①

미생물이 번식할 수 있는 최저 수분활성도(Aw)는 '(보통)세균 0.91 > 효모 0.88 > 곰팡이 0.65~0.80 > 내삼투압성 효모 0.60' 순이다.

19 핵심테마 26 > 농산물의 조리/가공/저장 | 정답 | ④

식혜 제조에 사용되는 엿기름의 농도가 높을수록 당화 속도가 빨라진다.

20 핵심테마 23 > 조리의 정의 및 기본 조리방법 | 정답 | ②

편육은 끓는 물에 고기를 덩어리째 넣고 삶아야 육류 표면의 단백질을 먼저 응고시켜 맛 성분이 많이 용출되지 않아 고기가 맛있어진다.

21 핵심테마 26 > 농산물의 조리/가공/저장 | 정답 | ②

건조 글루텐 함량은 젖은 글루텐의 함량/3 이므로
젖은 글루텐의 함량(%): 9/25 × 100 = 36(%)
건조 글루텐의 함량(%): 36(%)/3 = 12(%)이다.

22 핵심테마 27 > 축산물의 조리/가공/저장 | 정답 | ①

달걀을 흔들었을 때 소리가 나면 기실이 커진 것으로 오래된 것이다.

23 핵심테마 28 > 수산물의 조리/가공/저장 | 정답 | ③

어류의 자가소화 시 글루탐산 등이 생성되어 맛이 좋아지나 근육이 물러지고 신선도도 떨어지므로 생선은 사후경직 시기에 섭취하는 것이 가장 맛이 좋다.

24 핵심테마 08 > 식중독 | 정답 | ①

세균성 식중독은 경구감염병에 비해 잠복기가 짧다.
| 오답풀이 |
② 위생적인 식품의 조리, 균의 증식 억제 등으로 예방이 가능하다.
③ 2차 감염이 거의 없다.
④ 다량의 균에 의해 발생한다.

25 핵심테마 08 > 식중독 | 정답 | ④

아플라톡신은 땅콩이나 보리, 옥수수에서 번식하는 아스퍼질러스 플라버스가 생산하는 곰팡이 독소이다.
| 오답풀이 |
① 라이신은 아미노산이다.
② 테트로도톡신은 복어의 독성 성분이다.
③ 엔테로톡신은 독소형 식중독균인 포도상구균이 만들어내는 장독소이다.

26 핵심테마 25 > 조리장의 시설 및 관리 | 정답 | ③

조리장의 바닥과 1.5m 이내의 내벽은 물청소가 용이한 타일, 콘크리트 등의 내수성 자재를 사용해야 한다.

27 핵심테마 26 > 농산물의 조리/가공/저장 | 정답 | ④

과일은 펙틴 1~1.5%, 산 pH 2.8~3.4, 당(설탕) 60~65%의 조건에서 최적의 젤 형성이 가능하며, 이는 과일의 젤리화 조건에 해당한다.

28 핵심테마 16 > 식품 성분–수분 | 정답 | ①

자유수란 식품 내부에 유리 상태로 존재하는 보통의 물이며, 0℃ 이하에서 동결된다.

29 핵심테마 33 > 계산식 정리 | 정답 | ④

- 식재료비 = 닭고기 구입비(12,000원 × 10kg) + 총 양념비용 40,000원
  = 120,000원 + 40,000원 = 160,000원
- 식재료 원가비율(%) = 식재료비 ÷ 총매출액 × 100
  = 160,000원 ÷ 400,000원 × 100 = 0.4 × 100 = 40%

즉, 식재료비의 원가비율은 40%이다.

30 핵심테마 06 > 식품위생관계법규 　　　　　| 정답 | ②

식품위생 감시원의 직무에는 시설기준의 적합 여부의 확인·검사, 표시 또는 광고기준의 위반 여부에 관한 단속, 조리사 및 영양사의 법령 준수사항 이행 여부의 확인·지도, 출입·검사 및 검사에 필요한 식품 등의 수거, 식품 등의 압류·폐기 등이 있다.

31 핵심테마 06 > 식품위생관계법규 　　　　　| 정답 | ④

식품의약품안전처장은 식품위생 수준 및 자질의 향상을 위하여 필요한 경우 조리사와 영양사에게 교육을 받을 것을 명할 수 있다.

32 핵심테마 27 > 축산물의 조리/가공/저장 　　　　　| 정답 | ③

원유에 있는 지방구는 크기가 커서 유화상태가 불안정하므로 쉽게 위로 떠올라 크리밍 상태가 된다. 이를 방지하기 위해 우유를 높은 압력에서 작은 구멍으로 통과시켜 우유 지방구의 크기를 0.1~2.2μm 정도로 작고 균일하게 만드는 과정을 균질화라고 한다.

33 핵심테마 08 > 식중독 　　　　　| 정답 | ③

곰팡이는 포자법으로 번식하며, 세균보다 번식력은 느리지만 질긴 성질을 가지고 있고 절대 호기성이다.

34 핵심테마 26 > 농산물의 조리/가공/저장 　　　　　| 정답 | ③

CA저장은 산소 농도는 낮추고 이산화탄소 농도는 높여 채소나 과일의 호흡을 억제하는 저장법이다. CA저장법은 노화현상이 지연되며 미생물의 생장과 번식이 억제되는 효과가 있다.

35 핵심테마 22 > 식품의 맛과 냄새 　　　　　| 정답 | ①

같은 맛을 계속 섭취하면 그 맛을 알 수 없게 되거나 다르게 느끼는 현상은 피로 현상이다.

| 오답풀이 |
② 상쇄 현상: 서로 다른 맛 성분을 혼합하면 각각의 고유한 맛을 내지 못하고 맛이 약해지거나 없어지는 현상
③ 변조 현상: 한 가지 맛 성분을 먹고 바로 다른 맛 성분을 먹으면 처음 맛이 다르게 느껴지는 현상
④ 상승 현상: 같은 맛 성분을 혼합하면 맛이 더 강해지는 현상

36 핵심테마 27 > 축산물의 조리/가공/저장 　　　　　| 정답 | ④

파인애플은 분해효소인 브로멜린이 함유되어 있어 고기를 연화시키는 데 이용된다.

37 핵심테마 04 > 식품첨가물과 유해물질 　　　　　| 정답 | ②

디부틸히드록시톨루엔(BHT)은 식품의 산화를 방지하기 위해 첨가하는 산화방지제이다.

| 오답풀이 |
① 아스파탐은 감미료이다.
③ 아황산나트륨은 표백제이다.
④ 데히드로초산은 보존료이다.

38 핵심테마 32 > 원가관리 　　　　　| 정답 | ④

원가계산의 목적으로는 가격 결정, 원가절감과 원가관리, 예산편성, 재무제표 작성의 기초자료 마련 등이 있다.

39 핵심테마 31 > 검수관리 및 재고관리 　　　　　| 정답 | ②

후입선출법은 최근에 구입한 식품부터 먼저 사용하는 방법으로, 재고계산 시 가장 오래전에 구입한 식품의 단가로 계산한다.

40 핵심테마 21 > 식품의 색 　　　　　| 정답 | ④

안토시아닌은 꽃이나 과일의 적색·청색·자색을 나타내는 수용성 색소로, 매우 불안정하여 가공이나 저장 중 쉽게 변색한다. 식초와 같은 산성에서는 적색, 중성에서는 자색, 알칼리성에서는 청색을 띤다.

| 오답풀이 |
① 클로로필: 식물의 엽록체에 존재하는 녹색 색소
② 미오글로빈: 동물(육류, 어류)의 근육세포에 존재하는 적색의 색소 단백질
③ 안토잔틴: 우엉, 연근, 밀가루, 쌀 등에 함유되어 있는 무색(백색)이나 담황색의 색소

41 핵심테마 29 > 유지 및 유지가공품 　　　　　| 정답 | ③

불건성유는 요오드가가 100 이하인 유지로 올리브유, 동백유, 피마자유, 땅콩기름 등이 해당한다.

| 오답풀이 |
① 들기름은 건성유, ② 대두유와 ④ 옥수수기름은 반건성유에 해당한다.

42 핵심테마 26 > 농산물의 조리/가공/저장 　　　　　| 정답 | ④

| 오답풀이 |
① 호화: 생 전분에 물을 넣고 가열하면 물 분자가 전분 입자 내로 침투해 들어가면서 점도와 투명도가 증가하여 반투명한 교질상태의 익은 전분이 되는 현상
② 노화: 호화된 전분을 실온에 오랜 시간 두거나 냉각시키면 단단해진 전분 입자들이 형성되고 결정영역이 재배열되며 투명도와 소화율이 낮아지는 현상
③ 당화: 전분에 엿기름과 같은 당화효소를 넣거나 산을 넣어 가열해서 최적온도를 맞추면 전분이 가수분해되어 단맛이 증가하는 현상

43 핵심테마 20 > 식품 성분 – 비타민&무기질 　　　　　| 정답 | ④

무기질의 종류에 따른 알칼리성 식품은 나트륨(Na), 칼륨(K), 철(Fe), 칼슘(Ca) 등을 함유하고 있으며 해조류, 과일류, 채소류 등이 해당한다.

① 육류, ② 곡류, ③ 어류는 인(P), 황(S), 염소(Cl) 등을 함유하고 있는 산성 식품에 해당한다.

44 핵심테마 08 > 식중독 | 정답 | ③

노로바이러스 식중독은 바이러스성 감염질환으로, 전염성이 매우 높다.

45 핵심테마 28 > 수산물의 조리/가공/저장 | 정답 | ②

냉동된 어육류를 해동할 때에는 냉장고에서 저온으로 서서히 완만해동 하는 것이 위생적이며 영양 손실이 적어 가장 좋다.

46 핵심테마 26 > 농산물의 조리/가공/저장 | 정답 | ③

멥쌀은 아밀로오스와 아밀로펙틴의 함량 비율이 20:80인 반면, 찹쌀은 대부분 아밀로펙틴으로 구성되어 있다. 전분의 노화는 아밀로오스의 함량이 높을수록 빨리 일어나므로 멥쌀떡이 더 빨리 굳는다.

47 핵심테마 26 > 농산물의 조리/가공/저장 | 정답 | ②

쌀은 과피, 종피, 호분층, 배유, 배아로 이루어져 있으며 주로 식용하는 부분은 배유 부분이다.

48 핵심테마 33 > 계산식 정리 | 정답 | ③

총 발주량 = 정미중량 ÷ (100 − 폐기율) × 인원수 × 100이다.

49 핵심테마 07 > 감염병 | 정답 | ②

파라티푸스는 소화기계 감염병에 해당한다.

50 핵심테마 27 > 축산물의 조리/가공/저장 | 정답 | ①

염류는 젤라틴의 응고를 촉진한다.

51 핵심테마 35 > 한식 – 주식 조리 | 정답 | ①

곡식의 가루를 밥물에 타서 끓인 죽은 미음이다.

52 핵심테마 36 > 한식 – 반찬류 조리 | 정답 | ②

일반적으로 김치의 최종 염도는 2.5〜3%이고, 저염김치의 염도는 1〜1.5%이다.

53 핵심테마 36 > 한식 – 반찬류 조리 | 정답 | ③

어채는 비리지 않은 흰살 생선을 포를 떠서 녹말가루를 묻혀 끓는 물에 살짝 데친 숙회이다.

54 핵심테마 36 > 한식 – 반찬류 조리 | 정답 | ③

양동구리 조리 시 양반죽을 누르면서 부치면 부서지기 쉬우므로 누르지 않고 부쳐낸다.

55 핵심테마 36 > 한식 – 반찬류 조리 | 정답 | ②

월과채는 애호박과 소고기, 버섯 등을 채 썰고 양념하여 볶은 후 찹쌀 전병과 함께 버무린 음식이다.

| 오답풀이 |
① 불을 사용한 숙채이다.
③ 고명으로 계란지단을 사용한다.
④ 찹쌀가루로 전병을 만들어 사용한다.

56 핵심테마 36 > 한식 – 반찬류 조리 | 정답 | ④

생치구이는 꿩을 간장 양념하여 구운 요리이다.

57 핵심테마 34 > 한식 개요 | 정답 | ②

쟁첩은 한식 반상기 중 가장 많은 수를 차지하며 전, 구이, 장아찌 등의 반찬을 담는 그릇이다.

| 오답풀이 |
① 바리: 여성용 밥그릇
③ 주발: 남성용 밥그릇
④ 종지: 간장, 초장 등을 담는 작은 그릇

58 핵심테마 34 > 한식 개요 | 정답 | ①

제주도의 향토 음식에는 전복죽, 옥돔죽, 오메기떡, 빙떡 등이 있다.

59 핵심테마 36 > 한식 – 반찬류 조리 | 정답 | ③

삼합초는 양념한 소고기에 육수를 붓고 끓이다가 양념을 넣고 홍합, 해삼, 전복을 넣어 국물이 자작해질 때까지 조린 요리로 조림과 비슷하지만 윤기가 나는 것이 특징이다.

60 핵심테마 35 > 한식 – 주식 조리 | 정답 | ②

죽을 조리할 때 넣는 물의 양은 쌀 용량의 5〜7배가 적합하며, 물의 함량 비로 죽의 조리시간을 조절한다.

02회 | 기출복원 모의고사

01

다음 중 식품영업에 종사할 수 있는 질병은?

① 콜레라
② 화농성 질환
③ 비감염성 결핵
④ 후천성면역결핍증

02

주로 우유나 통조림 등에 사용하며, 식품의 변질을 방지하기 위해 식품을 가열하여 미생물을 제거하는 방법은?

① 건조법
② 가열살균법
③ 온도조절법
④ 조사살균법

03

고양이를 종숙주로 감염되며, 임산부가 감염될 경우 유산 또는 기형아 출산의 위험이 있는 기생충은?

① 유구조충
② 무구조충
③ 광절열두조충
④ 톡소플라즈마

04

물에 녹는 비타민은?

① 레티놀(Retinol)
② 티아민(Thiamin)
③ 칼시페롤(Calciferol)
④ 토코페롤(Tocopherol)

05

전파 가능성을 고려하여 발생 또는 유행 시 24시간 이내에 신고해야 하고 격리가 필요한 감염병은?

① 제1급 감염병
② 제2급 감염병
③ 제3급 감염병
④ 제4급 감염병

06

Escherichia coli에 대한 설명 중 옳지 않은 것은?

① 그램음성의 무포자 간균으로 유당을 발효시켜 산과 가스를 생성한다.
② 내열성이 강하며 독소를 생산한다.
③ 식품위생의 지표 미생물이다.
④ 병원성을 띠는 경우도 있다.

07

탄수화물의 조리가공 중 변화되는 현상과 가장 관계 깊은 것은?

① 호화
② 산화
③ 유화
④ 거품 생성

08

일반적으로 생화학적 산소 요구량(BOD)과 용존 산소량(DO)은 어떠한 관계가 있는가?

① BOD와 DO는 무관하다.
② BOD와 DO는 항상 같다.
③ BOD가 높으면 DO는 낮다.
④ BOD가 높으면 DO도 높다.

09

새우나 게류를 삶을 때 나타나는 색소는?

① 카로틴(carotene)색소
② 헤모글로빈(hemoglobin)색소
③ 아스타신(astacin)색소
④ 안토시아닌(anthocyanin)색소

10

생선 및 육류의 초기부패 판정 시 지표가 되는 물질에 해당하지 <u>않는</u> 것은?

① 암모니아(Ammonia)
② 아크롤레인(Acrolein)
③ 휘발성 염기질소(VBN)
④ 트리메틸아민(Trimethylamine)

11

식품첨가물과 주요 용도의 연결이 옳은 것은?

① 자일리톨 – 표백제
② 과산화수소 – 보존료
③ 호박산 – 산도조절제
④ 글루타민산나트륨 – 발색제

12

우유 100mL에 들어 있는 칼슘이 180mg 정도라면 우유 250mL에 들어 있는 칼슘은 몇 mg 정도인가?

① 450mg
② 540mg
③ 595mg
④ 650mg

13

소화기의 사용 방법을 순서대로 나열한 것은?

| ⓐ 안전핀 뽑기 | ⓑ 손잡이 누르기 |
| ⓒ 노즐 화기 고정 | ⓓ 분말 쏘기 |

① ⓐ – ⓑ – ⓒ – ⓓ
② ⓐ – ⓒ – ⓑ – ⓓ
③ ⓒ – ⓓ – ⓐ – ⓑ
④ ⓒ – ⓑ – ⓐ – ⓓ

14

다음 중 병원체가 바이러스인 인수공통감염병은?

① 광견병
② 탄저병
③ 돈단독
④ 브루셀라증

15

독미나리에 함유된 유독 성분은?

① 테무린(Temuline)
② 아트로핀(Atropine)
③ 시큐톡신(Cicutoxin)
④ 아미그달린(Amygdalin)

16

한천과 펙틴에 관한 설명으로 옳지 <u>않은</u> 것은?

① 한천은 식물성 급원이다.
② 한천은 온도가 낮을수록 빨리 굳는다.
③ 한천과 펙틴은 젤을 형성하여 잼을 만드는 데 이용된다.
④ 펙틴은 탄수화물 등을 함유하여 영양적으로 가치가 높다.

17

자외선에 대한 설명으로 옳지 <u>않은</u> 것은?

① 살균 작용과 피부암을 유발한다.
② 체내에서 비타민 D를 생성시킨다.
③ 피부 결핵이나 관절염을 발생시킨다.
④ 적혈구 생성과 신진대사 촉진을 촉진시킨다.

18

생선의 비린내를 억제하는 방법으로 적절하지 <u>않은</u> 것은?

① 조리 전에 우유에 담가 둔다.
② 생선 단백질이 응고된 후 생강을 넣는다.
③ 물로 깨끗이 씻어 수용성 냄새 성분을 제거한다.
④ 처음부터 뚜껑을 닫고 끓여 생선을 완전히 응고시킨다.

19

알레르기성 식중독을 유발하는 세균은?

① 병원성 대장균(E.coli O157:H7)
② 비브리오 콜레라(Vibrio Cholera)
③ 모르가넬라 모르가니(Morganella Morganii)
④ 크로노박터 사카자키(Cronobacter Sakazakii)

20

HACCP의 준비단계 5절차를 순서대로 바르게 나열한 것은?

> ⓐ HACCP팀 구성
> ⓑ 제품 용도 확인
> ⓒ 제품설명서 작성
> ⓓ 공정흐름도 현장 확인
> ⓔ 공정흐름도 작성

① ⓐ - ⓑ - ⓒ - ⓓ - ⓔ
② ⓐ - ⓒ - ⓑ - ⓔ - ⓓ
③ ⓑ - ⓒ - ⓓ - ⓐ - ⓔ
④ ⓑ - ⓓ - ⓒ - ⓔ - ⓐ

21

식품 첨가물로서 대두 인지질의 용도는?

① 추출제
② 유화제
③ 표백제
④ 피막제

22

중간숙주 없이 감염이 가능한 기생충은?

① 회충
② 간흡충
③ 폐흡충
④ 아니사키스

23

성숙한 과일의 특징이 아닌 것은?

① 엽록소가 분해된다.
② 조직이 부드러워진다.
③ 탄닌의 함량이 증가되어 떫은맛이 줄어든다.
④ 비타민 C와 카로티노이드의 함량이 증가한다.

24

β전분이 가열에 의해 α전분으로 되는 현상은?

① 호화
② 노화
③ 산화
④ 호정화

25

과일 향기의 주성분을 이루는 냄새 성분은?

① 테르펜류
② 황화합물
③ 에스테르류
④ 알데히드류

26

육류 조리에 대한 설명으로 옳은 것은?

① 목심, 양지, 사태는 건열 조리에 적당하다.
② 편육을 만들 때 고기는 처음부터 찬물에서 끓인다.
③ 육류를 찬물에 넣어 끓이면 맛 성분의 용출이 용이해져 국물 맛이 좋아진다.
④ 육류를 오래 끓이면 질긴 지방조직인 콜라겐이 젤라틴화 되어 국물이 맛있어진다.

27

유지의 발연점이 낮아지는 요인으로 옳지 않은 것은?

① 튀김기의 표면적이 넓은 경우
② 유리지방산의 함량이 낮은 경우
③ 기름에 이물질이 많이 들어 있는 경우
④ 오래 사용하여 기름이 지나치게 산패된 경우

28

손에 화농성 염증이 있는 자가 만든 도시락을 섭취함으로써 감염될 수 있는 식중독은?

① 비브리오패혈증
② 살모넬라균 식중독
③ 보툴리누스균 식중독
④ 황색포도상구균 식중독

29

과일이나 채소류의 선도 유지를 위해 표면을 처리하는 식품 첨가물은?

① 강화제
② 피막제
③ 보존료
④ 품질개량제

30

돼지고기를 이용하여 조리할 때, 부위별 조리방법이 바르게 연결된 것은?

① 뒷다리 – 구이, 수육
② 갈비 – 주물럭, 수육
③ 안심 – 구이, 탕수육
④ 삼겹살 – 장조림, 불고기

31

재고회전율이 표준치보다 낮은 경우에 대한 설명으로 옳지 않은 것은?

① 부정 유출이 우려된다.
② 긴급 구매로 비용 발생이 우려된다.
③ 종업원들이 심리적으로 부주의하게 식품을 사용하여 낭비가 심해진다.
④ 저장 기간이 길어지고 식품 손실이 커지는 등 많은 자본이 들어가 이익이 줄어든다.

32

밀가루의 용도별 분류는 어느 성분을 기준으로 하는가?

① 글루텐
② 글로불린
③ 글루타민
④ 글리아딘

33

다음 괄호에 들어갈 원가 관련 용어는?

총원가 = 제조원가 + (   )

① 이익
② 판매가격
③ 판매관리비
④ 제조간접비

34

제조과정 중 단백질 변성에 의한 응고 작용이 일어나지 않는 것은?

① 치즈 가공
② 두부 제조
③ 달걀 삶기
④ 딸기잼 제조

35

도자기(옹기류)에서 유출될 수 있는 독성 성분은?

① 납(Pb)
② 카드뮴(Cd)
③ 주석(Sn)
④ 크롬(Cr)

36

철에 대한 설명으로 옳지 않은 것은?

① 결핍 시 빈혈이 나타난다.
② 근육색소의 구성 성분이다.
③ 비타민 C는 철의 흡수를 방해한다.
④ 혈색소의 성분으로 산소를 운반한다.

37

육류의 숙성을 가져오는 주된 원인으로 옳은 것은?

① 압력에 의한 파괴
② 세포내의 자가분해
③ 광선에 의한 파괴
④ 세균에 의한 부패

38

산소가 없는 통조림 등에 잘 생육하는 균으로 치사율이 가장 높은 식중독균은?

① 리스테리아 식중독
② 장염비브리오 식중독
③ 황색포도상구균 식중독
④ 클로스트리디움 보툴리눔 식중독

39

조리사가 식품위생법 제54조의 규정에 의한 교육을 받지 아니한 때 3차 위반 시 행정처분 기준은?

① 업무정지 4개월
② 업무정지 3개월
③ 업무정지 2개월
④ 업무정지 1개월

40

적외선에 속하는 파장은?

① 200nm
② 400nm
③ 600nm
④ 800nm

41

감가상각법 중 정액법의 계산 방법으로 옳은 것은?

① 초기 구입한 비용만 차감하여 계산한다.
② 구입 후기에 많이 배분하고 매년 일정 금액을 곱하여 계산한다.
③ 구입 초기에 많이 배분하고 사용률에 따라 감가상각하여 계산한다.
④ 시간의 경과에 정비례하여 매년 동일한 금액을 감가상각으로 계산한다.

42

신맛의 성분과 대표적인 식품의 연결로 옳지 <u>않은</u> 것은?

① 주석산 – 포도
② 구연산 – 감귤
③ 사과산 – 사과
④ 호박산 – 요구르트

43

육류의 색의 안정제, 밀가루의 품질개량제, 과채류의 갈변과 변색 방지제로 사용되는 비타민은?

① 나이아신(Niacin)
② 리보플라빈(Riboflavin)
③ 티아민(Thiamin)
④ 아스코르빈산(Ascorbic acid)

44

맥아당의 성분 구성으로 옳은 것은?

① 과당 2분자의 결합
② 포도당 2분자의 결합
③ 포도당과 전분의 결합
④ 과당과 포도당 각 1분자의 결합

45

다음 식품의 영양 성분 함량을 참고하여 식품의 열량을 구하면?

- 수분 50g
- 섬유질 5g
- 단백질 10g
- 무기질 4g
- 지방 7g

① 103kcal
② 123kcal
③ 303kcal
④ 339kcal

46

근채류 중 생식하는 것보다 기름에 볶는 조리법을 적용하는 것이 좋은 식품은?

① 무
② 당근
③ 토란
④ 고구마

47

펩신(Pepsin)에 의해 소화되지 <u>않는</u> 것은?

① 전분
② 알부민
③ 글로불린
④ 미오신

48

다음 중 식품이나 음료수를 통해 감염되는 소화기계 감염병에 해당하지 <u>않는</u> 것은?

① 콜레라
② 장티푸스
③ 발진티푸스
④ 세균성이질

49

대두를 구성하는 콩 단백질의 주성분은?

① 글루텐
② 글루텔린
③ 글리아딘
④ 글리시닌

50

조리과정에서 비타민 C의 파괴율이 가장 적은 것은?

① 오이지
② 무생채
③ 시금칫국
④ 고사리무침

51

카나페 제조 시 칵테일 새우를 데치는 데 사용되는 물은?

① 미르포아
② 화이트스톡
③ 페이스트
④ 나지

52

고기나 생선의 국물을 맑게 끓이는 것은?

① 포타주(Potage)
② 차우더(Chowder)
③ 비스크(Bisque)
④ 콩소메(Consomme)

53

타르타르 소스에 들어가는 재료가 아닌 것은?

① 마요네즈
② 우유
③ 파슬리
④ 레몬

54

비가라드 소스에 사용하는 과일로 옳은 것은?

① 토마토
② 라임
③ 사과
④ 오렌지

55

못처럼 생겨서 정향이라고도 하며 양고기, 피클, 청어 절임, 마리네이드 절임 등에 사용되는 향신료는?

① 파슬리
② 코리엔더
③ 클로브
④ 넛맥

56

독일식 김치로 양배추를 잘게 썰어 소금으로 절여 발효시킨 음식으로 유산균이 풍부한 것은?

① 아이스바인
② 사우어크라우트
③ 슈바인스학세
④ 퀘치카르토플렌

57

다음 중 토마토 소스에서 파생된 소스가 아닌 것은?

① 징가라 소스
② 베샤멜 소스
③ 멕시칸 살사 소스
④ 볼로네이즈 소스

58

달걀 노른자, 녹인 버터, 레몬즙을 사용하여 만든 소스는?

① 홀랜다이즈 소스
② 앙글레이즈 소스
③ 벨루테 소스
④ 에스파뇰 소스

59

식초에 허브를 넣어 만든 프렌치 드레싱은?

① 쿨리
② 퓌레
③ 사워크림
④ 비네그레트

60

전채 요리를 제공할 때 콩디망(Condiment)으로 사용되지 않는 것은?

① 비네그레트(Vinaigrette)
② 마요네즈(Mayonnaise)
③ 토마토 페이스트(Tomato paste)
④ 칵테일 소스(Cocktail sauce)

02회| 정답 및 해설

01	③	02	②	03	④	04	②	05	②
06	②	07	①	08	③	09	③	10	②
11	③	12	①	13	②	14	①	15	③
16	④	17	③	18	④	19	③	20	②
21	②	22	③	23	③	24	①	25	③
26	③	27	③	28	④	29	②	30	③
31	③	32	①	33	③	34	③	35	①
36	③	37	②	38	④	39	④	40	④
41	④	42	③	43	③	44	③	45	①
46	②	47	①	48	③	49	④	50	②
51	①	52	④	53	②	54	④	55	③
56	③	57	②	58	①	59	④	60	③

01 핵심테마 01 > 개인위생 | 정답 | ③

결핵은 비감염성인 경우 식품영업에 종사할 수 있다.

02 핵심테마 02 > 식품위생 | 정답 | ②

| 오답풀이 |
① 건조법은 미생물의 증식에 필요한 수분을 제거하는 방법으로, 냉동건조(한천, 건조두부, 당면), 일광건조, 열풍건조 등이 있다.
③ 온도조절법은 미생물이 증식할 수 없는 온도로 보관하는 방법으로, 육류, 과일, 채소 등에 사용한다.
④ 조사살균법은 자외선이나 방사선을 활용하여 미생물을 제거하는 방법으로, 식품의 표면 살균, 분말식품 등에는 자외선을, 양파, 감자 등 싹이 나는 식품에는 방사선을 사용한다.

03 핵심테마 09 > 식품 관련 기생충 | 정답 | ④

톡소플라즈마는 고양이, 돼지, 개 등을 중간숙주로 하며 돼지고기의 완전한 가열 섭취, 고양이 배설물에 의한 식품 오염 방지 등으로 예방할 수 있다.
| 오답풀이 |
① 유구조충의 중간숙주는 돼지이다.
② 무구조충의 중간숙주는 소이다.
③ 광절열두조충의 제1중간숙주는 물벼룩이고, 제2중간숙주는 민물고기(연어, 송어 등)이다.

04 핵심테마 20 > 식품 성분 – 비타민&무기질 | 정답 | ②

티아민(비타민 B_1)은 물에 녹는 수용성 비타민이다.

| 오답풀이 |
① 레티놀(비타민 A), ③ 칼시페롤(비타민 D), ④ 토코페롤(비타민 E)은 기름에 녹는 지용성 비타민이다.

05 핵심테마 07 > 감염병 | 정답 | ②

| 오답풀이 |
① 제1급 감염병: 생물테러감염병 또는 치명률이 높거나 집단 발생의 우려가 커서 발생 또는 유행 즉시 신고해야 하는 감염병
③ 제3급 감염병: 발생을 계속 감시할 필요가 있어 발생 또는 유행 시 24시간 이내에 신고해야 하는 감염병
④ 제4급 감염병: 제1급 감염병부터 제3급 감염병 외에 유행 여부를 조사하기 위하여 표본감시 활동이 필요한 감염병

06 핵심테마 08 > 식중독 | 정답 | ②

Escherichia coli는 대장균으로 감염형 식중독에 속한다. 감염형 식중독이므로 독소를 생산하지 않는다.

07 핵심테마 26 > 농산물의 조리/가공/저장 | 정답 | ①

호화란 전분에 물을 넣고 가열하면 점성이 생기고 부풀어 오르는 현상을 말한다.

08 핵심테마 13 > 수질(물) | 정답 | ③

생화학적 산소 요구량(BOD)이 높다는 것은 물속에 부패 세균이 많이 존재한다는 것을 뜻하며 높을수록 오염도가 높다. 용존 산소량(DO)은 물속에 녹아있는 산소량으로 오염도가 높을수록 낮다.

09 핵심테마 21 > 식품의 색 | 정답 | ③

새우와 게에는 아스타잔틴 이라는 색소가 함유되어 있는데, 이 색소는 가열 전에는 청록색을 나타내지만 가열하면 적색으로 변한다.

10 핵심테마 28 > 수산물의 조리/가공/저장 | 정답 | ②

어류 및 육류의 초기부패 판정의 지표가 되는 것에는 휘발성 염기질소(VBN), 트리메틸아민(TMA), 수소이온농도(pH), 히스타민 함량이 있다.

11 핵심테마 04 > 식품첨가물과 유해물질 | 정답 | ③

호박산은 산도조절제로, 무색·백색의 결정 또는 결정성 분말로 특이한 신맛을 낸다.

| 오답풀이 |

① 자일리톨은 감미료, ② 과산화수소는 표백제, ④ 글루타민산나트륨은 조미료이다.

12 핵심테마 33 > 계산식 정리 | 정답 | ①

$100 : 180 = 250 : x$

$100x = 180 \times 250$

$x = 45,000 \div 100 = 450$

즉, 우유 250mL에는 450mg의 칼슘이 들어 있다.

13 핵심테마 10 > 안전관리 | 정답 | ②

화재 시 소화기는 '안전핀 뽑기 - 노즐 화기 고정 - 손잡이 누르기 - 분말 쏘기' 순으로 사용한다.

14 핵심테마 07 > 감염병 | 정답 | ①

바이러스가 병원체인 인수공통감염병에는 일본뇌염, 광견병, 동물인플루엔자, 후천성면역결핍증(AIDS)이 있다.

| 오답풀이 |

② 탄저병, ③ 돈단독, ④ 브루셀라증의 병원체는 세균이다.

15 핵심테마 08 > 식중독 | 정답 | ③

| 오답풀이 |

① 테무린은 독보리, ② 아트로핀은 미치광이풀, ④ 아미그달린은 청매, 살구 씨의 유독 성분이다.

16 핵심테마 17 > 식품 성분 - 탄수화물 | 정답 | ④

펙틴은 영양적인 가치는 없지만 변비를 예방하거나 장내 유해세균을 제거한다.

17 핵심테마 12 > 환경보건 | 정답 | ③

자외선은 가장 긴 파장을 가진 선으로 비타민 D의 형성, 적혈구 생성 촉진, 관절염 치료 등의 효과가 있다.

18 핵심테마 28 > 수산물의 조리/가공/저장 | 정답 | ④

생선 조리 시 처음 수분간은 뚜껑을 열고 조리해야 비린내가 휘발되어 감소한다.

19 핵심테마 08 > 식중독 | 정답 | ③

알레르기성 식중독의 원인균은 모르가넬라 모르가니로, 붉은살 어류(고등어, 가다랑어, 꽁치 등)에 증식하여 히스타민과 유해 아민계 물질을 생성하며 몸에 두드러기가 나고 열이 나는 증상을 일으킨다.

20 핵심테마 05 > 주방 위생관리 | 정답 | ②

HACCP의 준비단계 5절차는 'HACCP팀 구성 → 제품설명서 작성 → 제품 용도 확인 → 공정흐름도 작성 → 공정흐름도 현장 확인' 순이다.

21 핵심테마 04 > 식품첨가물과 유해물질 | 정답 | ②

대두인지질은 유화제로 잘 섞이지 않는 두 물질을 혼합시켜서 유지시켜주는 역할을 한다.

22 핵심테마 09 > 식품 관련 기생충 | 정답 | ①

중간숙주 없이 감염이 가능한 기생충으로는 회충, 구충, 요충, 편충, 동양모양선충이 있다.

23 핵심테마 26 > 농산물의 조리/가공/저장 | 정답 | ③

과일이 성숙할수록 탄닌의 함유량이 감소되어 떫은맛이 줄어든다.

24 핵심테마 26 > 농산물의 조리/가공/저장 | 정답 | ①

미셀(Micell) 구조를 가진 β전분에 물을 넣고 가열하면 분자 사이의 수소결합이 끊어지고 물이 전분 입자에 침투하여 전분 분자의 일부와 물이 결합하게 된다. 이때 전분 분자가 크게 팽창하여 α화되는데 이를 호화라고 한다.

25 핵심테마 22 > 식품의 맛과 냄새 | 정답 | ③

과일 향기의 주성분은 휘발성이 있는 유기산과 에스테르류이다.

| 오답풀이 |

① 테르펜류: 미나리, 박하, 레몬, 오렌지 등

② 황화합물: 무, 양파, 부추, 겨자 등

④ 알데히드류: 찻잎, 아몬드향, 바닐라 등

26 핵심테마 27 > 축산물의 조리/가공/저장 | 정답 | ③

| 오답풀이 |

① 목심, 양지, 사태처럼 질긴 부위는 습열 조리에 적당하며, 안심, 등심이 건열 조리에 적당하다.

② 편육을 만들 때는 고기를 끓는 물에 삶아야 고기의 맛 성분이 많이 용출되지 않아 고기의 맛이 좋아진다.

④ 육류를 오래 끓이면 결합조직인 콜라겐이 젤라틴으로 용해되기 때문에 고기가 연해진다.

27 핵심테마 29 > 유지 및 유지가공품 | 정답 | ②

유리지방산의 함량이 높을수록 유지의 발연점이 낮아진다.

28 핵심테마 08 > 식중독 | 정답 | ④

황색포도상구균은 인체의 상처 등에 침입하여 염증을 일으키는 화농성 질환의 원인균으로, 인후염 또는 상처가 있는 사람이 조리한 음식의 섭취로 인해 감염될 수 있다.

29 핵심테마 04 > 식품첨가물과 유해물질 | 정답 | ②

호흡작용을 하는 식물성 식품의 표면에 피막을 형성하여 호흡을 억제하고 선도를 유지하는 용도로 사용하는 식품첨가물은 피막제이다.

30 핵심테마 27 > 축산물의 조리/가공/저장 | 정답 | ③

안심은 지방이 적어 담백하며 육질이 연하기 때문에 구이나 탕수육, 카레 등의 조리에 적합하다.

| 오답풀이 |
① 뒷다리는 지방이 적당하고 살이 많아 장조림, 불고기, 주물럭, 찌개 등의 조리에 적합하다.
② 갈비는 근육 내에 지방이 잘 분포되어 있고 풍미가 좋아 바비큐나 양념갈비, 찌개, 찜 등의 조리에 적합하다.
④ 삼겹은 지방의 함유량이 높고 근육과 지방이 삼겹으로 이루어져 있어 구이나 수육, 찜 등의 조리에 적합하다.

31 핵심테마 31 > 검수관리 및 재고관리 | 정답 | ②

재고회전율이 표준치보다 낮다는 것은 재고가 많다는 것을 의미하며 식품이 손실되거나 자금 운용상 불리해지는 등의 문제점이 발생할 수 있다. 긴급 구매로 비용 발생이 우려되는 것은 재고회전율이 표준보다 높은 경우이다.

32 핵심테마 26 > 농산물의 조리/가공/저장 | 정답 | ①

밀가루는 글루텐의 함량이 13% 이상은 강력분, 10~13%는 중력분, 10% 이하는 박력분으로 구분한다.

33 핵심테마 32 > 원가관리 | 정답 | ③

총원가는 제조원가와 판매관리비를 더한 것이다.

34 핵심테마 18 > 식품 성분 – 단백질 | 정답 | ④

딸기잼 제조는 잼의 3요소인 펙틴, 유기산, 당에 의해 젤화가 일어나는 현상을 이용한다.

35 핵심테마 08 > 식중독 | 정답 | ①

납은 도자기의 유약을 통해 유입될 수 있는 독성 성분이다.

| 오답풀이 |
② 카드뮴은 식기의 도금에서 유출될 수 있는 독성 성분이다.
③ 주석은 통조림에서 유출될 수 있는 독성 성분이다.
④ 크롬은 분진 등에서 유출될 수 있는 독성 성분이다.

36 핵심테마 20 > 식품 성분 – 비타민&무기질 | 정답 | ③

비타민 C는 철의 흡수를 촉진한다. 철의 흡수를 방해하는 요인에는 피틴산, 옥살산, 탄닌, 수산 등이 있다.

37 핵심테마 27 > 축산물의 조리/가공/저장 | 정답 | ②

육류는 사후 경직 후 일정시간이 지나면 근육 내 단백질 분해효소인 카텝신에 의해 자기소화(자기분해)가 일어나며 경직된 근육이 해소되어 부드러워 지는 숙성 현상이 일어난다.

38 핵심테마 08 > 식중독 | 정답 | ④

클로스트리디움 보툴리눔 식중독은 산소가 없는 밀폐된 식품에서 생육을 잘 하는 편성혐기성균이다. 또한 독소형 식중독으로 생성된 독소가 신경장애를 일으켜 식중독 중 치사율(40%)이 가장 높다.

39 핵심테마 06 > 식품위생관계법규 | 정답 | ④

조리사가 식품 위생법 제54조에 의한 교육을 받지 아니한 경우 1차 위반 시에는 시정명령, 2차 위반 시에는 업무정지 15일, 3차 위반 시에는 업무정지 1개월의 행정처분이 가해진다.

40 핵심테마 12 > 환경보건 | 정답 | ④

적외선의 파장 범위는 780nm(= 7,800Å) 이상이다.

41 핵심테마 32 > 원가관리 | 정답 | ④

감가상각에서 정액법이란 시간의 경과에 정비례하여 매년 동일한 금액을 감가상각으로 계산하는 방법이다.

42 핵심테마 22 > 식품의 맛과 냄새 | 정답 | ④

요구르트의 신맛 성분은 젖산이며 호박산은 조개류, 김치류에서 신맛을 나타내는 성분이다.

43 핵심테마 18 > 식품성분–비타민&무기질 | 정답 | ④

아스코르빈산은 비타민 C로 식품에서 항산화제, 안정제, 품질개량제, 갈변방지제 등으로 사용된다.

44 핵심테마 17 > 식품 성분 – 탄수화물 | 정답 | ②

맥아당은 이당류로 포도당 + 포도당으로 구성되어 있다.

| 오답풀이 |

서당(자당, 설탕)은 포도당 + 과당으로, 젖당(유당)은 포도당 + 갈락토오스로 구성되어 있다.

45 핵심테마 15 > 영양소 　　　　　 | 정답 | ①

에너지를 내는 열량 영양소에는 탄수화물, 단백질, 지방이 있으며 탄수화물은 1g당 4kcal, 단백질은 1g당 4kcal, 지방은 1g당 9kcal의 열량이 발생한다.

따라서, 단백질 10g × 4kcal + 지방 7g × 9kcal = 103kcal

즉, 해당 식품의 열량은 103kcal이다.

46 핵심테마 21 > 식품의 색 　　　　　 | 정답 | ②

당근, 단호박 등에는 비타민 A의 전구물질인 카로틴이 함유되어 있다. 비타민 A는 지용성 비타민이므로 기름을 활용하여 조리 시 영양 흡수가 더 잘 된다.

47 핵심테마 20 > 식품성분－단백질 　　　　　 | 정답 | ①

펩신은 단백질 분해효소로 탄수화물인 전분을 소화하지 못한다.

48 핵심테마 07 > 감염병 　　　　　 | 정답 | ③

발진티푸스는 이에 의하여 감염되는 위해 동물 및 해충 매개 감염병이다.

49 핵심테마 26 > 농산물의 조리/가공/저장 　　　　　 | 정답 | ④

대두 단백질인 글리시닌은 두부 응고제(황산칼슘, 염화마그네슘, 염화칼슘)와 열에 의해 응고되는데, 이 성질을 이용하여 두부를 제조한다.

50 핵심테마 20 > 식품 성분 － 비타민&무기질 　　　　　 | 정답 | ②

비타민 C는 물에 잘 녹는 수용성 비타민이며 열, 알칼리, 산화에 불안정하므로 열을 가하지 않는 조리법이 파괴율이 가장 적다.

51 핵심테마 40 > 양식 － 전채 요리(샐러드, 샌드위치) 　　　　　 | 정답 | ①

카나페 제조 시 칵테일 새우는 양파, 당근, 셀러리의 혼합물인 미르포아에 데친다.

52 핵심테마 39 > 양식 － 스톡 조리(소스, 수프) 　　　　　 | 정답 | ④

콩소메는 소고기, 닭, 생선을 맑은 스톡을 사용하여 농축하지 않고 끓이는 맑은 수프이다.

| 오답풀이 |

① 포타주(Potage): 콩을 사용하여 끓이는 진한 수프

② 차우더(Chowder): 게살, 감자, 우유를 사용한 진한 수프

③ 비스크(Bisque): 갑각류를 사용하여 끓이는 진한 수프

53 핵심테마 39 > 양식 － 스톡 조리(소스, 수프) 　　　　　 | 정답 | ②

타르타르 소스는 마요네즈, 양파, 달걀, 피클, 파슬리, 레몬으로 만든다.

54 핵심테마 39 > 양식 － 스톡 조리(소스, 수프) 　　　　　 | 정답 | ④

비가라드 소스는 브라운 스톡에 포도잼, 오렌지, 레몬, 브랜디, 레드와인 식초를 첨가하여 만든다.

55 핵심테마 37 > 양식 － 기초조리 　　　　　 | 정답 | ③

클로브는 정향이라고도 하며 각종 육류 요리나 절임 요리에 사용하는 향신료이다.

56 핵심테마 37 > 양식 － 기초조리 　　　　　 | 정답 | ②

사우어크라우트는 독일식 김치로 양배추를 잘게 썰어 발효시킨 것으로 유산균이 풍부하며 신맛이 난다.

| 오답풀이 |

① 아이스바인: 돼지 허벅지살을 사용한 요리

③ 슈바인스학세: 돼지 다리를 구운 요리

④ 퀘치카르토플렌: 으깬 감자 요리

57 핵심테마 39 > 양식 － 스톡 조리(소스, 수프) 　　　　　 | 정답 | ②

베샤멜 소스는 버터에 밀가루를 볶아 화이트 루를 만든 후 우유를 넣어 만든 화이트 소스이다.

58 핵심테마 39 > 양식 － 스톡 조리(소스, 수프) 　　　　　 | 정답 | ①

홀랜다이즈 소스는 정제 버터와 달걀 노른자, 레몬주스 등을 이용하여 만든 황색 소스이다.

| 오답풀이 |

② 앙글레이즈 소스: 달걀 노른자에 바닐라향과 우유를 넣어 끓인 소스

③ 벨루테 소스: 화이트 루에 화이트 스톡을 넣어 만든 브론즈색 소스

④ 에스파뇰 소스: 브라운 스톡과 브라운 루를 넣어 만든 브라운 소스

59 핵심테마 40 > 양식 － 전채 요리(샐러드, 샌드위치) 　　　　　 | 정답 | ④

비네그레트는 기름과 식초의 비율을 3:1로 섞고 허브를 첨가하여 만든 샐러드 드레싱이다.

| 오답풀이 |

① 쿨리: 소스와 같은 농도에 날것이나 요리된 과일, 채소를 넣어 달콤한 형태로 만든 드레싱

② 퓌레: 과일이나 채소를 블렌더로 갈아 만든 부드러운 질감의 드레싱

③ 사워크림: 유제품을 사용하여 만든 드레싱

60 핵심테마 40 > 양식 － 전채 요리(샐러드, 샌드위치) 　　　　　 | 정답 | ③

전채 요리에 사용되는 콩디망에는 비네그레트, 토마토 살사, 마요네즈, 발사믹 소스, 칵테일 소스 등이 있다.

03회 | 기출복원 모의고사

01
다음 중 삼투압을 이용하여 식품을 저장하는 것이 <u>아닌</u> 것은?

① 꿀   ② 소금
③ 설탕   ④ 참기름

02
납(연)의 중독 발견을 위해 해야 하는 검사가 <u>아닌</u> 것은?

① 타액검사
② 혈액검사
③ 소변검사
④ 객담검사

03
다음 중 단백질의 응고와 관련이 <u>없는</u> 것은?

① 당
② 효소
③ 에탄올
④ 가열(열)

04
다음 중 식품에 사용 가능하며 곰팡이 억제에 효과가 있는 보존료는?

① 승홍
② 소르빈산
③ 불소화합물
④ 포름알데히드

05
다음 중 공기보다 가벼운 가스는?

① 부탄가스
② 수소가스
③ 프로판가스
④ 이산화탄소

06
식품을 훈연할 때 사용하는 나무로 적절하지 <u>않은</u> 것은?

① 참나무
② 벚나무
③ 소나무
④ 호두나무

07
조절 영양소가 다량 함유된 식품으로 바르게 연결된 것은?

① 밥, 미역
② 우유, 떡
③ 미역, 시금치
④ 크림수프, 토마토

08
감전 시 인체를 보호하기 위한 장비가 <u>아닌</u> 것은?

① 절연 보호경
② 절연 안전모
③ 절연 안전화
④ 절연 고무장갑

09
마늘의 매운맛 성분으로 비타민 B_1의 흡수를 높이는 물질은?

① 알라닌(Alanine)
② 알리신(Allicin)
③ 아스타신(Astacin)
④ 헤스페리딘(Hesperidin)

10
다음 중 요오드가 다량 함유된 식품은?

① 멸치   ② 현미
③ 우유   ④ 다시마

11

다음 중 시금치의 색을 유지하며 데치는 방법으로 옳은 것은?

① 소량의 조리수를 넣어 단시간에 데친다.
② 소량의 조리수를 넣어 장시간 조리한다.
③ 다량의 조리수를 넣어 단시간에 데친다.
④ 다량에 조리수를 넣어 장시간 조리한다.

12

헤테로고리아민류에 대한 설명으로 옳지 <u>않은</u> 것은?

① 돌연변이성 물질을 포함한다.
② 단백질류의 아미노산이 변화한 것이다.
③ 육류 등의 식품을 고온으로 가열할 때 생성된다.
④ 변이원성 물질을 낮은 온도로 가열할 때 생성된다.

13

우유 가열 시 일어나는 일로 옳지 <u>않은</u> 것은?

① 유청 단백질로 인해 피막이 형성된다.
② 카제인은 열에 안정하여 응고하지 않는다.
③ 가열로 인해 우유 속의 비타민 A가 파괴된다.
④ 용기의 바닥이나 옆면에 눌어붙어 침전을 형성한다.

14

다음 중 달걀의 기포성을 이용한 요리는?

① 머랭
② 수란
③ 마요네즈
④ 커스터드

15

18:2 지방산의 특징에 대한 설명으로 옳지 <u>않은</u> 것은?

① 식물성 기름에 많이 포함되어 있다.
② 지방산의 구조 내에 이중결합이 존재한다.
③ 융점이 높아 대부분 상온에서 고체 상태로 존재한다.
④ 리놀레산으로 체내에서 합성되지 않아 반드시 음식으로
   섭취해야 하는 지방산이다.

16

신선하지 않은 생선 냄새의 원인물질로 거리가 <u>먼</u> 것은?

① 인돌
② 포르말린
③ 황화수소
④ 암모니아

17

다음 중 알칼리성 식품으로 바르게 연결된 것은?

① 소고기, 우유
② 송이버섯, 달걀
③ 시금치, 소고기
④ 송이버섯, 사과

18

다음 중 건강검진을 받지 않아도 되는 사람은?

① 식품첨가물 제조업자
② 식품을 가공하는 종업원
③ 완전 포장된 식품을 운반하는 영업자
④ 식품 판매업에 직접 종사하는 영업자

19

마이코톡신(Mycotoxin)에 대한 설명으로 옳지 <u>않은</u> 것은?

① 곰팡이가 생산하는 2차 대사물이다.
② 탄수화물이 풍부한 식품에서 잘 발생한다.
③ 아플라톡신은 간장독으로 간암을 유발한다.
④ 습도 75% 이상, 온도 25~35℃에서는 잘 자라지 못한다.

20

다음 중 상수도의 정수 방법이 <u>아닌</u> 것은?

① 침전법
② 여과법
③ 소독법
④ 활성 오니법

21

한천과 젤라틴의 특징으로 옳지 <u>않은</u> 것은?

① 한천은 해조류에서 추출한 식물성 재료이며 젤라틴은 육류에서 추출한 동물성 재료이다.

② 한천으로는 양갱, 젤라틴으로는 젤리 등의 후식을 만들 때 사용한다.

③ 용해 온도는 한천이 35℃, 젤라틴이 80℃ 정도로 한천을 사용하면 부드러운 식감과 단맛을 느낄 수 있다.

④ 응고 온도는 한천이 35~40℃, 젤라틴이 10~15℃로 젤라틴을 응고시킬 때는 냉장고를 이용하는 것이 좋다.

22

육류의 경단백질로 가열 시 젤라틴으로 변하는 성분은?

① 한천

② 미오신

③ 콜라겐

④ 엘라스틴

23

다음 중 라이코펜의 색과 음식이 바르게 짝 연결된 것은?

① 붉은색 – 게, 수박, 고추

② 붉은색 – 토마토, 수박, 감

③ 노란색 – 파프리카, 당근, 콩

④ 노란색 – 당근, 오렌지, 바나나

24

부적절하게 조리된 햄버거 등을 섭취할 때 일으키는 식중독균 O157:H7균은 다음 중 무엇에 속하는 균인가?

① 대장균

② 살모넬라균

③ 비브리오균

④ 리스테리아균

25

우유의 균질화에 대한 설명으로 옳은 것은?

① 균질화를 거치면 우유의 산패가 덜 일어난다.

② 우유의 균질화 작업은 우유 속의 리보플라빈의 파괴를 줄이기 위해 시행한다.

③ 우유에 있는 지방구들은 크기가 커서 불안정하므로 이를 방지하기 위해 균질화 작업을 한다.

④ 우유에 있는 단백질을 작은 구멍으로 통과시켜 크기를 균일하게 하여 안정화시키기 위해 균질화 작업을 한다.

26

식품공전상의 표준온도는?

① 10℃

② 15℃

③ 20℃

④ 25℃

27

다음 중 식품의 냉장 보관 시 일어나는 현상이 <u>아닌</u> 것은?

① 식빵이 딱딱하게 굳는다.

② 밥이 딱딱하게 노화된다.

③ 바나나의 색이 검게 변한다.

④ 감자에서 솔라닌이 생성된다.

28

콩조림 시 중조를 넣어 조리하면 나타나는 현상은?

① 콩이 잘 무르지 않는다.

② 조리 시간이 많이 길어진다.

③ 비타민 B_1의 파괴가 촉진된다.

④ 조리수가 많이 필요해진다.

29

피부의 온도 상승, 국소혈관의 확장 작용을 나타내는 것은?

① 감마선

② 적외선

③ 자외선

④ 가시광선

30

지방이 거의 없는 부위로 육포나 포의 제조에 적합한 부위는?

① 안심

② 사태

③ 양지

④ 우둔

31

α-amylase에 대한 설명으로 옳지 <u>않은</u> 것은?

① 당화효소이다.
② 전분으로부터 덱스트린을 형성한다.
③ 전분의 α-1,4 결합을 가수분해한다.
④ 발아 중인 곡류의 종자에 많이 함유되어 있다.

32

비타민 B_2가 부족할 때 생기는 질병은?

① 야맹증
② 구각염
③ 각기병
④ 괴혈병

33

보건소의 기능이 <u>아닌</u> 것은?

① 전염병의 예방 관리 및 진료
② 환경보건 및 산업 위생에 관련한 업무
③ 마약 · 항정신성의약품의 관리에 관한 사항
④ 보건에 관한 실험 또는 검사에 관한 사항

34

간디스토마와 광절열두조충의 원인 식품은?

① 채소
② 소고기
③ 민물고기
④ 돼지고기

35

양파 가열 시 단맛이 나는 원인 성분은?

① 아크롤레인(Acrolein)
② 트리메틸아민(Trimethylamine)
③ 프로필메르캅탄(Propyl mercaptan)
④ 디메틸설파이드(Dimethyl sulfide)

36

다음 중 기름 흐름의 방지를 위해 설치하는 배수관은?

① S관
② U관
③ R관
④ 그리스트랩

37

식초의 기능으로 옳지 <u>않은</u> 것은?

① 다시마를 연하게 한다.
② 우엉, 연근을 산화시킨다.
③ 고사리, 고비 등의 점질물질을 제거한다.
④ 고구마를 삶을 때 넣으면 고구마의 색을 선명하게 한다.

38

중금속에 대한 설명으로 옳은 것은?

① 생체와의 친화성이 거의 없다.
② 비중이 4.0 이하의 금속을 말한다.
③ 생체기능 유지에 전혀 필요하지 않다.
④ 다량이 축적될 때 건강장애가 일어난다.

39

식품의 감별법으로 옳지 <u>않은</u> 것은?

① 닭의 뼈 부분이 변색된 것은 변질된 것이다.
② 육질이 검붉은 돼지고기는 늙은 돼지고기이다.
③ 생선은 안구가 돌출되고 비늘이 단단한 것이 신선하다.
④ 쌀알이 투명하고 이로 깨물었을 때 단단한 것이 좋은 쌀알이다.

40

마가린, 쇼트닝 등의 지방은 불포화지방산에 무엇을 첨가하여 경화시킨 것인가?

① 수소
② 산소
③ 질소
④ 이산화탄소

41

육류의 조리방법에 대한 설명으로 옳은 것은?

① 편육은 끓는 물에 넣어 삶는다.

② 장조림을 할 때는 간장을 먼저 넣고 끓여야 한다.

③ 돼지고기찜에 토마토를 넣을 때는 처음부터 함께 넣는다.

④ 탕을 끓일 때는 끓는 물에 소금을 약간 넣은 후 고기를 넣는다.

42

밀가루 반죽 시 넣는 첨가물에 관한 설명으로 옳은 것은?

① 유지는 글루텐 형성을 방해하여 반죽을 부드럽게 한다.

② 달걀을 넣고 가열하면 단백질의 연화 작용으로 반죽이 부드러워진다.

③ 설탕은 글루텐 망사구조를 치밀하게 하여 반죽을 질기고 단단하게 한다.

④ 소금은 단백질을 연화시켜 밀가루 반죽의 점탄성을 떨어뜨리고 맛을 좋게 한다.

43

생화학적 산소 요구량(BOD)과 용존 산소량(DO)의 일반적인 관계는?

① BOD와 DO는 항상 같다.

② BOD가 높으면 DO는 낮다.

③ BOD가 높으면 DO도 높다.

④ BOD와 DO는 상관이 없다.

44

달걀 삶기에 대한 설명으로 옳지 않은 것은?

① 달걀은 70℃ 이상의 온도에서 난황과 난백이 모두 응고한다.

② 달걀을 완숙하려면 98~100℃의 온도에서 12분 정도 삶아야 한다.

③ 신선한 달걀일수록 녹변현상이 잘 나타난다.

④ 삶은 달걀을 냉수에 즉시 담그면 부피가 수축하면서 난각과의 공간이 생겨 껍질이 잘 벗겨진다.

45

고객수가 500명이고 업장의 좌석수는 200석, 1인당 면적은 1.5m^{2}일 때 필요한 면적은?

① 300m^2 ② 350m^2

③ 400m^2 ④ 450m^2

46

생선의 튀김 조리 시 적합한 온도와 시간을 바르게 연결한 것은?

① 160℃, 2분

② 180℃, 2분

③ 190℃, 2분

④ 200℃, 2분

47

다음 중 소비기한에 대한 정의로 옳은 것은?

① 식품이 소비자에게 판매되어야 하는 기간

② 제품의 판매가 이루어진 후 남아 있는 소비기한

③ 식품의 제조기한부터 소비기한까지를 모두 합친 기간

④ 보관방법을 준수할 경우 섭취하여도 안전에 이상이 없는 기간

48

다음 중 젤라틴을 이용한 식품이 아닌 것은?

① 양갱

② 족편

③ 마시멜로

④ 아이스크림

49

가연물의 온도를 발화점 이하로 낮추어 소화하는 방법은?

① 질식소화

② 제거소화

③ 분말소화

④ 냉각소화

50

완두콩을 삶을 때 정량의 황산구리를 첨가하면 어떤 효과가 있는가?

① 비타민이 보강된다.

② 무기질이 보강된다.

③ 녹색이 선명하게 유지된다.

④ 냄새를 진하게 나타낼 수 있다.

51

중식의 송화단에 쓰이는 주재료로 옳은 것은?

① 삭힌 오리알

② 오징어

③ 해삼

④ 숭어

52

중식 소스 중 매콤하고 짭짤한 맛이 나며, 마파두부를 만들 때 사용하는 소스는?

① 굴소스

② 해선장

③ 두반장

④ 황두장

53

중식 식재료 중 절임과 무침에 주로 사용하며 잎이 배추와 비슷하고 뿌리는 무와 비슷하게 생긴 채소는?

① 향차이

② 자차이

③ 청경채

④ 타피오카

54

중국 요리 중 산라탕의 주재료는?

① 소고기

② 돼지고기

③ 새우

④ 자라

55

중식에서 채 썰기를 뜻하는 용어는?

① 니(泥)

② 편(片)

③ 곤도괴(滾刀塊)

④ 조(條)

56

행인두부의 주재료로 옳은 것은?

① 살구 씨

② 고구마

③ 호두

④ 두부

57

중국 사천지방의 대표적인 음식으로 곰보 할머니라는 별명이 붙은 요리는?

① 동파육

② 간사오밍샤

③ 마파두부

④ 궁보계정

58

굴소스를 뜻하는 용어로 옳은 것은?

① 미추

② 노추

③ 호유

④ 흑초

59

다음 중 중식에서 사용하는 소스가 아닌 것은?

① XO소스

② 두반장

③ 호유

④ A1소스

60

다음 중 오향장육에서 '오향'을 뜻하는 향신료가 아닌 것은?

① 회향

② 계피

③ 감초

④ 산초

03회│ 정답 및 해설

01	④	02	④	03	①	04	②	05	②
06	③	07	③	08	①	09	②	10	④
11	③	12	④	13	③	14	①	15	③
16	②	17	④	18	③	19	④	20	④
21	③	22		23	②	24	①	25	
26		27		28	②	29	②	30	
31	①	32	②	33		34	③	35	③
36		37	②	38	④	39		40	①
41	①	42	①	43		44		45	
46	②	47	④	48	①	49	④	50	③
51	①	52	③	53	②	54	②	55	④
56	①	57	③	58	③	59	④	60	③

01 핵심테마 02 > 식품위생 | 정답 | ④

식품에 꿀, 소금, 설탕을 이용하여 저장하면 삼투압이 높아 미생물이 번식하지 못해 저장성이 높아진다.

02 핵심테마 08 > 식중독 | 정답 | ④

납 중독 여부를 알기 위해서는 머리카락으로 납의 농도를 확인하거나 타액검사, 혈액검사, 소변검사를 실시해야 한다.

03 핵심테마 18 > 식품 성분 – 단백질 | 정답 | ①

단백질에 효소나 열, 에탄올을 가하면 변성이 일어나 응고된다.

04 핵심테마 04 > 식품첨가물과 유해물질 | 정답 | ②

소르빈산, 데히드로초산, 안식향산, 프로피온산은 보존료로 곰팡이나 미생물의 발육을 억제하여 식품의 부패를 방지한다.
| 오답풀이 |
① 승홍, ③ 불소화합물, ④ 포름알데히드는 사용이 금지된 유해보존료이다.

05 핵심테마 12 > 환경보건 | 정답 | ②

수소가스, 헬륨가스, LNG가스, 질소가스 등은 공기보다 가볍다.
| 오답풀이 |
① 부탄가스, ③ 프로판가스, ④ 이산화탄소는 공기보다 무겁다.

06 핵심테마 02 > 식품위생 | 정답 | ③

소나무, 잣나무 등의 침엽수는 송진과 그을음이 많이 발생하여 식품을 훈연할 때 사용하기 적절하지 않다.

07 핵심테마 20 > 식품 성분 – 비타민&무기질 | 정답 | ③

미역과 시금치에는 비타민, 무기질과 같은 조절 영양소가 풍부하게 함유되어 있다.

08 핵심테마 10 > 안전관리 | 정답 | ①

감전 시 인체를 보호할 수 있는 장비로는 절연 안전모, 절연 안전화, 절연 고무장갑 등이 있다.

09 핵심테마 20 > 식품 성분 – 비타민&무기질 | 정답 | ②

마늘의 매운맛과 향을 내는 성분인 알리신(Allicin)은 비타민 B_1과 결합하여 체내 흡수가 잘 되는 유익한 물질인 알리티아민을 형성하여 비타민 B_1의 흡수를 증가시킨다.

10 핵심테마 20 > 식품 성분 – 비타민&무기질 | 정답 | ④

요오드가 풍부한 식품으로는 다시마, 미역, 김 등이 있다.

11 핵심테마 21 > 식품의 색 | 정답 | ③

시금치의 녹색 색소인 클로로필의 색 유지를 위해서는 채소의 5배 이상의 조리수를 넣어 유기산에 의한 변색을 방지하고 단시간에 조리함으로써 변색의 시간을 최소화해야 한다.

12 핵심테마 04 > 식품첨가물과 유해물질 | 정답 | ④

헤테로고리아민은 육류나 생선 등의 변이원성 단백질 식품을 200℃ 이상의 고온으로 가열할 때 생성되는 발암물질이다.

13 핵심테마 27 > 축산물의 조리/가공/저장 | 정답 | ③

비타민 A는 열에 안정한 편이므로 가열해도 쉽게 파괴되지 않는다.

14 핵심테마 27 > 축산물의 조리/가공/저장 | 정답 | ①

달걀의 기포성을 이용한 요리에는 마시멜로, 수플레, 캔디, 아이스크림, 머랭 등이 있다.

| 오답풀이 |

③ 마요네즈는 난황의 유화성, ② 수란과 ④ 커스터드는 달걀의 열 응고성을 이용한 식품이다.

15 핵심테마 19 > 식품 성분 – 지질 | 정답 | ③

18:2 지방산은 탄소수 18개에 이중결합이 2개 존재하는 리놀레산으로 불포화지방산이며 체내에서 합성되지 않아 음식으로 섭취해야 하는 필수 지방산이다. 불포화지방산은 융점이 낮아 대부분 상온에서 액체 상태로 존재하며 올리브유, 포도씨유 등의 식물성 기름에 많이 포함되어 있다.

16 핵심테마 28 > 수산물의 조리/가공/저장 | 정답 | ②

어류의 비린내 성분으로는 암모니아, 인돌, 스카톨, 황화수소, 메틸메르캅탄 등이 있다.

17 핵심테마 20 > 식품 성분 – 비타민&무기질 | 정답 | ④

알칼리성 식품은 연소 후 남아 있는 무기질 중 알칼리를 형성하는 물질이 많은 식품으로 송이버섯, 우유, 과일류, 채소류, 해조류 등이 해당한다.

18 핵심테마 01 > 개인위생 | 정답 | ③

「식품위생법」 제40조에 근거하여 완전 포장된 식품 또는 식품첨가물을 운반하거나 판매하는 영업종사자는 건강진단을 받지 않아도 된다.

19 핵심테마 08 > 식중독 | 정답 | ④

마이코톡신(Mycotoxin)은 곰팡이가 생산하는 2차 유독대사물로, 습도 80~85% 이상, 온도 25~35℃에서 잘 발생한다.

20 핵심테마 13 > 수질(물) | 정답 | ④

상수도의 정수 방법에는 침전법, 여과법, 소독법이 있다. 활성 오니법은 하수도의 소독 방법이다.

21 핵심테마 28 > 수산물의 조리/가공/저장 | 정답 | ③

한천의 용해 온도는 80~100℃로 젤라틴의 용해 온도보다 더 높기 때문에 한천을 사용하여 젤을 만들면 여름에도 잘 녹지 않는다.

22 핵심테마 27 > 축산물의 조리/가공/저장 | 정답 | ③

콜라겐은 육류의 경단백질로 물과 함께 가열 시 65℃ 정도에서 녹아 젤라틴으로 변한다.

23 핵심테마 21 > 식품의 색 | 정답 | ②

라이코펜은 카로티노이드계에 속하는 붉은색 색소 성분으로 토마토, 수박, 감 등에 다량 함유되어 있다.

24 핵심테마 08 > 식중독 | 정답 | ①

O157:H7균은 장출혈을 일으키는 용혈성 식중독균으로 병원성 대장균에 속한다.

25 핵심테마 27 > 축산물의 조리/가공/저장 | 정답 | ③

우유에 있는 지방구들은 크기가 커서 불안정하게 되면 지방구들이 쉽게 우유의 수용액층에서 위로 떠오르는 크리밍(Creaming) 상태가 되는데 이를 방지하기 위하여 균질화 작업을 한다.

| 오답풀이 |

① 균질화를 거치면 우유는 색이 더 희게 되고 소화력도 높아지지만 표면적이 커서 산패되기 쉽다.

② 우유 속의 리보플라빈의 파괴를 줄이기 위해 햇빛 차단이 잘 되는 재질로 포장해야 한다.

26 핵심테마 06 > 식품위생관계법규 | 정답 | ③

식품공전상의 표준온도는 20℃이다.

27 핵심테마 26 > 농산물의 조리/가공/저장 | 정답 | ④

감자에서 싹이 났을 때 솔라닌이 생성된다.

28 핵심테마 26 > 농산물의 조리/가공/저장 | 정답 | ③

콩의 조리 시 탄산수소나트륨과 같은 중조를 첨가하면 두류 단백질의 용해성이 증가하고 섬유소가 붕괴되어 콩이 잘 무르게 연화되나 비타민 B₁의 파괴가 촉진된다.

29 핵심테마 12 > 환경보건 | 정답 | ②

적외선은 열선으로 지상에 복사열을 주어 온실효과를 유발한다. 과도할 경우 피부의 온도 상승, 피부 홍반, 국소혈관의 확장 작용이 나타난다.

30 핵심테마 27 > 축산물의 조리/가공/저장 | 정답 | ④

우둔은 살코기가 많고 지방이 거의 없는 부위로 육포나 포, 장조림 등의 요리에 적합하다.

| 오답풀이 |

① 안심은 지방이 적당히 분포하여 구이에 적합하다.

② 사태는 운동량이 많은 부위로 질기기 때문에 장시간 조리해야 하는 요리에 적합하다.

③ 양지는 결합조직이 많아 육질이 질기나 구수한 육수를 낼 수 있어 끓이는 요리에 적합하다.

31 핵심테마 26 > 농산물의 조리/가공/저장 　　| 정답 | ①

α-amylase는 전분의 α-1,4 결합을 가수분해하여 덱스트린을 형성하는 액화효소이다. 당화효소는 β-amylase이다.

32 핵심테마 20 > 식품 성분 - 비타민&무기질 　　| 정답 | ②

비타민 B$_2$(리보플라빈)가 부족하게 되면 구순염, 구각염, 설염 등의 결핍증이 나타난다.

| 오답풀이 |
① 야맹증은 비타민 A, ③ 각기병은 비타민 B$_1$, ④ 괴혈병은 비타민 C가 부족할 때 생기는 질병이다.

33 핵심테마 06 > 식품위생관계법규 　　| 정답 | ②

보건소는 지역 주민의 건강 증진 및 질병 예방·관리를 위한 업무를 실시한다.

34 핵심테마 09 > 식품 관련 기생충 　　| 정답 | ③

간디스토마(간흡충)의 제1중간숙주는 왜우렁이, 제2중간숙주는 민물고기이며, 광절열두조충(긴촌충)의 제1중간숙주는 물벼룩, 제2중간숙주는 민물고기이다.

35 핵심테마 22 > 식품의 맛과 냄새 　　| 정답 | ③

양파의 성분 중 알릴 프로필 다이설파이드(Allyl propyl disulfide) 및 알릴 설파이드(Allyl sulfide)는 열을 가하면 기화하지만 일부는 분해되어 설탕 50배 정도의 단맛을 내는 프로필메르캅탄(Propyl mercaptan)을 형성한다.

| 오답풀이 |
① 아크롤레인(Acrolein)은 유지를 발연점 이상으로 가열할 때 발생하는 냄새 성분이다.
② 트리메틸아민(Trimethylamine)은 해수어의 비린내 성분으로 트리메틸아민옥사이드(TMAO)가 환원되어 생성된다.
④ 디메틸설파이드(Dimethyl sulfide)는 양배추 가열 시 분해되어 나타나는 불쾌한 냄새 성분이다.

36 핵심테마 25 > 조리장의 시설 및 관리 　　| 정답 | ④

그리스트랩은 조리나 설거지 등을 할 때 발생하는 기름이 흘러가는 것을 방지하기 위해 설치하는 배수관이다.

37 핵심테마 21 > 식품의 색 　　| 정답 | ②

우엉과 연근은 산소를 만났을 때 산화되어 변색된다.

38 핵심테마 08 > 식중독 　　| 정답 | ④

| 오답풀이 |
① 생체 내 효소와 작용하여 독성 작용을 나타낸다.
② 비중이 4.0 이상인 금속을 말한다.
③ 아연, 철, 구리 등 정상 생체기능 유지에 필수적인 중금속도 있다.

39 핵심테마 27 > 축산물의 조리/가공/저장 　　| 정답 | ①

닭의 뼈 부분이 변색된 것은 닭의 적혈구가 조리나 해동 중 파괴되어 변색된 것으로 변질된 것이 아니다.

40 핵심테마 19 > 식품 성분 - 지질 　　| 정답 | ①

불포화지방산을 안정화시키기 위해 불포화지방산에 수소를 첨가하는 경화과정을 거친다. 대표적인 경화지방으로는 마가린과 쇼트닝이 있다.

41 핵심테마 23 > 조리의 정의 및 기본 조리방법 　　| 정답 | ①

편육은 끓는 물에 덩어리째 넣고 삶아야 맛 성분이 국물에 용출되지 않아 맛있어진다.

42 핵심테마 26 > 농산물의 조리/가공/저장 　　| 정답 | ①

유지는 글루텐의 형성을 방해하며 반죽을 부드럽게 하고 고체지방은 글루텐 사이에 막을 형성하여 켜가 생기게 한다.

| 오답풀이 |
② 달걀은 글루텐의 형성을 도와 반죽을 단단하게 하며 맛을 향상시킨다.
③ 설탕은 글루텐의 형성을 방해하며 점탄성을 약화시킨다.
④ 소금은 글루텐의 구조를 치밀하게 하여 반죽을 단단하게 한다.

43 핵심테마 13 > 수질(물) 　　| 정답 | ②

일반적으로 물속의 오염도가 높을 때 생화학적 산소 요구량(BOD)이 높고 용존 산소량(DO)이 낮다.

44 핵심테마 27 > 축산물의 조리/가공/저장 　　| 정답 | ③

달걀이 오래되거나 달걀의 신선도가 낮은 경우 녹변현상이 잘 나타난다.

45 핵심테마 33 > 계산식 정리 　　| 정답 | ①

필요한 면적은 좌석수 200 × 1인당 면적 1.5m² = 300m²이다.

46 핵심테마 28 > 수산물의 조리/가공/저장 　　| 정답 | ②

생선은 수분이 많은 식품으로 튀김 조리 시에는 180℃에서 2분 정도 튀기는 것이 적합하다.

47 핵심테마 06 > 식품위생관계법규 　　　　|정답| ④

「식품 등의 표시·광고에 관한 법률」제2조에 따른 소비기한이란 식품 등에 표시된 보관방법을 준수할 경우 섭취하여도 안전에 이상이 없는 기한을 말한다.

48 핵심테마 28 > 수산물의 조리/가공/저장 　　　　|정답| ①

양갱은 한천을 사용하여 만드는 식품이다.

49 핵심테마 10 > 안전관리 　　　　|정답| ④

냉각소화란 물 등 액체의 증발잠열을 이용하여 가연물을 인화점 및 발화점 이하로 낮추어 소화하는 방법이다.

50 핵심테마 21 > 식품의 색 　　　　|정답| ③

완두콩의 색소는 클로로필이며 구리와 만나면 선명한 녹색이 유지된다.

51 핵심테마 46 > 중식 – 절임&무침, 냉채, 후식 　　　　|정답| ①

송화단(피단)은 삭힌 오리알로 중국의 대표적인 음식이다.

52 핵심테마 43 > 중식 – 육수, 소스 　　　　|정답| ③

두반장은 중국 사천 지역에서 발달한 소스로 마파두부 조리에 사용한다.

53 핵심테마 46 > 중식 – 절임&무침, 냉채, 후식 　　　　|정답| ②

자차이는 잎이 배추와 비슷하고 뿌리는 무와 비슷하게 생긴 중국 채소로 무처럼 생긴 뿌리를 소금과 양념에 절여 장아찌 반찬으로 자주 사용하며, 가늘게 채 썰어 설탕, 식초, 고추기름 등을 버무려 먹기도 한다.

| 오답풀이 |

① 향차이는 파슬리과에 속하는 일년초 채소로 오이 피클이나 육류의 향신료로 사용한다.
③ 청경채는 전체가 녹색인 중국 채소로 전 세계적으로 많이 쓰이는 식재료이며 주로 절임, 무침 요리에 사용한다.
④ 타피오카는 전분의 한 종류로 후식에 사용한다.

54 핵심테마 42 > 중식 – 기초조리 　　　　|정답| ②

산라탕은 돼지고기, 두부, 죽순 등을 넣고 시큼하고 매콤하게 끓인 중국 사천 지역의 탕 요리이다.

55 핵심테마 42 > 중식 – 기초조리 　　　　|정답| ④

중식에서 채 썰기는 '조(條)'라고 한다.

| 오답풀이 |

① 니(泥): 잘게 다지기
② 편(片): 편 썰기
③ 곤도괴(滾刀塊): 재료를 돌리면서 도톰하게 썰기

56 핵심테마 46 > 중식 – 절임&무침, 냉채, 후식 　　　　|정답| ①

행인두부의 '행인'은 살구 씨를 의미하며, 행인두부는 살구 씨 안쪽의 흰 부분을 갈아서 사용한 요리이다.

57 핵심테마 42 > 중식 – 기초조리 　　　　|정답| ③

마파두부는 '얽다'는 의미의 '마(麻)'와 할머니를 뜻하는 '파(婆)'가 합쳐진 말로 얼굴에 곰보 자국이 있는 할머니가 만든 음식이라는 뜻이다.

58 핵심테마 43 > 중식 – 육수, 소스 　　　　|정답| ③

굴소스는 한자로 '호유(蠔油)'라고 하며 중식에서 가장 많이 사용하는 소스이다.

| 오답풀이 |

① 미추: 쌀을 발효시켜 만든 중국의 전통 식초
② 노추: 관동 일대에서 쓰이는 색이 진한 간장
④ 흑초: 검은콩을 발효시켜 만드는 식초

59 핵심테마 43 > 중식 – 육수, 소스 　　　　|정답| ④

A1소스는 스테이크 소스로 중식에서는 사용하지 않는다.

60 핵심테마 45 > 중식 – 주요리(조림, 볶음, 튀김) 　　　　|정답| ③

오향장육에서 '오향'은 회향, 계피, 산초, 정향, 진피의 다섯 가지 향신료를 의미한다.

04회 | 기출복원 모의고사

01
다음 중 물에 녹는 비타민은?

① 레티놀
② 칼시페롤
③ 토코페롤
④ 리보플라빈

02
먹는 물에서 미생물이나 분변오염을 추측할 수 있는 지표는?

① 경도
② 탁도
③ 대장균
④ 증발잔류량

03
다음 중 입의 소화효소로 인해 일어나는 현상은?

① 카제인을 분해한다.
② 전분이 맥아당으로 분해된다.
③ 단백질이 분해되어 펩톤이 된다.
④ 설탕이 맥아당과 포도당으로 분해된다.

04
갈변 반응으로 향기와 색이 좋아지는 것이 아닌 식품은?

① 된장
② 녹차
③ 홍차
④ 간장

05
급식시설에서 주방 면적을 산출할 때 고려해야 할 사항으로 가장 거리가 먼 것은?

① 식단
② 조리인원
③ 조리기기
④ 피급식자의 기호

06
표준원가의 기능이 아닌 것은?

① 제조기술을 향상시킨다.
② 예산편성을 위한 기초자료로 사용된다.
③ 노무비를 합리적으로 절감한다.
④ 효율적인 원가관리에 공헌한다.

07
다음 중 곡류의 영양 강화 시 첨가하는 비타민이 아닌 것은?

① 레티놀
② 티아민
③ 리보플라빈
④ 나이아신

08
다음 식품 감별 시 품질이 좋지 않은 것은?

① 석이버섯은 봉우리가 작고 줄기가 단단한 것이 좋다.
② 무는 가볍고 어두운 빛깔을 띠는 것이 좋다.
③ 토란은 껍질을 벗겼을 때 흰색으로 단단하고 끈적끈적한 정도가 강한 것이 좋다.
④ 파는 굵기가 고르고 뿌리에 가까운 흰색 부분이 긴 것이 좋다.

09
다음 중 아이스크림 제조 시 사용하는 안정제는?

① 전화당
② 콜라겐
③ 레시틴
④ 젤라틴

10
다음 중 달걀의 특성과 활용 식품이 바르게 연결된 것은?

① 응고성 – 머랭
② 기포성 – 마요네즈
③ 응고성 – 커스터드
④ 유화성 – 수플레

11

전분가루를 물에 풀어두면 금방 가라앉는 현상과 가장 관계가 깊은 것은?

① 전분의 비중이 물보다 높다.
② 전분이 물에 완전히 녹는다.
③ 전분이 유화된다.
④ 전분이 호화된다.

12

생선 조리 시 소금의 영향이 <u>아닌</u> 것은?

① 생선살이 부드러워진다.
② 탈수가 일어난다.
③ 국 조리 시 생선의 맛 성분이 국물에 잘 용출된다.
④ 구이 시 생선 중량의 2~3% 정도가 적당하다.

13

우유에 첨가하면 응고 현상이 나타나는 것으로만 나열한 것은?

① 레닌, 설탕, 소금
② 소금, 설탕, 카제인
③ 설탕, 레닌, 토마토
④ 식초, 레닌, 페놀화합물

14

다음 중 조리 시 가장 쉽게 산화되는 지방산은?

① 에이코사펜타에노산
② 팔미트산
③ 스테아르산
④ 라드

15

「농수산물의 원산지 표시 등에 관한 법률」상 원산지를 표시하여야 하는 일반음식점을 설치·운영하는 자가 다른 법률에 따라 발급받은 원산지 등이 기재된 영수증이나 거래명세서 등을 비치·보관하여야 하는 기간은?

① 매입일부터 2개월간
② 매입일부터 3개월간
③ 매입일부터 5개월간
④ 매입일부터 6개월간

16

전분에 설탕이 미치는 영향으로 적절한 것은?

① 막을 형성하여 단단하게 만든다.
② 탈수제 역할을 하여 노화를 억제한다.
③ 전분의 호정화를 촉진한다.
④ 전분의 호화를 촉진한다.

17

우리나라에서 사용이 가능한 감미료는?

① 페릴라틴
② 에틸렌글리콜
③ 사카린나트륨
④ 시클라메이트

18

다수가 밀폐된 장소에서 발생하며 공기의 화학적 조성을 변화시켜 불쾌감, 두통 등을 일으키는 현상은?

① 군집독
② 잠함병
③ 분압현상
④ 빈혈

19

영양소와 소화효소가 바르게 연결된 것은?

① 단백질 – 리파아제
② 탄수화물 – 아밀레이스
③ 지방 – 펩신
④ 유당 – 트립신

20

덜 익은 매실, 살구 씨, 복숭아 씨 등에 들어 있으며 인체 장내에서 청산을 생산하는 독성 물질은?

① 시큐톡신
② 솔라닌
③ 아미그달린
④ 고시폴

21

이타이이타이병을 유발하는 물질은?

① 수은
② 납
③ 주석
④ 카드뮴

22

다음 중 기생충과 중간숙주의 연결이 올바른 것은?

① 갈고리촌충 – 돼지
② 무구조충 – 고양이
③ 톡소플라즈마 – 왜우렁이
④ 폐흡충 – 고양이

23

마요네즈를 만들 때 기름의 분리를 막아주는 역할을 하는 식재료는?

① 식초
② 난황
③ 설탕
④ 소금

24

열량의 함량을 '0'으로 표시할 수 있는 기준은?

① 2kcal 미만
② 3kcal 미만
③ 4kcal 미만
④ 5kcal 미만

25

결합수에 대한 설명으로 옳지 <u>않은</u> 것은?

① 용매로 작용한다.
② 100℃로 가열해도 제거되지 않는다.
③ 0℃의 온도에서 얼지 않는다.
④ 미생물의 번식에 이용되지 못한다.

26

다음 조건의 탄수화물을 기준으로 고구마 600g을 감자로 대체할 때 필요한 감자의 양은?

- 고구마 100g당 탄수화물 함량 60g
- 감자 100g당 탄수화물 함량 40g

① 700g
② 800g
③ 900g
④ 1,000g

27

고객이 1,000명인 식당에서 좌석이 400석, 1인당 면적이 1.5m^{2}일 때 필요한 면적은?

① 400m^2
② 600m^2
③ 800m^2
④ 900m^2

28

CA저장법에 가장 적합한 식품은?

① 육류
② 유제품류
③ 생선류
④ 과일류

29

조리기구의 용도로 옳은 것은?

① 믹서(Mixer) – 재료를 다질 때 사용
② 휘퍼(Whipper) – 감자 껍질을 벗길 때 사용
③ 필러(Peeler) – 골고루 섞거나 반죽할 때 사용
④ 그라인더(Grinder) – 소고기를 갈 때 사용

30

다음 중 화재 대처방법으로 옳지 <u>않은</u> 것은?

① 젖은 수건으로 코와 입을 막고 이동한다.
② 빠른 이동을 위해 계단보다는 엘리베이터를 사용한다.
③ 큰 소리로 주위에 알리고 비상 경보벨을 누른다.
④ 불길 속을 통과할 때에는 젖은 담요로 몸과 얼굴을 감싼다.

31

음식의 색을 고려하여 녹색 채소를 무칠 때 가장 나중에 넣어야 하는 조미료는?

① 고추장
② 설탕
③ 식초
④ 소금

32

사람이 평생 동안 매일 섭취하여도 아무런 장해가 일어나지 않는 최대량으로 1일 체중 kg당 mg 수치로 표시하는 것은?

① 최대 무작용량(NOEL)
② 1일 허용 섭취량(ADI)
③ 50% 치사량(LD50)
④ 50% 유효량(ED50)

33

음식물이나 식수에 오염되어 경구적으로 침입되는 감염병이 아닌 것은?

① 유행성이하선염
② 파라티푸스
③ 세균성이질
④ 폴리오

34

홍조류에 속하며, 무기질과 단백질이 함유된 해조류는?

① 매생이
② 다시마
③ 톳
④ 김

35

분리된 마요네즈의 재생 방법으로 옳은 것은?

① 분리된 마요네즈에 난황을 넣어 약하게 저어준다.
② 새 난황 한 개에 분리된 마요네즈를 조금씩 넣어 힘차게 저어준다.
③ 식초를 넣으면서 힘차게 저어준다.
④ 소금을 소량 넣으면서 힘차게 저어준다.

36

우유 소독에 사용하는 소독법이 아닌 것은?

① 저온살균법(LTLT)
② 고온단시간살균법(HTST)
③ 초고온순간살균법(UHT)
④ 고온장시간살균법(HTLT)

37

총원가와 매출이 같아지는 지점으로 이익도 손실도 발생하지 않는 지점은?

① 매상선점
② 손익분기점
③ 가격결정점
④ 한계이익점

38

빵 제조 시 밀가루 글루텐의 형성을 돕는 재료는?

① 설탕
② 베이킹소다
③ 달걀
④ 지방

39

달걀 저장 중 일어나는 변화로 옳은 것은?

① 난황계수 증가
② 중량 감소
③ 수양난백 감소
④ pH 저하

40

조리 시 일어나는 현상에 대한 원인이 아닌 것은?

① 장조림 고기가 단단하고 잘 찢어지지 않음 – 물에서 먼저 삶은 후 양념간장을 넣어 약한 불로 서서히 조렸기 때문
② 오이무침의 색이 누렇게 변함 – 식초를 미리 넣었기 때문
③ 튀긴 도넛에 기름 흡수가 많음 – 낮은 온도에서 튀겼기 때문
④ 생선이 석쇠에 붙어 잘 떨어지지 않음 – 석쇠를 달구지 않았기 때문

41

단백질의 변성 요인 중 그 효과가 가장 적은 것은?

① 가열
② 산소
③ 건조
④ 산

42

프라이팬에 기름을 넣고 계속 가열하였더니 자극적인 냄새가 발생하였다. 어떤 물질이 생성되었기 때문인가?

① 아크롤레인
② 글리세롤
③ 알코올
④ 에테르

43

조리장의 입지 조건으로 적절하지 않은 것은?

① 사고 발생 시 대피하기 쉬운 곳
② 재료의 반입, 오물의 반출이 편리한 곳
③ 조리장이 지하에 있어 조용한 곳
④ 급·배수가 용이하고 소음, 악취, 공해 등이 없는 곳

44

건조된 갈조류 표면의 흰 가루 성분으로 단맛을 내는 것은?

① 알긴산
② 피코시안
③ 푸코잔틴
④ 만니톨

45

일반음식점의 모범업소 지정기준이 아닌 것은?

① 화장실에 일회용 위생종이 또는 에어타월이 비치되어 있어야 한다.
② 주방에는 입식조리대가 설치되어 있어야 한다.
③ 일회용 컵을 사용하여야 한다.
④ 종업원은 청결한 위생복을 입고 있어야 한다.

46

인분을 사용한 밭에서 특히 경피감염을 주의해야 하는 이유는 어떠한 기생충 때문인가?

① 십이지장충
② 요충
③ 말레이사상충
④ 편충

47

치즈, 마가린 및 버터 등의 보존료로 많이 사용되는 것은?

① 안식향산
② 이초산나트륨
③ 프로피온산
④ 데히드로초산

48

닭 튀김을 하였을 때 살코기가 붉은색을 나타내는 현상에 대한 설명으로 옳은 것은?

① 변질된 닭이므로 먹지 못한다.
② 병에 걸린 닭이므로 먹어서는 안 된다.
③ 근육 성분의 화학적 반응이므로 먹어도 된다.
④ 닭의 크기가 클수록 붉은색의 변화가 심하다.

49

소독력의 크기를 바르게 나열한 것은?

① 멸균 > 방부 > 살균 > 소독
② 멸균 > 살균 > 소독 > 방부
③ 살균 > 멸균 > 방부 > 소독
④ 살균 > 소독 > 멸균 > 방부

50

다음 중 영구 면역이 되지 않는 질병은?

① 말라리아
② 풍진
③ 홍역
④ 소아마비

51

다음 중 밥 위에 튀김이 올라가는 일본식 덮밥의 명칭은?

① 텐동
② 우나동
③ 부타동
④ 규동

52

다음 중 초밥에 사용되는 배합초의 재료가 <u>아닌</u> 것은?

① 식초
② 소금
③ 설탕
④ 시치미

53

초밥에 사용하는 밥의 적정 온도로 옳은 것은?

① 10~20℃
② 20~30℃
③ 30~40℃
④ 40~50℃

54

다시마와 가쓰오부시만을 사용하여 짧은 시간에 맛을 우려낸 맛국물은?

① 다시마 다시
② 일번 다시
③ 이번 다시
④ 비보시 다시

55

찹쌀 전분과 단백질이 분해되어 각종 유기산과 아미노산 및 향기 성분이 풍부하여 일식에 자주 활용되는 조미료는?

① 간장
② 맛술
③ 식초
④ 된장

56

일식 요리에서 어류를 전처리하는 방법으로 끓는 물에 재료를 부어 살짝 데친 후 찬물로 식히는 조리법은?

① 야쿠미
② 야키모노
③ 니베모노
④ 시모후리

57

흩뿌리는 형태의 초밥을 뜻하는 것은?

① 후토마키
② 지라시스시
③ 니기리스시
④ 하꼬스시

58

일본의 라멘과 주재료가 바르게 연결된 것은?

① 쇼유라멘 – 간장
② 돈코츠라멘 – 소금
③ 미소라멘 – 돼지뼈
④ 시오라멘 – 된장

59

밀가루에 물과 계란을 풀어 튀긴 것으로 일식에서 덮밥류나 우동 등의 면요리에 뿌려 곁들여 먹는 것은?

① 하리노리
② 시치미
③ 아게다마
④ 이모가유

60

일식 구이 요리 중 간장 양념을 발라가며 굽는 것은?

① 시오야끼
② 미소야끼
③ 스미야끼
④ 데리야끼

04회 | 정답 및 해설

01	④	02	③	03	②	04	②	05	④
06	①	07	①	08	②	09	④	10	③
11	①	12	①	13	④	14	①	15	④
16	②	17	③	18	①	19	②	20	③
21	④	22	①	23	②	24	④	25	①
26	③	27	②	28	④	29	③	30	②
31	①	32	①	33	①	34	③	35	②
36	④	37	④	38	③	39	②	40	①
41	②	42	①	43	③	44	④	45	③
46	①	47	④	48	③	49	②	50	①
51	①	52	④	53	③	54	②	55	②
56	④	57	②	58	①	59	③	60	④

01 핵심테마 20 > 식품 성분 – 비타민&무기질 | 정답 | ④

리보플라빈은 비타민 B_2로 수용성 비타민이다.

02 핵심테마 13 > 수질(물) | 정답 | ③

먹는 물에서 미생물이나 분변오염을 추측할 수 있는 지표는 대장균으로, 100mL에서 검출되지 않아야 한다.

03 핵심테마 17 > 식품 성분 – 탄수화물 | 정답 | ②

입의 소화효소인 프티알린은 탄수화물 분해효소이며, 다당류인 전분의 일부를 이당류인 맥아당으로 분해한다.

04 핵심테마 21 > 식품의 색 | 정답 | ②

녹차는 갈변 반응이 일어나지 않는다.

| 오답풀이 |
① 된장, ④ 간장: 마이야르 반응에 의한 갈변 반응
③ 홍차: 폴리페놀 옥시다아제에 의한 갈변 반응

05 핵심테마 25 > 조리장의 시설 및 관리 | 정답 | ④

급식시설 주방 면적 산출 시에는 주방과 관련된 식단, 조리인원 및 조리 기기, 동선 등을 고려해야 한다.

06 핵심테마 32 > 원가관리 | 정답 | ①

표준원가의 기능에는 예산편성을 위한 기초자료, 노무비 절감 효과, 효율적인 원가관리의 통제 등이 있다.

07 핵심테마 20 > 식품 성분 – 비타민&무기질 | 정답 | ①

곡류의 영양을 강화할 때는 탄수화물 에너지 대사에 필요한 비타민 B군 위주로 첨가한다.

08 핵심테마 20 > 식품 성분 – 비타민&무기질 | 정답 | ②

무는 속이 꽉 차서 단단하고 무거우며, 단맛이 강한 것이 좋다.

09 핵심테마 27 > 축산물의 조리/가공/저장 | 정답 | ④

아이스크림 제조 시 안정제로 사용하는 것은 젤라틴이다.

10 핵심테마 27 > 축산물의 조리/가공/저장 | 정답 | ③

달걀의 응고성을 이용한 식품에는 달걀찜, 커스터드, 푸딩, 수란 등이 있다.

| 오답풀이 |
① 기포성 – 머랭
② 유화성 – 마요네즈
④ 기포성 – 수플레

11 핵심테마 17 > 식품 성분 – 탄수화물 | 정답 | ①

전분의 비중이 물보다 높아 물에 풀어두면 금방 가라앉는다.

12 핵심테마 28 > 수산물의 조리/가공/저장 | 정답 | ①

생선의 단백질은 염용성이 있어 소금 첨가 시 탈수가 일어나며 생선살이 단단해지는 효과가 있다.

13 핵심테마 27 > 축산물의 조리/가공/저장 | 정답 | ④

우유의 주요 단백질인 카제인은 열에는 안정하여 응고하지 않지만 산이나 레닌, 폴리페놀화합물에 의해 응고한다.

14 핵심테마 19 > 식품 성분 – 지질　　　　|정답| ①

에이코사펜타에노산은 오메가–3 지방산으로 이중결합이 존재하는 불포화지방산이기 때문에 포화지방산에 비해 쉽게 산화된다.

15 핵심테마 06 > 식품위생관계법규　　　　|정답| ④

「농수산물의 원산지 표시 등에 관한 법률」상 원산지 등이 기재된 영수증이나 거래명세서 등은 매입일부터 6개월간 비치·보관해야 한다.

16 핵심테마 26 > 농산물의 조리/가공/저장　　　　|정답| ②

설탕은 전분의 호화를 억제하고 탈수제 역할을 하여 노화를 억제한다.

17 핵심테마 04 > 식품첨가물과 유해물질　　　　|정답| ③

사용이 허용된 감미료에는 아스파탐, 자일리톨, 스테비오사이드, 사카린나트륨, 만니톨 등이 있다.

18 핵심테마 12 > 환경보건　　　　|정답| ①

군집독은 다수인이 밀폐된 공간에 있을 때 실내 공기 조성의 이화학적 성분의 변화로 두통, 구토, 메스꺼움, 현기증 등을 일으킨다.

19 핵심테마 17 > 식품 성분 – 탄수화물　　　　|정답| ②

탄수화물은 아밀레이스에 의해 소화된다.

| 오답풀이 |
① 단백질 – 펩신
③ 지방 – 리파아제
④ 단백질 – 트립신

20 핵심테마 08 > 식중독　　　　|정답| ③

덜 익은 매실과 살구 씨에 들어 있는 자연독성 물질은 아미그달린이다.

| 오답풀이 |
① 시큐톡신: 독미나리의 독성 물질
② 솔라닌: 감자의 싹에 있는 독성 물질
④ 고시폴: 면실유, 목화씨에 들어 있는 독성 물질

21 핵심테마 08 > 식중독　　　　|정답| ④

카드뮴은 중독 증상으로 이타이이타이병을 유발한다.

| 오답풀이 |
① 수은: 미나마타병, 신경마비, 연하곤란 등
② 납: 연연, 구토, 설사 등
③ 주석: 구토, 복통, 설사 등

22 핵심테마 09 > 식품 관련 기생충　　　　|정답| ①

갈고리촌충은 유구조충이라고도 하며 중간숙주는 돼지이다.

| 오답풀이 |
② 무구조충 – 소
③ 톡소플라즈마 – 고양이
④ 폐흡충 – 다슬기

23 핵심테마 27 > 축산물의 조리/가공/저장　　　　|정답| ②

난황의 레시틴은 유화제로 작용하여 기름의 분리를 막아주는 역할을 한다.

24 핵심테마 06 > 식품위생관계법규　　　　|정답| ④

「식품 등의 표시·광고에 관한 법률」에 의하여 열량이 5kcal 미만일 때 함량을 '0'으로 표기할 수 있다.

25 핵심테마 16 > 식품 성분 – 수분　　　　|정답| ①

결합수는 용매로 작용하지 못한다.

26 핵심테마 33 > 계산식 정리　　　　|정답| ③

대체 식품량 = 원래 식품의 양 × 원래 식품에서 대체할 성분의 수치 ÷ 대체 식품의 해당 성분 수치

∴ 감자의 양: 600g × 60g ÷ 40g = 900g

27 핵심테마 33 > 계산식 정리　　　　|정답| ②

필요한 식당의 면적 = 좌석수 400 × 1인당 바닥 면적 $1.5m^2$ = $600m^2$

28 핵심테마 26 > 농산물의 조리/가공/저장　　　　|정답| ④

CA저장법은 채소나 과일을 장시간 저장하기에 가장 적합하며 산소와 이산화탄소의 농도를 조절해서 채소나 과일의 호흡을 억제한다.

29 핵심테마 24 > 조리기구의 종류와 용도　　　　|정답| ④

그라인더는 소고기를 갈 때 사용하는 조리기구이다.

| 오답풀이 |
① 믹서(Mixer) – 여러 재료를 혼합 및 교반할 때 사용
② 휘퍼(Whipper) – 생크림이나 달걀의 거품을 낼 때 사용
③ 필러(Peeler) – 과일이나 채소의 껍질을 벗길 때 사용

30 핵심테마 10 > 안전관리　　　　|정답| ②

화재가 발생했을 때는 엘리베이터가 아닌 계단을 이용하여 아래층으로 이동해야 한다.

31 핵심테마 21 > 식품의 색 　　　　　　　| 정답 | ③

녹색 채소의 색소인 클로로필은 산에 의해서 갈변하므로 식초를 가장 나중에 넣어야 한다.

32 핵심테마 15 > 영양소 　　　　　　　　| 정답 | ②

사람이 평생 동안 매일 섭취하여도 아무런 해가 일어나지 않는 최대량으로 1일 체중 kg당 mg 수로 표기하는 것은 1일 허용 섭취량(ADI; Acceptable Daily Intake)이다.

33 핵심테마 07 > 감염병 　　　　　　　　| 정답 | ①

음식물이나 식수로 오염되는 소화기계 전파 질병에는 파라티푸스, 세균성이질, 폴리오, 콜레라 등이 있다. 유행성이하선염은 호흡기계 전파 질병에 해당한다.

34 핵심테마 28 > 수산물의 조리/가공/저장 　　　| 정답 | ④

김은 홍조류에 속하며, 무기질과 단백질이 풍부한 해조류이다.

| 오답풀이 |
① 매생이: 녹조류
② 다시마: 갈조류
③ 톳: 갈조류

35 핵심테마 27 > 축산물의 조리/가공/저장 　　　| 정답 | ②

새로운 유화제 성분인 난황(레시틴)에 분리된 마요네즈를 조금씩 넣어주고 힘차고 빠르게 저으면 다시 재생이 가능하다.

36 핵심테마 03 > 식품 살균과 소독 　　　　| 정답 | ④

고온장시간살균법은 통조림 소독에 사용한다.

37 핵심테마 32 > 원가관리 　　　　　　　| 정답 | ②

손익분기점은 총원가와 매출이 같아지는 지점으로 이익도 손실도 발생하지 않는 지점이다.

38 핵심테마 26 > 농산물의 조리/가공/저장 　　　| 정답 | ③

달걀은 글루텐의 형성을 도와 반죽을 단단하게 하고 설탕과 지방은 글루텐의 형성을 방해한다.

39 핵심테마 27 > 축산물의 조리/가공/저장 　　　| 정답 | ②

달걀의 저장 기간이 길어질수록 난황계수, 중량은 감소하고 수양난백의 비중과 pH는 증가한다.

40 핵심테마 27 > 축산물의 조리/가공/저장 　　　| 정답 | ①

장조림 고기가 단단하고 잘 찢어지지 않는 이유는 처음부터 고기와 양념을 함께 넣고 끓였기 때문이다.

41 핵심테마 18 > 식품 성분 – 단백질 　　　| 정답 | ②

단백질은 산 또는 가열 및 건조와 같은 물리적인 작용으로 잘 변성된다.

42 핵심테마 29 > 유지 및 유지가공품 　　　| 정답 | ①

유지를 넣고 가열 시 발연점에 도달하면 연기가 나며 자극적인 냄새가 나는데 이때 발생되는 물질은 아크롤레인이다.

43 핵심테마 25 > 조리장의 시설 및 관리 　　　| 정답 | ③

조리장은 통풍과 채광이 잘 되고 폐수나 오염물질 발생시설로부터 나쁜 영향을 받지 않는 거리에 있어야 한다.

44 핵심테마 28 > 수산물의 조리/가공/저장 　　　| 정답 | ④

건조된 다시마 표면의 흰 분말 성분은 만니톨이며 단맛을 낸다.

45 핵심테마 06 > 식품위생관계법규 　　　| 정답 | ③

모범업소로 지정되기 위해서는 일회용 물 컵, 일회용 숟가락, 일회용 젓가락 등을 사용하지 않아야 한다.

46 핵심테마 09 > 식품 관련 기생충 　　　| 정답 | ①

십이지장충은 구충이라고도 불리며 손, 발을 통해 체내로 유입되는 경피감염을 일으킬 수 있으므로 맨발로 작업 시 주의해야 한다.

47 핵심테마 04 > 식품첨가물과 유해물질 　　　| 정답 | ④

데히드로초산은 주로 버터, 마가린, 치즈에 사용되는 보존료이다.

48 핵심테마 27 > 축산물의 조리/가공/저장 　　　| 정답 | ③

육류의 근육세포에 존재하는 미오글로빈이라는 단백질이 가열되면 붉은색을 띠는 것을 핑킹현상이라고 한다.

49 핵심테마 03 > 식품 살균과 소독 　　　　| 정답 | ②

소독력의 크기는 멸균이 가장 크고 살균, 소독, 방부 순으로 작아진다.

50 핵심테마 07 > 감염병 　　　　　　　　| 정답 | ①

영구 면역이 되지 않는 질병에는 말라리아, 매독, 이질 등이 있다.

51 핵심테마 48 > 일식 – 주식(면, 밥, 롤, 초밥) | 정답 | ①

텐동은 덮밥 위에 튀김이 올라가는 요리이다.

| 오답풀이 |
② 우나동: 장어 구이 덮밥
③ 부타동: 돼지고기 덮밥
④ 규동: 소고기 덮밥

52 핵심테마 48 > 일식 – 주식(면, 밥, 롤, 초밥) | 정답 | ④

초밥 배합초의 주재료는 식초, 설탕, 소금이며 필요에 따라 레몬 또는 다시마를 넣기도 한다.

53 핵심테마 48 > 일식 – 주식(면, 밥, 롤, 초밥) | 정답 | ③

초밥의 밥은 배합초를 섞은 뒤 수분을 날려 보내고, 36.5℃ 정도로 식었을 때 보온밥통에 보관하여 사용하는 것이 좋다.

54 핵심테마 50 > 일식–주요리(국물, 찜, 조림) | 정답 | ②

일번다시는 다시마와 가쓰오부시만을 사용하여 짧은 시간에 맛을 우려내어 최고의 맛과 향을 낸 맛국물이다.

55 핵심테마 47 > 일식 개요 | 정답 | ②

맛술(미림)은 찹쌀 전분과 단백질이 분해되어 유기산, 아미노산 및 향 성분이 생성되어 특유의 풍미가 있는 요리 술이다.

56 핵심테마 49 > 일식 – 주요리(국물, 찜, 조림) | 정답 | ④

시모후리는 일식에서 찜 요리 시 어류나 육류의 전처리 방법으로 재료의 표면에 끓는 물을 붓거나 재료를 직접 끓는 물에 데쳐 표면을 하얗게 한 뒤 찬물에 담그는 조리법이다.

57 핵심테마 48 > 일식 – 주식(면, 밥, 롤, 초밥) | 정답 | ②

'지라시'란 '흩뿌린다'는 뜻으로 그릇 위에 부재료들을 뿌리듯이 장식하여 낸 초밥을 말한다.

| 오답풀이 |
① 후토마키: 굵은 김초밥
③ 니기리스시: 생선 초밥
④ 하꼬스시: 상자 초밥

58 핵심테마 48 > 일식 – 주식(면, 밥, 롤, 초밥) | 정답 | ①

쇼유라멘은 간장을 첨가한 라멘이다.

| 오답풀이 |
② 돈코츠라멘 – 돼지뼈
③ 미소라멘 – 된장
④ 시오라멘 – 소금

59 핵심테마 48 > 일식 – 주식(면, 밥, 롤, 초밥) | 정답 | ③

아게다마는 밀가루에 물과 계란을 풀어 튀긴 것으로 국물이 있는 면류, 차가운 면류, 덮밥류 등의 장식으로 사용한다.

60 핵심테마 50 > 일식 – 부요리(구이, 초회, 무침) | 정답 | ④

데리야끼는 구이 재료를 데리(간장 양념)로 발라가며 굽는 요리이다.

| 오답풀이 |
① 시오야끼: 소금구이
② 미소야끼: 된장 구이
③ 스미야끼: 숯불구이

05회 | 기출복원 모의고사

01

다음 중 사용이 금지된 유해 표백제는?

① 둘신   ② 페릴라틴
③ 롱갈리트   ④ 아우라민

02

다음 중 「제조물 책임법」상 제조물의 결함이 <u>아닌</u> 것은?

① 제조상의 결함   ② 표시상의 결함
③ 보관상의 결함   ④ 설계상의 결함

03

식품에 식초를 첨가했을 때 나타나는 변화에 대한 설명으로 옳지 <u>않은</u> 것은?

① 우엉 조림 시 넣으면 더욱더 하얗게 된다.
② 생강 절임 시 사용하면 청색으로 변한다.
③ 초밥용 밥 조리 시 넣으면 선명한 흰색을 유지한다.
④ 자색양배추에 첨가하면 선명한 색을 유지한다.

04

식품의 계량법으로 옳은 것은?

① 흑설탕은 계량컵에 살살 퍼 담은 후 수평으로 깎아서 계량한다.
② 밀가루는 체에 친 후 눌러 담아 수평으로 깎아서 계량한다.
③ 조청, 기름, 꿀 등 점성이 높은 식품은 분할된 컵으로 계량한다.
④ 고체 지방은 냉장고에서 꺼내어 액체화한 후 계량컵에 담아 계량한다.

05

갈비찜을 만드는 데 소갈비 20kg이 필요하다. 소갈비 1kg의 값이 6,000원이고 폐기율은 4%일 때 소갈비의 구입비용은?

① 98,000원   ② 100,000원
③ 112,000원   ④ 125,000원

06

생선 조림에 대한 설명으로 옳지 <u>않은</u> 것은?

① 생선의 비린내를 제거하기 위해서 냄비 뚜껑을 닫고 조리한다.
② 가열시간이 너무 길면 어육에서 탈수 작용이 일어나 맛이 떨어진다.
③ 조리시간은 재료에 따라 다르나 약 15분 정도가 적당하다.
④ 가시가 많은 생선은 식초를 넣어 약한 불에서 졸이면 뼈째 먹을 수 있다.

07

먹다 남은 찹쌀떡을 보관하려고 할 때 노화가 가장 빨리 일어나는 보관방법은?

① 상온 보관   ② 냉장 보관
③ 온장고 보관   ④ 냉동고 보관

08

다음 중 함황아미노산이 <u>아닌</u> 것은?

① 트레오닌   ② 시스틴
③ 시스테인   ④ 메티오닌

09

소화기 점검 시 바늘 위치의 색으로 옳은 것은?

① 빨간색   ② 파란색
③ 노란색   ④ 녹색

10

실험동물의 절반이 사망하는 투여 물질량을 체중 1kg당의 mg으로 표시한 값은?

① 최대 무작용량(NOEL)
② 1일 허용 섭취량(ADI)
③ 50% 치사량(LD50)
④ 50% 유효량(ED50)

11

돼지고기 10kg으로 장조림 30인분을 만들어 판매하였다. 매출액은 150,000원, 돼지고기 단가는 1kg당 6,000원, 사용된 양념의 비용은 30,000원이었다면 이 식품의 원가비율은?

① 40%
② 45%
③ 55%
④ 60%

12

멥쌀과 찹쌀에 있어 노화 속도 차이의 원인 성분은?

① 아밀라아제
② 글리코젠
③ 아밀로펙틴
④ 글루텐

13

다음 중 독버섯의 유독성분은?

① 솔라닌
② 테트로도톡신
③ 아미그달린
④ 무스카린

14

다음 중 식중독 세균의 장독소(Enterotoxin)에 의해 유발되는 식중독은?

① 살모넬라
② 장염비브리오
③ 포도상구균
④ 리스테리아

15

생선 조리 시 비린내를 제거하는 데 도움이 되는 재료와 가장 거리가 먼 것은?

① 식초
② 된장
③ 우유
④ 설탕

16

성장을 촉진시키고 피부의 상피세포 기능과 시력의 정상 유지에 관여하는 비타민은?

① 비타민 K
② 비타민 B
③ 비타민 A
④ 비타민 E

17

다음 중 전염병을 관리하기 가장 어려운 대상은?

① 급성전염병 환자
② 만성전염병 환자
③ 식중독 환자
④ 건강보균자

18

다음 중 중금속과 중독증에 대한 설명으로 옳지 않은 것은?

① 수은은 비중격천공이 나타난다.
② 납은 소변에서 코프로포르피린이 검출된다.
③ 수은은 미나마타병이 나타난다.
④ 크롬은 신장장애, 인후염 등이 나타난다.

19

다음 중 쓴맛의 성분과 식품의 연결이 바르지 않은 것은?

① 코코아 – 테오브로민
② 커피 – 카페인
③ 맥주 – 나린진
④ 오이꼭지 – 쿠쿠르비타신

20

다음 중 튀김 요리에 사용하기 가장 적합한 기름은?

① 올리브유
② 포도씨유
③ 참기름
④ 면실유

21

전기로 발생한 C급 화재에 적합한 소화기가 <u>아닌</u> 것은?

① 물
② 분말소화기
③ CO$_2$소화기
④ 할론1211

22

과일 잼 제조 시 펙틴이 주로 하는 역할은?

① 신맛 증가
② 과일의 향 보존
③ 과일의 색 보존
④ 구조 형성

23

다음 중 산성 식품에 해당하는 것은?

① 곡류
② 우유
③ 감자
④ 사과

24

겨자의 매운맛을 가장 강하게 느낄 수 있는 최적의 온도는?

① 10~15℃
② 20~25℃
③ 30~35℃
④ 40~45℃

25

다음 중 신선한 우유의 특징으로 옳은 것은?

① 진한 황색으로 특유의 냄새가 있다.
② 알코올과 동량으로 섞었을 때 응고된다.
③ 물 컵에 떨어뜨렸을 때 구름같이 퍼지며 내려간다.
④ 투명한 백색으로 약간의 감미가 있다.

26

일반 가열 조리법으로 예방하기 어려운 식중독은?

① 살모넬라 식중독
② 포도상구균 식중독
③ 병원성 대장균 식중독
④ 노로바이러스 식중독

27

식품을 구매하여 보관할 때 보관 순서로 옳은 것은?

① 어패류 → 과채류 → 육류 → 냉장 가공식품 → 냉장이 필요
   없는 식품
② 어패류 → 육류 → 냉장 가공식품 → 과채류 → 냉장이 필요
   없는 식품
③ 과채류 → 어류 → 육류 → 냉장이 필요 없는 식품 → 냉장
   가공식품
④ 과채류 → 어류 → 냉장 가공식품 → 냉장이 필요 없는 식품

28

조리대 배치형태 중 환풍기와 후드의 수를 최소화할 수 있는
것은?

① 일렬형
② ㄷ자형
③ 병렬형
④ 아일랜드형

29

의료급여 수급권자에 해당하지 <u>않는</u> 자는?

① 6개월 미만의 실업자
② 국민 기초생활 보장법에 의한 수급자
③ 재해구호법에 의한 이재민
④ 생활유지의 능력이 없거나 생활이 어려운 자

30

달걀에 대한 설명으로 옳지 <u>않은</u> 것은?

① 달걀 흰자의 단백질은 대부분 오보뮤신으로 기포성에 영향
   을 준다.
② 난황은 인지질인 레시틴, 세팔린을 많이 함유한다.
③ 신선도가 떨어지면 달걀 흰자의 점성이 감소한다.
④ 신선도가 떨어지면 달걀 흰자는 알칼리성이 된다.

31

곡류에 대한 설명으로 옳은 것은?

① 강력분은 글루텐의 함량이 13% 이상으로 케이크 제조에
　사용한다.
② 박력분은 글루텐 함량이 10% 이하로 과자, 비스킷 제조
　에 사용한다.
③ 보리의 고유한 단백질은 오리제닌(Oryzenin)이다.
④ 압맥, 할맥은 소화율을 저하시킨다.

32

냉동 시 영양소의 변화로 옳지 않은 것은?

① 당질의 변화는 거의 없다.
② 지방은 건조 및 산화에 의한 변색이 발생한다.
③ 비타민 A, 비타민 B, 비타민 C는 냉동 저장 중 안전하게
　유지된다.
④ 다른 식품에 비해 단백질 변성이 적으며 약간의 변성이
　있다고 해도 단백질의 변성이 영양가 저하에 직접 관련이
　있다고 할 수 없다.

33

염장법 중 식품에 직접 소금을 뿌려 염장하는 방법은?

① 물간법
② 마른간법
③ 압착염장법
④ 염수주사법

34

두부를 만드는 과정은 콩 단백질의 어떠한 성질을 이용한 것
인가?

① 건조에 의한 변성
② 동결에 의한 변성
③ 효소에 의한 변성
④ 무기염류에 의한 변성

35

소고기의 부위별 용도와 조리법이 옳지 않은 것은?

① 앞다리 - 불고기, 육회, 장조림
② 설도 - 탕, 샤브샤브, 육회
③ 목심 - 구이, 스테이크
④ 우둔 - 산적, 장조림, 육포

36

육류를 연화시키는 부재료와 가장 거리가 먼 것은?

① 무화과
② 파인애플
③ 키위
④ 사과

37

직접원가에 제조간접비를 더한 값을 나타내는 금액은?

① 총원가
② 제조간접비
③ 제조원가
④ 직접원가

38

도정률이 높은 쌀의 특징으로 옳지 않은 것은?

① 색이 하얗게 된다.
② 소화율이 높아진다.
③ 식이섬유의 함유량이 낮아진다.
④ 단백질과 비타민 B_1의 함량이 높아진다.

39

식품의 노화를 억제하는 방법으로 가장 거리가 먼 것은?

① 백설기 - 랩핑하여 냉장고에 보관한다.
② 쿠키 - 굽거나 튀겨서 수분 함량을 15% 이하로 유지한다.
③ 케이크 - 설탕과 유화제를 첨가한다.
④ 밥 - 보온밥통에 60℃ 이상으로 보관한다.

40

전복이나 문어에 포함되어 있는 푸른 계열의 색소로 익으면
적자색으로 변하는 것은?

① 헤모시아닌
② 헤모글로빈
③ 아스타잔틴
④ 유멜라닌

41

다음 중 건성유에 속하는 것은?

① 참기름
② 면실유
③ 아마인유
④ 올리브유

42

크리밍성의 작용이 큰 순서대로 식품을 나열한 것은?

① 마가린 > 버터 > 쇼트닝
② 버터 > 쇼트닝 > 마가린
③ 쇼트닝 > 버터 > 마가린
④ 쇼트닝 > 마가린 > 버터

43

수질오염의 부영양화에 대한 설명으로 옳지 <u>않은</u> 것은?

① 인산염이 가장 밀접하게 관련되어 있다.
② 용존 산소량이 증가한다.
③ 혐기성 분해로 인해 냄새가 난다.
④ 수면에 엷은 피막이 생긴다.

44

다음 중 생식보다 기름에 볶아 섭취하는 것이 더 좋은 식품은?

① 당근
② 고구마
③ 무
④ 토란

45

18:1 지방산에 대한 설명으로 옳지 <u>않은</u> 것은?

① 융점이 높다.
② 이중결합이 존재한다.
③ 식물성 기름에 많이 존재한다.
④ 상온에서 액체 상태로 존재한다.

46

전분의 호정화를 이용한 식품으로만 나열한 것은?

① 식혜, 떡
② 뻥튀기, 팝콘
③ 맥주, 빵
④ 누룽지, 수정과

47

고구마를 햇볕에 말리면 단맛이 증가하는 이유로 알맞은 것은?

① 고구마 수분의 응축
② 고구마 싹의 억제
③ 고구마 속 단백질 함량의 증가
④ 고구마 속 전분 분해효소의 활성화

48

습식 조리방법으로 한번 센 불에서 끓인 후 100℃보다 낮은 온도로 뭉근히 오래 끓이는 방법은?

① 데치기(Blanching)
② 찌기(Steaming)
③ 고기(Simmering)
④ 삶기(Poaching)

49

국소진동으로 발생할 수 있는 직업병의 예방법으로 적절하지 <u>않은</u> 것은?

① 보건교육
② 완충장치
③ 방열복 착용
④ 작업시간 단축

50

주된 감염경로와 감염병의 연결이 옳지 <u>않은</u> 것은?

① 토양 전파 - 파상풍
② 직접 전파 - 에이즈
③ 비말 전파 - 폴리오
④ 개달물 전파 - 트라코마

51

다음 중 식용 가능한 복어가 <u>아닌</u> 것은?

① 까치복
② 불룩복
③ 자주복
④ 바실복

52

복어 튀김 조리 시 튀김옷을 묻히지 않고 복어를 그대로 튀기는 방법은?

① 스아게
② 고로모아게
③ 덴다시
④ 가라아게

53

복어의 불가식 부위에 해당하는 것은?

① 입
② 정소
③ 위
④ 지느러미

54

일본어로 '세리'라고도 하며 주로 복어회의 곁들임이나 복어 초무침에 사용되는 부재료는?

① 당근
② 배추
③ 미나리
④ 죽순

55

복어 껍질초회 조리 시 복어의 껍질을 손질하는 방법으로 옳은 것은?

① 복어의 껍질은 굵은 소금으로 잘 문질러 씻어주고 맑은 물에 헹궈 사용한다.
② 겉껍질과 속껍질의 사용 비율은 5:5가 적당하다.
③ 촉촉한 질감을 느끼기 위해 얼음물에 담가둔 상태로 사용한다.
④ 복어의 껍질을 분리할 때에는 일반 주방용 칼을 깨끗이 씻어 사용한다.

56

복어 요리에 사용하는 양념장 및 소스 중 감귤류 즙에 간장을 더한 양념으로 복어지리나 회에 사용되는 것은?

① 맛국물
② 폰즈 소스
③ 야쿠미
④ 고마다래

57

복어의 제독 방법으로 옳지 <u>않은</u> 것은?

① 손질한 가식 부위를 용기에 담고 흐르는 물을 틀어 놓는다.
② 불가식 부위는 음식물 찌꺼기 통에 담아 버린다.
③ 가식 부위에 남아 있는 핏줄이나 피 찌꺼기는 모두 제거한다.
④ 가식 부위를 담가둔 통은 물에 핏기가 없어질 때까지 물을 계속 갈아준다.

58

복어의 독성분이 가장 많은 시기와 부위를 바르게 연결한 것은?

① 1~2월, 피부
② 6~8월, 장
③ 9~11월, 근육
④ 4~6월, 난소

59

복어회를 뜰 때 쫄깃함과 담백함을 더 느낄 수 있도록 얇게 써는 방법은?

① 히키즈쿠리
② 소기즈쿠리
③ 우스즈쿠리
④ 세고시

60

복어독의 특징으로 옳지 <u>않은</u> 것은?

① 보통의 유기산에 전혀 분해되지 않는다.
② 알칼리에 강해 탄산소다나 중조에 오랜 시간 처리해도 잘 분해되지 않는다.
③ 열과 효소의 영향은 거의 받지 않는다.
④ 알코올에 잘 분해되지 않으며 액체 알코올이 아니면 전혀 분해되지 않는다.

05회 | 정답 및 해설

01	③	02	③	03	②	04	③	05	④
06	①	07	②	08	①	09	④	10	③
11	④	12	③	13	④	14	③	15	④
16	③	17	④	18	①	19	③	20	②
21	①	22	④	23	①	24	④	25	③
26	②	27	②	28	④	29	①	30	①
31	②	32	③	33	②	34	④	35	②
36	④	37	③	38	④	39	①	40	①
41	③	42	④	43	②	44	①	45	①
46	②	47	④	48	③	49	③	50	③
51	④	52	①	53	③	54	③	55	①
56	②	57	②	58	②	59	③	60	②

01 핵심테마 04 > 식품첨가물과 유해물질 | 정답 | ③

롱갈리트는 사용이 금지된 유해표백제이다.

| 오답풀이 |
① 둘신: 사용이 금지된 유해감미료
② 페릴라틴: 사용이 금지된 유해감미료
④ 아우라민: 사용이 금지된 유해착색료

02 핵심테마 06 > 식품위생관계법규 | 정답 | ③

「제조물 책임법」상 대상이 되는 제조물의 결함은 제조상의 결함, 설계상의 결함, 표시상의 결함이다.

03 핵심테마 21 > 식품의 색 | 정답 | ②

생강에는 안토시아닌 색소가 함유되어 있어서 산성인 식초를 넣게 되면 분홍색(적색)으로 변한다.

04 핵심테마 23 > 조리의 정의 및 기본 조리방법 | 정답 | ③

점성이 높은 식품은 분할된 컵을 이용하여 무게를 측정하여 계량한다.

05 핵심테마 33 > 계산식 정리 | 정답 | ④

구입비용 = (필요량 × 100 × 1kg당 단가) ÷ 가식부율(100 − 폐기율)
∴ (20kg × 100 × 6,000원) ÷ 96 = 125,000원

06 핵심테마 28 > 수산물의 조리/가공/저장 | 정답 | ①

생선의 비린내를 증발시키기 위해서 생선 조림을 할 때에는 냄비 뚜껑을 열고 조리하는 것이 좋다.

07 핵심테마 26 > 농산물의 조리/가공/저장 | 정답 | ②

냉장고 온도(0~4℃)에서 노화가 가장 빨리 진행된다.

08 핵심테마 18 > 식품 성분 − 단백질 | 정답 | ①

아미노산의 구조에 황을 함유하고 있는 함황아미노산에는 메티오닌, 시스테인, 시스틴 등이 있다.

09 핵심테마 10 > 안전관리 | 정답 | ④

소화기의 바늘 위치는 녹색을 가리킬 때가 정상 상태이다.

10 핵심테마 15 > 영양소 | 정답 | ③

50% 치사량은 반수 치사량이라고도 하며 실험동물에 물질을 투여했을 때 절반이 사망하는 물질량을 나타낸 값이다.

11 핵심테마 33 > 계산식 정리 | 정답 | ④

사용된 식재료비: 10kg × 6,000원 + 30,000원 = 90,000원
∴ 식품의 원가비율: 식재료비 90,000원 ÷ 총매출액 150,000원 × 100 = 60%

12 핵심테마 26 > 농산물의 조리/가공/저장 | 정답 | ③

아밀로펙틴은 찹쌀에 많이 들어 있는 성분으로 이 함량의 차이로 인하여 멥쌀과 찹쌀의 노화 및 호화 속도에 차이가 생긴다.

13 핵심테마 08 > 식중독 | 정답 | ④

독버섯의 유독성분으로는 무스카린, 콜린, 뉴린, 아마니타톡신 등이 있다.

14 핵심테마 08 > 식중독 | 정답 | ③

포도상구균은 독소형 식중독균으로 장독소(Enterotoxin)를 형성하여 식중독을 일으킨다.

15 핵심테마 28 > 수산물의 조리/가공/저장 　|정답| ④

| 오답풀이 |
① 식초는 염기성의 트리메틸아민과 결합하여 비린내를 억제한다.
② 된장은 비린내의 냄새 성분을 흡착하여 비린내 제거에 도움을 준다.
③ 우유는 우유 속의 카제인 성분이 어취 이물질을 흡착한다.

16 핵심테마 20 > 식품 성분 – 비타민&무기질 　|정답| ③

비타민 A는 눈의 건강을 돕고 상피세포를 보호하는 물질을 생성한다.

17 핵심테마 07 > 감염병 　|정답| ④

증상이 발현되지 않아 건강한 사람으로 보이는 건강보균자의 감염병 관리가 가장 어렵다.

18 핵심테마 14 > 산업보건관리 　|정답| ①

비중격천공은 크롬의 중독 증상이다. 수은의 중독 증상에는 미나마타병, 손발저림, 언어장애 등이 있다.

19 핵심테마 22 > 식품의 맛과 냄새 　|정답| ③

맥주의 쓴맛 성분은 후물론이다. 나린진은 감귤류의 쓴맛 성분이다.

20 핵심테마 29 > 유지 및 유지가공품 　|정답| ②

튀김 요리에는 발연점이 높은 기름을 사용하는 것이 좋다. 포도씨유는 발연점이 약 250℃로 높아 튀김용 기름으로 사용하기 적합하다.

21 핵심테마 10 > 안전관리 　|정답| ①

전기로 발생한 화재에 적합한 소화기에는 CO_2소화기, 분말소화기, 할론1211, 할론1301이 있다.

22 핵심테마 26 > 농산물의 조리/가공/저장 　|정답| ④

과일 잼의 제조 시 과일에 함유되어 있던 펙틴 성분이 구조를 형성하며 젤 형태를 만들어 과일 잼이 형성된다.

23 핵심테마 20 > 식품 성분 – 비타민&무기질 　|정답| ①

산성 식품이란 연소 후 남아 있는 무기질 중 산을 형성하는 물질이 많은 식품으로 육류, 어류, 달걀, 곡류 등이 있다.

24 핵심테마 22 > 식품의 맛과 냄새 　|정답| ④

겨자의 매운맛 성분인 시니그린은 40~45℃에서 매운맛이 가장 강하다.

25 핵심테마 27 > 축산물의 조리/가공/저장 　|정답| ③

신선한 우유는 우유를 물 컵에 떨어뜨렸을 때 퍼지며 내려간다.

26 핵심테마 08 > 식중독 　|정답| ②

포도상구균은 독소를 생성하는 대표적인 독소형 식중독균으로 균체는 열에 약하지만 생성하는 독성인 엔테로톡신은 열에 매우 강하기 때문에 장시간 높은 온도로 가열해도 사라지지 않는다.

27 핵심테마 30 > 시장조사 및 구매관리 　|정답| ②

일반적으로 식품의 구매 순서는 '냉장이 필요 없는 식품 → 과채류 → 냉장이 필요한 가공식품 → 육류 → 어패류'이고 보관 방법은 반대로 어패류부터 순서대로 보관해야 한다.

28 핵심테마 25 > 조리장의 시설 및 관리 　|정답| ④

주방의 조리대를 아일랜드형으로 붙여주면 주방의 환풍기와 후드의 수를 최소화할 수 있다.

29 핵심테마 11 > 공중보건 　|정답| ①

의료급여 수급권자에는 국민 기초생활 보장법에 의한 수급자와 행려환자, 근로 무능력가구, 이재민, 입양아동 등이 있다.

30 핵심테마 27 > 축산물의 조리/가공/저장 　|정답| ①

달걀 흰자의 단백질은 대부분 오브알부민이다. 오보글로불린은 기포성, 오보뮤신은 기포 안정성에 기여한다.

31 핵심테마 26 > 농산물의 조리/가공/저장 　|정답| ②

박력분은 글루텐 함량이 10% 이하로 바삭한 식감을 유지할 수 있으며, 이 성질을 이용하여 과자나 비스킷을 제조한다.

32 핵심테마 20 > 식품 성분 – 비타민&무기질 　|정답| ③

비타민 C는 가열이나 산화에 의해 파괴되기 쉬우므로 냉동 저장 중에도 산화되어 손실이 발생한다.

33 핵심테마 02 > 식품위생 　|정답| ②

마른간법은 소금을 직접 뿌려 염장하는 방법이다.

| 오답풀이 |
① 물간법: 소금물에 담가 두는 방법
③ 압착염장법: 물간법에 무거운 것으로 가압하는 방법
④ 염수주사법: 염수를 주사한 후 일반 염장법으로 저장하는 방법

34 핵심테마 26 > 농산물의 조리/가공/저장 | 정답 | ④

두부는 콩을 불려 마쇄한 후 염화마그네슘 또는 황산칼슘 등을 넣어 응고시킨 제품으로 이는 무기염류에 의한 변성이다.

35 핵심테마 27 > 축산물의 조리/가공/저장 | 정답 | ②

설도는 우둔과 비슷하고 풍미가 좋아 장조림, 육포, 육회 등에 사용한다.

36 핵심테마 27 > 축산물의 조리/가공/저장 | 정답 | ④

① 무화과에는 피신, ② 파인애플에는 브로멜린, ③ 키위에는 액티니딘이라는 단백질 분해효소가 함유되어 있어 고기를 연화시킨다.

37 핵심테마 32 > 원가관리 | 정답 | ③

직접원가에 제조간접비를 합친 값은 제조원가이다.

38 핵심테마 26 > 농산물의 조리/가공/저장 | 정답 | ④

도정률이 높은 쌀은 단백질과 비타민 B_1의 함량이 낮아진다.

39 핵심테마 26 > 농산물의 조리/가공/저장 | 정답 | ①

백설기는 멥쌀로 만들어 노화가 빠르며 냉장고에 보관 시 노화 속도가 더욱 빨라진다.

40 핵심테마 21 > 식품의 색 | 정답 | ①

헤모시아닌은 전복이나 문어 등에 포함되어 있는 푸른 계열의 색소로, 열에 의해 익으면 적자색으로 변한다.

| 오답풀이 |
② 헤모글로빈: 동물의 혈색소
③ 아스타잔틴: 새우나 게에 함유된 카로티노이드 색소
④ 유멜라닌: 어류의 표피나 오징어의 먹물에 존재하는 색소

41 핵심테마 29 > 유지 및 유지가공품 | 정답 | ③

아마인유는 요오드값이 130 이상으로 건성유이다.

| 오답풀이 |
① 참기름: 반건성유
② 면실유: 반건성유
④ 올리브유: 불건성유

42 핵심테마 29 > 유지 및 유지가공품 | 정답 | ④

크리밍성은 고체지방을 교반해주면 공기를 함유하여 부피가 증가되어 색이 희어지고 부드러운 상태가 되는 현상으로 '쇼트닝 > 마가린 > 버터' 순으로 크리밍 작용이 크다.

43 핵심테마 13 > 수질(물) | 정답 | ②

부영양화가 되면 오염도가 높아지면서 용존 산소량은 감소한다.

44 핵심테마 21 > 식품의 색 | 정답 | ①

당근에는 지용성 색소인 카로티노이드가 들어있어 기름에 볶아 섭취할 경우 더 많은 영양소를 얻을 수 있다.

45 핵심테마 19 > 식품 성분 – 지질 | 정답 | ①

18:1은 올레산으로 18개의 탄소 사슬에 이중결합 1개가 존재하는 불포화지방산이다. 불포화지방산은 융점이 낮고 이중결합이 존재하며 상온에서 액체 상태로 식물성 기름에 많다.

46 핵심테마 26 > 농산물의 조리/가공/저장 | 정답 | ②

전분의 호정화란 전분에 물을 첨가하지 않고 고온으로 가열한 것으로 누룽지, 미숫가루, 뻥튀기, 팝콘 등이 있다.

47 핵심테마 26 > 농산물의 조리/가공/저장 | 정답 | ④

고구마를 햇볕에 말리거나 은근히 가열하면 고구마 속 당화효소인 β－아밀레이스가 활성화되어 고구마의 단맛이 증가한다.

48 핵심테마 23 > 조리의 정의 및 기본 조리방법 | 정답 | ③

시머링(고기, Simmering)은 곰국이나 스톡을 만들 때 사용하는 방법으로 센 불에서 한번 끓고 나면 불을 줄여 뭉근히 오랜 시간 끓이는 방법이다.

49 핵심테마 14 > 산업보건관리 | 정답 | ③

국소진동으로 발생할 수 있는 직업병에는 레이노드병, 말초혈관 수축, 혈압 상승 등이 있으며 방열복은 고열, 고온 작업 시 착용한다.

50 핵심테마 07 > 감염병 | 정답 | ③

폴리오는 바이러스성 전염병으로 주로 음식물을 통하여 경구전파된다.

51 핵심테마 51 > 복어 – 재료 및 양념장 | 정답 | ④

식용 가능한 복어에는 복섬, 흰점복, 졸복, 매리복, 검복, 황복, 눈불개복, 참복, 자주복, 까치복, 황점복, 까칠복, 민밀복, 은밀복, 흑밀복, 불룩복, 가시복, 리투로가시복, 잔점박이가시복, 강담복, 거북복 21종이 있다.

52 핵심테마 53 > 복어 – 죽, 튀김 조리 | 정답 | ①

스아게는 튀김옷을 묻히지 않고 식재료를 그 자체로 튀기는 방법으로 재료 본연의 색과 형태를 살릴 수 있다.

53 핵심테마 51 > 복어 – 재료 및 양념장　　　| 정답 | ③

복어의 가식 부위에는 입, 혀, 머리, 몸살, 뼈, 껍질, 지느러미, 정소 등이 있고 불가식 부위에는 피, 아가미, 안구, 내장(간, 위, 쓸개) 등이 있다.

54 핵심테마 51 > 복어 – 재료 및 양념장　　　| 정답 | ③

미나리는 '세리'라고도 하며 주로 복어회의 곁들임이나 복어껍질 무침, 복어 초무침 등에 사용된다.

55 핵심테마 52 > 복어 – 껍질초회, 회 조리　　　| 정답 | ①

복어의 껍질은 미끈한 점액질이 많고 냄새가 많이 나기 때문에 굵은 소금으로 잘 문질러 씻어주고 맑은 물에 헹궈 사용해야 한다.

56 핵심테마 52 > 복어 – 껍질초회, 회 조리　　　| 정답 | ②

폰즈 소스는 감귤류의 즙에 간장, 식초, 미림, 맛국물 등을 첨가하여 숙성시킨 것으로 다양한 복어 요리에 사용한다.

57 핵심테마 51 > 복어 – 재료 및 양념장　　　| 정답 | ②

불가식 부위는 불가식 부위 전용 용기에 넣어야 하며 복어 독성 부위의 별도 폐기를 위한 폐기물 수거 직원을 대상으로 교육을 통해 폐기물이 잘 관리되도록 해야 한다.

58 핵심테마 51 > 복어 – 재료 및 양념장　　　| 정답 | ④

복어의 독성 성분은 난소에 가장 많이 존재하며 일반적으로 산란기 (4~6월)에 복어의 독성이 가장 강하다.

59 핵심테마 52 > 복어 – 껍질초회, 회 조리　　　| 정답 | ③

복어 살과 같이 단단하면서 흰살인 생선은 얇게 썰기(우스즈쿠리) 방법으로 용기의 밑바닥이 훤히 보일 정도로 얇게 썰어야 생선의 쫄깃함과 담백한 맛을 느낄 수 있다.

| 오답풀이 |

① 히키즈쿠리(잡아당겨 썰기): 살이 부드러운 생선의 뱃살 부위를 썰 때 사용한다.

② 소기즈쿠리(깎아 썰기): 모양이 좋지 않은 회를 자를 때 사용한다.

④ 세고시(뼈째 썰기): 전어, 전갱이 등 뼈째 썰어 먹는 생선에 사용한다.

60 핵심테마 51 > 복어 – 재료 및 양념장　　　| 정답 | ②

복어의 독인 테트로도톡신은 열, 효소, 산에 강한 편이나 알칼리성에는 비교적 약해 탄산소다, 중조 등에서도 분해되지만 알칼리의 농도가 약하거나 처리 시간이 짧으면 잘 분해되지 않는다.

끝이 좋아야 시작이 빛난다.

– 마리아노 리베라(Mariano Rivera)

여러분의 작은 소리
에듀윌은 크게 듣겠습니다.

본 교재에 대한 여러분의 목소리를 들려주세요.
공부하시면서 어려웠던 점. 궁금한 점.
칭찬하고 싶은 점. 개선할 점. 어떤 것이라도 좋습니다.

에듀윌은 여러분께서 나누어 주신 의견을
통해 끊임없이 발전하고 있습니다.

에듀윌 도서몰 book.eduwill.net
• 부가학습자료 및 정오표: 에듀윌 도서몰 → 도서자료실
• 교재 문의: 에듀윌 도서몰 → 문의하기 → 교재(내용,출간) / 주문 및 배송

에듀윌 조리기능사 필기 1주끝장

발 행 일	2025년 1월 5일 초판
편 저 자	이유나
펴 낸 이	양형남
개 발	정상욱. 남궁현
펴 낸 곳	(주)에듀윌
등록번호	제25100-2002-000052호
주 소	08378 서울특별시 구로구 디지털로34길 55 코오롱싸이언스밸리 2차 3층
I S B N	979-11-360-3420-5(13590)

www.eduwill.net
대표전화 1600-6700